U0415398

普通高等教育“十一五”国家级规划教材
国家林业和草原局普通高等教育“十三五”规划教材
高等农林院校经济林专业系列教材

经济林栽培学

（第4版）

谭晓风　主编

中国林业出版社

内 容 简 介

本教材是在普通高等教育“十一五”国家级规划教材基础上，针对多年来理论教学和生产实践做了全面修订，并被列为国家林业和草原局普通高等教育“十三五”规划教材，是林学和经济林专业本科生必修课程教材。全书内容分为10章，包括绪论、经济林资源、经济树木的生长发育、经济树木与环境、经济树木的繁殖、经济林良种基地建设与良种生产、经济林营建、经济林抚育管理、经济林设施栽培、经济林作业机械化。教材系统地介绍了经济林的基本概念、基本理论和栽培技术体系，同时与时俱进加强了良种基地建设和机械化作业方面内容。

本教材适用于高等农林院校的林学专业、经济林专业和园艺专业的本科生，还可供从事经济林、林学和园艺相关专业技术人员作为参考书使用。

图书在版编目(CIP)数据

经济林栽培学/谭晓风 主编. —4版. —北京：中国林业出版社，2018.11(2025.3重印)
国家林业和草原局普通高等教育“十三五”规划教材　高等农林院校经济林专业系列教材
ISBN 978-7-5038-9893-8

Ⅰ.①经…　Ⅱ.①谭…　Ⅲ.①经济林-栽培学-高等学校-教材　Ⅳ.①S727.3

中国版本图书馆CIP数据核字(2018)第231485号

审图号：GS(2018)6745号

中国林业出版社教育出版分社

策划编辑：肖基浒　吴　卉　　　　责任编辑：肖基浒
电　　话：(010) 83143555　　　　传　　真：(010) 83143561

出版发行：中国林业出版社(100009　北京市西城区德内大街刘海胡同7号)
　　　　　E-mail:jiaocaipublic@163.com　电话:(010)83143500
　　　　　https://www.cfph.net
经　　销：新华书店
印　　刷：三河市祥达印刷包装有限公司
版　　次：1983年6月第1版
　　　　　2004年11月第2版
　　　　　2013年7月第3版
　　　　　2018年11月第4版
印　　次：2025年3月第6次印刷
开　　本：850mm×1168mm　1/16
印　　张：18.25
字　　数：433千字
定　　价：52.00元

《经济林栽培学》（第4版）
编写人员

主　　编：谭晓风

副 主 编：石卓功　彭方仁　李建安　李新岗

编写人员：（按姓氏笔画排序）

王　森（中南林业科技大学）

石卓功（西南林业大学）

苏淑钗（北京林业大学）

李建安（中南林业科技大学）

李新岗（西北农林科技大学）

袁　军（中南林业科技大学）

奚如春（华南农业大学）

彭方仁（南京林业大学）

谭晓风（中南林业科技大学）

序

我国是经济林学科和经济林专业的创始国。60 年前，原湖南林学院（中南林业科技大学的前身）和原南京林学院（南京林业大学的前身）在国内外率先创办特用经济林本科专业，标志着经济林学科和经济林专业的正式诞生，并得到国际学术界的普遍认可。1959 年，因当时的经济林整体学科水平还未能支撑形成完整的经济林学科理论体系，华东华中区高等院（校）教材编审委员会只编写出版了各论教材——《特用经济林》。后来一些农林高校也成立了特用经济林专业，但各种原因均停办了，只有中南林业科技大学一直招收培养经济林专业本科生，但长期使用自编的油印经济林专业系列教材，缺乏正式出版的系列专业教材。

改革开放为经济林专业发展和教材建设创造了良机。1977 年恢复高考后，国内 10 余所农林院校相继设置经济林本科专业，经济林学科专业体系也基本建立。为适应新形势下经济林专业和学科发展的需要，林业部于 1980 年成立了全国高等林业院校经济林专业教材编审委员会，由原中南林学院胡芳名教授担任主任，组织全国相关农林院校相继编写《经济林栽培学》《经济林育种学》《经济林产品利用及分析》《经济林病理学》《经济林昆虫学》《经济林研究法》等第一套经济林专业教材，由中国林业出版社正式出版发行，这套教材的正式出版为经济林学科专业建设起到了巨大的推动作用。

经济林产业发展有力推进了国家精准扶贫和乡村振兴事业。近年来，经济林产业发展迅速，已经成为我国林业产业的第一大产业，特别是在山区精准扶贫和乡村振兴中成为首选产业，发挥了极其重要的产业扶贫和乡村振兴作用。1998 年全国学科专业调整，经济林专业被合并到林学专业，仅中南林业科技大学保留了经济林专业方向。各高校林学专业也只保留了《经济林栽培学》一门课程，虽然编写出版了第二版和第三版《经济林栽培学》教材，但其他专业教材均未继续编写出版。经济林产业发展急需相关经济林栽培、加工利用、病虫害防治等技术资料，相关技术人员只能复印第一套教材作为产业扶贫的技术资料。

由于经济林产业发展的快速推进与经济林学科的快速发展，经济林专业技术和理论体系逐步完善，山区精准扶贫和乡村振兴急需大批经济林专业技术人才，部分林业高等院校正在积极推进经济林专业建设。因此，编写出版第二套经济林专业教材势在必行。为适应经济林产业发展和人才培养的需要，国家林业局于2017年成立了国家林业局林科教育教材建设专家委员会高等教育分委员会林学类经济林组，并由谭晓风教授担任组长，组织编写出版《经济林栽培学(总论)》《经济林栽培学各论》《经济林育种学》《经济林产品利用与分析》《经济林病理学》《经济林昆虫学》和《经济林研究法》等第二套经济林专业教材。第二套经济林专业教材被列入国家林业和草原局普通高等教育“十三五”规划教材和全国高等农林院校经济林专业规划教材。这是经济林学科专业发展的大喜事！我相信：这套经济林专业教材的出版发行，必将有力地促进我国经济林学科专业的大发展，满足国家经济林产业发展对经济林专门人才的需要。特此作序。

中国工程院院士、南京林业大学教授 曹福亮

2018年10月16日

前言 第4版

《经济林栽培学》(第3版)出版发行转眼之间又过去5年了。5年来，得到国内同行的青睐，全国所有农林大学及相关院校开设的《经济林栽培学》课程全部使用了该教材。由于经济林产业形势的快速发展和科学研究的不断深入，有必要对该教材进行再次修订。特别是党的二十大以来，国家教材委员会发布了《习近平新时代中国特色社会主义思想课程教材指南》，全面启动了各级教材的修订工作；以此为指引，为努力建设适应新时代新要求、体现中国特色的高水平原创性教材，并根据国家林业和草原局普通高等教育"十三五"规划教材的统一安排，我们重新组织人员继续了第4版的编写工作。

《经济林栽培学总论》(第4版)教材沿袭了第3版的基本框架，但对其章节作了小幅度调整。鉴于经济林产业发展形势的变化，新版教材增加了"经济林栽培作业机械化"一章。鉴于第3版第5章内容过多，新版教材将其拆分为2章，即第5章经济树木的繁殖和第6章经济林良种基地建设，这既兼顾了全书的科学知识体系和技术知识体系，更有利于学生对相关内容的学习和记忆。原第8章经济林矮化密植与设施栽培改为第9章的经济林设施栽培。全书经过整合调整，共分为10章，理论知识和技术体系更趋完善。

第4版对各章的节次设置作了少许调整，对各章节的具体内容也全部进行了重新修改。第1章绪论：增加了"我国经济林学科专业发展历程"一节，重点充实、改写了我国经济林栽培利用简史。第2章经济林资源：按照新的经济林资源类别划分，重点充实改写了各类别资源的特点和主要经济用途；由于新的《中华人民共和国种子法》的颁布实施，对相关内容进行了相应的修改。第3章经济树木的生长发育：根据最新的国内外研究进展，主要对各节的内容进行了改写。第4章经济树木与环境：删除了经济林栽培区划一节，对各节内容进行了较大的修改。第5章经济树木的繁殖：集中介绍各种繁殖技术原理和方法，不列入育苗技术内容。第6章经济林良种基地建设与良种生产：除采穗圃、种子园和母树林外，还增加了种质资源一节，苗圃放入该章。第7章经济林营造：增加了"经济林基地营建成本与经济效益估算"一节。第8章经济林抚育管理：将原来的"产量调控"改为"花果管理"，并在其中增加了大小年调控的内容。第9章经济林设施栽培：进一步完善了该章体系结构。第10章经济林栽培作业机械化为新增加的内容。

本教材的第1章和第2章由中南林业科技大学谭晓风教授编写，第3章由南京林业大学彭方仁教授编写，第4章由华南农业大学奚如春教授编写，第5章由中南林业科技大学李建安教授编写，第6章由西北农林科技大学李新岗教授编写，第7章由西南林业大学石卓功教授编写，第8章由北京林业大学苏淑钗教授编写，第9章由中南林业科技大学王森教授编写，第10章由中南林业科技大学袁军副教授编写。全书最后由谭晓风教授负责统稿。

本教材编写过程中得到了各高等农林院校和中国林业出版社的关心和大力支持；各位编写人员不厌其烦，数易其稿；初稿完成后，还邀请了部分国内经济林专家进行讨论，各位专家提出了很好的修改意见；在此一并深表感谢！

在本教材出版之时，我们深切怀念《经济林栽培学》(第3版)副主编、被习近平主席誉为“太行山上新愚公”的河北农业大学李保国教授。李保国教授于2016年4月10日不幸逝世，他为《经济林栽培学》(第3版)的编写出版做出了重要贡献，也为我国经济林的产业发展做出了巨大贡献，他的逝世是经济林学界的一大损失。

因编者水平所限，本教材的不足与错误之处在所难免，敬请各高校任课老师、广大学生和读者在使用过程中提出宝贵意见，以便进一步修改、完善。

谭晓风

2024年8月修改

前言
第3版

光阴荏苒，日月如梭。原中南林学院胡芳名教授主编的全国高等林业院校试用教材《经济林栽培学》(第1版)公开出版发行即将30年。《经济林栽培学》(第1版)的出版，有力地推动了我国经济林专业、经济林学科的建设和发展，成为全国最著名的《经济林栽培学》教科书，也是经济林学科和森林培育学科研究生、从事经济林科研教学和管理等专业技术人员常备的参考书目，为经济林产业的发展做出了突出的贡献。10年前中南林业科技大学何方教授和胡芳名教授重新组织编写了全国高等农林院校教材《经济林栽培学》(第2版)。2004年，河北农业大学杨建民教授和北京农学院黄万荣教授共同主编了全国高等农林院校教材《经济林栽培学》。2006年，南京林业大学彭方仁教授主持编写出版了自编教材《经济林栽培与利用》。现在，参与《经济林栽培学》(第1版)编写的老专家都已退休多年，而且，近10年来，经济林学科建设、经济林产业发展和经济林科学研究发生了巨大的变化。为了适应新时期经济林事业发展和人才培养的需要，中南林业科技大学联合国内有关高等农林大学申请编写《经济林栽培学》(第3版)教材，并被列入普通高等教育"十一五"国家级规划教材。

《经济林栽培学》(第3版)教材沿袭了第1版和第2版的基本框架，但对其章节内容进行大幅度的调整、删减和增补，各章节的具体内容也全部进行了重新编写。鉴于全书总论和各论部分的内容和字数太多，而且各高校的林学专业一般只讲授总论，同时考虑到大学本科学生的购买能力，本教材编写委员会经过多次讨论，决定第3版分为总论和各论单独编写出版，本教材为总论部分。总论部分共分为8章，即绪论、经济林资源、经济树木生长发育、经济树木与环境、经济林良种繁育、经济林营造、经济林抚育管理、经济林设施栽培；删除了第2版(何方，胡芳名主编，下同)中的第4章"种子"和第6章"工厂化育苗"，部分内容并入第3版第1章"经济林良种繁育"；删除了原第7章"中国经济林栽培区划"，部分内容并入第3版第5章"经济树木与环境"；删除了原第9章"整形与修剪"，部分内容并入第3版第7章"经济林抚育管理"；增加了第7章"经济林抚育管理"。8章内容经过整合调整，全书结构更趋合理，层次分明，理论知识和技术体系相对完善；适当删除或精简了经济林理论知识和技术体系以外的内容，缩减了全书的篇幅；增加了一些新的理论知识、专业术语和技术内容，力求能全面反映当前国内外经济林的科学技术水平；适当安排相关知识点，阐述时尽可能考虑相关知识的逻辑关系和先后顺序，尽可能对经济林有关的专业术语进行完整、准确、简洁的表述，便于学生和初学者准确地理解相关知识和技术内容，也便于相关技术人员能随时、快速查阅相关专业术语，准确把握经济林的知识技术体系和经济林学科的内涵与外延。

第1章绪论。相对于第2版而言，删除了经济林的概念、经济林的再认识、世界经济林概况、中国经济林走向世界等4节，增加了经济林的作用和地位、我国经济林栽培利用简史、我国经济林产业现状与发展趋势等3节，保留和改写了“经济林栽培学的任务”一节。

第2章经济林资源。将原章名中国经济林资源分类与分布改为经济林资源，并对该章节次和内容作了重大调整和修改，删除了“中国林木资源”一节。保留了“经济林木分类”和“中国经济林木分布”两节，将原节名分别改为“经济林资源类别”和“中国经济林资源地理”，并对内容进行了改写。增加了“经济林树种资源”“经济林遗传资源”“经济林种质资源”“经济林资源利用”“经济林产品”等5节内容。该章中还增加了许多经济林的专门知识和专业术语。

第3章经济树木的生长发育。将原章名“经济树木生长发育规律”改为“经济树木的生长发育”。删除了第2版第一节“生长与发育”和第4节“经济树木生长发育的分析”。保留了原第2节“经济树木的生命周期”和原第3节“经济树木年周期”。第3版中增加了“经济树木的营养生长规律”“经济树木的生殖生长规律”和“经济树木生长发育的相关性”等3节；还增加了较多的关于生长发育的理论知识和专业术语。

第4章经济树木与环境。将原章名“经济树木生长发育与环境”改为“经济树木与环境”。删除了原“环境的概念”和“中国自然环境特点”2节。将原来第3节的6大内容调整为“气候因子对经济林生长发育的影响”“土壤因子对经济树木的影响”“地形地貌对经济树木的影响”“生物因子对经济树木的影响”等4节。增加了“绿色食品生产对环境条件的要求”一节，原“经济林栽培区划”一章调整到该章设一节。

第5章经济林良种繁育。将原第1章“苗圃”的章名改为“经济林良种繁育”，并对该章节次和内容作了重大调整和修改。增加了良种繁殖的内容，即增设第1节“经济林种子园营建”和第2节“经济林采穗圃营建”。保留了原“良种育苗内容中苗圃的规划设计”“实生苗培育”“无性繁殖苗培育”“容器育苗”“苗木管理”等5节，节次名称分别修改为“苗圃的建立”“实生繁殖育苗”“营养繁殖育苗”“容器育苗技术”“苗木管理与出圃”；原“苗圃地耕作”“苗木出圃”等2节并入新版第3节“苗圃的建立”和第8节“苗木管理与出圃”。增加了“设施育苗技术”“植物细胞工程繁殖技术”等2节。

第6章经济林营造。将原章名“经济林栽培”改为“经济林营造”，对该章节次和内容也作了重大调整修改。删除了原章中“目的意义及与林业六大重点工程的关系”“中国传统林业技术的现代意义”“经济林营造布局”“中国经济林林地种类”“栽培良种化”“经济林生态系统的管理”“现有低产林的改造”等6节。保留了原“宜林地选择”“林地整理”“栽培技术”等3节，节名分别修改为“经济林宜林地选择”“整地技术”“栽植技术”。增加了“经济林造林规划设计”一节。

第7章经济林抚育管理。为新设章，增加了“土肥水管理”“树体管理”“产量调控”“经济林产品的采收”等4节，原第9章“整形修剪”并入该章“树体管理”一节，原第8章第10节“现有低产林改造”并入该章。

第8章经济林设施栽培。删除了原“概述”“塑料薄膜棚的构建”“塑料薄膜大棚的性能”“塑料薄膜大棚栽培方法”“塑料薄膜大棚的管理”“遮阳网”6节，新增加“经济林矮化密植栽培”一节，原相关内容并入第3版的第2节“设施栽培”一节。

本总论教材的第1章、第2章由谭晓风教授负责编写，第3章、第4章由彭方仁教授负责编写，第5章由李建安教授和吕芳德教授负责编写，第6章由石卓功教授负责编写，第7章、第8章由李保国教授负责编写。全书由谭晓风教授统稿。

本教材初稿完成后，由第1版和第2版主编人胡芳名教授主审，并提出了很好的修改意见；教材编写过程中得到了各高等农林院校和中国林业出版社的关心和大力支持，在此深表感谢！

本教材虽历经数年，但因编者工作繁忙，水平有限，不足与错误之处在所难免，敬请各高校任课老师，广大学生和读者在使用过程中提出宝贵意见，以便再版时进行修改、完善。

谭晓风

2013年2月

目　录

第1章
绪　论

【本章提要】

本章介绍了经济林的定义、经济林的作用与地位、我国经济林栽培利用历史、经济林产业发展形势、经济林学科发展历程、经济林产业的发展趋势和本课程的主要任务；要求重点掌握经济林栽培学的主要研究内容和主要任务。

森林是地球上最大的生态系统，森林资源是地球上最大、可再生的生物资源，森林资源的培育和利用是林业产业建设和林业生态建设的主体内容。《中华人民共和国森林法》将森林分为防护林、用材林、经济林、薪炭林和特种用途林等5大林种，经济林是5大林种中经济效益、生态效益、社会效益兼顾得最好的林种。经济林资源是森林资源的重要组成部分，是林产品类型最为丰富、开发利用价值最大的森林资源。经济林产业是林业产业发展的重点，也是我国实施特困地区精准扶贫，实现乡村振兴的最重要产业，更是可持续发展的朝阳产业。

1.1　经济林的作用与地位

经济林(non-wood forest)是指以生产果品，食用油料、饮料、调料，工业原料和药材等为主要目的的林木。经济林产品(non-wood forest products，NWFPs)是指除用作木材以外树木的果实、种子、花、叶、皮、根、树脂、树液等直接产品或是经加工制成的油脂、食品、能源、药品、香料、饮料、调料、化工产品等间接产品，也称之为非木材(质)林产品。

1.1.1　经济林的作用

1.1.1.1　经济林在保障国家四大安全方面的作用

(1)经济林在保障国家粮食安全方面的补充作用

粮食问题是一个长期困扰我国也是长期困扰全球的世界性难题，解决人类生存第一需要是保证国家长治久安的立国之本。中华人民共和国成立以来，我国粮食单位面积产量和总产量得到大幅度的提高，但近年来每年仍需要从国外进口约 1×10^8t 的粮食。我国耕地面积仅 1.2×10^8hm^2，呈刚性短缺，粮食单位面积产量和总产量的提升空间十分有限，加之全球气候变化的加剧，水旱灾害频繁，粮食安全问题始终是摆在我国政府和全国人民面前不可回避的严酷现实。我国有林地面积 0.3×10^8hm^2，向山地要粮、向山地要油、向山地要能源已成为我国重大的战略选择和紧迫的历史任务。我国有300多种栽培和野生的木本粮食树种的种子或果实可直接食用，或通过简单加工和贮藏处理就可食用，而且营养成分丰富、品质优良、适应性强。在原有木本粮食树种的基础上，再规划开发 100×10^4hm^2 荒山荒地发展木本粮食，通过提高良种化水平和栽培技术水平，则每年木本粮食产量可 $4\,500\times10^4$t，相当于解决1.1亿人口的粮食问题。发展木本粮食具有重大的战略意义，不占用耕地，且一年种植，年年受益，是对草本粮食的最好补充，更是战争或灾荒年份的重要食物来源。

(2)经济林在保障国家食用油安全方面的关键作用

从1985年以来，我国每年都要从国外进口大量食用植物油，而且逐年攀升。近年来，年消耗量约 $3\,000\times10^4$t 以上，而国产食用植物油徘徊在 $1\,000\times10^4$t 左右，食用植物油的自给率降到33%以下。随着我国人口的继续增加，耕地面积的不断减少，完全利用农业用地来满足我国食用植物油发展的需要是根本不可能的。我国有200多种的木本油料树种资源，种仁含油率50%以上的就有50多种，油茶现在已经成为我国4个大宗油料作物(油菜、大豆、花生、油茶)之一，而且木本油脂如茶油、橄榄油等的食用和保健品质较草本油料的更优。利用我国的大面积的荒山荒地发展木本油料大有可为，是防止粮油争地、保障我国食用植物油安全的根本出路。

(3)经济林在保障国家能源安全方面的战略作用

随着我国经济建设规模的不断扩大，能源需求也越来越大，进口量逐年大幅增长，自给率越来越低。我国原油对外依存度超过55%，而且世界石化能源的日趋枯竭，能源安全形势非常严峻，开发生物质能源等新型可再生能源成为保障我国能源安全的一种战略选择。我国有数百种的木本油料树种和淀粉树种资源，许多木本油料可以生产生物柴油，木本淀粉可以生产燃料乙醇，木材和其他剩余有机物质也可生产燃料乙醇和其他生物质能源，利用林地来发展生物质能源有巨大的发展潜力。

(4)经济林在保障国土安全和改善生态环境方面的保护作用

经济林占我国人工林面积的40%以上，每年通过光合作用将太阳能和 CO_2 转化为生物产量和经济产量，并释放大量的 O_2，在固碳、释氧和国土安全治理等方面发挥重要作用，是我国重要的碳汇资源。而且，多数经济树种寿命长，如银杏、香榧等可达千年以上，每年只收取果实、种子等产品，不需砍伐树木，不会形成采伐迹地，不会在短期内向空气中释放大量的 CO_2，具有稳定碳汇的重大作用。

1.1.1.2 经济林在保障国家四大原料产品供给方面的重要作用

(1)经济林在保障果品供给方面的主导作用

果品产业已经成为种植业中继粮食和蔬菜之后的第三大产业。随着国民经济日趋发达，生活水平逐步提高，国内外消费者对果品的需求量将越来越大，对果品品质的要求越来越高。我国有丰富的果品树种资源，包括大量的干果和水果，南北花色品种多样，年产量巨大，营养丰富，而且原产树种多，具备了良好的果品产业发展基础，我国已经成为世界上第一大果品生产国，栽培面积和总产量均居世界第一位。经济林果品产业是劳动密集型和技术密集型相结合的产业，是我国农林业中具有国际竞争力的优势产业，也是对环境保护优异的生态产业。经济林产品多生长在远离工业污染的地区，品质优良，营养丰富，可生产纯天然的有机食品。大力发展经济林果品产业，特别是发展名特优经济林果品新品种，进一步提高果品质量，实现周年供应，保持果品产业健康有序的发展，增强发展后劲，不断满足国内外市场对新鲜水果和营养丰富的干果日益增长的需要，促进林业产业建设和林业生态建设，特困山区的精准扶贫等都具有重要的现实意义和历史意义。

(2)经济林在保障珍贵药材供给方面的特殊作用

木本药材是我国栽培种类多、资源和需求量大、经济效益好的重要经济林树种。正常年份，国内外对杜仲、厚朴、黄檗、肉桂、金银花的需求量分别 200×10^4kg、240×10^4kg、180×10^4kg、300×10^4kg 和 $2\,000\times10^4$kg，我国枸杞的年产量达 $1\,700\times10^4$kg 以上。其他适生于我国的木本药材树种如银杏、喜树、红豆杉、八角、木瓜、栀子、山茱萸、吴茱萸等都是我国特产的重要经济树种，这些树种的叶、果、种子、树皮是重要的中药材，具有益肺气、治喘咳、止带浊、缩小便、平皱纹、扩张微血管、增加血流量、抗癌等医用效果，同时也有抗皱美容、延年益寿的保健功效，为国民健康提供了良好的医药保障。我国生产的珍贵中药材不仅满足国内市场的需要，还大量用于出口，满足世界各国对我国原产中药材的需求。我国每年的原料药出口值达200亿美元以上，而且呈平稳增长趋势。

(3)经济林在保障人类日用品供给方面的重要作用

随着经济的快速发展和人民生活水平的提高，对日常生活用品的需求越来越高。许多经济林产品是人类优质的日常生活用品或这些日常生活用品的制作原料，如茶、咖啡、可可等饮料，八角、花椒、胡椒等调味料，以山苍籽油、桉叶油、樟油等为基本原料制成的各种香精、香料、化妆品、护肤品等都是人们日常生活中不可或缺的日用品，发展日用经济林产品，可以大大提高人们生活质量和人民整体健康水平。

(4)经济林在保障工业原料供给方面的支撑作用

我国工业原料树种更多，为轻工、化工、食品、能源、造纸、电子、机械等工业部门提供各种原材料。油桐、乌桕和漆树是我国特产的经济树种，是制造环保型油漆、油墨、国漆等的优质原料树种，桐油还是最优质无可替代的大规模集成电路板的浸渍保护材料；我国的白蜡、紫胶、山苍籽油、桐油、生漆等工业原料还基本上垄断了国际市场。

1.1.2 经济林的地位

(1)经济林在林业产业体系建设中的首要地位

我国林业产业主要包括经济林产业、木材产业、林化产业和其他林业产业，其中经济林产业占林业第一产业产值的近60%；而且，与生产木材的用材林十几、二十年才有一次采伐收入完全不同，经济林进入始收期后，每年都有产品收入，可持续收入数十年、上百年(如油茶等)，甚至上千年(如银杏、香榧等)。此外，林化产业的初级产品绝大多数是经济林产品，林化产业(经济林深加工产品产业)与经济林产业密不可分；可以说经济林产业是林业产业的重点，居林业产业的首要地位，发展经济林产业是发展林业产业的重中之重。

(2)经济林在林业生态体系建设中的重要地位

经济林不仅具有重要的食用、药用、工业用等多种经济利用价值，还具有一般森林所具有净化空气、保持水土等重要的生态功能。与用材林砍伐后形成采伐迹地等不同，多数经济林经济寿命比较长，不仅每年有经济收入，可以长期固定空气中大量的CO_2，形成稳定的固定碳源库，释放大量的O_2，而且还避免了因采伐导致的短期碳源释放。我国有$3\,200 \times 10^4 hm^2$的经济林，碳汇固定能力非常强，在林业生态体系建设中发挥着重要的作用。

(3)经济林在森林文化体系建设中的核心地位

经济林树种繁多，从古至今，与人们吃、穿、用等生活起居息息相关，也流传着千千万万的与经济林、经济林产品有关的历史故事，也有众多的历史文献记载。一些重要经济树种如栗、枣、柿、银杏、油茶、油桐、核桃、竹等都与饮食文化、军事文化、宗教文化、中医文化发展具有密切联系，还有数不清的民间传说和历史故事，这些经济林产业文化如得到很好的挖掘，可以构建一幅经济林产业文化的壮丽画卷，成为森林文化体系特别是历史森林文化的主体。

(4)经济林在新农村建设和精准扶贫中的突出地位

经济林是集经济效益、社会效益和生态效益于一体的林种。经济林产业见效快、收益期长，是缩小城乡差距，促进农民致富，推动农业发展的最直接项目；同时经济林树种或四季常青，或花果飘香，是美化、绿化农村环境，打造生态型村庄，提升农民的生活品位和质量最好的方式；中国山区长期经济落后，农业经营项目单一，严重限制了山区农业的发展，经济林产业能改变靠木材采伐为主要经济来源的格局，形成名特优经济林产品产业带，对调整农业产业结构、发展农村经济林和实现山区精准扶贫建设中发挥着不可替代重要作用。

1.2 我国经济林栽培利用简史

1.2.1 我国远古时期对经济林产品的利用

中国夏朝以前的远古时期是原始社会，经历了漫长的历史发展过程，混沌初开，山地丘陵森林密布，低洼平地河流湖泊纵横，野兽多而人口少。远古时期没有农业和其他产业，原始人群主要靠采集和狩猎维持生计。《淮南子·修务训》中记载：“民茹草饮水，采树木之实。”《庄子·盗跖》中记载：“古者禽兽多而人民少，于是人民皆巢居以避之”“昼拾橡栗，暮栖木上。”后来因严寒气候的逼迫，他们便逐渐走向洞穴，《礼记·礼运》中记载：“冬则居营窟，夏则居橧巢。”

后来的考古也证实了上述历史记载。在距今69万年前，北京房山周口店北京人洞穴的灰烬里，发现了朴树子；在距今7 500多年前的，河南省新郑县裴李岗遗址发现了枣、栗和核桃；在距今7 000多年的河北省武安县磁山遗址发掘了榛、核桃、小叶朴等炭化果实；在浙江省余姚县河姆渡遗址有核桃、锥栗和酸枣遗存；在约5 000年前的黄河流域仰韶文化遗址也出土了榛子、栗子、松子、朴树子和植物块根等。证明在我国华北和西北有7 000年以上的榛、栗、枣和核桃的利用历史，最初作为木本粮食用。由此可知，远古时代，人类的主要食物来源取自于野生树木果实，即经济林的直接产品。由于野生水果(如杏、桑葚、桃、李)不适宜贮藏，只能在成熟期短期食用，可直接食用的野生干果尤其是橡子(包括栗、榛等)、枣、核桃等就成为该时期人类的主要利用对象。从考古发现和许多历史文献的记载中足以证明，我国远古时代人类赖以生存的粮食是栗、枣、榛等木本粮食，可以说：是木本粮食孕育了人类。

距今约1万年以前，中国进入新石器时代，才有原始的农牧业出现，包括一些除作为食用以外的经济林产品的利用。例如，在西安市半坡仰韶文化出土陶器底部发现有编织物的纹痕，可能是利用竹和树皮纤维等制成各种编织物；在距今约5 000年的浙江省湖州市吴兴区钱山漾良渚文化遗址出土了200多件竹编器物。相传神农氏“削桐为琴，绳丝为弦”，舜“作为食器，斩山木而财之，削锯修其迹，流漆墨其上”，“禹作祭器，墨染其外，而朱画其内”，说明那时就知道制造利用生漆了。

1.2.2 我国上古时期(夏商周春秋战国)经济林栽培利用

我国作为历史上的农业大国，历朝历代都有重视发展经济林的传统，而且涉及吃、穿、用等各个方面。夏朝是我国历史上第一个朝代，开始进入了奴隶社会。夏、商、周和春秋战国时期，农牧业生产有较大的发展，也开启了经济林栽培利用的历史。

由于农耕文化的兴起，草本作物后来逐渐成为人类的主要食粮，但在相当长的历史时期，木本粮食仍发挥着重要的作用。殷商时期的甲骨文中就出现了栗、栎、柏、竹、桑等经济树木的文字。夏商周时期特别是春秋战国时期，许多典籍中都有关于经济林树种、经济林和经济林产品的记载。我国第一部诗歌集《诗经》提到的树木约50种。《诗经》中对榛、栗和枣(含酸枣)的描述特别多，说明远古代和上古代的木本粮食是以淀粉类干果为主，同时也说明木本粮食仍然是周朝和春秋战国时期的主要食粮，并广为种植。《诗经·十五国风·鄘·定之方中》载：“树之榛栗，椅桐梓漆(栽种榛树和栗树，还有楸树、泡桐、梓树和漆树)。”周代朝廷提倡发展经济林，《管子》载：“民之能树百果，使繁兖者，置之黄金一斤，直食八石，谨听其言所藏之官，使师旅之事无所与，此国筴之者也”；《左传·庄公二十四年》载：“男贽，大者玉帛，小者禽鸟，以章物也。女贽，不过榛栗枣，以告虔也。”《战国策》载有：“北有枣栗之利，民虽不由田作，枣栗之实，足食于民，此所谓天府也。”《韩非子》载：“秦大饥，应侯请曰：‘五苑之草、著、蔬菜、枣、栗足以活民，请发之’。”《周礼·天官》载：“馈食之笾，其实枣栗。”当然，同时期还有其他食用经济树种的利用，《诗经·大雅·荡之什·韩奕》载：“其蔌维何，维笋及蒲(用的蔬菜是什么，嫩笋嫩蒲)”，说明竹笋很早以前就被我国先民所食用。《诗经》中还有大量的关于桃、甘棠(杜梨)、梅、栎、枸(枳椇)、柏、漆、桑、葛、蕨等经济树种的描写。

成书于2 400多年前的《山海经》亦有大量的关于经济林树种的记载。如《南山经》载：“招摇之山……多桂(肉桂)……虖勺之山，其上多梓、楠，其下多荆(牡荆)、枸(枸杞)。”《西山经》载：“小华之山，其木多荆、枸。……石脆之山，其木多棕(棕榈)、楠。”《北山经》载：“虢山，其上多漆、其下多桐(梧桐)、椐(枫杨)……潘侯之山，其上多松、柏，其下多榛、楛。”《东山经》载：“孟于之山，其木多梓、桐，多桃、李”。《中山经》载：“熊尔之山，其上多漆，其下多棕。”《山海经》载：“员木(油茶)，南方油实也”，说明我国油茶作为食用植物油也有2 400年以上的栽培利用历史。

《尚书·禹贡》将当时的疆域划分为冀、兖、青、徐、扬、荆、豫、梁、雍九州，分别记载了各州的山水、土壤、植被等情况，包括山里和贡品情况，“兖州、豫州贡漆，青州、兖州贡丝(桑)，徐州贡桐，扬州贡……橘、柚，荆州贡杶(椿)、栝(桧)、竹”。

商周时期特别是春秋战国以后，生漆普遍作为涂料使用，而且出现了漆器。《史记·庄子传》载：“庄子者，蒙人也，名周。周尝为蒙漆园吏。”《庄子》记载：“漆可用，故割之”。湖北省黄陂县盘龙城商代中期遗址发现一面雕花、一面涂朱漆的木椁板印痕；河北省藁城县台西遗址出土了一些漆器残片；湖北省蕲春县毛家嘴、陕西省西安市普渡村、河南省三门峡市上岭村等遗址先后发现了西周的漆器。

商周时期也有对木本香料利用的零星记载，如《韩非子·外储说左上》载：“楚人有卖真珠(珍珠)于郑者，为木兰之椟，熏以桂(肉桂)椒(花椒)。”

该时期的一些古籍中还记载了一些经济林树种的物候、生态习性和利用。古代建邦立国要建祭祀的“社”，建社则要种植树木，相传“夏后氏以松，殷人以柏，周人以栗”，初步体现了“适地适树”的原则。成书于春秋或更早时期的《夏小正》是中国最早的农家历，其中就有一些经济林树种的物候记载，如“三月 摄桑(桑树即将出叶，应即修枝)”，“八月 剥枣(枣成熟可收取)、栗零(栗成熟而落地)。”《诗经·十五国风·豳》中就有“八月剥枣”的诗句，《诗经·十五国风·唐·山有枢》中写道：“山有漆，隰有栗”，《诗经·十五国风·秦·车邻》中写道：“阪有桑，隰有杨”，《诗经·十五国风·邶·简兮》中有：“山有榛。”《晏子春秋》载：“橘生于淮南则为橘，生于淮北则为枳。”

1.2.3 我国中古时期(秦汉唐晋宋)经济林栽培利用简史

秦以农战并天下，秦始皇统一六国后，下令焚书坑儒，非秦记皆烧，但不烧种树之书。

汉王朝对经济林重视有加，《史记·货殖列传》记载：“安邑千树枣；燕秦千树栗；蜀、汉、江陵千树橘；淮北、常山已南，河济之间千树萩；陈、夏千亩漆；齐、鲁千亩桑麻；渭川千亩竹……此其人皆与千户侯等。”在长沙马王堆3号汉墓出土的帛书《五十二病方》中就记载了桂、辛夷、厚朴、椒等27种木本药材；马王堆1号汉墓女尸手中握有2个熏囊，椁内还有4个熏囊、6个绢袋、1个绣花枕和2个熏炉，都装有香料(桂皮、花椒、辛夷等)，说明该时代在充分利用木本药材和木本香料等经济林。西汉问世的《尔雅》是中国最早的词典，该书有《释草》篇和《释木》篇，《尔雅·释木》篇记载的木本植物80多种，包括许多经济树种，如枣、酸枣、花椒、李、桃等，竹类被收入《释草》篇。东汉时期的《说文解字》收录的木本植物达100多种，梅、杏、李、桃、橘、橙、柚等都有收录，黄檗、白蜡也被收录其中。《氾胜之书》即为汉朝著名农林专著，其中就有关于桑树等栽培的著述，书中提出了植树造林的适宜时间。

三国时期《临海水土异物志》是最早记载台湾(夷州)风土人情和动植物的书，涉及的经济树种有杨桃、金橘、黄皮、余干子、杨梅等。西晋《广志》中记载了许多经济果树品种如枣、核桃、李、桃等，说明该时期对一些经济树种的品种有相当深入的研究。东晋《尔雅注》对《尔雅》诸多树种如南方的肉桂等作了注释。晋代对木本粮食的利用具有很高的地位，甚至以野生橡栗作为军饷的记载，被誉为“河东饭”。东晋时期还出现了中国第一部竹类专著《竹谱》。南北朝《北魏书孝文帝本纪》记载：“太和九年，下诏均给天下民田：……诸初受田者，男夫一人，给田二十亩，课莳余，种桑五十株，枣五株，榆三株。非桑之土，夫给一亩，依法课莳榆、枣。……”；《梁书沈瑀传》：“永泰元年，为建德令，教民一丁种十五株桑、四株柿及梨栗，女丁半之，人咸欢颜，顷之成林”；说明该时期对发展栗、枣、柿、梨、桑等经济林非常重视。该时期编撰的我国古代第一部农业百科全书——贾思勰所著的《齐民要术》就包括了枣、栗、榛、柿、桃、樱桃、葡萄、李、梅、杏、桑、漆、木瓜、乌桕、花椒、乌榄、油橄榄等重要经济树种的栽培法，还专门介绍了以棠梨或杜梨为砧木的梨树嫁接繁殖方法。乌桕的最早记载见于《齐民要术》：“《玄中记》：‘荆阳有乌臼，其实如鸡头，迮之如胡麻子，其汁味如猪脂’。”《竹谱》也是该时期的重要经济树种著作。此一时期对松脂、樟脑、紫胶等经济林产品的利用也有了发展。

隋唐时期是中国封建社会的兴盛时期，继续实施前代的永业田制度，朝廷劝民种植桑、枣、榆等经济林，桑、枣、茶、漆、竹等经济林获得大发展，《茶经》就为该时代的经济林著作的代表作。油桐最早历史记载也出自唐代，739年陈藏器所著《本草拾遗》载：“罂子桐(油桐)生山中，树似梧桐。”

宋太祖取得天下后，下诏广植桑枣，经济林的栽培利用的范围和树种得到进一步地扩展，一批经济林专著相继问世，如陈翥的《桐谱》、蔡襄的《荔枝谱》和《茶录》、韩彦直的《橘录》、赞宁的《笋谱》均为该时期的著名经济林专著。苏颂撰写的《图经本草》记载的树木有50多种，主要是经济林树种，包括果树(栗、枣、桃、李、杏、橘、柑、橙等)、油料树种(油茶、油桐、乌桕等)、染料树种(槐、栀子、五倍子等)、叶用树种(桑、茶、栎)、特用树种(漆、棕、皂荚等)。陈詠编著的《全芳备组》分前后2集，后集的1~9卷为果部，收载了荔枝、柿、枣、核桃、栗、银杏等33种，其他部还收载了茶、桑、竹笋、枸杞等经济树种。1116年宋朝寇宗奭《本草衍义》记载：“一种荏桐(油桐)，早春先开淡红色花，状如鼓子花，成筒子，子或作桐油。”

1.2.4 我国近现代(明清民国)经济林栽培利用简史

明清时期是中国封建社会走向衰亡和资本主义开始萌芽的历史时期，经济林产品的开发利用进入了一个涉及吃、穿、用等各个方面的全面发展时期。

朱元璋在南京建国后以农桑为立国之本，倡导民众大量营造经济林，《明书食货志》载：“洪武时，命种桐、漆、棕，于朝阳门外钟山之阳，总五十余万株，……二十五年，又明令百姓广栽桑、枣、柿、栗和核桃，二十七年又令户部凡百姓栽桑枣，违制者按律治罪。二十八年诏河南、山东桑枣毋征税。”可见当时朝廷对发展经济林的重视程度。为满足当时经济林产业的发展，当时关于经济林栽培利用的著述也非常丰富。明朝李时珍的《本草纲目》在果部和木部收载了大量的经济林树种，包括栗、枣、核桃、银杏、榛子、扁桃

(巴旦杏)、荔枝、龙眼、花椒、枸杞、樟、黄檗、厚朴、杜仲、漆、油桐、棕榈、乌桕、桑、李、杏、梅、桃、梨、柰、石榴、樱桃、柑、橙、柚、枇杷、橄榄等经济林树种。明洪武十二年俞贞木编撰的《种树书》记述了全年主要农事活动，其中包括枣、花椒、桑、石榴、茶、油桐、柿等经济树种，此后的农书如《农政全书》《群芳谱》等都引用了该书不少的资料。白蜡和乌桕的栽培利用在明朝得到空前的发展，徐光启的《农政全书·放养白蜡虫法》和《农政全书·种乌桕》中详细描述了白蜡(含女贞)和乌桕栽培利用技术。

桐油最早主要用于农具和家具的表面保护、照明灯油和古代木质船的保护，13世纪意大利人马可·波罗在《东方游记》中就详细描述了我国用桐油混石灰及碎麻修补船隙。后来由于油漆、油墨产业发展的需要，我国桐油成为全球性大宗出口贸易商品。乌桕种子外包被的皮油过去一直是部分山区农民的食用油之一，种仁榨取的梓油可代替桐油或与桐油合用来生产油漆、油墨。

清雍正十二年，“各省额办户部物产，直隶解榛、栗、黄栌木，江苏、安徽、浙江均额解桐油，江西额解桐油、五倍子、台连纸，山西额解毛头纸、呈文纸，湖北湖南均解白蜡，广东额解降香、紫榆、花梨木、白蜡”，其中的榛、栗、桐油、五倍子、白蜡、降香等都是经济林产品，可见经济林产品已经成为清王朝的主要皇家物产贡品。

民国时期，我国最为大宗的出口商品是桐油、茶叶和陶瓷，其中桐油和茶叶都是经济林产品。1938年民国政府与美国政府签订了《桐油协议》，以中国的桐油作购买美国军事武器的抵押商品，民国政府也在该时期内大力发展油桐产业，使油桐产业得到迅速发展，油桐的研究也进入一个新的历史时期。

1.2.5 我国当代经济林栽培利用简史

中华人民共和国成立以来，我国经济林产业得到迅速地恢复和发展。尤其是近年来，国家高度重视经济林建设，把经济林产业建设作为现代林业建设的重要组成部分，把发展木本粮油、特色经济林和林下经济列为加快林业产业发展的主导产业，出台了一系列政策措施。2008年，国务院发布了《关于促进食用植物油产业健康发展保障供给安全的意见》，2009年出台了《全国油茶产业化发展规划》，2011年国家林业局和财政部出台了《关于整合和统筹资金支持木本油料产业发展的意见》等，这些文件都明确提出要加大对名特优经济林产业，尤其是对木本粮油产业进行重点扶持。国家林业局的《全国特色经济林产业千县富民发展规划(2011—2020)》及木本粮油重点树种的专项建设规划也将陆续出台。我国经济林产业已经步入快速发展的黄金时期，这是我国历史上经济林产业发展最快的历史时期。

1.3 我国经济林产业现状和发展趋势

1.3.1 我国经济林产业现状

当前，我国经济林产业建设形势喜人，经济林产业进入一个全面发展的新时期。据统计，2016年我国林业产业产值达6.49万亿元，其中第一产业产值约2.1万亿元；我国经济林栽培总面积达3 588 $\times 10^4 hm^2$，各类经济林产品总产量达1.7 $\times 10^8$ t，总产值1.2万亿元，占我国林业第一产业产值的近60%；我国有特色经济林重点县近1 000个，从事经济林种植的农业人口已达1.828 4亿人。我国经济林栽培总面积和干鲜果品总产量已位居世界前列。按照"十三五"林业发展规划的要求，到2020年，林业总产值将达到8.7万亿元，我国特色经济林种植面积将达到4 100 $\times 10^4 hm^2$，主要经济林产品超过2 $\times 10^8$ t，经济林第一产业产值将超过2万亿元。

我国经济林产业发展迅速，已经成为世界经济林发展大国，但还不是经济林强国。在规模化发展过程中还存在一些不可忽视的问题，如经济林产业良种化程度、经营管理水平、作业机械化程度低、单位面积产量、产品品质、国际市场竞争能力、经济效益等还比较低。今后一段时期的主要任务是促使经济林产业从规模扩张型向质量效益型的方向转变，全面提升经济林产业的良种化水平、生产经营水平、作业机械化水平、单位面积产量水平、产品质量水平、在国际市场上的竞争力和经济效益，促进经济林产业的健康发展，使我国成为世界经济林大国和经济林强国。

1.3.2 我国经济林产业发展趋势

(1)经济林产业发展的可持续化和绿色增长

随着我国经济的持续、快速发展和人民生活水平的不断提高，经济林产业将在现有的基础上获得更大的发展，以木本油料为主的经济林的产量与质量均会有较大幅度的提高，其他如果品、能源、芳香油、木本药材等类经济林产业将会获得更快的发展，这是由未来社会快速发展、不断进步和人们对这些经济林产品需求增长所决定的。未来经济林产业发展的重要前提是可持续发展和绿色增长，具体而言，是在发展经济林生产的同时，不能导致经济林产地生态环境的破坏和地力的下降，要实现经济林生产的可持续发展，不仅需要充分的认识与严格的管理，而且需要提高科学技术水平，建立完善的科学栽培技术体系特别是地力维持、化学农药的限制使用、生物防治、耕作制度改善等方面的技术体系，实现绿色增长。同时让更多的社会资金流入经济林，建立一个辐射范围广、产业链条长、产业种类多的复合产业体系。

(2)经济林种苗的良种化、无性系化

良种是保证经济林优质、丰产的基础，在经济林生产中占有重要的地位，今后栽培的经济林木将会全部采用经人工选择或是其他育种方法培育出来的经国家和地方审定或认定的优良经济林品种，这些优良品种不仅具有很好的丰产性能，而且还具有优良的品质特征和抗逆性能，能满足人们对各种经济林产品的需要，满足各产区的不同气候、土壤条件的栽培需要。良种繁育是实现良种化的重要途径，经济林的良种繁育均会采用无性繁殖(除个别树种外)，以保证亲本优良性状的稳定遗传和表达。无性系繁殖的方法以嫁接为主，此外还有扦插和组织培养，有很大部分苗木已经实现了工厂化育苗。另外，为保证经济林苗木的真实性，要在各省(自治区、直辖市)建立相应的采穗圃、苗木繁育基地和良种鉴别体系与专门的良种登记、审定及鉴别的管理机构。

(3)经济林栽培的集约化、标准化

未来经济林栽培一般采用矮化密植技术，矮化的主要方法是选用矮化砧，并通过整形修剪等其他栽培技术措施达到矮化的目的。集约栽培贯穿经济林生产的各个环节和各个时期，主要以树体管理、土壤管理、病虫害管理、营养生长和生殖生长调控为主要内容，要制定不同树种的国家标准和行业标准，规范生产加工行为，以龙头企业为依托，打造产业化和标准化的生产体系。

(4)经济林生产经营的规模化、机械化

经济林产业将从过去的个体小面积经营、野生半野生资源开发利用，逐步转向面向国际市场，利用各地的优良品种与特定的生态条件，进行优质名牌经济林产品的基地化、规范化经营，这有利于充分发挥各地的良种优势、经营优势、产品深加工优势和市场优势，创立适应国际大市场的名牌"拳头"产品，实现"一村一品""一乡一品"或"一县一品"，获得良好的经济效益、生态效益和社会效益，也有利于机械作业，节约劳动生产成本，建立生产、加工、销售一条龙的经营服务体系，形成规模效应。

(5)经济林产品加工利用的多元化、安全化

经济林产品丰富，果品、油料、饮料、药材等类产品应有尽有，除继续发展木本油料产品外，将来还要大力发展其他种类产品，使经济林产品更加丰富多样，以满足国家经济建设和人们日常生活的各种需要。有些经济树种浑身是宝，现只利用了其中的一部分，或仅开发出部分产品，还有很大的开发利用价值，随着加工利用技术水平的提高和市场发展的需要，经济林产品将会得到进一步的开发利用，特别是要对一些经济林产品粗加工后的废弃物进行深度的加工，充分挖掘其利用价值，提高其经济效益，也有利于改善环境。经济林产品特别是可食用、药用及林用等产品关系到人民群众的身体健康，因此，应加强对品质控制、质量标准、检测技术和监管制度的研究，在自原料到生产和销售的全过程中努力做好质量监控和食品安全工作。

1.4 我国经济林学科专业发展历程

我国是经济林学科的创始国。中华人民共和国成立前，我国虽然有一些经济林树种的研究，但没有形成经济林学科，更没有经济林专业。经济林学科和专业创立于1958年，我国的经济林学科专业的发展历程大体上可以分为3个阶段。

(1)经济林学科专业的创立阶段(1958—1977)

1958年，中南林业科技大学的前身——湖南林学院和南京林业大学的前身——南京林学院率先在国内外成立经济林本科专业(当时称为特用经济林专业或特用林专业)，标志着经济林学科和经济林专业的正式诞生。1959年，华东华中区高等学院(校)教材编审委员会还编写出版了《特用经济林》专业教材(实为经济林栽培学各论教材，安徽农学院陈秀华主编)。1960年，西南林业大学的前身——昆明农林学院成立特用林系，包含特用经济林本科专业和橡胶本科专业。南京林学院招收并培养了2届经济林本科生后停止招生，昆明农林学院也因各种原因没办多久就停止招收经济林本科生。只有中南林学院的经济林本科生招生一直没有停止，仅"文革"中短期停顿(1966—1971)，1972年恢复招生(工农兵学员)。1975年，福建林学院——现福建农林大学开始招收经济林专业学生(工农兵学员)。

1963年，科技部科技发展规划中开始设置经济林学科。

此阶段经济林学科专业特点是：专业名称不一；专业课程不固定，专业教材不规范，无统编及正式出版教材；专业课教师多为本科学历，职称低，几乎无教授和副教授；无研究生培养层次；研究课题无级别；经济林研究注重栽培研究，不注重育种研究，更不注重基础研究；研究手段差，研究方法基本上限于调查研究，发表论文极少。

(2)经济林学科专业形成阶段(1978—1997)

1977年我国正式恢复高考，1978年，中南林学院和福建林学院正式招收第一批经济林专业本科生。此后，经济林学科专业得到迅速恢复和发展。1978年，浙江农林大学的前身——天目(浙江)林学院与河北林业专科学校(现河北农业大学)招收经济林专科，1979年浙江林学院开始招收经济林本科学生。之后，全国一大批农林大学，如西北林学院——现西北农林科技大学、西南林学院——现西南林业大学等高校先后设置经济林本科专业，招收经济林本科生。1980年，由中南林学院牵头成立了经济林专业教材编委会，胡芳名教授担任主任，组织全国相关农林院校编写了《经济林栽培学》(胡芳名主编)、《经济林育种学》(胡芳名、龙光生主编)、《经济林产品利用及分析》(邓毓芳主编)、《经济林病理学》(吴光金主编)、《经济林昆虫学》(王问学主编)、《经济林研究法》(何方、刘煊章主编)等系列经济林专业教材，这套教材均由中南林学院相关教师主编，中国林业出版社正式出版。

该阶段，不仅本科生教育发展很快，而且研究生教育正式发展起来了。1978年，福建林学院招收了第一届经济林学科研究生，1981年中南林学院招收了第一届经济林学科硕士学位研究生。1994年，中南林学院招收了第一届经济林学科博士学位研究生，1997年毕业，标志着我国建立了完整的经济林学科教育体系。中南林学院、浙江林学院等还相继成立了经济林系，经济林学科得到快速发展。

此阶段经济林学科的科学研究和平台建设也初具规模。油茶、油桐、核桃、板栗、枣等树种分别被列为“六五”和“七五”国家攻关计划。由于本科教学和科学研究的需要，经济林学科队伍迅速扩大，科学研究也取得了一大批重要成果。其间，还批准成立了“中国林学会经济林分会(1986年)”等全国性经济林学术组织、“经济林育种与栽培林业部(现国家林业局)重点实验室(1995年)”等技术平台，并创建了我国唯一的经济林学术期刊——《经济林研究》。

此阶段经济林学科专业的特点是：经济林专业学科名称固定，专业课教材均为统编和正式出版；人才培养覆盖学士、硕士、博士，层次完整；专业课教师多为硕士，专业课教师职称较高，有一批教授和副教授；研究课题达到国家项目的课题和专题级，开始注重育种研究；研究手段有一定提高，有试验与实验研究，开始进入分子水平；论文发表较少，获奖科技成果层次比较低。

(3)学科专业方向发展阶段(1998至今)

1998年，全国学科专业大调整，原来的经济林二级学科并入森林培育二级学科，经济林专业并入林学专业。而且，由于经济林树种基本上没有列入“八五”“九五”和“十五”国家攻关计划(后改为国家科技支撑计划，即现在的国家重点研发计划)，经济林学科专业发展均受到很大的发展限制，各高等农林院校相继撤并了经济林专业和学科，仅中南林业科技大学以林学专业经济林专业方向培养经济林本科生，自主设置经济林学科博士点，招收经济林学科硕士研究生和博士研究生，经济林博士研究生和硕士研究生培养受到较大的影响；全国的经济林学科队伍也出现严重萎缩。

2006年，一批经济林树种被列入国家“十一五”科技支撑计划；2008年，中南林业科技大学自主设置经济林学科博士点，2012年国务院学位委员会恢复了经济林二级学科博士点和硕士点；2011年后，一批国家级和省部级经济林重点实验室、研究开发中心、工程技术中心等技术平台相继建立，经济林学科因此又得到较快发展，学科队伍也得到快速扩大。特别是最近几年来，经济林产业在国家精准扶贫工作中发挥了巨大作用，经济林产业不断发展壮大，成为我国林业产业第一大产业，经济林专业技术人才呈现紧缺状态。

此阶段经济林学科专业特点是：前期因学科专业被合并，国家级课题缺乏，学科人才队伍萎缩；后期经济林产业受到重视，人才队伍迅速恢复壮大；经济林学科专业教师学历大幅度提升，20世纪60年代以后出生的教师基本上都具有博士学位；研究领域涉及育种、栽培、加工利用和应用基础研究；研究条件大幅改善，研究水平大为提升，全面进入分子水平；学术论文发表数量大幅度增加，高档次论文逐渐增多，并在国外英文期刊发表；获奖的科技成果奖励层次也得到较大的提高。

1.5 经济林栽培学的主要研究内容与主要任务

经济林栽培学是一门研究经济林栽培理论和栽培技术的综合性应用科学，包括经济林栽培理论体系和经济林栽培技术体系的相关内容。

经济林栽培理论体系涵盖经济林资源学理论、经济林生物学理论、经济林生态学理论、经济林培育学理论和经济林利用学理论，这些理论包括经济林资源类别与划分方法、经济林树种资源与栽培分布、经济林树种的生长发育规律、经济林树种生长发育与环境之间的关系、经济林的资源培育和可持续经营、经济林产品的主要形态和主要化学成分、经济林产品的品质特性和利用途径等基本理论和基本知识；学习掌握经济林栽培理论，还必须具备数学、物理学、化学、地理学、植物学、生物化学、分子生物学、气象学、测量学、土壤学、植物生理学、遗传学、育种学等学科的相关知识；掌握经济林的基本理论和基本知识是学习经济林栽培学的首要任务。

经济林栽培技术体系涵盖经济树种的良种生产技术体系、经济树种的繁殖技术体系、经济林的林地整理与栽植技术体系、经济林的抚育管理技术体系、经济林产品的采收和利用技术体系、经济林造林规划设计与基地建设技术体系和经济林作业机械化技术体系；包含经济林栽培区划与立地选择技术、经济林适地适树技术、经济林良种繁殖技术、经济林栽植和密度控制技术、经济林树体管理技术、经济林土壤管理技术、经济林可持续经营技术、经济林机械化作业技术、经济林采收和初级产品处理技术等。掌握经济林栽培的基本技术是正确理解和处理经济林栽培学的理论与经济林生产实践相结合，综合运用经济林栽培学基本理论和基本技术进行经济林造林规划设计、经济林基地建设与施工、经济林行业技术管理，丘陵山区经济林产业开发和精准扶贫，造福于产区人民，推进社会经济发展，保护和建设丘陵山区生态环境，这是学习经济林栽培学的第二大任务。

思考题

1. 简述经济林在国家经济、生态建设和国民生活中的作用和地位。
2. 简述我国经济林的栽培利用历史。
3. 我国经济林产业现状和发展趋势如何？
4. 学习经济林栽培学的目的何在？

参考文献

陈嵘，1983. 中国森林史料[M]. 北京：中国林业出版社
熊大桐，1995. 中国林业科学技术史．[M]. 北京：中国林业出版社
中南林学院，1983. 经济林栽培学[M]. 北京：中国林业出版社
谭晓风，2013. 经济林栽培学[M]. 3 版. 北京：中国林业出版社

第2章 经济林资源

【本章提要】

本章系统地介绍了经济林资源类别、经济林树种资源和遗传资源、中国经济林资源地理、经济林资源利用方式和经济林产品多样性等相关内容；要求重点掌握经济林资源类别的划分方法和各类别的主要化学成分、经济用途。

经济林资源(non-wood forest resources)是一类在地球上生物种类非常丰富、分布范围广泛、可再生的自然生物资源，包括食用资源、药用资源、能源资源、工业原料资源等广泛的资源类别，是大自然赋予人类的宝贵财富；经济林资源也是可人工扩大培育、可持续利用的特殊森林资源。

2.1 经济林资源类别

经济林树种种类繁多，经济林产品丰富多彩，为了栽培、利用和经营管理上的方便，有必要对经济树种进行系统的资源类别划分。经济林资源类别不是植物分类学上的单位，而是栽培利用上的概念和资源开发利用方面的科学分类。

2.1.1 经济林资源类别的划分方法

(1)根据资源类别或经济用途来划分

根据资源类别或经济用途来划分经济林类别资源是最常用的分类方法。20世纪，国内外学者对经济植物和经济林树种进行了比较系统的研究和分类。1933年，我国学者奚铭已在所著的《工业树种植法》中就根据树种的经济用途将工业原料类树种分为油料树、漆树、樟树、蜡料树、纤维料树、单宁料树、松脂料树、火柴梗树、木栓树、橡皮树等10大类。

1948年，苏联学者M·M·伊里因主编的《原料植物野外调查法》将经济植物划分为工艺植物部分和自然原料植物部分。工艺植物部分又划分为橡胶植物类、树脂植物类、树胶和糊料植物类、挥发油植物类、油脂植物类、蜡料植物类、鞣料植物类、染料植物类、纤维植物类、造纸植物类、木材植物类、木栓植物类、植物化学原料类等13大类；自然原料植物部分又划分为食用植物类、饲料植物类、纤维植物类、药用植物类、有毒植物类等5大类；以上18大类再划分为68小类。

1953年，日本学者西川五郎在所著的《工艺作物学》一书中，将工艺作物(含经济林树种)分为纤维料类、油蜡料类、糖料类、淀粉及糊料类、嗜好料类、橡胶和树脂料类、芳香油料类、香辛料类、单宁料类、染料类、药料类等11大类，并对主要经济林树种进行了比较系统地介绍。

20世纪50年代初，我国著名树木学家陈植教授在所著的《主要经济树木——其二特用树种》中将经济林树种划分为油脂蜡类、药物类、香料(精油)类、嗜好(饮料)类、鞣酸(单宁)类、染料类、砂糖类、淀粉类、栓皮类、纤维类、果树类等11大类。

1961年，中国科学院主持编著的《中国经济植物志》中按原料类别将经济植物划分为纤维类、淀粉及糖类、油脂类、鞣料类、芳香油类、树脂及树胶类、橡胶及硬橡胶类、药用类、土农药类、其他类等10大类。

2005年，胡芳名、谭晓风、刘惠民等3位教授共同主持编著的"十五"国家重点图书《中国主要经济树种栽培与利用》大型经济林专著中将经济树种划分为果木类、油料类、药用类、淀粉与糖类、芳香油料类、饮料类、调料类、工业原料类、竹类和其他类共10大类，并对113个重要经济林树种的种类、品种、分布、生物学特性、栽培技术、病虫害防治、采收贮藏和加工利用进行了系统的介绍。

(2)其他划分方法

国内也有一些其他的经济林资源类别的划分方法，如根据叶的生长特性可将经济树种划分为落叶经济林树种和常绿经济林树种。根据利用器官的不同可将经济林树种划分为种实类经济林树种、花用类经济林树种、叶用类经济林树种、皮用类经济林树种、根用类经济林树种、汁液用类经济林树种等；种实类经济林树种又可划分为果实类经济林树种和种子类经济林树种；果实类经济林树种还可划分为核果类经济林树种、仁果类经济林树种、坚果类经济林树种、浆果类经济林树种，等等。

2.1.2 经济林资源分类

在综合国内外各种经济林树种分类方法的基础上，本书根据经济林树种的主要直接产品或间接产品的化学成分及主要经济用途划分为不同的资源类别，将经济林树种资源主要划分为下列8大类。

(1)木本食用油料类

地球上的植物及植物各器官一般都含有油脂，油脂工业通常将含油率高于10%的植物性原料(通常是植物的果实或种子)称为油料。生产油料的植物称为油料植物，包括草本植物和木本植物，分别称为草本油料植物和木本油料植物或木本油料树种，人工大量栽培的油料植物称为油料作物(oil-bearing crops)，油料作物含油器官的含油率一般在30%以上。可以制取食用植物油脂的木本植物性原料(主要指木本植物的种子和果实等器官)称为木本食用油料(woody oil-bearing for eating)，如油茶的种仁、油橄榄的果实。迄今为止，我国已经发现的油脂植物有1 000余种，分别隶属于100多科约400属，其中以大戟科、山茶科、胡桃科、樟科、芸香科、葫芦科、卫矛科、檀香科、藤黄科、无患子科、木兰科、松科、安息香料、锦葵科、楝科、肉豆蔻科、虎皮楠科、大风子科、漆树科和榆科等20个富油科所包含的油脂植物种类最多，约占全部油脂植物的一半，含油率也高，一般在20%以上。在约1 000种油脂植物中，只有少数种是人工栽培的，绝大多数是处于野生或半野生状态。

采用压榨或有机溶剂萃取等方法可以利用油料制取植物油脂。植物油脂(plant oil)主要以三酰基甘油的形式存在，而且因为绝大多数植物油脂不饱和脂肪酸含量高，为液体油脂(即通常称之为油)，如茶油、橄榄油、核桃油、杏仁油；少数植物油脂饱和脂肪酸含量高，为固体油脂(即通常称之为脂)，如乌桕皮油；部分植物油脂饱和脂肪酸含量较高，在温度较高条件下呈液态油，温度较低条件下呈固态脂，如棕榈油。

木本油脂(woody plant oil)第一大用途是作为人类的食用油脂，如茶油、橄榄油、棕榈油等，此类树种称为食用油料树种。油脂是人类一日三餐必须食用的营养物质，它和蛋白质、碳水化合物组成自然界的三大营养成分；油脂产生的能量是蛋白质和碳水化合物的2倍多，是人体的浓缩能源，是产生热能最高的营养素；油脂也是人类生命能源和机体不可缺少的重要物质，直接参与有机体的建造与修复；油脂也为人类提供必需的脂肪酸，以满足人体生理功能的各种要求；油脂还是某些维生素的载体，人类通过食用油脂同时吸收必需的脂溶性维生素(如V_A、V_D、V_E、V_K)。脂肪是热的不良导体，能有效地抵御环境温度变化，人体适当的脂肪可以维持人体体温。此外，油脂作为人类膳食的主要成分，可以提高食品的风味(主要是味香)及饱腹感(主要是抗饥饿)。作为食用的植物油脂主要的不饱和脂肪酸为油酸、亚油酸、亚麻酸和饱和脂肪酸主要为硬脂酸、棕榈酸的三酰甘油酯。

木本油脂第二大用途是作为各种工业原料，此类树种称为工业油料树种。工业油料树种有各种各样的经济用途，主要用途是化学工业，包括油漆(涂料)、油墨、各种天然有机复合功能材料、生物基润滑油等。用于工业用途的木本油脂可以是可食用的油脂，也可以是不能食用植物油脂。含甘油四酯、短链脂肪酸和共轭双键脂肪酸的油脂不适合食用，只能作为工业用途。桐油的主要脂肪酸是桐酸，含有3个共轭双键的干性植物油，非常适用于制造耐酸、耐碱、防水、防静电的高档或特种涂料，也适合作为制造高性能油墨，还适合用于研制各种复合功能材料。乌桕籽油含有2个共轭双键的干性植物油，也适合作为油漆、油墨的生产原料。

木本油脂第三大用途是作为制备生物柴油的基本原料，此类树种称为生物质能源油料树种。无论是食用木本油脂，还是工业用木本油脂，绝大多数木本油脂都可通过水解化学反应生产生物柴油。长链脂肪酸和短链脂肪酸均可作为生物柴油，如桐油的脂肪酸主要18碳，可以用来生产生物柴油，但黏性较重；但以麻疯树、光皮树、黄连木等生产的含短链脂肪酸的木本油脂最适合作为生物茶油的生产原料。

木本油料树种具有适应性强、油脂品质好、一年种植多连年收获、不占用农耕地等特点，在我国耕地面积刚性短缺和食用植物油供给极度依靠进口的现状下，利用丘陵山地发展木本油料是国家的重要战略选择。油茶、油桐、核桃、乌桕曾经被称为我国的四大木本油料树种，油茶、油橄榄、油棕、椰子被称为世界四大木本油料树种。

(2)木本粮食与果品类

果品是指采摘后无须加工或经去壳、晾干等简单的处理就可以直接食用的干果和鲜果的统称，该类经济林产品的主要化学成分为淀粉、糖、蛋白质、油脂和维生素等，通常的直接产品为树木的果实和种子，主要经济用途是供人类食用。根据其果实、种子的特性及是否需要经过去壳和晾干等处理的不同，可以将果品划分为干果和鲜果(水果)。

干果(dry fruit)是指带有硬壳且水分较少，采摘后需要经过去壳和晾干等简单处理方可食用的一类植物(主要是木本植物)的果实(含种子)。干果类又可根据其淀粉、油脂含量的差异划分为淀粉类干果和油脂类干果两类。淀粉类干果如栗、枣、银杏等，油脂类干果如核桃、香榧、榛、扁桃、仁用杏等。多数干果可代替草本粮食直接食用，或经加工后可以食用，所以也被称作木本粮食(woody grain)，栗、枣、柿曾经被称为我国的三大木本粮食和“铁杆庄稼”。

水果(fruit)是指多汁且有甜味、采摘后不需要经过去壳和晾干等简单处理的可以直接食用的一类植物果实和种子的统称。水果不但含有丰富的营养，且有利于帮助人类肠胃消化，如柑橘、苹果、梨、桃、葡萄等经济林树种。

木本粮食和果品第一大用途是食用，果品中含有丰富的营养物质，是人类的主要食物来源。果品中的碳水化合物比较丰富，如一般含糖量超过10%，如柿果为10% ~14%，有的果品如干枣则高达60% ~70%。淀粉类干果淀粉含量普遍较高，如板栗种子淀粉含量高达50% ~60%；许多果品蛋白质含量丰富，如板栗达5.7% ~10.7%，香榧12.1% ~16.8%；有的果品维生素含量很高，如100g猕猴桃果实维生素C含量可达400mg。

果品第二大用途是制取食用植物油。油脂类干果种子含油率普遍比较高，如香榧种仁的含油率可达54.6% ~61.5%，榛子的含油率为57.1% ~69.8%，而核桃种仁的脂肪含量可达70%以上。这些果品同样可以制取食用植物油，而且普遍不饱和脂肪酸含量高，是一类相对优质的食用植物油。

果品第三大用途是制取食用淀粉、植物油、工业淀粉和生物质能源。淀粉类干果如板栗、锥栗等可直接制取食用淀粉。壳斗科植物的种子(橡子)等，其淀粉含量丰富，可加工成为各种工业用淀粉，还可经过发酵酿制白酒、生产工业酒精或生产代替汽油的燃料乙醇。油脂类干果如核桃、香榧、榛、扁桃、仁用杏等，除可以食用外，还可以榨取食用植物油，植物油也可用来生产生物柴油，但不能酿制白酒或酿制白酒得率不高。

我国果树植物资源非常丰富，有59科670余种，较为重要的就有300余种。干果树种如壳斗科的栗、胡桃科的核桃、鼠李科枣和枳椇、榛科的榛子等；水果树种如蔷薇科的苹果、梨、樱桃、李、杏等。

(3)木本药材类

许多木本植物的器官如杜仲的树皮、银杏的叶片、枸杞的果实、金银花的花朵等富含各种药用成分，可以直接入中药或作为制作西药与中成药的原料称为木本药材(woody medicinal materials)。我国利用中药资源历史悠久，包括《神农本草经》《本草纲目》等古籍记载了大量的中草药植物(包括木本中药材)。我国药用植物资源非常丰富，全国中药资源普查记载的药用植物资源3 883科2 309属11 146种，木本药用植物种类丰富，其中裸子植物(几乎全为木本植物)10科27属126种，其中三尖杉科的许多种类含有抗癌活性物质，银杏科植物含有治疗心脑血管病的特效成分。被子植物中的药用植物资源更为庞大，有213科1 957属10 027种，其中很多科属种是木本植物。我国200多种新药是直接或间接从中草药中提取或研发出来的，如获诺贝尔奖的青蒿素就是从复合花序植物黄花蒿叶中提取出来的。

该类经济林资源主要产品的化学成分众多，如含糖类药用植物、苷类(如连翘苷)药用植物、生物碱类药用植物、挥发油类药用植物、单宁类药用植物、含树脂类药用植物、含有机酸类(如齐墩果酸、余甘子酸)药用植物、含油脂与脂类(如吴茱萸内酯)的药用植物、蛋白质类药用植物、无机成分类药用植物。其产品通常为利用植物的叶片、树皮、花、果实、种子、树根等器官的直接产品或经加工提取的间接产品，分别称为根及根茎类药材、种子及果实类药材、叶类药材、皮类药材等。各种富含特殊药用成分的树种都属药用树种，如银杏(叶黄酮)、杜仲(皮)、厚朴(厚朴酚)、黄檗(皮)、喜树(喜树碱)、红豆杉(紫杉醇)等。杜仲、厚朴和黄檗曾经被称为我国的三大木本药材。

(4)木本调料与香料类

木本调料与香料(woody condiment and perfume)类资源包含香辛料和芳香油料。香辛料主要指调味料，芳香油料产品更为广泛。自古以来，我国就有使用香料的习惯，尤其是在上层社会。古代人以焚烧树木的树干和树皮所产生烟雾缭绕的香烟进行重大的宗教仪式来祭祀神灵。后来在中国、印度等国发明了从香料植物中经蒸馏制造香油和软膏用于日常生活中。

香料类经济林产品的主要化学成分为萜类化合物、醛类化合物等芳香物质。芳香油不是油脂(三酰甘油酯)，而是一种挥发性的植物精油(essential oil)，这种挥发性芳香物质与空气接触，就会产生令人愉悦的香气。芳香油的组成成分相当复杂，由250多种的成分所构成。一般而言，植物精油含有醇类、醛类、酸类、酚类、丙酮类、萜烯类等挥发性芳香物质。

我国香料资源丰富，分布广泛。含芳香油的种类非常多，覆盖60多科，尤其以樟科、柏木科、芸香科、松科、杉科、菊科、紫苏科、桃金娘科、蔷薇科等科的植物几乎均富含芳香物质，均可提取芳香油。多数植物组织含有芳香物质，芳香油产生的植物器官称为香料，因植物种类不同而异。八角、肉桂、胡椒、花椒、山苍子等树种的芳香油主要集中于果实中；柑橘类树种主要集中于果皮中；桂花、蔷薇等主要集中在花的表皮细胞；桉树、薄荷、紫苏等主要集中于叶片中；柏木、樟树、松、杉等树种主要集中于木材中；有些树种全身各器官均可提取芳香油，如樟树、山苍子、柏木等。

香料的第一大用途是用于调味料。花椒是川菜特色的最重要调料，全国的栽培面积、年产量和年消费量都很大。胡椒产于南方，但南方北方均使用胡椒，是中国各菜系广泛使用的调味料。八角和肉桂是许多美味佳肴不可欠缺的佐料，特别是去除膻味不可缺少的调味料。山苍子是部分著名湘菜的重要佐料。

香料的第二大用途是用于制作香精和各种化妆用品。香料经芳香油提取可直接制成香精，或经进一步的调制、化学合成或深加工形成各类香精，再制成各类化妆品等，如山苍籽油的主要芳香物质为柠檬醛，柠檬醛经各种化学反应可以合成各种香精，如紫罗兰酮、鸢尾酮等。

香料的第三大用途是作为各种食品、药品的添加剂和防腐剂。

(5)木本饮料类

世界上最有名的软饮料出自木本饮料(woody drinks)，如茶、咖啡等。我国是茶饮料的发源地、最大产茶国和茶饮料最大消费国。我国茶栽培分布范围很广，茶叶种类也很多。我国不是咖啡原产国，但在我国南方热带地区也有部分咖啡栽培。随着社会经济的发展，我国果汁类饮料也发展非常快，种类也非常丰富，而且维生素含量特别丰富。如原产我国的猕猴桃、刺梨、沙棘、杨梅、桑葚等，原产我国或从国外引进的葡萄、蓝莓、树莓等。

饮料类经济林产品的主要化学成分为茶多酚、咖啡碱、维生素等具有提神、止渴作用的有机化合物，其产品通常为利用植物的花、果实、种子、叶等器官的直接产品和加工产品。我国许多植物的叶片适合制作饮品，除最著名的茶叶外，还有银杏叶片、杜仲叶片、青钱柳叶片等，这些叶片茶不仅具有提神、止渴作用，而且还有医治各种慢性病的作用。多数果品均可制作果汁饮料，如苹果、杨梅、葡萄等，有一些果实由于维生素C含量特别高，尤其适合用于制作果汁饮料，如南方的刺梨、猕猴桃、橙汁，北方的沙棘等。利用种子作饮料的树种也不少，如咖啡等。

(6)木本蔬菜类

可以作为蔬菜食用的木本植物的芽、叶、花、根(含块茎)、茎等器官称为木本蔬菜(woody vegetables)。木本蔬菜营养丰富、味道爽口，而且一年种植，年年收获，深受广大消费者喜爱。

木本蔬菜类经济林产品的主要化学成分为各种维生素、蛋白质、膳食纤维等人类食用需要的各种营养成分，其产品通常为利用植物的芽、茎、叶、球根等器官的直接产品或经加工后的间接产品。利用茎和叶作为木本蔬菜的如香椿、辣木等，利用芽的如榆树等，利用根茎的如各种竹笋，利用花的如木槿、栀子等。

(7)木本工业原料类

大量的木本植物可以用于各种工业用途即作为工业原料(woody industry raw materials)来使用，根据其为工业提供原料的主要化学成分、性质和用途又可分为以下几类，其中又包括纤维类、树脂树胶类、鞣料类、工业油料、农药类、能源类等。

纤维类 该类经济林资源的主要化学成分为纤维素，其产品通常为利用木本植物木质部的木质纤维和韧皮部的韧皮纤维制成各种的工业农业用产品。例如，棕树纤维，各类竹、藤等。

树脂树胶类 该类经济林资源的主要化学成分比较复杂，通常为利用植物从树干流出的树液、树胶、树脂和其他液体物质来制造各种工业产品，如橡胶树割取的橡胶、漆树割取的生漆、各种松树割取的松脂等。

鞣料类 该类经济林资源的主要化学成分为单宁物质，其产品通常为利用植物树皮、果壳、叶、根、寄主树上的虫瘿等原料制取各种工业用品，如黑荆树的树皮、栎类植物的橡椀、寄生在盐肤木上的五倍子等可以制取单宁、没食子酸等，用于制革和其他用途。

工业油料类 此类木本植物生产的油脂不能食用，而只能作为各种化工工业和能源工业的原料，如桐油、乌柏籽油、麻疯树籽油。

农药类 该类经济林资源的主要化学成分为各种对真菌、细菌和害虫有抑制和杀灭作用的各种有机化合物，通常木本植物的叶、果、种子、树皮、根等器官的直接产品或经加工后的间接产品，如无患子果实和种子、印楝果实和种子、苦楝实和种子、马桑等。

能源类　绿色植物通过叶绿素将太阳能转化为化学能而储存在生物质内部的能量称为生物质能源(biomass energy)。生物质能源是一类可再生的清洁能源，发展生物质能源是我国能源开发利用的一个重要方向。木本植物是地球上最大的生物质能源储存库，林业是生物质能源发展的重点。

生物质能源主要包括三大块：一是生物柴油；二是生物汽油；三是生物气化能源。我国具有非常丰富的生物能源资源，如千年桐、麻疯树、黄连木、光皮树等经济林树种的种子制取植物油是制取生物柴油的优质原料；我国有数百种栎类植物(橡子树)，所产种子(俗称橡子)淀粉含量很高，是制取燃料乙醇(生物汽油)的最优质原料，木材主要成分是纤维，通过发酵转化可制成燃料乙醇；森林三剩物是制取沼气等气化生物质燃料的原料，而且资源丰富。

该类经济林资源的主要化学成分为油脂、淀粉和纤维素，通常利用植物的果实、种子、茎等器官经初加工形成油脂、淀粉等，再将木本油脂加工成生物柴油，将木本淀粉或木质纤维加工成燃料乙醇等生物汽油。

(8)其他类

经济林树种资源繁多，有些资源不好归类，如蜜源树种、饲料树种等，未包含在上述类别的经济林资源类别均可列入其他类。

2.2　经济林树种资源与物种资源

经济林树种(non-wood forest trees)，也可简称为经济树种，是指生物特性相似、栽培特性、产品形态和利用途径基本相同的某一特定物种或同属近缘物种的统称。经济林树种是一个栽培学或与产品相关的概念，它与植物分类学上的物种称谓有某种意义上的相关性，但也与物种概念具有不同的理解差异和称谓范围。经济林树种资源是经济林类别资源下的资源级别和称谓。相对于植物分类学上的物种称谓而言，经济林树种多借用物种的名称，但称谓范围更广。如油茶是我国最重要的食用油料树种，其广义上概念是指山茶科山茶属中种子含油率较高、且有较高栽培利用价值的一类植物，如油茶(即普通油茶)、攸县油茶、小果油茶、浙江红花油茶、越南油茶等物种，狭义的油茶概念或特指时就是指普通油茶，其主产品称为茶油。又如，经济树种核桃，其广义上的概念是指胡桃科植物中一类有较大栽培利用价值的树种，包括核桃、泡核桃、山核桃、黑核桃、薄壳山核桃等物种，狭义的核桃概念或特指时就是指核桃这一物种，其产品统称为核桃。其他如油桐、栗、榛、杏、梨、山苍子等经济林树种的称谓都是如此，其主产品称为桐油、栗、榛子、杏(或杏仁)、梨、山苍籽油。

有些经济林树种的名称甚至可以是不同属植物的统称，也还可以利用物种名称之外的名称(多为产品名称)来称呼。如仁用杏是指以生产杏仁为主要产品的种类及其品种的统称，不仅包括李属各种甜杏仁和苦杏仁，甚至还包括桃属的各种扁桃。

2.3 经济林树种的遗传资源

经济林遗传资源(non-wood forest genetic resources)是指经济林树种生物体内含有遗传功能单位并具有实际或潜在应用价值的遗传材料，包括各经济林树种的各类种质资源和基因资源；如某经济林树种野生种、近缘种、突变体、地方品种、改良品种、新培育品种、引进品种、人工创造的生物类型、无性繁殖的器官、细胞等种质资源，又如，某经济树种的染色体、基因、DNA片段等基因资源。

2.3.1 经济林种质资源

种质(germ plasm)是指生物通过生殖细胞从亲代传递给子代的所有遗传物质，它往往存在于特定品种之中。经济林种质资源是指选育经济林新品种的基础材料，包括各种经济林树种的栽培品种、野生种的繁殖材料，以及利用上述繁殖材料人工创造的各种遗传材料。绝大多数种质资源是地球上经过千百万年自然进化形成的，部分种质资源是人类通过杂交、诱变等技术手段培育的。经济林种质资源是经济林生产不可缺少的基本生产物质(如品种)，更是经济林长期遗传改良的宝贵育种材料。

2.3.1.1 经济林特异种质资源

我国经济树种繁多，部分树种还处于野生半野生状态，野生资源非常丰富，如最重要的食用油料树种油茶，除普通油茶等栽培种外，还存在大量的野生种，这些野生种类蕴藏了大量有栽培利用价值的性状和基因，有的可进行直接栽培利用，为经济林产业建设服务；有的则可以作为今后遗传改良的遗传资源和育种材料。

即使一些栽培树种，由于过去一直沿用实生繁殖，在群体内产生了大量的性状变异，形成了丰富多彩的变异类型和特异资源。如油茶在20世纪70年代以前，基本上都是在林地进行点播形成的实生林分，因此，在现在的实生油茶林分内存在着非常丰富的变异类型，如树形树姿、果实大小、果实形状、果皮颜色、叶片大小、叶片形状、叶片厚度、果皮厚度、出籽率、出仁率、种子含油率、脂肪酸含量、抗病能力等形态性状、经济性状、生理性状都存在一定的差异，这些具有相对一致变异性状(特别是易于识别的形态性状)的不同植株个体的集合就是经济林的特异种质资源，经济林学通常称之为类型或自然类型，如大果类型、红皮类型、球果类型、橄榄果类型、抗病类型等都是自然类型。具有各种特异性状的自然类型是经济林良种选育的重要基因资源，是培育新品种的后备种质，也是研究经济树种的遗传性状变异的优良遗传材料，还是分离克隆各种重要性状基因的基本素材。长期保存这些宝贵的种质资源，深入研究这些种质资源的特性，对各种有用性状进行综合评价，挖掘有特殊利用价值的性状和基因，可为经济树种的长期育种奠定坚实基础，有可能在各个时期发挥不可估量的重大作用。

2.3.1.2 经济林品系资源

经济林的品系(strains)是指从某一经济树种栽培品种群中发生基因突变或性状分离产生的新类型，以及在品种培育过程中，通过对自交、杂交或其他育种方式培育的后代进行多代单株选择而获得的新类型。品系是经济林品种形成的过渡类型，主要应用于品种鉴定、命名之前的阶段，是此阶段的一个惯用名词。经济林品系也是重要的经济林种质资源。经济林树种的品系资源主要包括经济林树种的无性系和家系资源。

经济林树种的无性系(clon)是指某一原始母株通过无性繁殖所产生的一群个体的总称。经济树种的无性系都是在优树选择的基础上，经无性繁殖(多数是嫁接繁殖)收集保存在资源圃、基因库或采穗圃中，都具有相对优良的丰产、品质、抗逆性能或其他优良性能，经过无性系测定和区域化栽培试验，一些优良的无性系经过国家或省级林木品种审定委员会审定就可直接定名为品种，并通过建立无性系采穗圃、无性繁殖种苗在经济林生产中大规模推广应用。未经审定的无性系不能大规模推广应用，只能作为潜在的优良品种资源和育种材料。经济树种的无性系资源内部由于不存在遗传差异(除非产生芽变)，所以在无性系内没有选择潜力。

经济林树种的家系(families)是指某一原始母株通过有性繁殖所产生的一群个体的总称，或者由某一原始母株通过无性繁殖产生一群个体，由该群个体通过有性繁殖所产生的更大一群个体的总称。经济林树种的家系也是在优树选择的基础上，经无性和有性繁殖收集保存在资源圃、基因库或种子园中。经济林家系资源中又可分为全同胞家系和半同胞家系，全同胞家系是指母本和父本来源都清楚的家系后代；半同胞家系是指母本来源清楚，而父本来源不清楚的家系后代。全同胞家系和半同胞家系指自交不亲和经济树种的家系后代。经济树种的家系资源内部由于存在遗传差异，可以做进一步的选择，具有选择育种的潜力。

2.3.1.3 经济林品种资源

经济林品种(cultivar)是指在一个经济树种种内，具有来源相同、特有性状一致、以一定繁殖方式能保持遗传特性稳定、具有较高经济利用价值，经过正常育种程序培育并通过相关部门审定(或认定)的一群栽培植物，是一类可直接应用于经济林产业发展的经济林种质资源。国家对主要农作物和林木实行品种审定制度，经国家林业和草原局和省(自治区、直辖市)林木品种审定委员会审定或认定的品种可以在相关区域进行推广应用。

所有申请审定的林木品种应当符合特异性、一致性、稳定性的要求。品种的特异性(specificity)是指某一品种必须具有该品种明显区别于其他品种的可辨认的标志性状，这种标志性状(通常是形态性状)是区别于其他品种的主要依据，也是进行品种审定时的重要审查内容，只有申请品种的标志性状与现有其他品种存在明显差异，就可认为具有特异性。品种的一致性(consistency)是指在特定繁殖条件下，同一品种具有相同或相似的相关特征或特性，如具有相对一致的树形树姿、果实形态、物候期、生长特性等。品种的稳定性(stability)是指经多代繁殖(一般是指无性繁殖)，品种的相关特征或特性的遗传特性能保持相对不变。

林木品种审定是一项行政许可行为，完成品种试验程序的品种才能进行品种审定。品种试验包括生产试验和区域试验，也称栽培和使用价值试验，国际上统称VCU试验，主要是对品种的丰产性、稳产型、适应性、抗逆性和品质等农艺性状进行鉴定。与农作物不同的是，申请审定的林木品种的品种试验一般只进行区域化试验。品种的区域性是指具有品种的生物学特性适宜在一定生态和栽培条件下进行栽培，如某一品种只适合在中亚热带栽培，另一品种可能只适合在南亚热带栽培，还有的品种可能只适合在高海拔地区栽培。

与野生植物的不同，品种是栽培植物特有的概念，品种名称的表示通常须加单引号。品种其在植物分类学上有特定的归属，如油茶新品种‘华硕’，其植物学学名为：*Camellia oleifera*‘Huashuo’；核桃薄皮新品种‘绿岭’的植物学学名为：*Juglans regia*‘Lvling’。

经济林地方品种是指长期在一个地区选用和生产并适应于当地条件栽培的经济林品种，育种上也称作农家品种。例如，油桐农家品种‘湖南葡萄桐’、‘四川小米桐’等。

品种类群(或品种群)是对某一经济树种具有相似特征特性的一批品种的统称，是介于种和品种(含品系和自然类型)之间的种质称谓。在品种类型非常丰富的经济树种中，划分品种类群有利于实施对品种类型的综合管理和栽培利用。多数经济林树种是根据特征特性来划分品种群，如重要工业油料树种三年桐根据结果结实年龄、树形、果实特征主要划分为对年桐品种类群(该类品种全部第二年开花结实)、小米桐品种类群(该类品种树体灌木状、果实丛生性强)、大米桐品种类群(该类品种乔木状、果实大但丛生性不强)、柿饼桐品种类群(该类品种花朵果实经常发育不全、果实柿饼状)、窄冠桐品种类群(该类品种分枝角度很小、树体像杨树)、柴桐类品种(该类品种树体乔木状、枝条稀疏、果实鸡头状)类群；千年桐则划分为雌雄同株品种类群和雌雄异株品种类群；银杏主要根据种子的大小和形状划分为长子品种群、圆子品种群、马铃品种群、佛指品种群和梅核品种群；香榧则根据雌株和雄株特性划分为雌榧树品种群和雄榧树品种群；另一重要工业油料树种乌桕根据其果序性状可分为葡萄桕品种群和鸡爪桕品种群。同一品种群的品种不仅具有比较相近的形态特征和生物学特性，而且往往具有比较一致的栽培特性和产品利用特性。

部分经济树种是根据树种的分布区域或其他特性来划分品种群的。例如，板栗根据品种的区域特性划分为东北品种群、华北品种群、西北品种群、西南品种群、长江中下游品种群和东南品种群；枣则根据生产用途划分为制干品种类群、鲜食品种类群、蜜枣品种类群、兼用品种类群。

2.3.2 经济林基因资源

随着现代生命科学的快速发展以及向经济林领域的渗透，经济林树种基因资源的研究和利用已经进入快速发展阶段。经济林树种种类繁多，基因资源丰富，每一经济树种都存在数万个功能基因，这些基因存在于各物种的核基因组、叶绿体基因组和线粒体基因组中。不同经济林树种或物种的核基因组大小存在很大差异，但功能基因的数量差异不大；中南林业科技大学利用培育的自交系开展了油桐基因组测序和生物信息学分析，确定了油桐核基因组的大小为1.12G，而同为大戟科的麻疯树核基因组仅0.35G；注释的功能基因28 422个，其中与油脂代谢相关的基因达1 000个以上，与麻疯树功能基因的数量差异不大。植物的叶绿体基因组大小在120～217kb之间，多数为150kb左右，油桐叶绿体基因组161 528bp，注释基因135个，主要是与光合作用合成的相关基因。

不同资源类别的经济林树种存在不同代谢途径特别是次生代谢途径的差异，存在不同优质基因资源的差异，从而存在合成不同化学成分的差异。水果和干果树种的基因组中蕴含大量的控制淀粉、糖、蛋白质、维生素等营养物质合成的优质功能基因，油料树种的基因组中存在大量与油脂合成相关特别是与脂肪酸合成的优质基因资源，药用树种基因组中存在控制生物碱等各种各样次生代谢物合成的优质基因资源，调料与香料树种存在大量的合成芳香有机化合物的优质基因资源等；挖掘和利用这些优异基因对于经济林树种和农作物的分子遗传改良都具有重大的潜在利用价值，可直接应用于经济林树种的分子育种。

经济林树种的分子育种(molecular breeding)主要包括转基因育种(transgenic breeding)和分子标记辅助育种(marker assisted selection breeding)。与经济林树种常规育种相比较，分子育种具有独特的优势：①可以打破物种间的生殖隔离，将不同物种的基因进行直接转移，从而实现对某一性状的定向改良；②可以大大缩短育种程序，提高育种效果；③可以避免常规杂交育种中带来的连锁累赘；④可以通过对某一基因或某些基因的表达调控，提高某一重要经济林产品的产量和品质。

根据人类社会发展的特定需要，在相关基因结构、功能和基因克隆的基础上，可以通过转基因技术实现对特定经济林树种和特定生物性状进行分子设计育种，从而提高特定经济林树种的经济产量，改善经济林的产品品质，增强经济树种的抗虫、抗病和抗逆能力。如油茶的乙酰辅酶A羧化酶(ACCase)是油茶种子从头合成脂肪酸的限速酶和关键酶，该酶由4个亚基构成，任何一个亚基基因的超量表达都能够提高其活性，进而促进脂肪酸的合成和种子含油率的提高，克隆该4个亚基的基因序列，并通过转基因和超量表达就可能提高油茶种子的油脂转化效率和种仁的含油率，从而提高油茶的单位面积产量。油茶硬脂酰-ACP脱饱和酶(SAD)是催化长链饱和脂肪酸形成油酸的关键酶，直接决定了饱和脂肪酸与不饱和脂肪酸的比例。油茶脂肪酸去饱和酶2(FAD2)是催化油酸形成亚油酸的关键酶，直接决定了一价不饱和脂肪酸与多价不饱和脂肪酸的比例。在克隆油茶SAD基因和FAD2基因的基础上，可以通过超量表达和抑制表达(反义RNAi技术)来增加某种脂肪酸的含量或通过减少某些脂肪酸的含量，从而实现对各种不同脂肪酸比率的调控，达到茶油不同用途目的，并进一步改良油脂的品质。

2.4 野生经济林资源

我国经济树种的种类超过1 000种，但有大量栽培的约200种，大部分经济树种还处于野生状态。我国野生经济林资源种类几乎包括所有的经济林类别资源，如大量的壳斗科植物种类是优质木本淀粉资源，大量山茶属植物种类是优质的食用植物油资源，大量樟科植物种类是优良的芳香油植物资源等。野生的木本蔬菜和果实通常风味比较独特，营养丰富，含有人体所必需的蛋白质、脂肪、碳水化合物、维生素、矿物质、膳食纤维，其中有的野菜野果的维生素、矿物质含量比栽培种果品和蔬菜高几倍，甚至十几倍，更为可贵的是野生果蔬生长在深山幽谷、茫茫草原，不会受到现代工业化带来的大气、土壤和水质污染，食用安全性高。此外，大多数野果野菜还具有保健作用，有的亦药亦菜，有的风味独特、味道鲜美、营养丰富，具有较大的开发利用价值。

我国野生经济林不仅种类丰富，而且资源量巨大，如我国从南到北分布以麻栎、栓皮栎等为主的优良野生淀粉资源的栎类植物(俗称橡子)，资源面积达$400\times10^4hm^2$，年产橡子$1\ 200\times10^4t$以上。仁用杏是以杏仁为主要产品的杏属植物的总称，我国仅野生和半野生的苦仁杏面积就达$133.3\times10^4hm^2$，年产苦杏仁约2×10^4t。

各种野生经济林具有多种经济用途和开发利用价值。如橡子种仁淀粉含量达60%，通过适当的加工可以成为食用淀粉，也是食品工业的重要原料。橡子淀粉可代替小麦和大米，作为纺织业的优质浆料淀粉，仅此一项，每年可为国家节约粮食(小麦)近 30×10^4t 以上；而且由于橡子淀粉颗粒细腻，浆布效果比小麦和大米淀粉更优。橡子淀粉也可以代替粮食生产白酒，减少粮食用量，每100kg橡仁可酿55度的白酒40kg；橡子淀粉也是生产燃料乙醇的优质原料，生产的燃料乙醇——生物汽油还可以代替汽油；橡树生长快，适应能力强，萌芽能力强，是优良的薪炭树种和水土保持树种；橡树木材也可以通过发酵生产燃料乙醇，在能源紧缺和我国限制以粮食作为生产燃料乙醇的背景下，其市场前景非常广阔；橡树木材还是优质的食用菌培养材料。仁用杏树具有很强的抗旱、抗寒、耐瘠薄的特性，是水土保持林、防风固沙林的优良树种；杏仁营养价值极高，既可作优质干果食用，还可榨取优质食用油脂，也可作为传统的中药材和上等的滋补品，产业发展潜力巨大。

野生经济林资源的利用一定要注意资源保护，防止掠夺性开发利用。

2.5 经济林资源利用

2.5.1 经济林树种的组织器官利用

因经济林树种种类不同，利用的部位、组织器官和产品形态也不一样，主要有以下组织器官和产品形态。

(1)果实

许多经济林树种的果实可直接利用，如枣、柿、苹果、梨、葡萄、猕猴桃、油橄榄、油棕、枸杞等。许多果实可直接食用、药用或用于加工成有其他用途且利用价值较高的经济林产品。

(2)种子

利用种子的经济林树种最多，如油茶、油桐、栗、核桃、银杏、香榧、扁桃、阿月浑子等。这些经济林树种的种子多是可直接利用，如栗、银杏等可直接食用；有的需要经过适当加工程序后才能利用，如油茶、油桐就是利用种仁进行压榨或浸提得到可利用的茶油和桐油；有的既可直接利用，又可间接利用，如核桃和香榧，既可直接作为干果食用，又可利用种仁榨取食用植物油。

(3)花

一些经济林树种的花可直接利用，如木槿花可直接食用，桂花可直接用作饮料，金银花可直接入药或用作金银花茶饮料，木兰科木兰属多数种类的花可直接入药(辛夷)。有些经济林树种的花可间接利用，如松花粉采集后，可通过破壁等技术制作高级营养保健用品，许多经济林树种的花粉是很好的蜜源，可间接生产营养丰富的蜂蜜。有些经济林树种的花既可直接利用，又可间接利用，如栀子花既可直接食用，也可直接入药。

(4)叶

部分经济林树种的叶可直接利用或间接利用，茶的叶片、银杏叶片、杜仲叶片经过适当的加工程序成为上等饮料；箬竹和油桐的叶片可直接用来包粽子；棕榈的叶片可用来绑缚物品；银杏等的叶片可以提取对心脑血管病的特效药物。

(5)芽

许多经济林树种的芽和叶是可以直接食用的，如香椿芽和叶是优质木本蔬菜，榆树的芽也可直接食用。

(6)茎

许多经济林树种的茎段有多种特殊用途，如银杏的茎是优质的雕刻用材，日本榧树的茎是制作最高档围棋盘的珍贵用材，我国多数栎类树种的茎段是培育食用菌最优质的原料，油桐树干也是培养食用菌的优良材料。

(7)皮

很多经济林树种的树皮可以提取药物或用作工业原料，如杜仲、厚朴、黄檗、红豆杉、喜树等的树皮可以提取各种珍贵药物，栓皮栎的树皮最适合作瓶塞等软木用具，多数树种的树皮适合用于制作各种苗木培育的轻型基质育苗的优良基质材料。

(8)根

一些经济林树种的根，如冬青等富含各种特殊药用成分，可提取各种药物；部分经济林树种的块根如木薯、葛根含有丰富的淀粉，可作为粮食和生物质能源利用。

(9)汁液

部分经济林树种的枝干或其他器官可分泌有特殊用途的汁液，如漆树的各器官均存在漆汁道，漆汁道合成、分泌漆液(生漆)，是我国传统的优质防腐蚀涂料，被称为涂料之王；松树树干具树脂道，可合成、分泌松脂，松脂是用途广泛的化工原料；三叶橡胶树的表皮被割开时，会流出乳白色的汁液称为胶乳，胶乳经凝聚、洗涤、成型、干燥即得天然橡胶；糖槭树干流出的汁液可以制取食用糖料，桦木树干流出的汁液可制取饮料。

许多经济林树种全身是宝，可进行综合利用，形成产业链条。如油茶，种子可以榨油，茶油是最优质的食用植物油，还可用作高级化妆品和生物柴油，提取营养保健成分；茶饼和茶粕可以提取皂素，生产有机肥和饲料，制作抛光粉等；茶壳可制取糠醛和木糖醇，提取栲胶，制取活性炭，用作轻基质容器育苗的基质等。银杏种子可以直接作为干果食用；叶片可以提取银杏黄酮和内酯，制取心脑血管病的特效药物；银杏树干是优质雕刻木材；银杏树姿挺拔，秋季叶片金黄，寿命可达千年以上，是很好的观赏树种和城市绿化树种。

2.5.2 经济林资源的利用方式

经济林资源的利用方式有2种：一是直接利用；二是加工利用。

经济林资源的直接利用方式(direct utilization mode of non-wood forestry resources)是指经济林初级产品采收后，直接或经过简单的处理就可以成为进入市场流通的商品，其商品属于经济林的直接产品。例如，栗、枣、柿、苹果、梨、柑橘、枸杞等果实采摘后，可以直接或经过脱壳、清洗、精选、打蜡等简单的处理就可以出货，进入市场环节。

经济林资源的加工利用方式(processing and utilization mode of non-wood forestry resources)是指经济林初级产品采收后，往往是以初级产品为原料，然后经过适当的物理或化学加工工艺过程后，形成加工产品，然后以加工产品进入市场流通的商品，其商品属于经济林的间接产品。例如，油茶、油桐的利用，果实采摘后，经过脱壳、种子干燥、粉碎、高温炒制、压榨等工序，得到最终产品茶油和桐油，经产品后期处理后包装上市；山苍子、樟树、桉树等树种的利用，分别采集果实、木片和叶片作为原料，经蒸馏过程得到芳香油和水蒸气的混合物，再经油水分离后得到3种不同的芳香油(精油)。

经济林资源的加工利用方式又分为不同层次和级别的加工利用方式，如茶油、桐油、苍籽油(芳香油)、樟油(芳香油)、桉叶油(芳香油)都是初级加工利用，在初级加工利用的基础上，还可以利用初级加工产品进行深加工，得到附加值更高的深加工产品，如茶油经过深加工可以提炼生产保健饮品、化妆品等，桐油可以经过深加工生产高档油漆、树脂等，芳香油可经深加工精制出各种高级香精、化妆品等。

由于经济林资源类别多，各类别的资源其主要利用成分不同，加工技术也完全不一样。经济林的初级产品和初级加工产品是食品工业、轻工业、化学工业、能源工业等的原料，经济林加工利用技术也涉及食品工业技术、轻工业技术、化学工业技术、能源工业技术、生物质能源技术、发酵生物技术等。所以，经济林产业既是一个传统的富民产业，也是一个规模宏大、涉及面非常广泛、发展前景非常美好的朝阳产业。

2.6 中国经济林资源地理

我国地域辽阔，气候、土壤等自然条件复杂多样；经济林树种对生态环境都有各自的要求和适应性，这就决定了我国经济林资源分布具有一定的空间分布、种类构成、数量和质量的组合特征，也就是经济林资源的地理学特征。根据我国的气候区划、大型地貌特征、经济林资源分布状况、经济林资源的组成和空间组合状况，可将经济林资源划分为以下7大经济林资源地理区域(图2-1)。

2.6.1 华中华东地区

本区介于北纬25°～32°，东经103°～122°之间；大型地貌区域界限为秦岭—淮河以南，川西高原以东，粤北、桂北山地及其以北的广大区域，气候区划上属中亚热带和北亚热带气候区，在全国植物资源区划中属东南湿润亚热带常绿落叶阔叶林大区；行政区域上包括甘肃、陕西、河南、安徽、江苏的南部，四川的东部，重庆、湖北、贵州、湖南、江西、浙江的全部，广西、广东、福建的北部。该区域年平均气温在15℃以上，无霜期一般超过8个月，1月平均气温在2℃以上，年降水量一般在1 000mm以上。由于该区域水热资源十分优越，绝大多数常绿经济林树种和落叶经济林树种在该区域都能正常生长结实，是我国经济树种种类最多、单位面积产量最高、总产量最大的区域。

产于该区域的经济林产品种类最多，全部或几乎全部产自于该区域的经济林产品或树种有：木本食用树种油茶和油橄榄，木本粮食和干果树种有锥栗、香榧、银杏、山核桃等，水果树种有柑橘、杨梅、枇杷、沙梨等，木本药材树种有厚朴、黄檗等，木本调料和香料树种有香樟、山苍子等，木本饮料树种有茶、刺梨等，工业原料及树种有油桐、乌桕、漆树、白蜡、五倍子等。在该区域有大面积栽培分布的经济林树种还有板栗、枣、

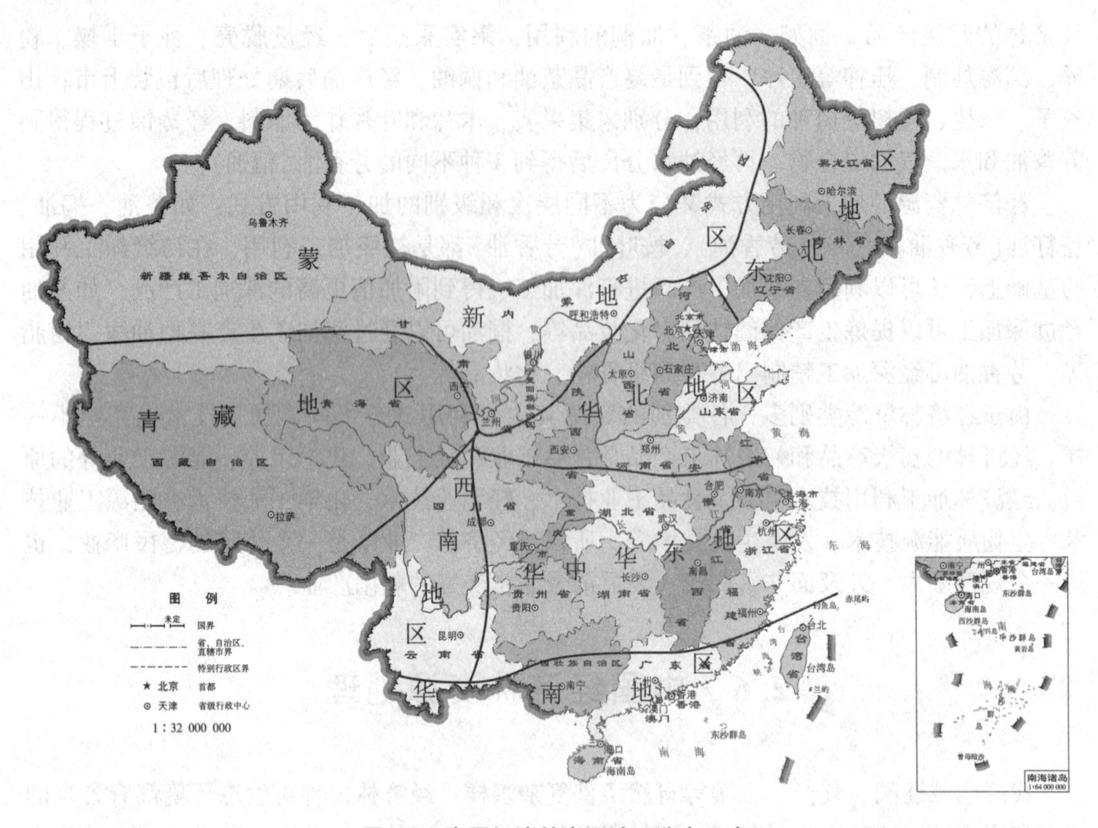

图 2-1 中国经济林资源地理分布示意

柿、猕猴桃、桃、李、梅、杜仲、花椒等。

2.6.2 华北地区

本区介于北纬32°～42°，东经104°～124°之间；大型地貌区域界限为秦岭—淮河以北，长城以南，六盘山以东的广大区域，气候区划上属南温带，与全国植物资源区划中的华北半湿润落叶阔叶林大区大致相同；行政区划上包括甘肃的东部，陕西、河南的中部和北部，山西、河北、北京、山东的全部，安徽、江苏的北部。该区域年平均气温在4～8℃，1月平均气温均在0℃以下，年降水量一般在500～1 000mm。

该地区是我国落叶的木本粮食树种和果树的核心产区，如栗、枣、苹果、白梨、杏、桃、山楂、银杏、麻栎、栓皮栎等主要产于该区。此外还盛产核桃、花椒、葡萄等。

2.6.3 华南地区

该区大型地貌界限为云贵高原以东、南岭山脉以南的地区以及云南南部地区，行政区域包括云南、广西、广东、福建的南部，台湾和海南的全部，大部分在北回归线以南，气候区划上属南亚热带和热带，与全国植物资源区划中的华南过渡热带常绿林、季雨林大区大致相同。该区域年平均气温一般在20℃以上，年降水量1 500mm以上。

该区是常绿果树、油料、香料、饮料等经济树种的核心产区，如龙眼、荔枝、番石榴、木瓜、杧果、腰果、椰子、油棕、胡椒、八角、肉桂、槟榔、咖啡、橡胶等。

2.6.4 东北地区

本区介于北纬40°05′~42°30′，东经119°20′~135°20′之间；大型地貌界限为长城以北、大小兴安岭以东的我国境内地区；气候区划上属北温带和中温带，与全国植物资源区划中的东北半湿润森林、森林草原大区大致相同；行政区划上包括黑龙江、吉林、辽宁三省的全境。该区域冬天气候寒冷，但降水量比较充足。

该区是榛、丹东栗、松子、秋子梨、树莓、越橘(蓝莓)、山葡萄、东北红豆杉、北五味子、刺五加等经济树种的核心产区。此外，还有核桃、栗等经济树种的栽培。

2.6.5 蒙新地区

本区西部介于北纬36°86′(新疆于田县)至北部边境线，东经73°40′~119°20′之间；大型地貌界限为青藏高原和长城以北、大小兴安岭以西的广大区域；气候区划上属北温带和中温带，与全国植物资源区划中的西北干旱、半干旱荒漠和草原大区大致相同；行政区划上包括新疆、宁夏、内蒙古的全部以及甘肃的中部和北部。该区域属大陆性气候，光照充足，降水量稀少，蒸发量大，夏季干热，冬天寒冷，年较差和日较差均大。农区多处于荒漠戈壁和沙漠边缘绿洲，灌溉农业，土壤以砾石、砂土和砂壤土为主，土质瘠薄，盐碱含量高。其中的环塔里木盆地边缘绿洲和宁夏河套灌区，由于具有得天独厚的生态地理环境和优越的水土光热条件，分别是闻名中外的新疆瓜果和宁夏枸杞的主产区。

该区经济林资源丰富。新疆是古丝绸之路的核心区域，张骞出使西域带回的经济林种子主要留在此区域繁殖，极大地丰富了我国西部的经济林资源，新疆南部就具有20多个落叶果树种类。新疆北部的天山是我国野生果树及近缘植物的重要分布区域，有58个树种，隶属9科21属。蒙新地区是我国枣、葡萄、核桃、杏、枸杞、沙棘、苹果、梨、扁桃、阿月浑子、石榴、无花果、李、欧洲李、桃、榅桲、榛子、山楂、山杏、野扁桃、樱桃李、文冠果、花椒等经济树种的核心产区。此外，还生产草莓、樱桃、银杏、杏李等。

新疆近年来经济林产业发展速度很快，其中尤以枣树和核桃规模扩张最快。而在改革开放前新疆只有零星的野生酸枣和哈密大枣栽培，20世纪90年代从河南、山西等省引入灰枣、骏枣等枣优良品种试种以后获得巨大成功，不仅单位面积产量高、食用品质好，而且还适合大面积机械化栽培，栽培面积近$50 \times 10^4 hm^2$，现在已经成为我国最重要的枣产区。

2.6.6 西南地区

大型地貌界限为青藏高原以南、成都平原以西的广大区域，气候区划上属北亚热带和南亚热带，与全国植物资源区划中的西南半湿润常绿阔叶林大区大致相同；行政区划上包括云南的北部和中部、四川的西部、西藏的东南角。该区气候条件复杂，而且受印度洋季风气候影响，可明显划分为雨季和旱季。

该地区植物种类非常丰富，大部分经济树种都能在该区域生长结实，是我国核桃、紫胶、云南松子、澳洲坚果的核心产区。此外，油茶、油桐、板栗、山苍子、茶等都有大量的栽培。

干热河谷是指高温、低湿河谷地带，大多分布于热带或亚热带地区，我国主要分布在西南的岷江、大渡河、雅砻江等流域。干热河谷地区光热资源丰富，气候炎热少雨，水土流失严重，生态十分脆弱，寒、旱、风、虫、草、火等自然灾害特别突出，土壤、气候条件严酷。适应该地区的经济林树种很少，都是非常耐高温、耐干旱的经济林树种，如木本工业原料树种麻疯树(能源树种)，印楝(农药树种)，木本蔬菜树种辣木等。

2.6.7 青藏地区

本区位于北纬28°~40°，东经78°~103°之间，包括整个青藏高原，属高原气候区域，与全国植物资源区划中的青藏高原高寒植被大区大致相同；行政区划上包括青海和西藏的绝大部分、四川的西北部、新疆的南部和西南部高海拔地区。该区域由于平均海拔很高，水热资源不如其他地区充足，经济树种栽培分布相对较少，枸杞等少数经济树种有栽培分布；在南部和东部温暖湿润地区有少量的经济林栽培，树种有松类、核桃、漆、桑、花椒等。

2.7 经济林产品

2.7.1 经济林产品的多样性

由于经济林类别资源多、树种资源多、品种资源多、利用的器官多，还可通过加工生产大量的间接产品，所以经济林产品来源丰富、形态各异、利用途径多样。经济林产品具有特定的产品形态、产品特性和经济利用价值。

经济林的直接产品(direct product)或初级产品(primary products)是指经济林经培育后并进入始收期以后所生产出来的经济林产品或工业原料。栗、枣、柿、苹果、梨、银杏、香榧等的果实和种子，可以直接食用，作为商品上市，称为直接产品；如将这些果实用于制作饮料或果酱，则这些果实又可视为初级产品或原料。金银花、桂花等的花可直接入药或作饮料，也可称为直接产品；但如果将它们用于提取药物成分，则又可以成为加工产品的原料或初级产品。银杏和杜仲等的叶片用于提取银杏黄酮、杜仲胶或制作银杏叶茶、杜仲叶茶，则可将这些叶片视为原料。杜仲、厚朴、黄檗的树皮用于提取药用成分，盐肤木树上的五倍子用于制取没食子酸等化工产品，均可称为工业原料。

经济林的间接产品(indirect product) 或加工产品(processing products)是指利用经济林的某些器官或初级产品经过适当的加工过程所得到的各种中间产品和最终产品或末端产品。如油桐果实采摘后，其果实可视为原料，经过去壳、干燥和种子压榨等工艺过程得到桐油，桐油可视为经济林产品，如将桐油直接作为商品销售或直接用于各种器皿、家具的表面防护，用于大规模集成电路板的浸渍，则桐油可视为最终产品；如果将桐油用于制作高档油漆、油墨、树脂等产品时，则桐油可视为初级产品或深加工产品的原料。

经济林资源产品链(product chain)是指从经济林资源经过多层次加工衍生出来的各种

不同形态和性能的实物资源。山苍子的果实晾干后可以作为食用香料，视为直接产品；山苍子果实经蒸馏得到山苍籽油可谓初级加工产品；山苍籽油经过分离，可得到天然柠檬醛可视为中间产品；天然柠檬醛通过缩合、加成等化学反应可以制造出紫罗兰酮、甲醛紫罗兰酮、鸢尾酮等化合物(香精)，也可视为中间产品；这些化合物又可调制成各种高级香精，而各种香精又可应用于食品、药品、轻工、化工等行业产品，形成山苍子资源的产品链。经济林资源产品链条越长，其附加值越高，资源利用效率也越高。

经济林产品的形态丰富多彩，千姿百态。经济林的直接产品以果实和种子的体现形式最为普遍。枣、柿、苹果、梨、葡萄、猕猴桃、油橄榄、油棕、枸杞等的果实就是其直接利用的产品，这些果实的外观也呈现各种各样的形态，即使同一物种的不同品种也表现出不同的形状、颜色、大小、光泽等外观形态。油茶、油桐、栗、核桃、银杏、香榧、扁桃、阿月浑子等的种子也以完全不同形态展现。可直接食用或入药的栀子、金银花、木兰科木兰属多数种类的花产品也是以不同大小、不同形态、不同颜色的姿态出现。其他如杜仲、厚朴、桂花(皮)等的树皮，茶叶等的叶片无不具有独特的形态特征。

经济林产品的命名有其独特的命名规律和历史渊源，主要有4种方式。①经济林产品以其树种的名称直接进行命名，这些产品往往是该树种的直接利用产品，而且是传统的主要利用产品，如栗子、枣子、柿子、榛子、苹果、梨、桃、银杏、香榧、杜仲(皮)、厚朴(皮)、桂花等，与树种名称完全一致；②经济林产品以经济树种的名称加上利用部位来命名的，这些产品往往是该经济树种的直接利用产品，但是并非传统的主要利用产品，如银杏叶、杜仲叶、(肉桂)桂皮等；③经济林产品是以该树种的倒置名称来命名的，这些产品往往是树种的间接利用产品、初级加工产品，而且树种名称还带有某种特殊用途性质的字，如油茶的初加工产品称为茶油，油桐的初加工产品称为桐油，油橄榄的初加工产品称为橄榄油；④经济林产品的名称与树种名称完全不同，这类产品经常出现在寄主树种上的直接和间接产品以及因行业专业名称称呼不一样造成的，如以盐肤木属和黄连木属植物作为寄主树的倍蚜虫产生的虫瘿是直接产品，该产品称为五倍子，以木兰科木兰属多数种类的花直接入药的花产品称为辛夷。

2.7.2 经济林产品的品质

经济林产品众多，形态和用途各异，因而经济林产品品质的评价标准也大不一样，各类别资源具有相对比较一致的指标体系，各经济树种有自己的评价标准。

(1)木本粮食与果品类经济林产品品质评价

食用果品类经济林产品品质评价技术体系主要包括4方面：①营养品质；②感官品质；③保健品质；④安全品质。营养品质主要是指果品内蛋白质、碳水化合物、脂类、维生素、矿物质等营养成分的含量；感官品质主要包括外观品质、香味品质、组织品质等肉眼、感觉器官或借助于仪器设备可以定性检测的指标特征；保健品质主要包括抗变异、抗癌、调节血压等具保健功能性食品因素；安全品质包括有毒物质、农药、重金属、微生物等污染物的存在状况。其中，感官品质又可做以下细分：香味品质中通常包括滋味成分(如糖、有机酸、氨基酸含量等)和香气成分(如酯类化合物、乙醇、醛类化合物等)；外观品质中通常包括色素(如叶绿素、类胡萝卜素、花青素等)、色泽色彩、形状(如病害、损伤、均匀性等)；组织品质主要包括硬度、黏性等特征特性。

(2)食用油脂类经济林产品品质评价

食用油脂类经济林产品品质的评价技术体系与果品品质体系大致相似，包括营养品质、感官品质、保健品质和安全品质。营养品质主要包括各种脂肪酸的组成和比例、各种维生素的含量等；感官品质主要包括油脂色泽、气味、滋味、水分含量、杂质含量等；保健品质主要包括保健成分如角鲨烯、维生素 E、卵磷脂等存在状况和含量；安全品质除果品品质外，还有油脂中特有的有毒物质如苯并芘、有机溶剂污染等，含有短链脂肪酸、共轭双键脂肪酸的植物油脂不能作为食用植物油脂。工业油脂类经济林产品如桐油除一般的品质评价指标外，重要的是根据桐酸的含量来定级，芳香油(精油)如山苍籽油主要根据柠檬醛的含量来定级。

(3)非种实类经济林产品品质的评价

非种实类经济林产品很多，如杜仲、厚朴、肉桂的树皮，香椿、辣木的茎叶，茶叶、银杏的叶片，金银花、桂花、辛夷的花器，山苍子、樟树、桉树果实和叶片蒸馏的山苍籽油、樟油和桉叶油，其质量评价指标各不相同，必须依据不同产品的质量要求和主要有用成分分别进行评价，具体评价指标将在经济林产品质量检验检测教材中编写，此处不一一赘述。

(4)经济林产品品质影响因素

影响经济林产品品质的因素较多，如树种、品种、生态条件、栽培技术、采摘时间等。桐油的品质因树种差异较大，三年桐桐酸含量高、黏度大，最适合作为高档油漆和树脂的原料，而千年桐则更适合作为生物柴油的原料。各种水果如梨、苹果等因品种不同，其品质相差很大。在温暖、湿润、直射光不强、漫射光丰富的重峦叠嶂的环境条件下，香榧和茶的品质最优。适当的疏花疏果可以提高梨、葡萄等果品的品质；化肥施用不当，将导致果品变酸、风味欠佳。油桐适合在霜降季节采摘，如果提前采摘则导致酸价过高，桐油品质下降。

对于各种经济林产品的品质评价和定级，国内已经颁布了系列国家标准、行业标准和地方标准，可以参照实施。

2.7.3 经济林地理标志产品

地理标志产品是指产自特定地域，所具有的质量、声誉或其他特性，本质上取决于该产地的自然因素和人文因素，经审核批准以地理名称进行命名的产品。地理标志产品包括来自本地区的种植、养殖产品；原材料全部来自本地区或部分来自其他地区，并在本地区按照特定工艺生产和加工的产品。

地理标志是在“原产地名称”的基础上逐步发展而来的。不同时期、不同目的对地理标志保护的内容和要求不尽相同，但彼此间却是有很大的关联度，主要体现在内容上的传承和延续。由于地理标志在经济增长、生态环境保护、农村劳动力就业、农民收入增加、文化遗产保护等方面具有积极的正面作用，地理标志这一概念得到不断发展，不断完善。根据《与贸易有关的知识产权协议》(简称 TRIPS 协议)规定，世界贸易组织要求世贸成员国必须对地理标志进行保护。地理标志已经成为与商标、专利和版权并列，作为一项知识产权而加以保护，并且对地理标志的保护制度已逐渐形成了一套完善的管理体系和法律保护体系。

我国对地理标志产品的保护非常重视，国家对农产品地理标志实行登记制度，经登记的农产品地理标志受法律保护。国家质量监督检验检疫总局制定了《地理标志产品保护规定》，明确规定地理标志产品需要有官方的认可和特定程序的批准，依法由政府授权的机构监控，并且该权利无论在任何情况下都不可从该特定地域转移到另外一个地域，也不可以对该权利进行买卖。农业部也制定了《农产品地理标志管理办法》，对农产品地理标志的定义进行了规定，标示农产品来源于特定地域，产品品质和相关特征主要取决于自然生态环境和历史人文因素，并以地域名称冠名的特有农产品标志。

我国目前对地理标志产品的保护存在3种保护模式：①国家质量监督检验检疫总局对地理标志产品的保护；②农业部对农产品地理标志的保护；③国家工商总局对作为集体商标、证明商标注册的地理标志的保护。国家质量监督检验检疫总局从1999年开始受理地理标志保护申请，产品范围覆盖酒类、茶叶、中药材、水果、蔬菜、工艺品、调味品等多种特色产品。农业部自2008年2月1日起全面启动农产品地理标志登记保护工作。国家工商总局自1985年加入《保护工业产权巴黎公约》后就开始受理地理标志产品的商标注册申请。

国家质量监督检验检疫总局对地理标志产品的保护体制由质检总局和各地出入境检验检疫局及地方质量技术监督局共同负责。质检总局负责统一管理；各地方出入境检验检疫局和地方质量技术监督局依照各自职能负责开展地理标志产品保护工作。此外，国家和省级标准化行政主管部门负责组织草拟并发布地理标志保护产品的国家标准和地方标准。

经济林地理标志产品是指经济林产品命名、并符合地理标志产品规范的地理标志产品。我国经济林产品丰富多样，有些产品很早以前就享誉国内外，通过一定的技术规范，可以申请地理标志产品。全国各地方已经按规定申报批准了一批经济林地理标志产品，如天津甘栗、漾濞核桃、沾化冬枣、枫桥香榧、都匀毛尖茶、宁国山核桃、宁夏枸杞、西峡山茱萸、封丘金银花、慈溪杨梅，等等。经济林地理标志产品必须标示该产品来源于某一特定地区，并且具有该产品特有的品质、特色、声誉或其他特征取决于该地区的自然因素或者人文因素。鉴于对经济林地理标志产品保护的需要，近年来，各地还制定了一批地理标志产品的地方标准，规定了相关地理标志产品的保护范围、术语和定义、种植与加工、质量要求、试验方法、检验规则、包装、标志、标签、运输和贮存等技术。

2.7.4 无公害经济林产品

无公害农产品是指产地环境、生产过程和产品质量符合国家有关标准和规范的要求，经认证合格获得认证证书并允许使用无公害农产品标志的优质农产品及其加工制品。无公害经济林产品是无公害农产品的重要组成部分。无公害经济林产品生产是采用无公害的栽培技术和加工方法，按照无公害农产品生产技术规范，在清洁无污染的良好生态环境中生产、加工的，安全性符合国家无公害农产品标准的优质农产品及其加工制品。

广义上的无公害农产品，涵盖了有机食品(又称生态食品)、绿色食品等无污染的安全营养类食品。无公害农产品认证采取产地认定与产品认证相结合的模式。无公害食品标准内容包括产地环境标准、产品质量标准、生产技术规范和检验检测方法。无公害食品的生产首先受地域环境质量的制约，即只有在生态环境良好的农业生产区域内才能生产出优质、安全的无公害食品。因此，无公害食品产地环境质量标准对产地的空气、水质、土壤等的各项指标以及浓度限值做出了严格的规定。无公害食品生产过程的控制是无公害食品质量控制的关键环节，无公害食品生产有严格的生产技术操作规程。从事无公害农产品生产的单位或者个人，必须严格按规定使用农业投入品，禁止使用国家禁用、淘汰的农业投入品。无公害食品产品标准规定了食品的外观品质和卫生品质等内容，但其卫生指标不高于国家标准，重点突出安全指标。

有机食品是指来自有机农业生产体系，根据国际有机农业生产要求和相应的标准生产加工的、并通过独立的有机食品认证机构认证的一切农副产品，包括粮食、蔬菜、水果、奶制品、禽畜产品、水产品、调料等。有机食品生产过程中禁止使用任何农药和化肥。有机食品是食品行业的最高标准。

绿色食品是指在无污染的生态环境中种植及全过程标准化生产或加工的农产品，严格控制其有毒有害物质含量，使之符合国家健康安全食品标准，并经专门机构认定，许可使用绿色食品标志的食品。绿色食品是中国政府主推的一个认证农产品，有绿色 AA 级和 A 级之分，而其 AA 级的生产标准基本上等同于有机农业标准。绿色食品是普通耕作方式生产的农产品向有机食品过渡的一种食品形式。绿色食品生产过程中可限量使用农药和化肥。

思考题

1. 经济林资源类别的划分依据是什么？各类经济林有何主要经济利用价值？
2. 经济树种与具体某一物种的概念有何差异？
3. 如何区别经济树种的品种类群、品种、品系和类型？
4. 我国主要划分为几大经济林资源地理区域？各区域有哪些特色经济林资源？
5. 经济树种利用的组织器官和方式有哪些？
6. 果品类和食用油脂类经济林产品品质评价的技术指标有哪些？
7. 如何理解区分经济林地理标志产品、无公害食品、绿色食品、有机食品？

参考文献

胡芳名，谭晓风，刘惠民，2006. 中国主要经济树种栽培与利用[M]. 北京：中国林业出版社.

中南林学院，1983 . 经济林栽培学[M]. 北京：中国林业出版社.

何方，胡芳名，2004. 经济林栽培学[M]. 2 版 . 北京：中国林业出版社.

杨建民，黄万荣，2004. 经济林栽培学[M]. 北京：中国林业出版社.

彭方仁，2007. 经济林栽培与利用[M]. 北京：中国林业出版社.

西川五郎，1953. 工艺作物学[M]. 2 版 . 东京：农业图书.

第3章
经济树木的生长发育

【本章提要】

本章主要讲述经济树木的生命周期、年生长周期、营养器官的生长规律、生殖器官的生长发育规律，经济树木的生长发育与产量形成的相关性等内容。要求重点掌握经济树木营养器官和生殖器官生长发育的基本规律及与栽培技术措施的相关。

生长发育是生物特有的生命现象，无论是低等植物还是高等植物，其一生都要经过一系列的生长发育过程或阶段完成其生活史。经济树木的生长与发育是两个相关而又不同的概念。生长(growth)通常是指体积和重量增加的量变过程，它是通过细胞分裂、伸长来体现的，这种体积和重量的增长是不可逆的；植物的生长可分为营养生长和生殖生长两部分，体现在整个生命活动过程中。发育(development)则是指经济树木生活史中结构和功能从简单到复杂的质变过程，通过细胞、组织、器官的分化来体现的。经济树木的生长和发育是紧密相连相伴进行的复杂生命过程，不仅受到经济树木本身遗传因素的调控，还受外界环境因素的影响；生长是发育的基础，发育是生长的发展，两者很难截然分开。经济树木的生长发育过程，也是其丰产特性不断表现与发挥的过程。因此，认识经济树木的生长发育规律，就可人为地调节与控制其生长发育的速度和方向，科学地指导生产实践，克服生产上的盲目性，充分提高经济树木的生产潜力。

3.1 经济树木的生命周期

经济树木一生中个体生长发育的变化过程，是指从合子开始，经过胚胎发育形成种子，成熟种子萌发成实生苗木或经嫁接等无性繁殖手段培育成品种苗，然后逐渐长成成龄树，开花结实，直到衰老、更新、死亡的全部过程。这个过程称为经济树木的生命周期(life cycle)，也称年龄时期。根据经济树木的自然寿命和栽培上的经济目的，将经济树木一生的生长发育过程划分为以下四个不同的生长发育时期。经济树木在不同时期各有其特点及生理要求，各个时期的起始早晚和持续时间长短也不尽相同，在栽培上应根据各个不同时期的特点和生理要求，采取相应的技术措施，促进与调节其生长发育过程，达到早实、丰产、稳产、优质的目的。

应当指出，在各类经济树木中，以生产果实(种子)为栽培目的的经济树种，与生产其他经济林产品(树叶、树皮、树液、树脂、纤维等)为栽培目的的经济树种相比，由于产品种类差异很大，不同生长发育时期出现的早晚及持续时间的长短差异巨大，在理论和实践中应区别对待。

3.1.1 幼年期

这一时期是指从栽植起到有经济产量之前为止所经历的时期。这一时期的树种以营养生长为主，所以也称营养生长期。该时期的生长发育特点是：以营养生长为中心，树体离心生长旺盛，地下和地上占据的生长空间迅速扩大。这一时期的前半期，在生长特点上表现为以地下生长为主，如1年生的核桃地下部分生物量占60%～80%，1年生银杏地下部分占60%～70%。2～3年以后，地上部分开始加速生长，随着分枝数量的增加，植株开始形成树冠和树体骨架结构，营养面积和同化能力逐步提高，为开花结实奠定了物质上和形态结构上的基础。这一时期所需时间的长短，因树种、品种和繁殖方法不同而异。枣树播种后或嫁接后当年就可开花结实，油桐的对年桐品种播种后第二年就可开花结实，而其他品种多为播种后第三年开花结实。油茶实生繁殖的苗木一般5～6年开花结实，而嫁接苗多数第三年就可开花结实；银杏实生繁殖10余年才能正常开花，嫁接繁殖的苗木则5～6年就可开花结实。在栽培技术措施上，保成活、促生长、形成良好的骨架结构是此期的主要追求目标。首先，春季造林后要连续2～3次浇水或在树盘上覆膜；秋季造林要对苗木培土防寒保墒，有条件的地方可在苗干上套袋，雨季要连续松土除草，及时防治病虫害，以提高新建经济林的成活率和保存率。其次，要加强肥水管理，采取浇水、施肥、覆膜、覆草、压青、中耕及深翻扩穴等措施，改善土壤结构和理化性质，培肥土壤，提高肥力，以促进幼树生长。第三，根据树种及品种特性、立地条件、栽植密度等因素，对幼树进行定干和整形，促进分枝和树冠的形成，培养透光良好、结构稳定而丰产的树形。一些生产单位往往只顾眼前利益，不重视对幼树的整形修剪和肥水管理，过早地对幼树环剥、拉枝、摘心、刻芽，片面地追求早期产量，结果只能是杀鸡取卵，虽然收获期提早几年，但产量低、衰老快、效果差。

3.1.2 初产期

这一时期是指从开始结实(收获)到大量结实(收获)以前所持续的一段时期。经济树木个体随着体内营养物质的积累、各类营养物质的调整及体内各种激素水平和种类的变化，各种细胞、组织和器官相继分化产生，最终分化形成花芽并开花结实。开花结实是植物个体发育上一个巨大转变，标志着生殖生长的开始。开花结实包括花原基发生，花器官发育及开花后的授粉受精，种子发育及成熟等各个阶段。在花芽分化过程中，各种营养物质的代谢及内源激素的比例都在发生变化。这些变化都以光合产物和贮藏营养物质作为能源的基础。花起源于顶生和侧生分生组织，当营养条件具备时，任一叶芽均可转化为花芽。不过从这一时期开始时，营养生长仍占优势，枝的分枝级数增加，树冠继续扩大，主枝逐渐开张，树势逐渐缓和，枝类组成发生变化，中短枝比例增加，产量逐年上升。

这一时期的主要栽培措施包括：加强土肥水管理，保证根系和地上部分迅速发展，使树冠尽快达到预定的最大营养面积。通过整形修剪使树冠结构合理，保持各类枝的从属关系，改善通风透光条件，不断培养和更新结果枝组，并注意调整生长与结果的平衡关系，使产量不断提高。该时期出现的时间及持续的长短与树种及栽培技术措施密切相关，一般为4～10年，如油茶第3至第6年或第7年为初产期，持续时间4～5年。

3.1.3 盛产期

盛产期是指经济树木进入大量开花结实(或受益高峰)的这段时期，是经济林栽培最有经济价值的时期。这一时期持续时间的长短除与树种、品种有关外，也受立地条件和栽培技术措施的影响，而产量的高低和品质的优劣则在很大程度上取决于立地条件和经营的集约化程度。

以收获果实为目的的经济林木盛产期的生长发育中心已由营养生长转入生殖生长，无论是地下根系还是地上树冠，其扩大生长基本上达到了最大程度，骨干枝的离心生长基本停止，结果枝大量增加，产量达到高峰。由于连年大量结实，消耗大量营养，常造成营养物质在同化、运转和分配之间以及积累与消耗之间的平衡关系失调，致使各年份之间的产量产生波动，即经济林栽培学上的“大小年”现象。经济树木各年份之间由于气候条件的差异、病虫害的危害程度以及管理措施上的差异，形成产量波动是很正常的。生产上关键是要采取合理措施减小大小年的波动幅度，保证经济树木的连年丰产稳产。一般情况下，相邻年份之间产量波动在10%～20%的范围内是正常的，但如果超过40%则说明大小年比较严重，应采取一定措施加以调整。

这一时期在栽培上的主要任务，就是要采取一切措施，努力实现经济林的高产、稳产、优质，延长经济寿命。在技术上，首先，要加强对林分的土肥水管理，特别要注意施足肥料，有条件的地方应进行土壤营养诊断和叶片营养诊断，以做到配方施肥，保证树体的营养平衡促进其健壮生长，防止因持续大量结果引起树体养分亏缺，树势下降。其次，要通过合理修枝来调整营养生长和开花结实的关系，改善树体光照状况，并通过疏花疏果保障树体合理的负载量，避免只顾眼前利益追求短期的高产。第三，要在加强对果实病虫害防治的同时，加强对主干和叶片的病虫害防治，保护好叶片，延长功能叶的寿命。

3.1.4 衰老更新期

衰老更新期是指经济林树木生长势开始逐渐减弱，产量逐步下降，直至几乎没有经济产量为止的这段时期，也叫更新复壮期或收获减退期。该期的特点是枝条先端停止生长，枝、根的分级次数过多而多数较细弱，顶芽或靠近顶芽的侧芽不再发育成旺盛的新梢，骨干枝先端衰弱，甚至干枯死亡，结果部位不稳定，冠内出现大量徒长枝，发生强烈的向心更新，树体营养严重失调，致使结果枝组大量死亡。此期的主要任务是，充分利用徒长枝，加强修剪，重新培养结果枝组，尽量维持产量。

经济树木进入衰老更新期后，应在加强土肥水管理及树体保护的基础上，及时进行更新复壮。采取截枝、截干、重修剪等措施刺激潜伏芽萌发，培养更新枝，或利用萌生的徒长枝，将其培养成新的树冠，以恢复结果能力。对已进行过1~2次无性萌芽更新的经济树木，则需要重新规划造林。

3.2 经济树木的年生长周期

经济树木在一年的生长发育过程中呈现出的规律性变化称为年生长周期(annual growth cycle)，简称年周期。在年周期中，因受环境条件的影响，不但树木内部生理机能会发生改变，而且外观形态也出现相应变化。树木的各个器官随季节性气候变化而发生的形态变化称为树木的物候(phenology)，物候出现的时期称为“物候期”。表现出来的外貌称为“物候相”。根据树木地上部分在一年中生长发育的规律及其物候特点，可将经济树木的年周期划分为以下几个时期。

3.2.1 根系生长期

经济树木的根系一年中无自然休眠现象，但常因不良的土壤温度及水分状况而产生波动。根系生长活动的时间通常早于地上部分。土壤温度3~5℃就开始生长活动。一般根系生长的最适土温为20~28℃，低于8℃或在38℃以上，根的吸收功能基本停止，不能再生长新根。通常根系开始与停止生长的温度均分别较地上部分的芽萌动和休眠的温度低，春季提早生长，秋季休眠延后，这样，很好地满足了地上部分生长对水分、养分的需求。在春末与夏初间以及夏末与秋初间，不但温度适宜根系生长，而且，树木地上部分运输至根部的营养物质量也大，因而，在正常情况下，许多树木的根系都在一年中的这两个时期分别出现生长高峰。在盛夏和严冬时节，土壤分别出现极端的高温和低温，抑制根系活动，尤其在夏季，根系的主要任务是供给蒸腾耗水，于是，根系的生长相应处于低谷，有的甚至停止生长；不过，实际的情况可能更复杂。生长在南方或温室内的树木，根系的年生长周期多不明显。

3.2.2 萌芽展叶期

经济树木的萌芽是由休眠期转入生长期的标志。萌芽的物候期是从芽的膨大萌动开始，经过芽的绽放和幼叶的展开为止。萌芽以后，叶片相继展开。萌芽展叶期的早晚及持续期的长短，主要受树种品种、气象条件特别是气温的影响。就同一树种而言，生长在低纬度、低海拔、阳坡的树木萌芽展叶期相对较早。

掌握不同经济树种的萌芽、展叶特征对于正确开展经济树木的引种、确定合理的栽植时期、正确地开展整形修剪及土肥水管理工作、嫁接时期及嫁接技术的确定都有密切的关系。

3.2.3 枝梢生长期

从萌芽抽梢到落叶之间的整个生长期为经济树木的枝梢生长期。枝梢生长包括延长生长和加粗生长。一般延长生长速生期早，持续时间短；加粗生长速生期晚，持续时间长。

在枝条抽生初期，其形态建成所需物质主要来自母枝、主干及根系中的贮存养分；新梢速生期所需要的营养物质来自贮存营养和自身同化作用两个方面，但此期枝条很少或不向外输出养分；速生期结束以后，顶芽逐渐形成，枝条进入加粗生长速生期，此期枝条的同化能力大大提高，同化产物一方面用于自身形态建成，同时大量向外输出。

树种和品种特性、土壤肥水条件、树体营养状况、修剪方法、病虫害的危害情况等因素，都会影响经济树木的枝梢生长。一般落叶经济树种一年抽枝1~2次，第一次为春梢，或再抽生1次秋梢。如柿树、板栗、核桃、花椒等树种的成年树一年只抽生春梢，枣树一年可抽生春梢和夏梢2次梢，油茶则一年可分别抽春梢、夏梢和秋梢3次梢；茶树、乌桕一年可抽4~5次梢。同一树种不同品种之间，抽枝特性有一定差异，如板栗，多数品种一年只抽1次梢，但金丰、石丰等品种一年可抽2~3次梢。土壤肥水条件良好，树体营养生长旺盛，则抽梢次数增加。修剪甚至病虫害的危害能增加抽枝次数。如茶树在自然生长条件下一年抽梢2~3次，在采芽条件下一年可抽梢4~6次。另外，不同树龄，由于生长势不同，抽梢次数也不同。如乌桕，成年树一年抽梢3次，而幼龄树可抽梢4~5次。

枝条的抽生及其生长状况对花芽分化和果实生长发育产生很大影响。首先，枝条的抽生和生长是形成叶幕的前提，充足数量的枝条、健壮的枝条生长才能形成较大的叶面积，制造充足的有机物质，为花芽分化、开花、坐果及果实生长发育打下物质基础。但与此同时，如果枝条生长过旺、抽枝次数过多、停止生长过晚，容易造成秋梢(嫩梢)的冬季冻害，而且由于过多的新梢消耗大量的营养，抑制花芽分化，导致来年的抽梢、开花坐果受到抑制。生产中应通过合理的土、肥、水管理和整形修剪措施，促进春梢的健壮生长，减少秋梢的抽生数量，节约有效的养分用于促进花芽分化、开花坐果及果实的生长发育。

3.2.4 开花结实期

开花结实是成龄经济树木年生长周期中最复杂的生理过程，包括花芽分化、开花坐果、果实生长发育等不同的生理阶段。

花芽分化(flower bud differentiation)是重要的生命活动过程，是完成开花的先决条件，但在外形上是不易觉察的。花芽分化受树种、品种、树龄、经营水平和气象条件的影响。大多数经济树木如油桐等是在上一年完成花芽分化，第二年春季开花。油茶、乌桕等是在当年春梢上完成花芽分化，当年11月开花，第二年10月果熟。油橄榄的花芽分化于花前2个月完成。

开花是一个重要的物候期。经济树木的开花可分为：花蕾或花序出现期、开花始期(5%的花已开放)、开花盛期(50%的花开放)、开花末期(仅留存约5%以下的花未开放)4个时期。普遍认为日平均气温≥10℃时植物生长开始活跃，许多植物始花。经济林木开花的循序大体上有3种类型，包括先花后叶型、花叶同放型和先叶后花型。大多数物种是先萌发叶，后开花；有少数物种是先开花，后发叶，如桃、山苍子等。还有一些树种则是花、叶同时开放。

多数经济树种是一年开一次花，如油茶、油桐等；也有一些经济树种如板栗的个别品种一年可开两次花。气象条件对个别树种影响较大，如梨在夏季遭遇高温落叶后，在秋季适宜温度条件下可第二次开花。但是，一般经济树木二次开花由于坐果时间晚，往往生长和成熟不良，栽培利用价值不大，还消耗大量养分，生产中应尽可能避免。

经济林树种的开花结实特性类型也是非常丰富的。绝大多数经济林树种如核桃、板栗、枣、油桐等的开花结实是在一年内完成的，即所谓"春华秋实"；少数经济林树种的开花结实可以跨两个年度，如油茶先年秋季开花，翌年秋季果实成熟，此时在同一株油茶树上可以看到果实和花朵并存，即所谓"抱子怀胎；"个别经济林树种如香榧，假果实(种子)需要经过近2年的时间才能成熟，在同一株树上可以见到当年和去年的假果实，即所谓的"两代同堂"。

开花后经过授粉、受精、果实膨大到果实成熟，为果实生长发育期。在这一过程中，每一个环节都与结实量有密切关系。

3.2.5 落叶休眠期

落叶经济林树种秋季在光周期和低温的诱导下，体内产生大量脱落酸，导致叶片中有机物质降解回流，最终叶柄基部产生离层而脱落，树木进入休眠期。常绿经济林树种入冬前不落叶，但香樟等在春季的春梢生长季节往往伴有大量的季节性老叶凋落，夏季高温干旱或冬季极端天气也有可能造成非正常落叶。

经济树木的休眠是对不良环境条件的适应。为了提高经济树木抗性和适应性，使其安全度过极端环境，生产中应采取相应措施，如秋季防止徒长，促进木质化；秋后贮存营养，以提高越冬能力。

3.3 经济树木的营养生长

3.3.1 根系

根系(root system)是树木的重要器官，它的主要作用是把植株固定在土壤里，从土壤中吸收水分、矿质养分和少量的有机物质，贮藏一部分有机养分供植株生长，将无机养分合成为有机物质(如将无机氮转化成酰胺、氨基酸、蛋白质等)。根还能合成某些特殊物质，如激素(细胞分裂素、赤霉素、生长素)和其他生理活性物质，对地上部分生长起调节作用。根在代谢过程中分泌酸性物质，能溶解土壤养分，使其转化变成易溶解的化合物，根系的分泌物还能将土壤微生物引到根系分布区来，并通过微生物的活动将氮及其他元素的复杂有机化合物转变为根系易于吸收的类型。许多树木的根与细菌和放线菌共生形成菌根，增加根系吸水、吸肥、固氮功能，对植物地上部分的生长起刺激作用。"根深叶茂"不仅客观地反映出了树木地下部分与地上部分之相关，也是对树木生长发育规律和栽培经验的总结。

3.3.1.1 根系的类型

经济树木的根系根据其发生与来源可分为三类：

(1)实生根系(seedling root system)

即用种子繁殖及用实生砧木嫁接繁殖的经济树木根系。其特点是一般主根发达，根系较深；生理年龄较轻，生活力强，对外界环境有较强的适应能力；实生根系个体间的差异比无性繁殖的根系大，在嫁接情况下，还受地上部分接穗品种的影响。

(2)茎源根系(cutting root system)

扦插、压条繁殖的个体。根系起源于母体茎上的不定根。其特点是：主根不发达，根系分布较浅；生理年龄较老，生活力相对较弱；个体间较为一致。在台风频繁地区，为了抗风，一般不宜栽种压条或扦插苗。

(3)根蘖根系(layering root system)

从水平根上形成不定芽后分株繁殖个体之根系。其特点是：根系分布浅，适应力弱。例如，枣、石榴、樱桃的分株繁殖即是利用根蘖根系。

3.3.1.2 根系的分布

(1)水平分布

根系的水平分布范围，在正常情况下，多数与树木的冠幅大小相一致。例如，树木的大部分吸收根，通常主要分布在树冠外围的圆周内，所以，应在树冠外围于地面的投影处附近挖掘施肥沟，才有利于养分的充分吸收。但在干燥瘠薄的土壤，树木根系能伸向很远的地方。如成年枣树的根系扩展范围最大，可达枝展的5~6倍。

(2)垂直分布

在适宜的土壤条件下，树木的多数根集中分布在地下20~60cm土层范围内；具吸收功能的根，则分布在20cm左右深的土层中。就树种而言，根系在地下分布的深浅差异很大。有些经济树种，如油茶、薄壳山核桃、板栗、柿树、银杏等，它们的根系垂直向下生长特别旺盛，根系分布较深，常被称为深根性树种；而主根不发达，侧根水平方向生长旺盛，大部分根系分布于上层土壤的树木，如油桐、山苍子、桃、杏、李、樱桃、石榴等，则被称为浅根性树种。深根性树种能更充分地吸收利用土壤深处的水分和养分，耐旱、抗风能力较强，但起苗、移栽难度大。生产上，多通过移栽、截根等措施，来抑制主根的垂直向下生长，以保证栽植成活率。浅根性树种则起苗、移栽相对容易，并能适应含水量较高的土壤条件，但抗旱、抗风及与杂草竞争力较弱。

根系在土壤中的分布状况，除取决于树种外，还受土壤条件、栽培技术措施及树龄等因素影响。许多树木的根系，在土壤水分、养分、通气状况良好的情况下，生长密集，水平分布较近；相反，在土层浅、干旱、养分贫瘠的土壤中，根系稀疏，单根分布深远，有些经济树种如乌桕的根甚至能在岩石缝隙内穿行生长。用扦插、压条等方法繁殖的苗木，根系分布较实生苗浅，树木在青、壮年时期，根系分布范围最广。此外，由于树根有明显的趋肥、趋水特性，在栽培管理上，应提倡深耕改土，施肥要达到一定深度，诱导根系向下生长，防止根系“上翻”，以提高经济树木的适应性。

3.3.1.3 根系的生长动态

经济林木根系受树种、品种、环境条件及栽培技术等影响，其生长动态常表现出明显的周期性。主要有昼夜周期性、年生长周期性和生命周期性。在不同生长周期中，除了根系体积或质量的消长外，还有根系功能和再生能力等方面的变化。

(1)生命周期

经济林木是多年生以无性繁殖为主的植株。一般情况下，幼树先长垂直根，树冠达一定大小的成年树，水平根迅速向外伸展，至树冠最大时，根系也相应分布最广。当外围枝叶开始枯衰，树冠缩小时，根系生长也减弱，且水平根先衰老，最后垂直根衰老死亡。

(2)年生长周期

在全年各生长季节不同器官的生长发育会交错重叠进行，各时期有旺盛生长中心，从而出现高峰和低谷。年生长周期变化与不同经济林木自身特点及环境条件变化密切相关，其中自然环境因子中尤以温度对根系生长周期变化影响最大。我国北方的银杏，在一年中根系生长通常会出现两个高峰(图3-1)。

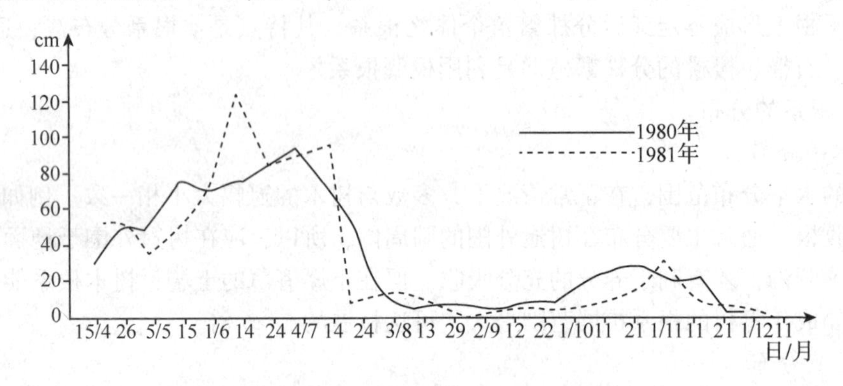

图3-1　银杏根系年生长动态

根系在一年当中的生长动态有如下几个特点：

①经济林根系在年周期中没有自然休眠，只要条件适合(主要是地温和水分)，根系可以随时由停止状态迅速过渡到生长状态。

②根系在年周期的生长动态，既取决于树种、品种、砧穗组合，当年生长与结实状况等内部因素，同时也与外界环境条件如土壤温度、水分、通气、肥力等密切相关。经济林根系生长高峰与低潮是上述因子综合作用的结果。当然，在某一阶段有一种因素起主导作用。就树体本身说，有机物质的生产与积累及内源激素的状况是根系生长的内因；就外界环境来说，冬季低温和夏季高温干旱是促成根系生长低潮的外因。

③在年周期中根系生长与地上部器官的相互关系是复杂的。对落叶经济林来说，发根高峰多在枝梢由旺盛生长转入缓慢生长、叶片大量形成之后。这是由于树体内营养物质调节与平衡的结果，因为此时期有足量的光合产物运送到地下部分。另外，根系与果实发育的高峰也是相反的，这与营养的竞争有关，所以当年的结实量，也会明显影响根系生长。但在某些情况下，由于其他条件的变化也可能不出现交替生长的现象。总之，地下部分根系的生长变化是地上部分器官综合平衡的结果。

④在不同深度土层中，根系生长也有交替现象。经济林根系在年周期中还发生营养物质的合成、运转、积累与消耗的变化。在休眠期间，根系贮藏大量的淀粉和其他有机物质，并在低温期间进行转化，当春季开始生长后逐渐消耗，此期还上运供地上部分的枝梢生长。到秋季落叶前积累达最高峰。

(3)昼夜周期

一般情况下，绝大多数经济林木的根夜间生长量均大于白天生长量，这与夜间由地上部转移至地下部的光合产物多有关。在经济林木允许的昼夜温差范围内，提高昼夜温差，降低夜间呼吸消耗，能有效地促进根系生长。

3.3.1.4　根际与菌根

(1)根际

根际(rhizosphere)是指与根系紧密结合的土壤质粒的实际表面，与根系紧密相连，其内含有根系溢泌物、土壤微生物和脱落的根细胞，以毫米计的微域环境。其中存在于根际中的土壤微生物的活动通过影响养分的有效性、养分的吸收和利用以及调节物质的平衡，而构成了根际效应的重要组成成分。

(2)菌根

菌根(mycorrhiza)是指土壤中某些真菌与植物根的共生体。菌根的着生方式有3种类型：①外生菌根(ectotrophic mycorrhiza)，指菌丝体不侵入寄主细胞内，只在皮层细胞间隙中的菌根，如板栗、核桃等树木的根有外生菌根；②内生菌根(endotrophic mycorrhiza)，指菌丝侵入细胞内部的菌根，如油茶、柿、枣、桑等树种的根有内生菌根；③介于两者之间的菌根为内外生菌根(ectendotrophic mycorrhiza)，如山楂的根内有内外生菌根。菌根真菌的菌丝体能在土壤含水量低于凋萎系数时从土壤中吸收水分，扩大了根系的吸收范围，增强了根系吸收养分的能力，从而促进了地上部分光合产物的提高和生理生化代谢的进行，并能分解腐殖质，分泌激素和酶等。这在土壤贫瘠或者干旱地区，保持经济林木正常的水分代谢和养分吸收，提高经济林木的抗逆性具有重要的作用。

土壤条件对菌根的形成具有重要影响。首先，外生菌根真菌的生长对pH值及各种营养元素有一定的要求，所以土壤的pH值，含氮量及土壤质地均会影响外生菌根的形成。同时，土壤中营养元素的有效利用率对外生菌根的形成具有较大影响。外生菌根在pH值较低的砂质土壤最易形成，可能是因为砂质土壤能增大植物侧根与外生菌根真菌的有效接触面积，而磷的有效性在pH值较低的土壤中会增强。较好的水肥条件，如过量的施肥，也会降低菌根感染率。因为植物在水肥条件好的情况下，不需要菌根的协助，因此在温度高、湿度低时，菌根合成的数量更多。其次，土壤水分含量太高不利于菌根的合成。有研究表明：当土壤水势降至1.41MPa以下时，油松菌菌根化苗木蒸腾速率和光合速率远远高于对照的非菌根化苗木。适当干旱胁迫下，既能增大细胞膜的相对透性而又不破坏膜的完整性，有利于菌根真菌对宿主植物的侵染。另一方面：水是各项生理活动的残余物，不但影响宿主植物的生理活动，也影响外生菌根合成过程中许多合成酶的活性，从而影响外生菌根的合成。再次，当外生菌根最初合成时，外生菌根真菌只能专一性地吸收宿主植物提供某一种的营养元素，可能会造成某一营养元素缺失，而别的营养元素富集，形成对某些营养元素的依赖性。就这一点而言，内生菌根所面临的选择压力远远小于外生菌根，外生菌根真菌吸收土壤当中大量矿物离子时，也存在与其他土壤微生物的竞争，因为土壤中的各种分解酶是有限的，外生菌根真菌会与其他土壤中的微生物竞争，富含大量合理比例有机质的森林土壤是最理想的菌根生长环境。但如果出现菌根合成所需要的养分与植物对养分需求一致性时，也会存在竞争，当根系对养分的吸收较大，吸收速率较快时，土壤中的养分会出现某些元素如：P、K、Zn的亏缺，而另一些元素如：Ca会出现富集，在根周围沉淀物质，阻碍了菌丝的延伸及与侧根间的信息交流，且会影响养分的吸收。所以，在一定程度的养分亏缺有利于菌根的合成。

对根际土壤和菌根的深入研究与调控，对于经济林木的生长发育和高效优质生产具有重要意义，经济林木改善营养状况的生物途径或生物施肥工程即为这方面的应用研究。

3.3.1.5 影响根系生长的因素

树木根系的生长势的强弱和生长量的大小，随土壤的温度、水分、通气与树体内营养状况以及其他器官的生长状况而异。

(1)土壤温度

树种不同，开始发根所需的土温很不一致。一般原产温带寒地的落叶树木需要温度低；而热带、亚热带树种所需温度较高。根的生长都有最适温度、上限温度和下限温度。温度过高、过低对根系生长都不利，甚至造成伤害。由于土壤不同深度的土温随季节变化，分布在不同土层中的根系活动也不同。以我国长江流域为例，早春土壤解冻后，离地表30cm以内的土温上升较快，温度也适宜，表层根系活动较强烈；夏季表层土温过高，30cm以下土层温度较适合，中层根系较活跃。90cm以下土层，周年温度变化较小，根系往往常年都能生长，所以冬季根的活动以下层为主。

据观察，在冬季根系生长缓慢与停止是与当时最低土壤温度相一致。在低温条件下水的扩散速度变慢，因而影响吸收率；更重要的是在低温条件下，原生质黏性增大，有时完全呈凝胶状态，根的生理活动便减弱。

(2)土壤湿度

土壤湿度与根系的生长也有密切关系。土壤含水量达最大持水量的60%~80%时，最适宜根系生长。过干易促使根系木栓化和发生自疏；过湿则缺氧而抑制根的呼吸作用，影响根的生长，甚至造成烂根死亡。可见要根据树种的喜干、喜湿特性，选择栽培的经济林种类，并进行合理的灌水和排水。

(3)土壤通气

土壤通气对根系生长影响很大。通气良好条件下的根系密度大、分枝多、须根也多。通气不良时，发根少，生长慢或停止，易引起树木生长不良和早衰。土壤水分过多影响土壤通气，从而也影响根系的正常生长。

(4)土壤营养

在一般土壤条件下，其养分状况不至于使根系处于完全不能生长的程度，所以土壤营养一般不成为限制因素，但可影响根系的质量，如发达程度、细根密度、生长时间的长短等。但根总是向肥多的地方生长，在肥沃的土壤或施肥条件下，根系发达，细根密，活动时间长。相反，在瘠薄的土壤中，根系生长瘦弱，细根稀少，生长时间较短。施用有机肥可促进树木吸收根的发生，适当增施无机肥料对根系的发育也有好处。如施氮肥通过叶的光合作用能增加有机营养和生长激素，以促进发根；磷和微量元素(硼、锰等)对根的生长都有良好的影响。但如果在土壤通气不良的条件下，有些元素会转变成有害的离子(如铁、锰会被还原为二价的铁离子和锰离子，提高了土壤溶液的浓度)，使根受害。油茶的研究结果表明：缺素不同程度抑制油茶幼苗主根生长，使根冠比不协调。缺钾会抑制油茶幼苗侧根分化和生长，对分化的抑制作用明显；缺氮会促进侧根伸长，但是根系相对细弱；磷的缺乏对油茶根系活力影响明显；氮、磷、钾全素营养能扩大根系表面积和提高根系活力；与对照比较显示，三要素不平衡对油茶幼苗生长发育更为不利。

(5)地上部分有机养分的供应

根系的生长、水分和矿质营养的吸收以及有机物质的合成，与树体内贮藏营养水平和光合产物供给根系情况关系密切。有机养分供应充足时，根系生长量和发根数量增多；若结实过多，树体贮藏营养量少或叶片受到损害时，光合产物向根系的供应量减少，根系发根数量和根系生长将明显地受到抑制。

(6)经济林树种对土壤养分的生态适应性

一些经济林树种还表现出对低磷、低钾、盐碱、铝毒等的生态适应性，如南方丘陵红壤地区土壤中缺乏有效磷，一般植物很难生存。油茶在低磷条件下通过启动油茶高亲和力转运系统，促进小分子有机酸的过量分泌，促进红壤中螯合态铝、磷等溶解为可利用的铝、磷，并利用自身合成的高效磷结合蛋白，将铝、磷运送到植物体内，满足油茶自身的生长发育需要(袁军，2013)。而且油茶还表现对铝毒的适应机制，通过将铝富集在叶片细胞壁中，阻止铝进入细胞内，降低铝对细胞结构的破坏，并通过渗透调节物质的增加和抗氧化酶系统的形成，维持细胞的膨压，保护细胞不受到铝毒害，缓解细胞膜脂过氧化作用，从而有效提高油茶对铝的耐受性，保证油茶的正常生长。

(7)栽培管理措施

根系生长受环境条件的影响很大，创造良好的环境条件以促进根系生长是栽培管理的重要任务。不注重对根系的管理，就难以从根本上改善经济林生长的基础，难以取得高产和优质。

在幼树期对土壤进行深耕、扩穴、增施有机肥料，尽快扩大根系生长范围，可以促进地上部树冠的扩大，提早结果和早期丰产；在盛产期深施有机肥，控制地上部结实量，可以维持根系的活力，维持丰产和稳产；在衰老期，多施粗有机质、改善土壤通气状况，可促进新根发生，延缓衰老。

3.3.2 芽

芽是多年生植物为适应不良环境条件和延续生命活动而形成的一种重要器官。它是带有生长锥和原始小叶片而呈潜伏状态的短缩枝或是未伸展的紧缩的花或花序，前者称为叶芽，后者称为花芽。芽与种子有部分相似的特点，是树木生长、开花结实、更新复壮、保持母株性状、营养繁殖和整形修剪的基础。树体枝干系统及所形成的树形，取决于树木的枝芽特性，芽抽枝，枝生芽，两者极为密切。了解经济树木芽的特性，对经济树木的整形修剪具有重要意义。

3.3.2.1 芽的类型

依据芽在枝条的上发生的位置不同分为顶芽、侧芽和不定芽；根据芽的性质不同分为叶芽和花芽；根据芽的活动情况分为休眠芽和活动芽。

(1)顶芽、侧芽及不定芽

着生在枝或茎顶端的芽称为顶芽(terminal bud)；着生在叶腋处的芽称为侧芽(lateral bud)或腋芽。顶芽和侧芽均着生在枝或茎的一定位置上，统称为定芽(regular bud)；从枝的节间、愈伤组织或从根以及叶上发生的芽称为不定芽(adventitious bud)。

(2)叶芽和花芽

按照植物的芽萌发后形成的器官不同分为叶芽和花芽。萌发后只长枝和叶的芽，称为叶芽(leaf bud)；萌发后形成花或花序的芽，称为花芽(flower bud)。萌发后既开花又长枝叶者的芽称为混合芽(mixes flower bud)，如柿、核桃、板栗等；与此相反，萌发后只开花不长枝叶的花芽，称为纯花芽，如杏、李、樱桃、杨梅等。

(3)休眠芽和活动芽

芽形成后，不萌发的芽称为休眠芽(dormant bud)，其可能休眠过后活动，也可能始终处于休眠状态或逐渐死亡；芽形成后，随即萌发的芽称为活动芽(active bud)。有的休眠芽深藏在树皮下若干年不萌发，称为隐芽或潜伏芽(latent bud)。

3.3.2.2 芽的特性

(1)芽的异质性

同一枝条上不同部位的芽存在着大小、饱满程度等差异的现象，称为芽的异质性(heterogeneity)。这是由于在芽形成时，树体内部的营养状况、外界环境条件和着生的位置不同而造成的。枝条基部的芽，是在春初展雏叶时形成的。这一时期，新叶面积小、气温低、光合效能差，故这时叶腋处形成的芽瘦小，且往往为隐芽。其后，展现的新叶面积增大，气温逐渐升高，光合效率也高，芽的发育状况得到改善，叶腋处形成的芽发育良好，充实饱满。有些树木(如苹果、梨等)的长枝有春梢、秋梢，即春季一次枝生长后，夏季停长，于秋季温、湿度适宜时，顶芽又萌发成秋梢。秋梢常组织不充实，特别是在冬季较为寒冷的北方地区易受冻害。如果长枝生长延迟至秋后，由于气温降低，枝梢顶端往往不能形成顶芽。所以，一般长枝条的基部和顶端部分或者秋梢上的芽质量较差，中部的最好；而中、短枝的中、上部芽较为充实饱满；树冠内部或下部的枝条，因光照不足，其上的芽质量欠佳。区别芽的异质性可为经济树种插条和接穗的选择、整形修剪提供科学依据。

(2)萌芽力与成枝力

树木叶芽萌芽能力的强弱，称为萌芽力(sprouting ability)。某一枝上的萌芽数多称萌芽力强，反之则称萌芽力弱。萌芽力常用萌芽数占该枝芽总数的百分率来表示，所以又称萌芽率。一般来说，萌芽力高的树种耐修剪，树冠易成形。因此，萌芽力是修剪的依据之一。枝条上的叶芽萌发后，并不是全部都能抽成长枝。枝条上的叶芽萌发后能够抽成长枝的能力称为成枝力(branching ability)。抽生长枝多的则成枝力强，反之则成枝力弱。在调查时一般以具体成枝数或以长枝占芽数百分率表示成枝力。

萌芽力与成枝力因树种、品种、树龄、树势不同而异，如油茶、香椿、核桃等经济树木萌芽力高，成枝力强，树冠密集，幼树成形快，效果也好。这类树木进入开花结果期早，但也会使树冠过早郁闭而影响树冠内的通风透光，若整形不当，易使内部短枝早衰。一般萌芽力和成枝力都强的品种易于整形，但枝条过密，修剪时应多疏少截，防止郁闭；萌芽力强、成枝力弱的品种，易于形成中短枝，但枝量少，应注意适当短截，促其发枝。

(3)芽的早熟性与晚熟性

枝条上的芽形成后到萌发所需的时间长短因树种不同而异。有些树种在当年形成的树梢上就能连续形成二次梢和三次梢，这种特性称为芽的早熟性(early maturity)。如青梅、扁桃等。具有早熟性芽的树种一般分枝多，进入结果期早。另一些树，当年形成的芽一般不萌发，要到第二年春才能萌发抽梢，这种特性称为芽的晚熟性(late maturity)。如核桃、板栗多数品种。也有一些树种二者特性兼有，如葡萄，其副芽是早熟性芽，而主芽是晚熟性芽。

芽的早熟性与晚熟性是树木比较固定的习性，但在不同的年龄时期，不同的环境条件下，也会有所变化。具晚熟性芽的核桃、银杏等树种的幼苗，在肥水条件较好的情况下，当年常会萌生二次枝；叶片过早的衰落也会使一些具晚熟性芽的树种，如板栗、枣等二次萌芽或二次开花，这种现象对第二年的生长会带来不良的影响，所以应尽量防止这种情况的发生。

(4)芽的潜伏力

油茶、油桐、核桃、板栗等经济林树种树干基部的芽或上部的某些副芽，在一般情况下不萌发而呈潜伏状态。当枝条受到某种刺激(如对油桐进行截干或失去部分枝叶)或树冠外围枝处于衰弱时，能由潜伏芽萌发抽生新梢的能力，称为芽的潜伏力(latency)，也称潜伏芽的寿命。潜伏芽也称隐芽。潜伏芽寿命长的树种容易更新复壮，复壮得好的几乎能恢复至原有的冠幅或产量，甚至能多次更新，所以这种树木的寿命也长，否则相反。银杏树的潜伏芽寿命很长，常常能见到千年银杏古树基部能萌生大量的萌生条，这就是由潜伏芽萌发而来。

3.3.2.3 芽的形成与分化

落叶经济树木芽的形成与分化要经历以下几个阶段。

(1)芽原基出现期

春季萌芽前，休眠芽中就已形成新梢的雏形，称为雏梢。随着芽的发育，在雏梢叶腋间，自下而上发生新一代芽的原基。由于树种和枝条节位不同，芽原基发生的早晚有所差别。如板栗新梢基部的芽，常在此梢形成的上一年、在母芽内雏梢形成初期开始出现，这种芽的原基到第2年形成芽，第3年春发育完成后萌发，整个发育过程近2年；新梢中部的芽原基，是上一年的6~8月在母芽内形成的；新梢上部的芽原基是在母芽冬季休眠前出现的。芽内雏梢分化新一代芽原基的时期，称为芽原基出现期。

(2)鳞片分化期

芽原基出现后，生长点即由外向内分化鳞片原基，而后继续发育成固定形态的鳞片。多数鳞片原基发生在雏梢内，而鳞片的继续发育发生在芽萌动之后，直至该芽所属的叶片停止增大为止。因此，叶片增大期，也是叶芽鳞片分化的时期。

(3)雏梢分化期

大致分为3个阶段。冬前雏梢分化期：于秋季落叶前后开始缓慢进行雏梢分化；冬季休眠期：落叶以前停止雏梢分化，进入冬季休眠；冬后雏梢分化期：在经历冬季低温的作用后，解除休眠越冬的芽继续进行雏梢分化，增加雏梢的节数，到芽萌动前雏梢节数增加变缓或停止。随后，雏梢内的幼叶迅速增大，雏梢开始伸长，露出鳞片之外即为萌芽期。

3.3.3 枝的生长与树冠形成

叶芽萌发生长便形成枝条。经济树木多为多年生的灌木或小乔木，枝条的生长构成了树木的骨架——主干、中心干、主枝、侧枝等。枝条的生长，使树冠逐年扩大。每年萌生的新枝上，着生叶片和花果，并形成新芽，使之合理分布于空间，充分接受阳光，进行光合作用，积累有机物质，形成经济产量。

3.3.3.1 枝的类型

绝大多数经济林木按生长年限、生长势及功能不同可将枝条分为若干类型。一般由芽萌发当年形成的带叶枝梢叫新梢。新梢按季节发育不同又分为春梢、夏梢和秋梢。大多数落叶经济林木以春梢为主，有些常绿树种冬季还能形成少数冬梢。新梢落叶后依次成为1年生枝、2年生枝、多年生枝。根据枝条功能不同分为营养枝和结果枝。结果枝是指直接着生花或花序并能结果的枝条。营养枝则只长叶不开花结果。营养枝按发育状况不同又分为4种。①发育枝：生长健壮、组织充实，芽饱满，可作为骨干枝的延长枝，促使树冠迅速扩大；②徒长枝：直立旺长，节间长，停止生长晚，常导致树冠郁闭，并消耗大量水分和养分，影响生长和结果；③细弱枝：枝条短而细，芽和叶少而小，组织不充实，多发生在树冠内部和下部；④叶丛枝：节间极短，许多叶丛生在一起，多发生在发育枝的中下部。若光照充足，营养条件良好，则部分叶丛枝可转化为结果枝。

枣树具有与其他经济树种明显不同的枝芽特性，枣树的发育枝称枣头，由主芽萌发而来，发生当年即可开花结果；随枣头生长，其侧生副芽(为早熟性芽)逐节萌生二次枝，二次枝停止生长后不形成顶芽，翌春先端回枯；二次枝上的主芽萌发后形成结果母枝称枣股，枣股每年仅伸长1mm左右；二次枝上和枣股上的副芽萌发后形成结果枝，细弱柔软，结果后下垂，称枣吊，结果后当年秋末冬初枣吊全部脱落。枣树不是落叶归根而是落枝(结果枝)归根，这是自然界罕见的现象。对枣吊较长的品种可采取采心的措施，控制过分地延长生长，以促进果实的生长发育。枣吊由枣股上的副芽萌发而成，每枣股可发2~5条或更多枣吊，枣头基部和当年生二次枝的每一节也能抽生一条枣吊，它具有开花结果和承担光合效能的双重作用。由于枣股的生长量极小，二次枝顶端回枯不再延长、枣吊在秋后脱落，只有枣头一次枝的顶芽萌发形成新的延长枝，枣股和枣头一次枝的通常都不能萌发，使得枣树的成枝力很弱，枝条比较稀疏，加之开花结果比较容易，枣树的整形修剪任务较轻。

3.3.3.2 枝条的生长特性

(1)顶端优势

树木顶端的芽或枝条比其他部位的生长占有优势的地位称为顶端优势(apical dominance)。因为它是枝条背地性生长的极性表现，所以表现为强极性(图3-3)。一个近于直立的枝条，其顶端的芽能抽生最强的新梢，而侧芽所抽生的枝，其生长势(常以长度表示)多呈自上而下递减的趋势，最下部的一些芽则不萌发。如果去掉顶芽或上部芽，即可促使下部腋芽和潜伏芽的萌发。顶端优势也表现在分枝角度上，枝自上而下开张；如去除先端对角度的控制效应，则所发侧枝又垂直生长。另外还表现在树木中心干生长势比同龄主枝强，树冠上部枝比下部枝强。一般乔木都有较强的顶端优势，越是乔化的树种，其顶端优势也越强，反之则弱。

(2)垂直优势

枝条和芽的着生方位不同，生长势表现很大差异。直立生长的枝条，生长势旺，枝条长；接近水平或下垂的枝条，则生长短而弱；而枝条弯曲部位的芽其生长势超过顶端，这种因枝条着生部位不同而出现强弱分化的现象在经济林栽培上被称为垂直优势(vertical dominance)。形成垂直优势的原因除与外界环境条件有关外，激素含量的差异也有关系。

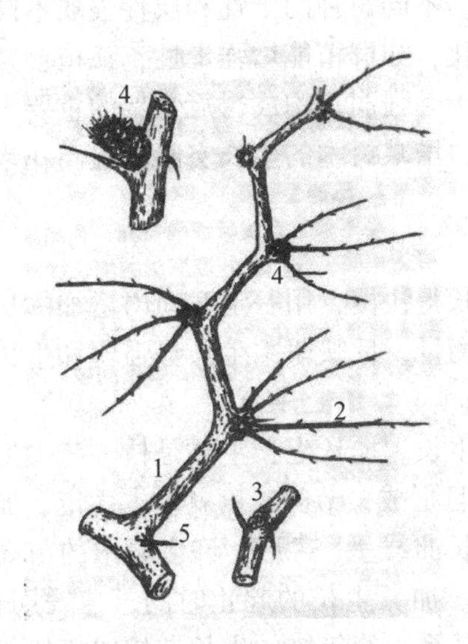

图 3-2　枣树枝芽特征

1. 二次枝　2. 多年生枣股
3. 一年生枣股　4. 枣吊　5. 枝腋间主牙

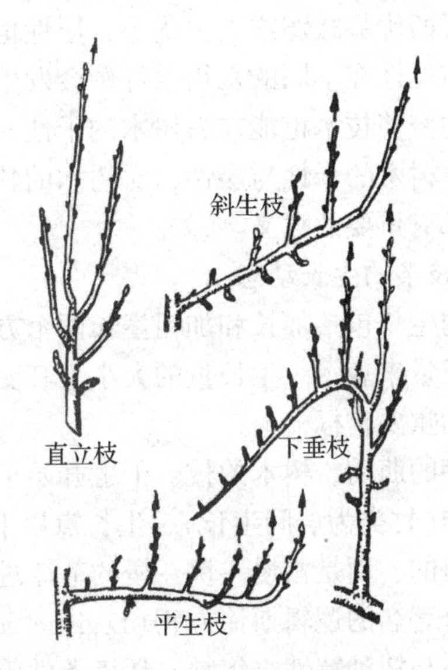

图 3-3　经济树木顶端优势及垂直优势现象

根据这个特点可以通过改变枝芽生长方向来调节枝条的生长势。

(3) 干性与层性

树木中心干的强弱和维持时间的长短，称为树木的干性，简称干性(trunk nature)。顶端优势明显的树种，中心干强而持久。凡是中心干明显而坚挺、并能长期保持优势的，则称为干性强。这是乔木树种的共性，即枝干的中轴部分比侧生部分具有明显的相对优势。当然，乔木树种的干性也有强有弱，如银杏、板栗等经济树种干性较强，而桃、李、杏以及灌木树种则干性较弱。树木干性的强弱对树木高度和树冠的形态、大小等有重要的影响。

由于顶端优势和芽的异质性的缘故，使强壮的 1 年生枝产生部位比较集中。这种现象在树木幼年期比较明显，使主枝在中心干上的分布或二级枝在主枝上的分布，形成明显的层次，这种现象称为树木的层性，简称层性(layer nature)。如油桐、枇杷、核桃、山核桃等树种，具有明显的层性，几乎是一年一层。这一习性可以作为测定这些树木树龄的依据之一。层性是顶端优势和芽的异质性综合作用的结果，一般顶端优势强而成枝力弱的树种层性明显。此类乔木在中心干上的顶芽萌发成一强壮的延长枝和几个较壮的主枝及少量细弱侧生枝；基部的芽多不萌发，而成为隐芽。同样在主枝上，以与中心干上相似的方式，先端萌生较壮的主枝延长枝和几个自先端至基部长势递减的侧生枝。其中有些能变成次级骨干枝，有些枝较弱，生长停止早，节间短，单位长度叶面积多，生长消耗少，积累营养物质多，因而容易形成花芽，成为树冠中开花、结实的部分。多数树种的枝条基部，或多或少都有些未萌发的隐芽。

有些树种的层性，一开始就很明显，如油桐、核桃等；而有些树种则随树龄增大，弱枝衰退死亡以及人工修剪和刻芽，层性逐渐明显起来，如油茶、银杏等。具有层性的树冠，有利于通风透光。但层性又随中心干的生长优势和保持年代而变化。树木进入壮年之后，中心干的优势减弱或失去优势，层性也就消失。不同树种的干性和层性强弱不同。树木的干性与层性在不同的栽培条件中会发生一定变化，如群植能增强干性，孤植会减弱干性，人为的修剪技术也能左右树木的干性和层性。干性强弱是构成树冠骨架的重要生物学依据。了解树木的干性与层性，对树木的整形修剪，增减树木的生长空间，提高花果的产量和质量都有重要的意义。

3.3.3.3 枝条的生长动态

枝干的生长包括加长和加粗生长两个方面。生长得快慢，用一定时间内增加的长度或粗度即生长量来表示。生长量的大小及其变化，是衡量、反映树木生长势强弱和生长动态变化规律的重要指标。

随着芽的萌动，树木的枝、干也开始了一年的生长。加长生长主要是枝、茎尖生长点的向前延伸(竹类为居间生长)，生长点以下各节一旦形成，节间长度就基本固定。加长生长并非匀速的，而是按慢—快—慢的节律进行，生长曲线呈“S”形，许多树木的苗高生长过程，符合著名的逻辑斯谛方程(Logistic equation)。加长生长的起止时间，速增期长短、生长量大小与树种特性、年龄、环境条件等有密切关系。幼年树的生长期较成年树长；在温带地区的树木，一年中枝条大多只生长一次；生长在热带、亚热带的树木，一年中能抽梢2~3次。树木在生长季的不同时期抽生的枝，其质量不同，生长初期和后期抽生的枝，一般节间短，芽瘦小；速生期抽生的枝，不但长而粗壮，营养丰富，且芽健壮饱满，质量好，为扦插、嫁接繁殖的理想材料，速生期树木对水、肥需求量大，应加强抚育管理。

树木枝、干的加粗生长都是形成层细胞分裂、分化、增大的结果。加粗生长比加长生长稍晚，其停止也稍晚，在同一株树上，下部枝条停止加粗生长比上部稍晚。当芽开始萌动时，在接近芽的部位，形成层先开始活动，然后向枝条基部发展。因此，落叶树种形成层的开始活动稍晚于萌芽，同时离新梢较远的树冠下部的枝条，形成层细胞开始分裂的时期也较晚。由于形成层的活动，枝干出现微弱的增粗，此时所需的营养物质主要靠上年的贮备。此后，随着新梢不断加长生长，形成层活动也持续进行。新梢生长越旺盛，则形成层活动也越强烈而且时间长。秋季由于叶片积累大量光合产物，因而枝干明显加粗。

形成层活动与新梢加长生长之间的这种相关性，是因为萌动的芽和加长生长时所发生的幼叶能产生生长素一类的物质，从而激发形成层的细胞分裂。当加长生长停止、叶片老化脱落，形成层活动也随之逐渐减弱乃至停止。因此，为促进枝干加粗生长，必须在其上多保留枝叶。

3.3.3.4 影响枝条生长的因素

枝条的生长除了取决于树种和品种特性外，还受砧木、有机养分、内源激素、环境条件与栽培技术措施等因素的影响。

(1)品种与砧木

不同品种由于遗传型的差异，新梢生长强度有很大的变化。有的生长势强、枝梢生长强度大；有的生长缓慢，枝短而粗，即所谓短枝型；还有介于上述两者之间，称半短枝型。

砧木对地上部枝梢生长量的影响也是明显的。同一树种和品种嫁接在不同砧木上，其生长势有明显差异，并使整体上呈乔化和矮化的趋势。

(2)有机养分

树体贮藏养分的多少对新梢生长有明显的影响。贮藏养分少，发枝纤细。春季先花后叶类树木，开花结实过多，消耗大量养分，新梢生长就差。

(3)内源激素

植物体内五大类激素都影响枝条的生长，生长素、赤霉素、细胞分裂素多表现为刺激生长；脱落酸及乙烯多表现为抑制生长。不同内源激素控制新梢生长的可能的相互关系如图3-4所示。

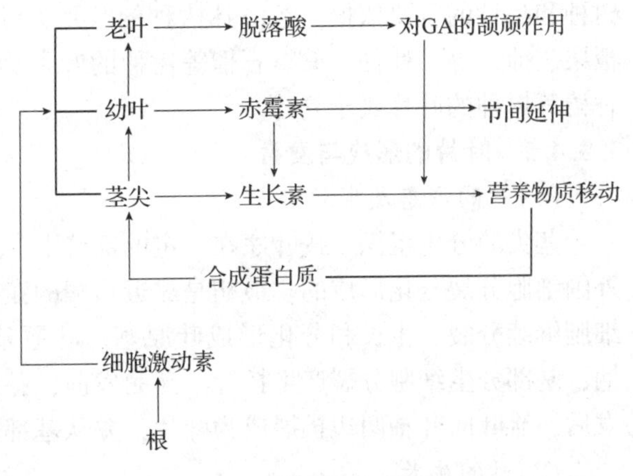

图3-4　激素与新梢生长关系示意

叶片除合成有机养分外，还产生激素。新梢加长生长受到成熟叶和幼嫩叶所产生的不同激素的综合影响。幼嫩叶内产生类似赤霉素的物质，能促进节间伸长；成熟叶产生的有机营养(碳水化合物和蛋白质)与生长素类配合引起叶和节的分化；成熟叶内产生休眠素可抑制赤霉素。摘去成熟叶可促进新梢加长生长，但不增加节数和叶数。摘除幼嫩叶，仍能增加节数和叶数，但节间变短而减少新梢长度。

(4)母枝所处部位与状况

树冠外围新梢较直立，光照好，生长旺盛；树冠下部和内膛枝因芽质差，有机养分少，光照差，所发新梢较细弱，但潜伏芽所发的新梢常为徒长枝。以上新梢的枝向不同，其生长势也不同，与新梢所含生长素含量高低有关。

母枝的强弱和生长状况对新梢生长影响很大。新梢随母枝直立至斜生，顶端优势减弱。随母枝弯曲下垂而发生优势转位，于弯曲处或最高部位发生旺长枝，这种现象称为“背上优势”。生产上常利用枝条生长姿态来调节树势。

(5)环境与栽培条件

温度高低与变化幅度、生长季长短、光照强度与光周期、养分水分供应等环境因素对新梢生长都有影响。气温高、生长季长的地区，新梢年生长量大；低温、生长季热量不足，新梢年生长量则短。光照不足时，新梢细长而不充实。

施氮肥、浇水过多或修剪过重，都会引起过旺生长。一切能影响根系生长的措施，都会间接影响到新梢的生长。应用人工合成的各类激素类物质，也能促进或抑制新梢的生长。

枝条生长过程中的内部调节系统受遗传特性、营养、激素、环境、栽培措施等多种因素的影响。这些因素有的直接参与枝条的生长，有的可能间接起作用。

3.3.4　叶的生长与叶幕形成

叶是进行光合作用制造有机养分的主要器官，植物体内90%左右的干物质是由叶片合成的。光合作用制造的有机物不仅供植物本身的需要，而且是地球上有机物质的基本源泉。关系到植物体生理活动的蒸腾作用和呼吸作用主要是通过叶片进行的，因此了解叶片的形成及其功能对经济树木的栽培有重要的作用。

3.3.4.1 叶的类型

经济树木的叶片都有相对固定的形状和大小。因此，叶片的形态特征成为区别经济林树种和品种的重要依据。经济林树种的叶片大致可以分为2类：①单叶，如油茶、油桐、板栗、柿、枣、杜仲、桑、石榴等树种的叶片为单叶；②复叶，如核桃、刺五加、花椒、香椿等树种的叶片属于复叶。

3.3.4.2 叶片的形成与发育

(1)叶的形态发生

茎尖的分生组织，按叶序在一定的部位上，形成叶原基。叶原基是芽和顶端分生组织外围细胞分裂分化形成的。最初是靠近顶端的亚表皮细胞分裂和体积膨大产生隆起，随着细胞继续分裂、生长和分化形成叶原基。叶原基的先端部分继续生长发育成为叶片和叶柄，基部分生细胞分裂产生托叶。芽萌发前，芽内一些叶原基已经形成雏叶(幼叶)；芽萌发后，雏叶向叶轴两边扩展成为叶片，并从基部分化产生叶脉。

(2)叶的生长

叶的生长首先是纵向生长；其次是横向扩展。幼叶顶端分生组织的细胞分裂和体积增大促使叶片增加长度。其后，幼叶的边缘分生组织的细胞分裂分化和体积增大扩大叶面积和增加厚度。一般叶尖和基部先成熟，生长停止早；中部生长停止晚，形成的表面积较大。靠近主叶脉的细胞停止分裂早；而叶缘细胞分裂持续的时间长，不断产生新细胞，扩大叶片表面积。上表皮细胞分裂停止最早，然后依次是海绵组织、下表皮和栅栏组织停止细胞分裂。叶细胞体积增大一直持续到叶完全展开时为止。当叶充分展开成熟后，不再扩大生长，但在相当一段时间仍维持正常的生理功能。

不同树种的展叶时间、叶片生长量及同一树种不同叶位和叶面积扩展、叶重增加均不同。如猕猴桃展叶时间需要20~35d；巨峰葡萄展叶需要15~32d。单叶的生长期一般为10~30d。

(3)叶片的衰老与脱落

落叶经济树种在冬季严寒到来之前，大部分氮素和一部分矿质营养元素从叶片转移到枝条或根系，使树体贮藏营养增加，以备翌春生长发育所需，而叶片则逐渐衰老脱落。落叶现象是由于离层的产生。离层常位于叶柄的基部，有时也发生于叶片的基部或在叶柄的中段。由于离层细胞的发育，其细胞团缩而互相分离，中胶层细胞间物质分解，叶即从轴上脱落，叶脱落留下的疤痕，称为叶痕。落叶经济树种感受日照缩短、气温降低的外界信号后，叶柄基部产生离层，叶片正常衰老脱落，是植物对外界环境的一种适应，对植物生长有利。常绿经济树种的叶片不是1年脱落1次，而是2~6年或更长时间脱落、更新1次，有的脱落、更新是逐步进行的。

3.3.4.3 叶幕的形成与叶面积指数

(1)叶幕

叶幕(foliar canopy)是指叶在树冠内集中分布区而言，它是树冠叶面积总量的反映。经济树木的叶幕，随树龄、整形、栽培目的与方式不同，其形状和体积也不相同。幼年树，由于分枝尚少，内膛小枝内外见光，叶片充满树冠，其树冠的形状和体积也就是叶幕的形状和体积。自然生长无中心干的成年树，叶幕与树冠体积并不一致，其枝叶一般集中在树冠表面，叶幕往往仅限树冠表面较薄的一层，多呈弯月形叶幕。在密植情况下，枝条向上生长，下部光秃而形成平面形叶幕或弯月形叶幕；用杯状形整形就形成杯状叶幕；用分层形整枝的就形成层状叶幕；用圆头形整形就形成半圆形叶幕。叶幕的厚薄是叶面积多少的标志，平面形、弯月形以及杯状叶幕，一般绿叶层薄叶面积少，它是低产的标志，而半圆形和层状形，叶幕较厚容易取得高产。

(2)叶面积指数

叶面积指数(leaf area index，LAI)是指单位土地面积上的叶面积。叶面积指数的大小及增长动态与种类、栽植密度、栽培技术等关系密切。一般经济林木的叶面积指数在3~6范围内比较合适。LAI过高，叶片互相遮阴，下层叶片光合强度下降，光合产物积累减少；LAI过低，叶量不足，光合产物减少，产量降低。

(3)叶幕结构与产量的关系

合理的叶幕结构是高产的基础，叶面积集中分布层，也正是果实着生集中层。叶幕结构是由叶片大小、节间长短、枝类组成、萌芽力、成枝力强弱及整形修剪等综合因素决定的。

合理的叶幕结构是：总叶面积大，能充分利用光能，又不致严重恶化光照条件，使株间或树冠内的最弱光照至少能满足经济树木本身最低需光要求，这样的叶幕结构才能高产。也就是说：叶片数量多而发育良好，分布合理，光合效率高的叶幕，才是合理的叶幕结构。

落叶经济树木的叶幕在年周期中有明显的季节变化。其叶幕的形成也是按慢—快—慢的规律进行的。叶幕形成的速率与强度受树种和品种、环境条件和栽培技术等因素的影响。一般幼龄树长势强，或以抽生长枝为主的树种或品种，其叶幕形成时期较长，出现高峰较晚；树势弱、年龄大或短枝型品种，其叶幕形成与其高峰到来早。如桃树以抽生长枝为主，叶幕高峰形成较晚，其树冠叶面积增长最快是长枝旺长之后；而梨和苹果的成年树以短枝为主，其树冠叶面积增长最快是在短枝停长期，故其叶幕形成早，高峰出现也早。

落叶经济树木的叶幕，从春天发叶到秋天落叶，大致能保持5~10个月的生长期；而常绿经济树木，由于叶片的生存期长，多半可达1年以上，而且老叶多在新叶形成之后逐渐脱落，故其叶幕比较稳定。对于以花果生产为目的的落叶经济树种来说，较理想的叶面积生长动态是：前期增长快，后期适合的叶面积保持期长，并要防止过早下降。总之，要使经济树木单位面积的产量提高，

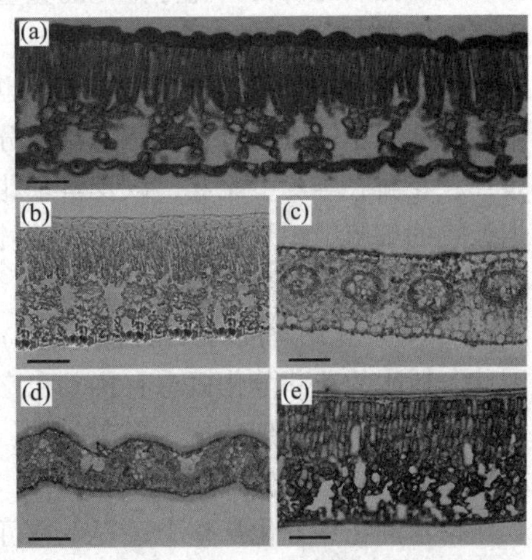

图3-5　油桐叶片与几种其他植物叶片横切面比较(引自谭晓风，李泽，2017)

(a)油桐(石蜡切片)　(b)油桐(冰冻切片)
(c)玉米(冰冻切片)　(d)水稻(冰冻切片)
(e)油茶(冰冻切片)

则需要维持适当的叶面积指数，合理的叶幕结构和理想的叶片生长动态。

叶片的组织结构与光合作用能力：叶片是绿色植物进行光合作用的主要器官，它由表皮组织、叶肉细胞和输导组织所组成，具有许多有利于光合作用的解剖学特点。例如，表皮细胞不含叶绿体，能使阳光容易透过；多数树种叶片扁平并与地平线趋向平行，以利扩大受光面积；上下表皮分布着许多气孔并能主动关闭，可调节 CO_2 排出和进入；海绵状组织的细胞间隙较大，使 CO_2 能畅通运输；叶脉网状分布，利于光合原料和产物运输。C_4 植物与 C_3 植物相比具有较高的光合作用效率与其叶片结构密切相关。据李泽(2017)对油桐叶片特征与光合作用相关研究结果表明：油桐叶片叶肉细胞中具有密集的维管束鞘细胞，且维管束鞘细胞中含有叶绿体；羧化效率、Rubisco 及 PEPC 羧化酶活性高于 C_3 植物油茶和水稻，CO_2 补偿点比水稻和油茶分别低 32.37% 和 33.71%。另外，油桐的胞间连丝密度介于 C_3 和 C_4 植物之间，与 C_3 植物相比，油桐具有较高叶脉密度，具有 C_4 植物的部分光合特性，可能是一种介于 C_3 植物与 C_4 植物的中间型物种。

3.4 经济树木的生殖生长

3.4.1 花芽分化

植物的发育是从种子萌发开始，经历幼苗、植株、开花、结实，最后形成种子(果实)。在整个发育过程中，经历着一系列质变现象，其中最明显的质变是由营养生长转为生殖生长，花芽分化及开花是生殖发育的标志。因此，了解经济树木的花芽分化和开花规律，调节控制经济树木花芽分化的数量和质量具有十分重要的意义。

3.4.1.1 花芽分化的概念

植物的生长点可以分化为叶芽，也可以分化为花芽。这种植物的生长点由叶芽状态开始向花芽状态转变的过程，称为花芽分化(flower bud differentiation)。当这种分化逐渐形成萼片、花瓣、雄蕊、雌蕊，以及整个花蕾或花序原始体的全过程，称为花芽形成。由叶芽生长点的细胞组织形态转化为花芽生长点的组织形态过程，称为形态分化(morphological differentiation)。在出现形态分化之前，生长点内部由叶芽的生理状态转向形成花芽的生理状态(这种变化用解剖的方法观察不到)的过程，称为生理分化(physiological differentiation)。因此，树木的花芽分化概念有狭义和广义之说。狭义的花芽分化是指形态分化，广义的花芽分化是指包括生理分化、形态分化、花器的形成与完善，直至性细胞形成的全过程。

3.4.1.2 花芽分化的时期

树木的花芽分化从整个过程来看可分成三个时期：即生理分化期、形态分化期和性细胞形成时期。

(1)生理分化期

是由叶芽生理状态转向花芽生理状态的过程，是决定能否形成花芽的决定性质变时期，是为形态分化奠定基础的时期。生理分化时期，生长点原生质处于不稳定状态，对内外界因素有高度的敏感性，易于改变代谢方向。因此，生理分化期也称花芽分化临界期

(critical period of floral induction)。各种促进花芽形成的技术措施，必须在此阶段之前进行才能收到良好的效果。生理分化期出现在形态分化前的1～7周，一般是4周左右。树种不同，生理分化开始的时期不同，例如，油茶的花芽分化是在春梢基本结束生长后开始的，各地因气候条件不同，云南、广西从5月上旬开始，湖南、江西从5月下旬开始。生理分化期持续时间的长短，除与树种和品种的特性有关外，与树体营养状况及外界的温度、湿度、光照条件均有密切关系。

(2)形态分化期

是叶芽经过生理分化后，在产生花原基的基础上，花器各部分分化形成的过程，花器官的分化是自外而内，依次形成花萼、花冠、雄蕊、雌蕊原始体，整个分化过程需1～4个月的时间，有的更长。一般情况下，树木的花芽形态分化时期又可分为以下5个时期：

①分化初期　因树种不同稍有差异。一般于芽内突起的生长点逐渐肥厚，顶端高起呈半球体状，四周下陷，从而与叶芽生长点相区别；从组织形态上改变了发育方向，即为花芽分化的标志。此期如果内外条件不具备，也可能退回去。湘林1号油茶在湖南的分化初期出现在5月25日左右。

②萼片原基形成期　下陷四周产生突起体，即为萼片原始体，过此阶段才可肯定为花芽。湘林1号油茶为6月1日左右。

③花瓣原基形成期　于萼片原基内的基部发生突起体，即花瓣原始体。湘林1号油茶为6月8日左右。

④雄蕊原基形成期　花瓣原始体内方基部发生的突起，即雄蕊原始体。

⑤雌蕊原基形成期　在花原始体中心底部发生的突起，即为雌蕊原始体。湘林1号油茶为6月15日到7月13日。上述后两个形成期，有些树种延迟时间较长，一般是在翌年春季开花前完成。关于花芽形态分化的过程及形态变化还因树种是混合芽，还是纯花芽；是否是花序；是单室还是多室等而略有差别。

据中南林业科技大学的研究发现，油桐雌雄花的发育大约需要1年的时间；雌花和雄花的花器官都在当年6～12月形成，翌年1～2月进入低温休眠时期，3～4月随温度升高，雌花随着花瓣和花柱的伸长，子房内胚珠发育成熟，且雌花发育过程一直伴随雄蕊的发育，但是后期随着子房发育成熟雄蕊则退化(图3-6，A-C)，而雄花则随着花瓣和花丝伸长，花粉粒逐步成熟(图3-6，D-F)。研究还发现，一定浓度的硝酸银处理油桐的花芽，可使花芽体内乙烯含量减少，最终使雌性单性花转变成为两性花(图3-6 G-I)。

(3)性细胞形成期

这一时期的形态特点是从雄蕊产生花粉母细胞或雌蕊产生胚囊母细胞为起点，直至雄蕊形成“二核花粉粒”，雌蕊形成卵细胞为终点。于当年内进行一次或多次分化并开花的树木，其花芽性细胞都在年内较高温度下形成，湘林1号油茶为7月15日到9月13日；而于夏秋分化，翌春开花的树木，其花芽经形态分化后要经过冬春一定阶段的低温(温带树木0～10℃；暖温带树木5～10℃)累积后再形成花器官和进一步分化完善与生长。整个花芽分化第二年春季萌芽后至开花前在较高的温度下才能完成。性细胞形成时期，消耗能量及营养物质很多，如不能及时供应，就会导致花芽退化，影响花芽质量，引起大量落花落果。因此，在花前和花后及时追肥灌水，对提高坐果率有一定的影响。

图 3-6　油桐雌雄花发育及调控过程(引自谭晓风，刘美兰，2018)

3.4.1.3　花芽分化的特点

经济树种的花芽分化虽因树种类别有很大的差别，然而各种树木在分化时期方面有以下共同的特点：

(1)花芽分化的长期性

大多数经济树种的花芽分化，以全树而论是分期分批陆续进行的，这与各生长点在树体各部位枝上所处的内外条件不同、营养生长停止早晚有密切关系。不同品种间差别也很大。有的从5月中旬开始生理分化到8月下旬为分化盛期，到12月初仍有10%～20%的芽处于分化初期状态，甚至到翌年2～3月间还有5%左右的芽仍处在分化初期状态。这种现象说明，树木在落叶后，在暖温带条件下可以利用贮藏养分进行花芽分化，因而分化是长期的。

(2)花芽分化的相对集中性和相对稳定性

各种经济树种花芽分化的开始期和盛期(相对集中期)在北半球不同年份有差别，但并不悬殊。花芽分化的相对集中和相对稳定性与稳定的气候条件和物候期有密切关系。多数树种是在新梢(春、夏、秋梢)停长后，为花芽分化高峰。

(3)花芽分化临界期

各种经济树种从生长点转为花芽形态分化之前，必然都有一个生理分化阶段。在此阶段，生长点细胞原生质对内外因素有高度的敏感性，处于易变的不稳定时期，因此，生理分化期也称花芽临界期，是花芽分化的关键时期。花芽分化临界期，因树种、品种不同而异。

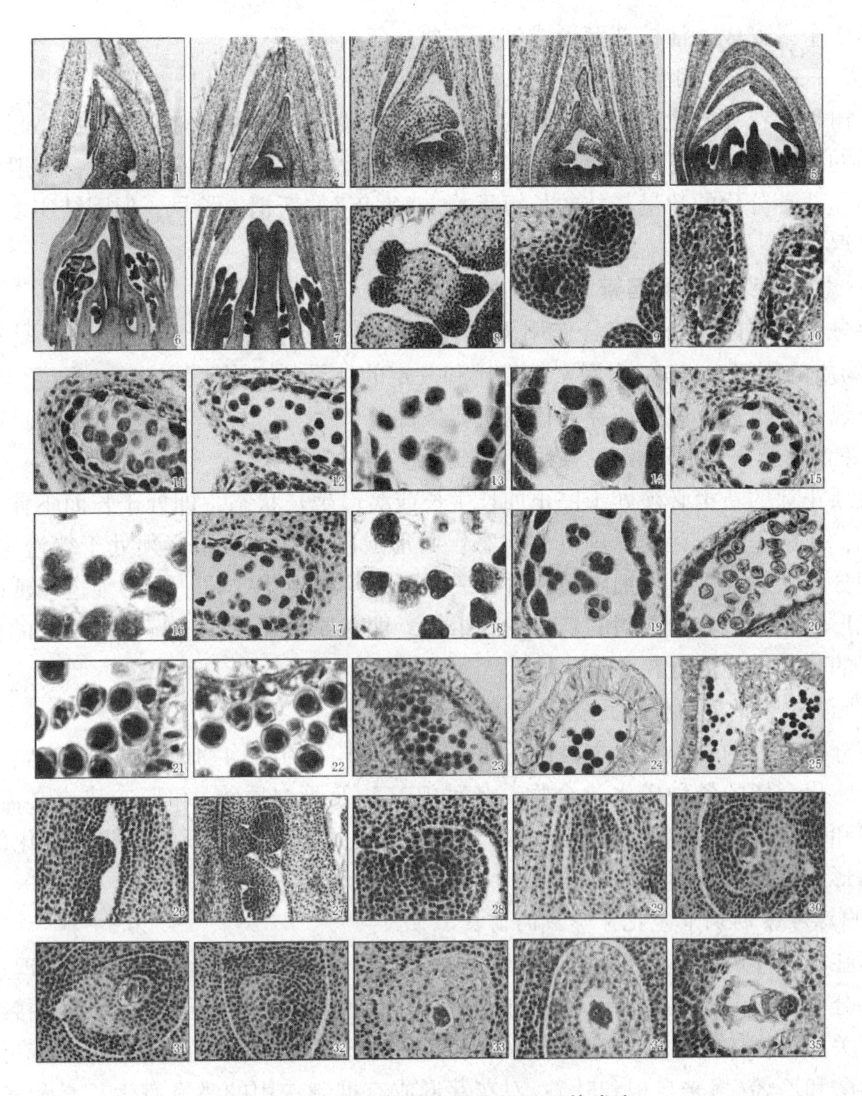

图 3-7 油茶花芽分化及雌雄配子体发育

1 前分化期，×100；2 萼片形成期，×100；3 花瓣形成期，×200；4-5 雌雄蕊形成期，×100；6 子房与花药形成期，×100；7 雌雄蕊成熟期，×40；8 多列孢原细胞，×200；9 初生造孢细胞，×400；10 花粉母细胞，×400；11 小孢子母细胞，×400；12 减数分裂前期，×400；13 减数分裂Ⅰ中期，×400；14 减数分裂Ⅰ后期，×400；15 减数分裂Ⅰ末期，×400；16 减数分裂Ⅱ中期，×400；17 减数分裂Ⅱ后期，×400；18 减数分裂Ⅱ末期，×400；19 四分体时期，×400；20 项小孢子时期，×400；21 单核靠边期，×400；22 单核中央期，×400；23 二核花粉，×200；24 成熟花粉，×400；25 药隔联通，花粉散出，×200；26 胚珠原基，×400；27 珠被突起，×400；28 大孢子母细胞，×400；29 大孢子母细胞减数分裂中期，×400；30 二分体时期，×400；31 二分体一个细胞退化，×400；32 单核胚囊，×400；33 二核胚囊，×400；34 四核胚囊，×400；35 八核胚囊，×400

(4)花芽分化所需时间因树种和品种而异

经济树种的花芽分化，从生理分化到雌蕊形成所需的时间因树种、品种而不同。油茶是在当年春梢上完成花芽分化、当年 11 开花，翌年 10 月果熟。薄壳山核桃雄花夏季分化，翌年春季发育完全；雌花直到冬末或早春才分化，5 月上中旬开花。油橄榄的花芽分化于花前2个月完成。油棕花芽形成到开花要2年时间。

(5)花芽分化早晚因条件而异

经济树种的花芽分化时期不是固定不变的。一般幼树比成年树晚；生长势旺盛的树比生长势弱的树晚；同一树上短枝早，中长枝及长枝上腋花芽形成依次要晚；一般停长早的枝分化早。花芽分化的数量与枝的长短无关。“大年”的新梢停长早，但因结实多，促使花芽分化推迟。

3.4.1.4 影响花芽分化的因素

花芽分化是在内外条件综合作用下进行的，但决定花芽分化的首要因子是物质基础(即营养物质的积累水平)，而激素的作用和一定的外界环境因素如光照、温度、水分、矿质元素及栽培技术等，则是花芽分化的重要条件。

(1)芽内生长点细胞必须处于生理活跃状态

形成顶花芽的新梢必须处于停止加长生长或缓慢生长状态，即处于长而不伸，停而不眠的状态，才能进入花芽的生理分化状态；而形成腋花芽的枝条必须处于缓慢生长状态，即在生理分化状态下生长点细胞不仅进行一系列的生理生化变化，还必须进行活跃的细胞分裂才能形成结构上完全不同的新的细胞组织，即花原基。正在进行旺盛生长的新梢或已进入休眠的芽是不能进行花芽分化的。

(2)大量营养物质的供应是花芽形成的物质基础

花芽分化必需的营养物质主要包括两大类，即丰富的结构物质(指光合产物、矿质盐类及由此转化合成的各种碳水化合物、各种氨基酸及蛋白质等)和形态建成必需的能源、能量贮藏和转化物质(淀粉、糖类、ATP等)。充分的营养物质不仅是花芽分化的营养基础，也是形成成花激素的前体物质。

(3)内源激素的调节是花芽形成的前提

激素在植物体内的一定部位内产生，并输送到其他部位起促进或抑制生理过程的作用。花芽分化需要激素启动与促进，与花芽分化相适应的营养物质积累等也直接或间接地与激素有关。植物体内自然形成的内源激素，目前已知能促进花芽形成的激素有细胞分裂素、脱落酸和乙烯(多来自根和叶)；对花芽形成有抑制作用的激素有生长素和赤霉素(多来自种子)。随着科学的进展，人工合成了多种促花物质(即植物生长调节剂)如比久(B_9)，矮壮素(CCC)、多效唑(PP333)等。利用这些外用生长调节剂同样可以调节树体内促花激素与抑花激素之间的平衡关系，借以达到促进花芽形成的目的。

(4)遗传基因是花芽分化的根据

植物细胞都具遗传的全能性。在遗传基因中，有控制花芽分化的基因，这种基因要有一定的外界条件(如花芽生理分化所要求的日照、温度、湿度等)和内在因素(如各种激素的某种平衡状态、结构物质和能量物质的积累等)的刺激，使这种基因活跃，就能使花芽分化。所以，控制花芽分化基因的连续反应活动，是控制组织分化的关键。这些内外条件能诱导出特殊的酶，以导致结构物质、能量物质和激素水平的改变，从而使生长点进入花芽分化，即控制花芽形态分化的DNA与RNA，是代谢发育方向的决定者。

(5)花芽分化必须具备一定的外界环境条件

①光照　光是影响树木花芽分化的重要环境因子之一，光不仅影响营养物质的合成与

积累，也影响内源激素的产生与平衡，在强光下激素合成慢，特别是在紫外光照射下，生长素和赤霉素被分解或活化受抑制，从而抑制新梢生长，促进花芽分化。因此，光照充足容易成花，否则不易成花。

②水分　在生理分化期前，适当控制灌水，抑制新梢生长，有利于光合产物的积累和花芽分化。控制和降低土壤含水量，可增加树体内的氨基酸特别是精氨酸的水平，并提高叶中的脱落酸的含量，从而抑制赤霉素的合成和淀粉酶的产生，促进淀粉积累，抑制生长素的合成，有利于花芽分化。长期干旱或水分过多，均影响花芽分化。

③温度　温度既影响树体的生长，也影响体内一系列生理过程和激素平衡，间接影响花芽分化的时期、质量和数量。所有经济树种的花芽分化都要求有一定的温度条件，温度过高或过低都不利于花芽分化。苹果花芽分化的适宜温度是20℃(15~18℃)，20℃以下分化缓慢。盛花后4~5周(分化临界期)保持24℃，有利于分化；柑橘花芽分化的适宜温度为13℃以下。

3.4.1.5　促进与控制花芽分化的途径

在了解经济树木花芽分化规律和条件的基础上，综合运用各项栽培技术措施，调节植物体各器官间生长发育关系与外界环境条件的影响，来促进或控制植物的花芽分化。

决定花芽分化的首要因素是营养物质的积累水平，这是花芽分化的物质基础。所以应采取一系列的技术措施，如通过适地适树(土层厚薄与干湿等)、选砧(乔化砧、矮化砧)、嫁接(高接、桥接、二重接等)、促进控制根系(穴大小、紧实度、土壤肥力、土壤含水量等)、整形修剪(适当开张主枝角度、环剥、主干倒贴皮、摘心、扭梢、摘幼叶促发二次梢、轻重短截和疏剪)、疏花、疏(幼)果、施肥(肥料类别、叶面喷肥、秋施基肥、追肥等)，以及生长调节剂的施用，等等。在以上的基础上，再使用生长抑制剂，如比久(B_9)、矮壮素(CCC)、乙烯利等，可抑制枝条生长和节间长度，促进成花。

控制花芽分化应因树、因地、因时制宜，注意如下几点：

首先研究各种树木花芽分化的时期与特点；抓住分化临界期，采取相应措施进行促控；根据不同分化类别的树木，其花芽分化与外界因子的关系，通过满足或限制外界因子来控制；根据树木不同年龄时期的树势、枝条生长与花芽分化关系进行调节。必须强调的是，使用生长调节剂或人工合成类生长调节物质来调控经济树种的花芽分化时，必须建立在树势健壮生长的基础上，抓住花芽分化的关键时期，施行上述措施(单一的或几种同时进行)，才能取得满意的效果。

3.4.2　开花与授粉

3.4.2.1　花的开放

一个正常的花芽，当花粉粒和胚囊发育成熟后，花萼与花冠展开的现象称为开花。花的开放是一种不均衡运动，多数树种的花瓣基部有一条生长带，当它的内侧伸长速率大于外侧时，花就开放。某些植物的花瓣开闭是由细胞膨压变化引起的。

温度与光照是影响花器开放的关键环境因子。晴朗和高温时开花早，开放整齐，花期短；阴雨低温开花迟，花期长，花朵开放参差不齐。研究表明，在一天中，花的开放时间多在10：00至14：00。枣树的部分品种在夜间开放。不少植物花开放要求一定的日照条件，但大多数经济林木花朵开放与日照长短关系不大。

年周期中花朵开放要求一定的积温。同一树种或品种的开花期受当年气候条件影响很大，所以不同地点、不同年份的开花日期差异较大，但所要求的温度值基本相同。

经济树木花期是生产上重要的物候期之一，准确预报花期对许多经济树木的丰产栽培至为重要，目前应用相关分析研究花期预报已获进展。在同一年内不同品种的花期也不一致，这种特性在生产中有重要意义，例如，在油茶北缘产区，开花早的油茶品种(秋冬开花)可以避免秋冬的冻害，从而提高坐果率；开花晚的杏和樱桃品种(春季开花)可以避免晚霜危害；花期长的树种和品种在不利天气条件下具有较多的授粉机会。

3.4.2.2　授粉与受精

植物开花，花药开裂，成熟的花粉通过媒介达到雌蕊柱头上的过程称为授粉。授到柱头上的花粉形成花粉管，伸入到胚囊，使精子与卵子结合的过程称为受精。作为生殖器官的花，对植物自身而言，其主要机能是为授粉受精，最终是产生果实与种子，以达到繁衍后代的目的。

(1)经济树种的自交不亲和性

植物的自交不亲和性(self-incompatibility，SI)是指能产生具有正常功能且同期成熟的雌雄配子的雌雄同株植物，在自花授粉或相同自交不亲和基因型(S基因型)异花授粉时不能正常受精的现象。自交不亲和性是一个非常古老的遗传性状，是植物在其长期进化过程中形成的限制自交、促进异交、防止退化的一种非常精密的遗传机制，在自然界广泛存在于显花植物中，74科250属约3000种以上的显花植物中发现了自交不亲和现象。自交不亲和性作为植物自花授粉的遗传屏障，是一种预防近亲繁殖和保持遗传变异的精密而有效的异花授粉遗传机制。

1921年，Prell肯定了自交不亲和性是由遗传因素决定的，在随后的遗传学、免疫化学和分子生物学等方面的研究表明，发现多数植物的自交不亲和性由单一基因位点上的复等位基因所控制，该位点通常称为S位点，该位点的基因称为S基因。同一品种或S基因型相同的品种进行异花授粉时不能完成正常的授粉受精，只有在S基因型不同的品种之间相互授粉才能完成正常的授粉受精。

自交不亲和包括孢子体自交不亲和性(sporophytic self-incompatibility，SSI)、配子体自交不亲和性(gametophytic self-incompatibility，GSI)以及后期自交不亲和性(late-acting self-incompatibility，LSI)等类型。

孢子体型自交不亲和性是指S等位基因在花粉母细胞尚未完成减数分裂之前进行表达，因而花粉中同时存在两个S等位基因的蛋白质产物，授粉时该两个等位基因产物以共显性、显隐性、竞争性互作等方式与雌蕊两个S等位基因产物产生相互识别反应，即在自交不亲和反应中花粉的行为由产生花粉的亲本——孢子体的两个等位基因所决定(母体S基因型)，如十字花科、菊科植物。

配子体型自交不亲和性是指S等位基因在花粉母细胞完成减数分裂之后才进行表达，单倍体花粉只含有母体一个S等位基因的蛋白质产物，授粉时该等位基因产物与雌蕊两个S等位基因产物产生识别反应，自交不亲和性反应由配子体S基因型(花粉单倍体组织)所决定，如蔷薇科植物。梨、苹果、杏、甜樱桃、扁桃等蔷薇科经济林树种是典型的配子体

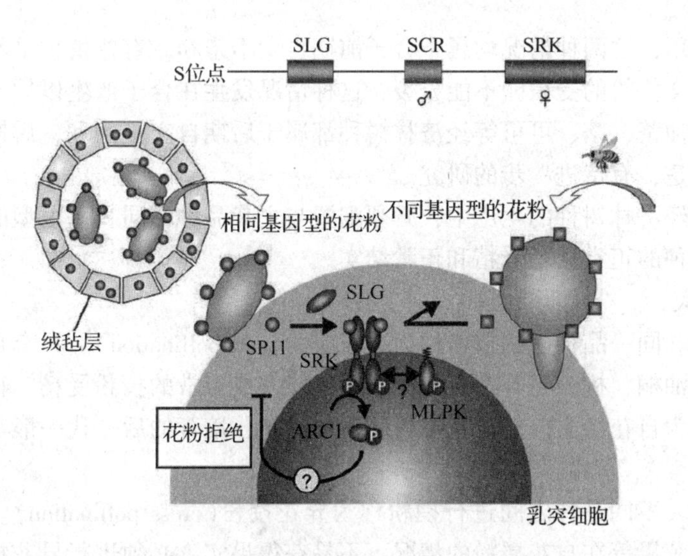

图3-7　孢子体自交不亲和 S 位点结构及其作用模式（引自 Seiji and Akira, 2005）

自交不亲和性树种，其 S 基因编码一种雌蕊蛋白，该蛋白具有 RNase 的活性，在雌蕊上部表达，它能够降解来自相同 S 基因型花粉的 mRNA 和 rRNA，导致花粉管难以穿透花柱而停止生长，最终造成自交不亲和。

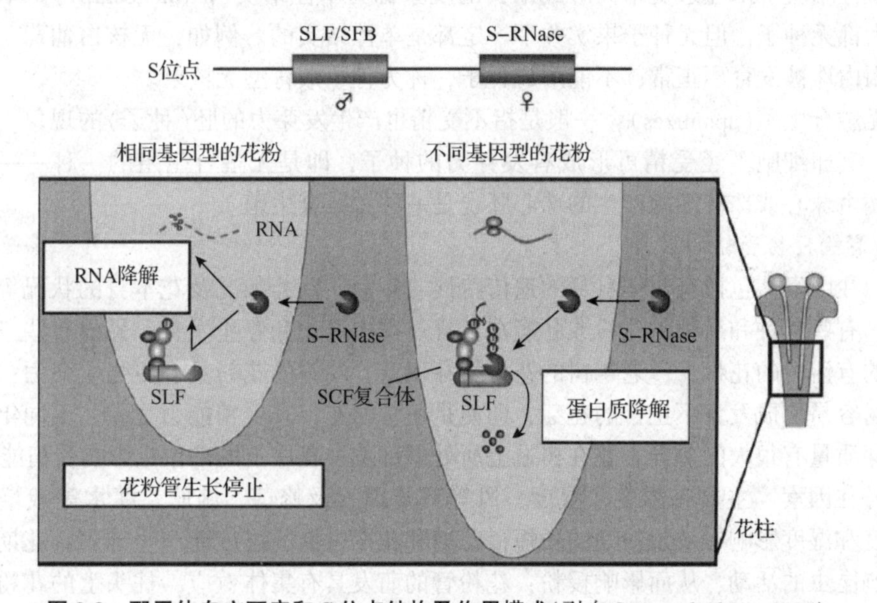

图 3-8　配子体自交不亲和 S 位点结构及作用模式（引自 Seiji and Akira, 2005）

后期自交不亲和，也称子房自交不亲和，自交授粉的花粉管能够顺利在花柱中萌发生长并到达子房，但最终不能结籽结实或结籽结实显著低于异交授粉的现象。后期自交不亲和可分为合子前期和合子后期，在合子前期自交不亲和系统中，花粉管能够进入胚珠但不能进入胚囊或者花粉管能够进入胚囊但是不能完成双受精作用，在合子后期自交不亲和系统中，能够顺利进行双受精作用，但是合子不分裂。如在相思树中，自交花粉管虽可以顺利进入胚珠，但却没有进入胚囊；在可可中，自交花粉管虽然进入胚囊并释放精子，但没有完成双受精作用，这两种情况均属于合子前期自交不亲和。有些植物虽然发生了双受精作用，但来自自交传粉的受精卵不能分裂，这种情况发生在合子产生以后，属于合子后期的自交不亲和。油茶、茶、可可等经济林树种都属于后期自交不亲和，后期自交不亲和的分子机制尚不清楚，有待进一步的研究。

所以在这些经济林树种的生产中，必须配置与主栽品种不同S基因型的授粉品种才能保证这些经济树种的正常授粉受精和正常结实。

(2)授粉方式

①自花授粉　同一品种内的授粉称为自花授粉(self pollination)。只有自交亲和的经济树种和品种，如油桐、桃、枣等在自花授粉后才能完成正常的授粉受精，得到满足生产要求的产量的，称为自花结实。能自花授粉获得的种子，培育的后一代一般都能保持母本的习性。

②异花授粉　不同品种之间进行授粉称为异花授粉(cross pollination)。自交不亲和的经济树种如梨、苹果等在自花授粉的情况下不易获得果实，必须进行异花授粉才能完成正常的授粉受精，得到满足生产要求的果实和产量。异花授粉获得的种子从杂种优势中使后代具有较强的生命力，培育的后代一般很难继承父、母本的优良品性而形成良种，所以生产上不用这类种子直接繁育苗木，仅用于做嫁接苗的砧木。

③单性结实　未经过受精而形成果实的现象称为单性结实(parthenocarpy)。单性结实的果实大都无种子，但无种子果实并不一定都是单性结实的。例如，无核白葡萄，可以受精，但因内珠被发育不正常，不能形成种子，称为种子败育型无核果。

④无融合生殖(apomixes)　一般是指不受精也产生发芽力的胚(种子)的现象。部分核桃品种，其卵细胞不经受精可形成有发芽力的种子，即是无融合生殖的一种——孤雌生殖。柑橘由珠心或珠被细胞产生的珠心胚也是一种无融合生殖。

(3)影响授粉受精的因素

①内在因素　包括有树体自身的遗传特性、年龄、营养状况及花本身的状况等。从遗传上看，有些树种和品种的花粉或胚囊在发育过程中退化和停止发育，另外有些三倍体品种产生的有活力的花粉少；老年树的花粉发芽率低，幼树的花粉具有更强生命力；衰老树和老龄树容易形成发育不正常的花芽，即使是正常的花，其受精能力也差。不同年龄的枝条上花芽质量有很大的差异；花在树冠上所处的部位及花序上的部位也影响受精能力。

②外在因素　主要有温度、湿度、风等环境因素及修剪、施肥、灌水等栽培技术措施。温度和湿度影响有效授粉期的长短，花前和花期过低的温度能产生冻害；花期低温和大风影响昆虫的活动，从而影响授粉；花粉管的萌发具有集体效应，柱头上的花粉密度和数量大有利于花粉的萌发和生长。因此，林地放蜂有利于授粉受精。硼、锌、氨基酸等营养物质有利于花粉管的萌发与生长，氮、磷的缺乏可能导致胚停止发育。因此，花前或花期根外施用上述肥料有利于受精。过重修剪，过多施肥与灌水或干旱也不利于受精与结实。

(4)提高授粉受精的措施

①配置授粉树　在以收获果实为主要目的自交不亲和经济树种与品种，除选择好主栽品种外，还应注意选择适宜的授粉品种。

②营养上调节　首先，要加强头一年夏秋的管理，保护叶片不受病虫危害，合理负担，提高树体营养水平，保证花芽健壮饱满。其次，要调节春季营养的分配，均衡树势，不使枝叶旺长，必要时采用控梢措施。对生长势弱或衰老树，花期根外喷洒尿素、硼砂等对促进授粉受精有积极的作用。

③人工辅助授粉　对于一些雌雄异熟的树木可采集花粉后进行人工辅助授粉。银杏核用林培育过程中就必须进行人工辅助授粉。

④改善环境条件　搞好环境保护、控制大气污染，对易受大气污染的植物的授粉受精是很重要的，还有在花期禁止喷洒农药，保护有益于传粉昆虫的活动，促进虫媒花的授粉受精。花期遇到气温高、空气干燥时，对花喷水也很有效。

3.4.3　坐果与果实的生长发育

3.4.3.1　坐果

花朵经授粉受精后，子房膨大发育成果实，在生产上称为坐果。经济树木正常坐果要顺利通过下列三个阶段：花粉或胚囊的正常发育，如不能正常发育则为败育；授粉受精良好；胚及胚乳发育正常。以银杏为例，上述三个过程可总结如图3-9所示。

影响上述三个坐果阶段的主要因素包括遗传特性、营养条件和环境因子三个方面。这种影响作用可总结如图3-10所示。

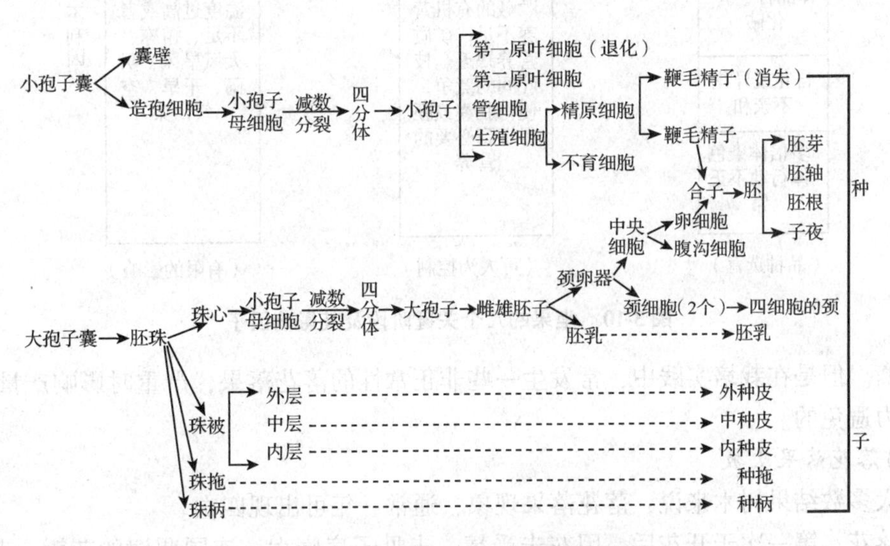

图3-9　银杏果实(种核)形成过程示意

3.4.3.2　落花落果

在生产实践中，经济林果的坐果数比开花的花朵数要少得多，能真正成熟的果实则更少。其原因是开花后，一部分未能授粉受精的花脱落了，另一部分虽已授粉、受精，但因营养不良或其他原因也造成脱落。这种从花蕾出现到果实成熟全过程中，发生花果陆续脱落的现象称为落花落果。各种经济树木的坐果率是不一样的，这实际上是树木对适应自然环境、保持生存能力的一种自身调节。树木自控结果的数量对树木自身是有好处的，可防止养分过量的消耗，以保持健壮的生长势，维持良好的合成功能，达到营养生长与生殖生

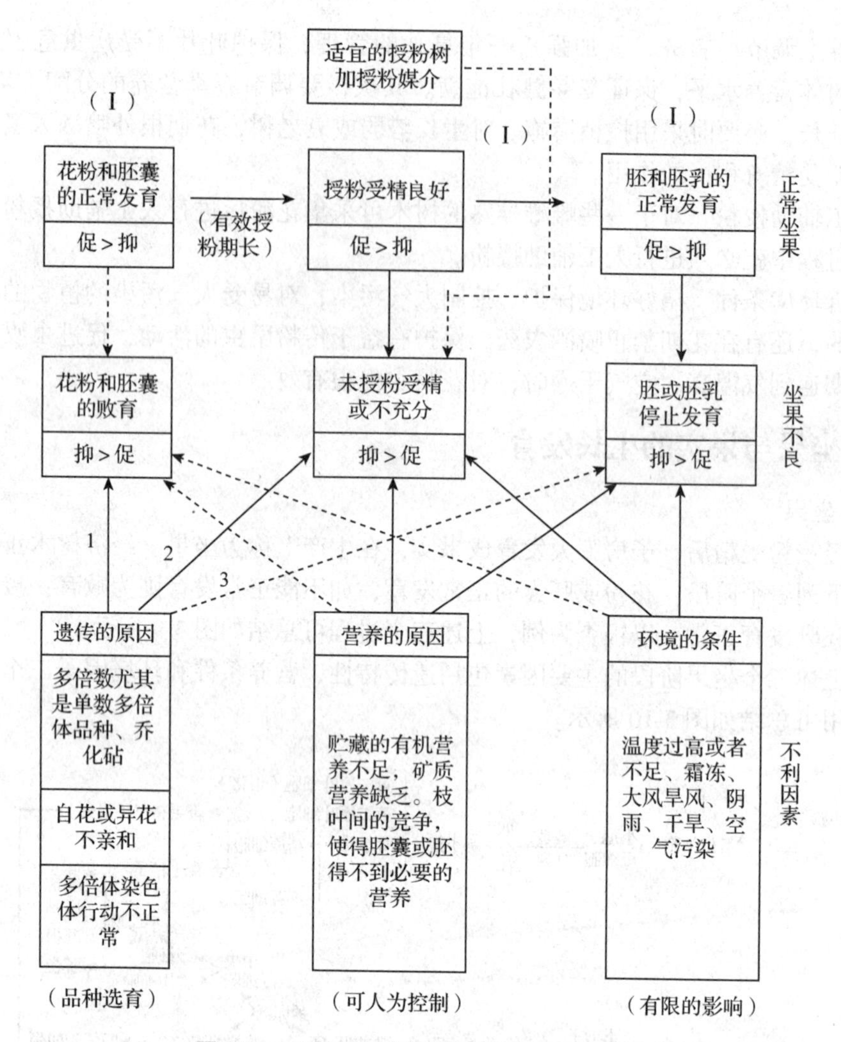

图3-10　坐果的几个关键阶段及其影响因子

长的平衡。但是在栽培实践中，常发生一些非正常性的落花落果，严重时影响产量，这是应该尽力避免的。

(1)落花落果次数

对大多数结果树木来说，落花落果现象，通常一年可出现四次。

①落花　第一次于开花后，因花未受精，未见子房膨大，连同凋谢的花瓣一起脱落。这次对果实的丰歉影响不大。

②落幼果　这一次出现约在花后2周，子房已膨大，是受精后初步发育了的幼果。这次落果对丰歉有一定的影响。

③六月落果　在第二次落果后2~4周出现，大体在6月间。此时落果已有指头大小，因此损失较大。

④采前落果　有些树种或品种在果实成熟前也有落果现象，即采前落果。

以上这几种不是由机械和外力所造成的落花落果现象，统称为生理落果。也有些由于果实大，结果多，而果柄短，因互相挤压造成采剪落果。夏秋暴风雨也常引起落果。

不同树种落花落果特性存在显著差异，文冠果落花落果主要发生在果实生长发育的初期，且落花落果率高；枣树落花落果十分严重，成年树落花率平均达80%以上，落果率在98%以上，落花落果数占总花数的99%以上。有的地区某些年份甚至还会出现整株花而不实的现象，极大地影响了枣树的丰产稳产。

(2)落花落果的原因

造成生理落果的原因很多，最初落花、落幼果是由于花器官发育不全或授粉、受精不良而引起的。其他不良的环境条件，如水分过多造成土壤缺氧而削弱根系的呼吸，使其吸收能力降低，导致营养不良；而水分不足又容易引起花、果柄形成离层，导致落花落果。缺锌也易引起落花落果。

“六月落果”主要是营养不良引起的。幼果的生长发育需要大量的养分，尤其胚和胚乳的增长，需要大量的氮才能形成所需的蛋白质，而此时有些树种的新梢生长也很快，同样需要大量的氮素。如果此时氮供应不足，两者之间就会发生对氮争夺的矛盾，常使胚的发育终止而引起落果，因此应在花前施氮肥。磷是种子发育重要的元素之一，种子多，生长素就多，可提高坐果率。花后施磷肥对减少“六月落果”有显著成效，可提高早期和总的坐果率。

水不仅是一切生理活动所必需的，而且果实发育和新梢旺长都需大量水。由于叶片的渗透压比果实高，此时缺水，果实的水易被叶片争夺而干缩脱落。过分干旱，树木整体造成生理干旱，导致严重落果。另一原因是幼胚发育初期生长素供应不足，只有那些受精充分的幼果，种胚量多且发育好，能产生大量生长素，对养分水分竞争力强而不脱落。

“采前落果”的原因是将近成熟时，种胚产生生长素的能力逐渐降低，与树种、品种特性有关，也与高温干旱或雨水过多有关。日照不足或久旱突降大雨，会加重采前落果。不良的栽培技术，过多施氮肥和灌水，栽植过密或修剪不当，通风透光不好，也都会加重采前落果。

为了减少落花落果除采用各种保花保果的措施外，保证花和果实的生长发育良好，克服大小年，调节与平衡营养生长与生殖生长的关系，保护营养面积和结果的适当比例，也是使叶片数与果实数成一定比例，常要进行疏花疏果。疏花比疏果更能节省养分，但也要把握住疏花疏果的量，疏多疏少都有不利。要根据具体树种、具体条件，并要有一定的实践经验才能获得满意的效果。在幼果生长期在保证新梢健壮生长的基础上，要防止新梢过旺生长，一般可采用摘心或环剥等，削弱新梢的生长，以提高坐果率。在盛花期或幼果生长初期喷涂生长刺激素，以提高幼果中生长素的浓度，能防止果柄产生离层而落果，也可促进养料输向果实，有利于幼果的生长发育。但在树体营养条件较差的情况下使用生长素后即使不发生落果，其幼果因为营养不良或结果过多，也不能达到应有的栽培目的。

3.4.3.3 果实的生长发育

从花谢后至果实达到生理成熟时止，需要经过细胞分裂、组织分化、种胚发育、细胞膨大和细胞内营养物质的积累转化等过程。这个过程称为“果实的生长发育”。

(1)果实成熟所需的时间

树木各类果实成熟时在外表上表现出成熟颜色的特征为形态成熟期。果熟期与种熟期有的一致，有的不一致；有些种子要经过后熟，个别也有较果熟期为早者。其长短因树种和品种不同。草莓果实生长期只有20d，夏橙果实生长期可长达400d，香榧果实在开花授粉的翌年8月下旬至10月下旬成熟，跨两个年度，历时17～18个月之久。一般早熟品种发育期短，晚熟品种发育期长。果实外表受外伤或被虫蛀食后成熟得早些。另外，还受自然条件的影响，高温干旱，果熟期缩短，反之则长。山地条件、排水好的地方果熟得早些。

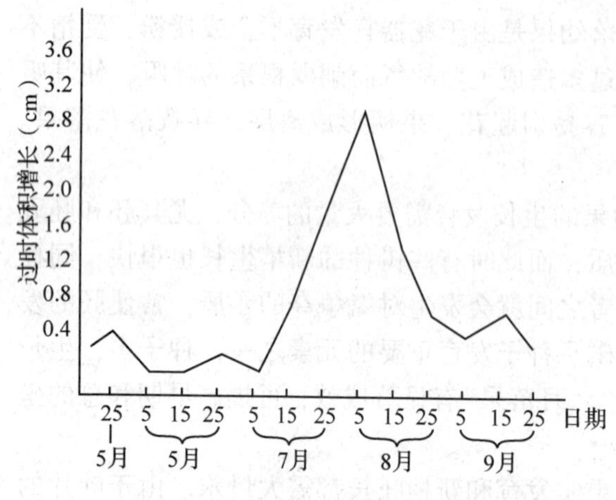

图3-11　油茶果实体积增长曲线图

(2)果实生长发育的规律

果实生长发育与其他器官一样，也遵循"慢—快—慢"的"S"形生长曲线规律，但在众多的经济林果树种中，其生长情况有两种类型：一种是单"S"生长曲线型，如油茶、柿等(图3-11)，此类果实生长全过程是由小到大，逐渐增长，中间几乎没有停顿现象，但也不是等速上升，在不同时期的生长速率是有变化的。另一种是双"S"生长曲线型，如桃、梅、樱桃等，这类果实有较明显的三个阶段，即幼果生长快速期，持续约3周；生长缓慢期(即"硬核期")在外形上无明显增大的迹象，主要是内部种胚的生长和果核的硬化；最后是增大期，生长速度再次加快，直至成熟。

(3)影响果实增长的因素

①细胞数和细胞体积　果实体积的增大，取决于细胞数目、细胞体积和细胞间隙的增大，而以前两个因素为主。细胞间隙和果实大小一般无明显相关，但间隙大小也决定果实的品质和用途。细胞间隙大，加工时糖易渗入，便于加工利用。细胞数量与细胞分裂时期

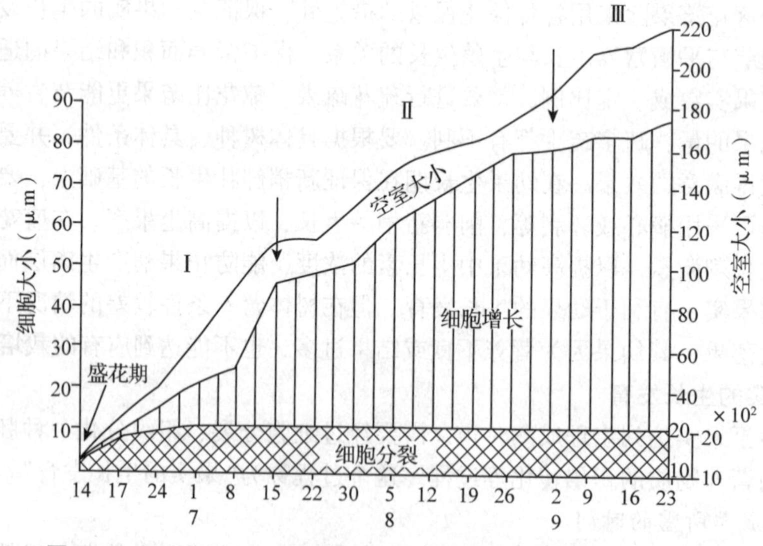

图3-12　细胞数目、细胞体积和细胞间隙对长小枣果实生长的影响

的长短和分裂速度有关。果实细胞分裂开始于花原始体形成后，到开花时暂时停止，以后视经济树种的种类而异。有的花后不再分裂，只有细胞增大，如黑醋栗的食用部分；有的树种一直分裂到果实成熟，如草莓、油梨等；大多数果实介于二者之间，花前有细胞分裂，开花时中止，经授粉受精后继续分裂。苹果才开花时，细胞数可达200万，收获时为400万，达到这个数目，花前细胞要加倍21次，花后只需加倍4.5次。花后细胞旺盛分裂时，细胞体积即同时开始增大，在细胞停止分裂后，细胞体积继续增大。由此可以看出，果实生长发育的特点是，在发育初期旺盛地进行细胞分裂，增加细胞数目，这个过程一直进行到开花后经过一定时期而停止，以后主要是各个细胞体积的增大，有的果实还伴有细胞间隙的增大。

从栽培的要求来看，首先要促进果实细胞的分裂，既然果实细胞分裂从花原始体形成后就已开始，直到开花时暂时停止，那么这一段时期发育状态和营养状况也必然会影响果实最后的大小，生产实践和专门的试验研究也证明如此。已知花芽直径较大的，果实也大。着生在较粗的短果枝的果实和从直径较大的花发育的果实，在采收时会大一些。但着生在不同大小短果枝上的果实，其生长速度相同。这表明，在这种情况下，影响果实大小的可能是在花期时细胞数目不同。粗的短果枝上的和较大的花发育的幼果细胞数较多。由上述分析可见，由花原始体形成后直到开花坐果前的条件，以及开花坐果后的条件，对果实的发育是同样重要的。因此，在生产实践中，要重视头一年夏秋季节的树体管理，使果枝粗壮，花芽饱满；早春调节树体的营养，增加花期前后细胞分裂的数目；在后期进行营养调节，使果实细胞增大及充实细胞内含物。

②有机营养　果实生长发育初期，主要依赖于果实细胞的分裂，而细胞分裂主要是原生质增长过程，该时期称为蛋白质营养时期，这一时期需要有氮、磷和碳水化合物的供应。氮、磷可以由树体供应，也可通过及时施氮和磷补充。但是，幼果细胞分裂期合成蛋白质所需要的碳水化合物，就大多数落叶果树来说，却只能由贮藏营养来供应。因此，树体贮藏营养的多少及其早期分配情况，成为细胞分裂期的限制因子。蛋白质营养时期又称为贮藏营养时期。果实发育中后期，即果肉细胞体积增大期，最初原生质稍有增长，随后主要是液泡增大，除水分绝对量大大增加外，碳水化合物的绝对量也直线上升，该时期称为碳水化合物营养期。果实重量增加主要在这个时期，这时要有适宜的叶果比和保证叶片光合作用的条件。水分和氮素缺乏会影响光合作用，氮素过多则会使碳水化合物消耗在枝叶上或在果肉细胞内增多原生质，使液泡变小，而且，合成原生质要消耗碳水化合物，糖含量下降，从而影响品质。因为叶片形成得越早，形成的面积越大，越有利于后期积蓄营养。而叶片早期形成的多少、大小，又和贮藏营养密切相关，贮藏营养对果实生长发育及养分积累与利用具有重要的影响。

③无机营养　矿质元素在果实中的含量很少，通常不到1%。除一部分构成果实躯体外，主要影响有机物质的运转和代谢。有机营养向果实的运输和转化有赖于酶的活动，酶的活动与矿质元素有关。影响果实生长发育的主要矿质营养是N、P、K，其次是Ca、Mg等。其中氮素和磷素在果实细胞分裂期及随后的细胞膨大初期相当重要，缺氮、缺磷的果实细胞数减少。此外，缺氮时叶面积变小，叶功能降低，输入果实中的同化产物减少，从而限制果实的生长。钾素在果实中的含量通常是最高的，对果实的增大、增重作用明显，

特别是在果实生长后期和氮素营养水平较高时作用显著。K^+能提高细胞膜的透性，促进糖的运转和流入，使细胞增大和干重增加。研究表明，细胞伸长是K^+在细胞和液泡中积累的结果。钙、镁等其他矿质元素及铁、锌、硼等微量元素缺乏时都会不同程度地影响果实的生长，甚至出现缺素症状。

④激素　在果实生长过程中，各种内源激素都有巨大的变化，说明激素参与了果实生长的调控过程，但迄今为止尚未发现某种内源激素与果实生长存在普遍、明确的相关关系。生长素产生于种子，其浓度变化与果实发育时期之间，并无明显关系，只与胚乳的发育一致。赤霉素通常由珠心与果肉合成，与种子生长有关，与果实生长无关，但人工利用GA可使许多果实(如猕猴桃)生长加快，还可延迟柑橘果皮衰老。

细胞分裂素由胚乳产生，与生长素共同存在，参与果实细胞分裂。乙烯通常幼果可产生，成熟时多，促进果实成熟，也促进生长。脱落酸可促进果实的成熟，苹果花后30d果肉速生期，ABA含量高。激素调控果实生长的模式不是千篇一律的。在不同类型果实间或是在同一种果实不同生长期之间，激素的作用存在着明显的差异，很可能是不同的激素平衡在起着作用。可以认为，果实生长的不同阶段是受几种激素的共同作用所调控。在果实生长前期，生长素、赤霉素、细胞分裂素多，同时也存在相当大量的ABA等抑制物质，所以果实生长受促进物质和抑制物质的平衡所控制。在果实生长后期(指从成熟开始)，乙烯是导致成熟过程的激素。但由于果实种类不同，作用效果存在明显差别。有些果实的后期生长受ABA的控制。

⑤环境条件　果实内水分占80%~90%，是果内生化反应顺利进行及保持果形的必要条件。保持水分均衡供应对果实增长很重要，特别是在细胞增大阶段。此时如果经常水分不足，而且持续时间长，因缺水使果实减少的量，也不能通过随后的供水来弥补。果实发育后期，水分随碳水化合物由韧皮部进入。采收前不宜灌水，否则影响品质。水分也影响矿物质进入果实。各种经济树木果实生长的最适温度不同，同一品种的果实，在适宜温度地区生长比在不适宜温度地区生长的大。冬季适当的低温有利于温带落叶果树花前性细胞的发育和子房细胞的分裂。幼果期的生长主要利用贮藏营养，温度影响大，光照影响小。反之，果实接近成熟，温度足够时，光照影响大。光照会影响同化量，秋高气爽最宜果实近成熟期的生长。果实主要在夜间生长，夜温对果实增长影响大。白天温度影响光合及呼吸作用，以昼夜温差大最好。

3.4.3.4　果实的色泽发育

果实的着色是成熟的标志之一，是决定外观品质的重要因素。果色好坏与果肉成分关系密切，影响商品价值。果实着色是由于叶绿素分解，细胞内已有的类胡萝卜素、黄酮等使果实显出黄、橙等色。果实中的红、紫色是由叶片中的色素原输入果实后，在光照、温度及氧气等条件下，经氧化酶而产生的花青素苷转化形成的(图3-13)。所以在果实成熟期，保证良好的光照条件，对碳水化合物含量的合成和果实的着色是很重要的。

3.4.3.5　果实的风味

果实的风味主要是指糖酸含量及苦、涩味。果实中所含的糖主要有果糖、蔗糖、葡萄糖等。它们的甜度依次减弱。但风味以葡萄糖最好。由于各种果实糖的种类及比例含量变化，因而果实有千差万别的甜味。

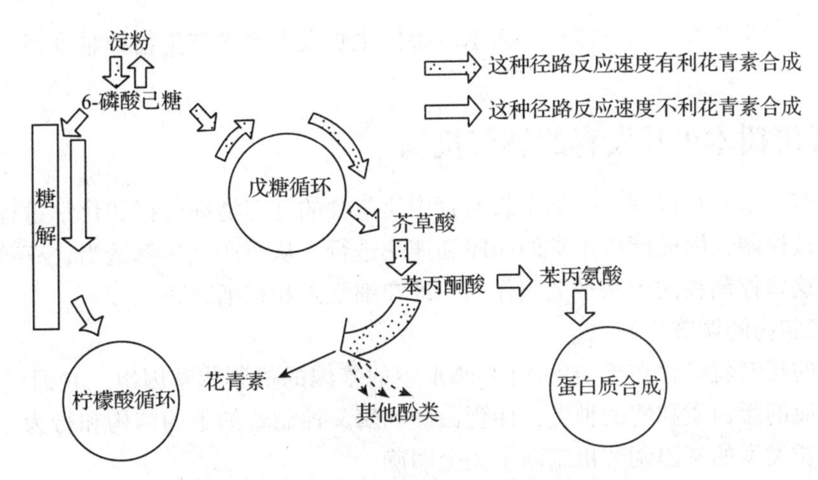

图 3-13　果皮花青素生成物质代谢变化模式图

果实成熟时糖含量的增加主要是由于：糖由叶内向果实内运转、积累；糖从枝梢或根向果实运送；果实内从多糖(淀粉)向单糖(葡萄糖、果糖、山梨糖等)的转变，蔗糖是低聚糖；有机酸向单糖的转变。

果汁可溶性固形物内 80% ~90% 是糖，其次为盐类、有机酸、可溶性蛋白质和果酸等。不同树种果实所含有机酸的种类、数量不一样。柑橘的总酸中，柠檬酸占 80% ~88%，苹果酸占 5% ~6%，还有草酸、酒石酸。蔷薇科果实以苹果酸较多。

酸类来源大多为呼吸产物，也可由蛋白质、氨基酸分解形成。成熟时酸减少的原因：酸作为呼吸基质氧化分解，所以高温下酸含量下降快；有的游离酸变成盐类。

影响果实内糖酸比的因子主要有：温度、光照、叶果比、矿质营养等。

①温度　在温度较高地区，果实内糖的百分比不高，但是因含酸量低，糖酸比大，含糖以蔗糖为主，所以味甜。酸被分解要求一定的温度，温度高低：柠檬酸 > 酒石酸 > 苹果酸，故柑橘成熟时尚有余酸。

②光照　干旱、晴天、通风透光好，糖积累多，含酸量下降。

③叶果比　叶果比大，枝叶停长早，含糖量高，也可使含酸量高，但不成比例。

④矿质营养　氮过多，枝叶徒长，糖少，酸多。缺磷，果实含酸多；磷适量，糖多，酸少。钾可增加柠檬酸及苹果酸含量，降低可溶性氨基酸、酒石酸，增加含糖量。柑橘缺镁、铁、锌时味淡。

柑橘果实中的苦味主要是橘皮苷或柚皮苷。因树种、品种、产地、砧木、成熟度不同而不同，是使果实品质降低的因素。涩味主要是单宁物质，随果实成熟而下降。

3.5　经济树木生长发育与产量的形成

树木作为结构与功能均较复杂和完善的有机体，是在与外界环境进行不断斗争中生存和发展的。而且树木自身各部分间，生长发育的各阶段或过程间，既存在相互联系，相互依赖，相互调节的关系，也存在相互制约，相互对立的关系。这种相互对立与统一的关系，构成了树木生长发育的整体性。树木的整体生长发育水平与生物产量及经济产量存在密切相关。

3.5.1 经济树木生长发育的调节机制

所谓调节是指一种机理，植物生长发育中所包含的许多物理过程和化学过程就是通过这种机理而被控制，因而能以正常的顺序和速率进行，从而产生比例适当、有效地起作用的有机体。这些控制在两个水平上起作用，即在细胞内和在细胞间。

3.5.1.1 细胞内的调节机制

细胞内的控制就是存在于染色体的 DNA 中的基因的机制或基因组，它通过信使 RNA 控制着所合成的蛋白质和酶的种类，而蛋白质和酶又控制着细胞的结构和行为。目前有关种子植物生长发育的基因调节机制尚不完全明确。

3.5.1.2 细胞外或机体内的调节机制

植物的生长发育主要受代谢物和植物激素的双重调控。最重要的代谢物是碳水化合物和含氮化合物。生长常为氮素的供应所跟，大约 50 年前普遍认为碳氮比起着主要控制作用。后来因对植物激素研究的深入，代谢物的作用不受重视了。不过近年来代谢物的重要性又重新受到重视，因为认识到代谢物的分配受激素的影响，与产量有关的重要问题之一，就是生长对碳水化合物的利用，在多大程度上控制着光合速率。

3.5.2 经济树木产量形成的生理基础

经济树木的产量主要是由光合产物转化而来。提高产量的根本途径是改善植物的光合性能。所谓光合性能是指光合系统的生产性能，它是决定树木光能利用率高低及获得高产的关键。光合性能组分包括光合能力、光合面积、光合时间、光合产物的消耗和光合产物的分配利用。可具体表述为：

经济产量 = [(光合能力 × 光合面积 × 光合时间)一消耗] × 经济系数

经济系数(economic coefficient)是指经济产量(economic yield)与生物产量(biological yield)的比值。按照光合作用原理，要使经济树木高产，就应采取适当措施，最大限度地提高光合能力，适当增加光合面积，延长光合时间，提高经济系数，并减少于物质消耗。

3.5.2.1 提高光合能力

光合能力一般用光合速率来表示。光合速率受树木本身光合特性和外界光、温、水、肥、气等因素的影响，合理调控这些因素才能提高光合速率。

选育叶片挺厚，株型紧凑，光合效率高的优良品种，在此基础上创造合理的群体结构，改善冠层的光、温、水、气条件。早春采用塑料薄膜育苗或大棚栽培，可使温度提高，促进树木生长和光合作用进行。合理灌水施肥可增加光合面积，提高光合机构的活性。

CO_2是光合作用的原料，树木光合作用所需最适 CO_2浓度约为 0.1% 左右，而田间 CO_2浓度一般只有 0.034%，不能充分满足树木的需要。因此，增加空气中的 CO_2浓度，光合速率就会提高。自然条件下栽培经济林的 CO_2浓度虽然还难以人工控制，但可通过深施碳酸氢铵肥料(含 50% CO_2)，增施有机肥料，实施秸秆还田，促进微生物分解发酵等措施，

来增加林分冠层 CO_2浓度。在塑料大棚和玻璃温室等设施栽培条件下内，则可通过 CO_2发生装置，直接释放 CO_2，通过 CO_2施肥，可显著提高光合速率、抑制光呼吸。在生产上保证田间通气良好，则可更好地为树木供应 CO_2,有利于光合速率提高。

树木的光合作用强度主要受遗传特性决定，不同树种、品种的光合能力存在一定的差异，光合强度高的品种及个体，与产量形成有关的其他生理性状不一定理想。因而也就不一定能够获得高产。作物进化生理学指出：栽培作物从野生型进化到今天，经历了几千上万年的历史，光合强度几乎没有提高，以往人工选择只是提高了作物的经济系数及改进了品质。通过分子育种手段显著提高树木叶光合强度以创造高产的新类型是未来的重要研究课题。

3.5.2.2　增加光合面积

光合面积主要是指以叫片为主的植物绿色面积。通过合理密植、改变株型等措施，可增大光合面积。合理密植就是通过调节种植密度，使群体得到合理发展，达到最适的光合面积，最高的光能利用率。种植过稀，虽然个体发育良好，但群体叶面积不足，光能利用率低。种植过密，一方面下层叶片受光减少，光合作用减弱；另一方面通风不良，造成冠层内 CO_2浓度过低而影响光合效率。

描述群体光合面积的最常用指标是叶面积指数(LAI)。叶面积指数的大小及增长动态与种类、栽植密度、栽培技术等关系密切。一般经济林木的叶面积指数在 3 ~6 范围内比较合适。LAI 过高，叶片互相遮阴，下层叶片光合强度下降，光合产物积累减少；LAI 过低，叶量不足，光合产物减少，产量降低。现行经济林栽培的技术措施在很大程度上是通过影响群体光合面积的大小和动态来影响经济树木光合作用过程的。

3.5.2.3　延长光合时间

通过间作套种或进行林农复合经营，就能在一年内巧妙地搭配作物，从时间上和空间上更好地利用光能。采树适当措施经济树木的生育期也能提高产量。如育苗移栽、覆膜栽培等，可使经济树木前期早生快发，较早达到较大的叶面积指数，早郁闭，少漏光，可有效地延长光合时间，充分利用日光能。在小面积的栽培试验和设施栽培中，或在加速繁殖重要植物材料时，可采用生物效应灯或日光灯作为人工光源，以延长光照时间。

防止叶片早衰，特别是功能叶的早衰，是延长叶片光合时间，提高经济林产量的重要措施之一。

3.5.2.4　减少有机物质消耗

正常的呼吸消耗是植物生命活动所必需的，生产上应注意提高呼吸效率，尽量减少浪费型呼吸。如 C_3植物的光呼吸消耗光合作用同化碳素的1/4 左右，是一种浪费型呼吸，应加以适当限制。目前降低光呼吸主要从两方面入手：一是利用光呼吸抑制剂去抑制光呼吸；二是增加 CO_2浓度，提高 CO_2/O_2比值，使 Rubisco 的羧化反应占优势，光呼吸得到抑制，光能利用率就能大大提高。此外，及时防除病虫草害，也是减少有机物消耗的重要方面。

思考题

1. 经济树木一生中可划分为哪几个生长时期？各时期的特点是什么？根据这些特点

应采取哪些相应的栽培管理技术措施?

2. 经济树木一年中可划分为哪几个生长时期?各时期的特点是什么?根据这些特点应采取哪些相应的栽培管理技术措施?

3. 简述经济树木枝芽生长特性。分析枝芽生长特性与树体结构调控的关系。

4. 何谓花芽分化?经济树木的花芽分化有何特点?

5. 影响经济树木花芽分化的因素有哪些?如何对花芽分化进行有效调控?

6. 影响经济树木授粉受精的因素有哪些?如何提高经济树木的坐果率?

7. 分析贮藏营养对经济树木生长发育的重要性,结合生产实际,论述提高经济树木贮藏营养的主要栽培技术措施。

8. 简述经济树木营养生长与生殖生长的相关性。

参考文献

《果树栽培技术讲座》编写组,1994. 果树栽培技术讲座[M]. 北京:中国农业科学技术出版社.

何方,姚小华,2013. 中国油茶栽培[M]. 北京:中国林业出版社.

河北农业大学,1980. 果树栽培学总论[M]. 北京:农业出版社.

胡芳名,谭晓风,刘惠民,2006. 中国主要经济树种栽培与利用[M]. 北京:中国林业出版社.

彭方仁,黄宝龙,1997. 板栗密植园树冠结构特征与光能分布规律的研究[J]. 南京林业大学学报,21(2):27-31

彭方仁,2007. 经济林栽培与利用[M]. 北京:中国林业出版社.

王华田,1997. 经济林培育学[M]. 北京:中国林业出版社.

吴邦良,1995. 果树开花结实生理和调控技术[M]. 上海:上海科学技术出版社.

刘孟军,汪民,2009. 中国枣种质资源[M]. 北京:中国林业出版社.

袁德义,邹锋,谭晓风,等,2011. 油茶花芽分化及雌雄配子体发育的研究[J]. 北京:中南林业科技大学学报,31(3):65-70.

李泽,2017. 油桐光合生理特性及叶绿体基因组的研究[D]. 长沙:中南林业科技大学博士学位论文.

袁军,2013. 油茶低磷适应机理研究[D]. 北京:北京林业大学博士学位论文.

第4章 经济树木与环境

【本章提要】

本章主要讲述了气候因子、土壤因子、地形地貌因子、生物因子与经济树木生长发育的关系及绿色食品生产对产地环境的要求。要求重点掌握不同地区影响经济树木生长发育的关键因子，进行经济林的合理区划，为经济林树种选择和丰产栽培提供理论依据。

环境(environment)是指生物(个体或群体)生活空间的外界自然条件的总和。包括生物存在的空间及维持其生命活动的物质和能量。经济树木环境是指经济林生存地点及空间一切因素的总和。经济树木的生长发育过程，从根本上说是在遗传基因控制下进行的，但环境也起着非常重要的作用，树木和环境是一个相互紧密联系的辩证统一体，它们存在相互依存和相互制约的关系，它们互为环境，在环境与经济树木之间，环境条件起主导作用；同时经济树木的存在又影响着环境条件的变化。

在环境因子中对经济树木起作用的称为生态因子，它包括：①气候因子，如光、温度、水分、大气(空气、雷电、风、雨和霜雪)等；②土壤因子，如成土母质、土壤种类、土壤肥力、土壤结构、土壤理化性质等；③地形因子，如地形类型(山地、平原、洼地)、海拔、坡向和坡度等；④生物因子，如动物、植物、微生物等。上述这些生态因子综合构成了生态环境(ecological environment)，并对经济树木发生直接或间接的作用。如光照、温度、水分、空气、土壤等因子对经济树木的生长发育可产生直接影响作用，其他如地形、坡向、坡位、人类社会等因子可产生间接影响作用。但各个生态因子对经济树木的影响作用并不是孤立的，而是相互联系和相互制约的。一个因子变化会引起另一个因子不同程度的变化；一个因子的生态作用往往需要有其他因子的配合才能表现出来，同样强度的因子，由于配合方式不同，其生态效应必然不同；不同生态因子的综合作用可产生相似或相同的生态效应。在生态因子中使生物的耐受性接近或达到极限，生物的生长发育、生殖活动以及分布等直接受到限制，甚至死亡的因子称为限制因子。

生态因子对经济树木的生理作用主要表现在光合作用、呼吸作用、吸收作用、传导作用以及生长发育等各个方面。这些生理功能直接关系着经济林的生产，最终影响其产量、品质和经济效益。生态因子的差异和变化将影响经济树木生理功能的进行。因此，根据不同地区社会经济条件，如何模拟自然、创造合理的环境条件，在保持生态平衡的前提下，不断提高经济林的产量、品质和效益已成为经济林栽培的重要目标。研究掌握环境对经济树木生长发育的影响，是达到上述目标，进行适地适树的重要依据。

4.1　气候因子与经济树木的关系

气候因子指形成生物环境的各气候因子的统称。它由光(光照强度、光质和光周期)、温度(绝对值、变化类型和幅度)、水分(降水量、降雨型、湿度)和大气(空气、雷电、风、雨和霜雪)等因子所组成。

4.1.1　光

光是树木赖以生存的重要因子，是其生命活动的初始能源。经济树木通过光合作用将光能转化为化学能，为其提供生命活动的能源。经济树木的整个生命周期都与光密切相关，但不同经济林树种或同一经济林树种在不同时期对光的要求程度表现不同，同时光本身也由于地理位置、海拔、季节、天气状况、地形、地势等条件不同而变化。光对经济树木生长发育的作用主要是通过光质(光谱成分)、光照强度和光照时间(光周期)等三个要素来实现的。

4.1.1.1　光质

(1)光谱成分

光是太阳辐射能以电磁波的形式投射到地球表面上的辐射线。光通过大气层后，一部分被反射，一部分被大气层吸收，只有小部分投射到地球表面。光的主要波长范围在150～4 000nm，分为可见光和不可见光。可见光波长为380～760nm，波长小于380nm的为紫外光，波长大于760nm的为红外光(表4-1)；紫外光和红外光都是不可见光。紫外线能抑制树木的生长发育，红外线一般能促进树木的生长发育，提高树体的温度。可见光是植物色素吸收利用最多的波段。生物圈接收太阳辐射波长的范围大约在290～3 000nm之间，树木能利用光谱的最大值近于490nm，叶绿素吸收波长380～720nm之间光的辐射。在高海拔地区可利用的紫外光为0～390nm。

表4-1　光谱分布

波长(nm)：	<400	400	450	500	550	600	650	700	>700
光：	紫外	紫	蓝	青	绿	黄	橙	红	红外

(2)生理有效辐射

经济树木感受光能的器官主要是叶片，在叶片中由叶绿素吸收光能制造有机物质进行正常的生理过程，并完成重要的光化学反应。在太阳辐射中，植物光合作用和色素能吸收并具有生理活性的波段称生理有效辐射或光合有效辐射[photosynthetic available radiation，PAR，μmol/(m^2·s)]，其波段范围在380～710nm之间，其中绝大部分是红光，约占其生理有效辐射光能的55%，其次是蓝光，约占8%。绿光及黄光则大多被叶子所反射或透过，很少被利用。生理有效辐射的光是由叶质体色素(叶绿素和类胡萝卜素)所吸收；其他类黄酮素和花青素以及酶也能部分吸收，它对树木光合作用、形态建成、生长发育和色素合成等所有的生理过程具有决定意义。

(3)直射光和漫射光

作用于经济树木的光有两种性质，即直射光(direct light)和漫射光(diffused light)。在一定限度内，直射光的强弱与光合作用呈正相关，但超过光饱和点，光效能反而降低。漫射光强度低，但在光谱中短波部分的漫射光比长波部分强得多，所以漫射光有较多的红光、黄光(可达50%~60%)，可被经济树木完全吸收利用，而直射光仅有37%的红黄光。光质因纬度、海拔和地形的变化而不同。通常漫射光随纬度增高，对经济树木作用愈来愈大。直射光随海拔升高而增强，垂直距离每升高100m，光强度平均增加4.5%，紫外线强度增加3%~4%。紫外线有抑制植物生长的作用，所以山地树木表现矮化特征与此有关。漫射光随海拔升高而减少，山坡地边缘的树木漫射光最少，阳坡和阴坡的漫射光不同，如在20°的阳坡受光量超过平地面积的13%，而阴坡则减少34%。

(4)光质的生理作用

光质对经济树木的生长发育至关重要，它除了作为一种能源控制光合作用，还作为一种触发信号影响经济树木的生长。光信号被树体内不同的光受体感知，即光敏素、蓝光/紫外光受体(隐花色素)、紫外光受体。不同光质触发不同光受体，进而影响树木的光合特性、生长发育、抗逆和衰老等。例如，红光有助于叶绿素的形成，促进CO_2的分解与碳水化合物的合成，影响树木的开花、茎的伸长和种子的萌发；蓝光调控叶绿素形成，有助于有机酸、蛋白质的合成与积累，增加蓝光比例可以明显促进氮代谢，使叶片总氮提高，总含碳量降低；青蓝紫光能引起植物向光的敏感性，促进花青素等色素的形成。不同光质补光处理均能促进新梢延长生长，缩短新梢节间长度。如蓝光或红蓝混合光有利于油茶苗木的高生长，而红光对地径的生长较为有利；蓝紫光有促进果实成熟的作用，在开花期和油脂转化期减少蓝紫光，则油茶开花数和种仁含油量降低。

4.1.1.2 光照强度

(1)光饱和点和光补偿点

光照强度是指单位面积上所接受可见光的光通量。用于指示光照的强弱和物体表面积被照明程度的量。它具有空间和时间的变化规律，其空间变化包括纬度、海拔、地形、坡向；时间变化包括四季变化和昼夜变化。在空间上，一般光照强度随着纬度的增加而相应减弱，其强度在赤道最大；随着海拔的升高而增强，同时阳坡所接受的光照强度要比平地和阴坡多。在时间上，一年中以夏天光照最强，冬季最弱；在一天中，中午光照最强，早晚最弱。

一定范围内，光合作用效率与光照强度成正比，达到一定强度后实现饱和，再增加光强，光合效率也不会提高，这时的光照强度称为光饱和点[light saturation point，LSP，$\mu mol/(m^2 \cdot s)$]。当光合作用合成的有机物刚好与呼吸作用的消耗相等时的光照强度称为光补偿点[light compensation point，LCP，$\mu mol/(m^2 \cdot s)$]。光饱和点和光补偿点是植物光响应的两个重要特性。经济树木的光合饱和点和光合补偿点因树种、品种、叶片的生理特点及综合生态环境而变化。阳生叶的光饱和点高于阴生叶的光饱和点。光补偿点与光饱和点都高的树种为喜光树种。

(2)光照强度和经济树木营养生长的关系

光可促进细胞的增大和分化、控制细胞的分裂和伸长，因此，光对树木生长发育和形态结构的建成有明显作用。光照强度对树木营养生长的影响可反映在地上部枝叶生长和地下根系生长两个方面。在光照强时，削弱或抑制顶芽向上生长，易形成密集短枝，增强侧芽生长，树姿呈现开张；光照不足，则枝长且直立生长势强，树姿树冠直立，紧密、无层次，表现为徒长和黄化。研究表明，一般喜光经济林树种在光照减弱时(人工遮光或阴雨天)，表现枝条加长、增粗生长明显，干物质均表现降低，即表现为徒长，导致树体抗性差的地上部枝条成熟不好而不能顺利越冬休眠。因此，要使树木正常生长，促使体积增大，重量增加，则必须有适合的光照强度。

光照强度对树木根系具有间接影响，但常常被忽视。光照不足时，对根系生长有明显的抑制作用，根系生长不良，根伸长量减少，新根发生数少，甚至停止生长。尽管根系是在土壤中无光条件下生长，但它的物质来源大部分来自地上部的同化物质。同化量降低、同化物减少时，首先给地上部使用，然后才输送到根系，所以阴雨季节对植物根系生长的影响很大，而耐阴树种已形成了较低的光补偿点以适应其环境条件。

此外，光在某种程度上能抑制病菌活动，如在光照条件较好的立地上，树木病害明显减少。但光照过强会引起日灼，尤以大陆性气候、沙地和昼夜温差剧变情况下更易发生。叶和枝经强光照射后，叶片可提高5～10℃，树皮可提高10～15℃以上。当树干温度达50℃以上或在40℃持续2h，即会发生日灼，因此日灼与光强、树势、树冠部位及枝条粗细等均有密切相关。

(3)光照强度与经济树木生殖生长的关系

光照强弱与树木花芽分化和果实形成关系密切。光照不足，不利于花芽分化，坐果率低，果实发育中途停止，造成落果。此外，光强对果实的品质影响也较为明显，如在透光通风条件下，果实着色较佳，含糖量和维生素C含量高，酸度降低，耐贮性增强。在光照强和低温条件下，花青素形成得多。如苹果的果实大小、着色面积、花青苷含量、可溶性固形物含量等品质指标在一定范围内与光照强度呈正相关；梨的果实着色面积随着生部位光照的增强而增大；柿在强光条件下，坐果率高，单果重大，产量也高。在温室栽培经济树木时，用人工光照来延长时间，常常有利于其生长、成花和结果。

由于树木所处的地理环境不同，所受的光照强度也不同。根据树木对光强适应的生态类型可分为阳性树种(喜光树种)、阴性树种(耐阴树种)和中性树种。阳性树种喜光而不能忍受荫蔽环境，在弱光下不能完成更新；阴性树种具有较高耐阴能力，但不能忍受过强光照，在林冠下能完成更新；中性树种在充足光照下生长最好，但在稍隐蔽的环境下也能生长更新。经济树木正常生长发育需要光照条件，光照过多或不足均影响树木的正常生长发育，进而造成生理失调或病态。因此，通过改进栽培技术(如通过整形修剪改变树体结构，创造合理的人工林群落等)来改善树木对光能的利用，以及利用人工照明(设施栽培常用)以满足树木对光的要求，是经济林栽培的重要目的(表4-2)。

表4-2 不同光照强度对经济树木生长和形态结构的影响

经济树木性状	光照充足	光照不足
树姿	树冠开张、稀疏、主次分明	树冠直立、紧密、无层次
树高	较低、向四周伸长	较高、向上伸长
冠幅	较宽	较窄
主枝	秃裸部分较少	秃裸部分较多
短枝	衰老枯死枝较少	易衰老、枯死
叶片	大而厚、色浓绿	小、色淡、薄
新梢	较粗壮、节间较短	较细、易老化、节间长
果实	较大、色泽好	较小、着色差
产量	较高	较低

4.1.1.3 光周期

光周期(photoperiod)是植物生长发育对昼夜日照长周期性的反应。它影响树木的成花诱导和花性分化、营养生长及生理生化特征。光周期对植物的地理分布有较大影响。根据植物对光周期的反应类型可分为长日照植物(long-day plant)、短日照植物(short-day plant)、中日照植物(day-neutral plants)和中间型植物(intermediate plant)。长日照植物是指在日照时间长于一定数值(一般12h以上)才能开花的植物，而且光照时间越长，开花越早，如核桃、文冠果、巴旦杏等；短日照植物则是日照时间短于一定数值(一般12h以上的黑暗)才能开花的植物，如油茶、油桐、乌桕等；中日照植物的开花要求昼夜长短比例接近相等(12h左右)，在任何日照条件下都能开花的植物是中间型植物，如板栗、柿子等绝大多数经济树种。研究表明，多数经济树木为中间型植物，对光周期并不敏感。

4.1.1.4 提高经济树木光能利用率的途径

经济林产量、品质的形成，主要是由叶片等光合器官吸收光能，同化CO_2和H_2O，合成有机物质作为物质基础。光能利用率一般是指单位土地面积上，树木通过光合作用产生的有机物中所含的能量，与这块土地所接受的太阳能之比。光合面积对产量影响最大。因此，采取林业技术措施，调节光合作用过程和光合产物的分配与利用，提高光能利用率，就成为增产、增质的重要途径。

(1)提高经济林单位面积截光率

树木所利用的光可分为上光、下光、前光和后光。上光是指从高空直接照射到树冠上的光，主要为直射光；前光是指照射在树冠侧方的直射光和漫射光；下光是指地面反射到树冠下部的漫射光；后光是指树后物体反射到前面树体的漫射光。提高经济林单位面积截光率可通过以下几种措施：①通过合理密植，使林分结构得到最好的发展，有较合适的光合面积，能充分利用光能和土壤肥力。②根据不同植物(阳生植物、阴生植物)对光照强度的大小要求不同，采用乔灌草相结合的复合经营模式。③合理整形修剪等可明显提高早期单位面积截光率和叶面积指数，增加光能利用率。如开心形树型是促进增产的有效技术措施。④在年周期中，前期要促进叶幕形成，后期要适当延迟落叶；⑤通风透光，地面覆盖反光膜等技术措施，也有利于提高光能利用率，从而提高产量和品质。

(2)选用高光合效率的砧穗组合和丰产品种

不同树种(品种)其光合强度、光饱和点、光补偿点、呼吸消耗等不同，如属于 C_3 植物的树种其光呼吸消耗约占光合总生产量的25% ~30%。因而，通过育种或选种，培育出高光效、低光呼吸消耗的品种，可提高光能利用率，从而大幅度提高产量。

(3)选择和改善光合作用的有利条件

首先要“适地适作”，即选择优良的小气候和土壤条件。其次满足光合作用对矿质元素的需求，合理施肥、灌水、排水，合理防治病虫害，改善通风和 CO_2 供应，抗御灾害(冻害、日灼、干旱、涝害等)，通过改善其环境和生理状态，以提高光合效率。

(4)减少无效消耗，提高经济产量

合理矮化密植和整形修剪，减少树冠无效体积和器官，协调叶果矛盾，增加对果实同化养分的供应，提高经济产量。

4.1.2 温度

温度和光一样，是树木生存和进行各种生理生化活动的必要条件之一，是决定经济林生态区划的主要气候因子。树木的整个生长发育过程以及树种的地理分布等，在很大程度上受温度的影响。只有在一定的温度条件下，树木才能正常生长。温度过高或过低对经济树木都是有害的。苹果、桃和梨的一些品种不宜在热带地区栽种，就是由于受到了高温的限制，而香蕉、菠萝、可可、椰子等经济林树种由于受到了低温的限制又不宜在寒冷地区栽种。因此，经济树木是生活在一定的温度范围内的，最低温度、最适温度和最高温度称为生物三基点温度(表4-3)。各种基点温度对树木的作用是不同的。对树木起限制作用的温度指标主要是年平均气温、生长期有效积温、极端最高气温和极端最低气温。

表4-3 几种经济树种地上及地下生长的三基点温度

树种	地上生长			树种	地下生长		
	最低气温(℃)	最适气温(℃)	最高气温(℃)		最低气温(℃)	最适气温(℃)	最高气温(℃)
苹果	5.0	13 ~25	40.0	苹果	7.0 ~7.2	18.3 ~21.0	30.0
葡萄	10.0	20 ~28	41.0	葡萄	12.0 ~13.0	22.0	26.0 ~27.0
桃	10.0	21 ~28	43.0	柿	11.0 ~12.0	22.0	26.0 ~27.0
柑橘	12.5	23 ~29	45.0	柑橘	12.0	26.0	37.0
荔枝	16.0	24 ~30	46.0	板栗	11.0 ~12.0	22.0	32.0

4.1.2.1 温度与经济树木的分布

经济树木的分布受到温度的限制，不同经济林树种只能分布在与之相适应的温度范围和相应地区。其中主要是指年平均气温、生长期有效积温和极端最低气温。如油茶栽培分布区的年平均气温15 ~22℃，极端最高气温45℃，极端最低气温 -14℃；油桐栽培分布区的年平均气温为12 ~18℃，极端最高气温40℃，极端最低气温 -10℃。板栗栽培分布区的年平均气温在5 ~7℃，极端最高气温40℃，极端最低气温 -35℃。核桃栽培分布区的年平均气温9～16℃，极端最高气温38℃，极端最低气温－25℃。

我国以日平均气温≥10℃的累积温度，最冷月平均气温和年极端最低气温等作为划分气候带的指标，从北到南分为不同的气候带。各个气候带都有适生的各类经济树木，在自然情况下有一定的分布界限。一般温带经济林树种有红松、枣、柿、板栗、核桃、文冠果、榛子等；亚热带主要经济林树种有油茶、油桐、乌桕、山苍子、樟树、竹类等；热带主要经济树木有椰子、腰果、咖啡、橡胶等。

4.1.2.2 温度与树木生长发育的关系

(1)温度与种子的休眠和发芽

一般落叶树种的种子，采集后必须经过一定时期的后熟过程才能萌发。种子在后熟过程中，需要一定的低温、水分和空气，一般3～7℃的低温最为适宜。树木种子只有在一定的温度条件下吸水膨胀，促进酶活化，加速种子内部生理生化活动，从而发芽生长。种子发芽需要的温度因树种不同而异，油桐为15～20℃，板栗为10～12℃，柿为10～14℃，君迁子在5℃时能显著促进发芽，而原产在冬季比较温暖的种类，如美国柿和琉球豆柿，则5℃太低，对其发芽有抑制作用。

(2)温度与根系生长

经济树木根系生长与土温有密切关系。温带经济林树种近地表的上层根系，在寒冷的冬季，由于地上部休眠和低温而停止生长，而在地下深层的根系，由于土温较高，少数树种的根系可终年不断地生长。最低温度也是根系开始生长的温度；最适温度生长最旺盛；最高温度也是停止生长的温度，不同树种根系生长要求的土温不同，柿、栗根系生长最低土温是11～12℃，最适土温为22℃，最高土温为32℃。而无花果最低土温为9～10℃，最适土温为22℃，最高土温为26～27℃。

(3)温度与萌芽、开花

在温带和亚热带地区，经济树木萌芽、开花的早晚，除与水分、树体贮存养分等有关外，温度起着主要作用，特别是与早春气温的高低有密切相关。落叶树木同时还受自然休眠的制约；同时，树木开花期的早晚还与开花期前一段时间内的气温有密切关系。研究表明，大部分经济树木开花期的早晚，取决于盛花期前40d左右的平均气温或最高平均气温，气温越高，开花期越早。例如，梅的多数品种60～70d，杏30～40d，李40～50d。

温度影响开花期的早迟和花期的长短。一般来说温度越高，萌芽、开花期越早，越迅速，但温度超过一定的范围时，高温会明显抑制花芽正常发育，并且对开花造成伤害，而花期低温不仅妨碍雌花正常发育受精，以致引起胚珠败育，而且妨碍授粉昆虫的活力。如油茶开花的适宜气温为14～18℃，油桐为14～16℃。设施栽培可用人工催眠技术，通过自然休眠，遇到适宜的温度就能萌芽、开花，这也是经济林设施促成栽培的依据。

温度还影响经济树木开花次数，如苹果、梨和海棠等树木，在个别年份，由于不正常的气候条件，夏秋初，天气干旱后又温暖多湿，造成大量落叶，使部分花芽提早在当年秋季开花，出现一年内二次开现象，这种现象多发生在弱树弱枝上，难于坐果，即使坐果也不能成熟，并且消耗了树体的养分使其在严寒冬季容易发生冻害，影响第二年的正常开花，因此生产上应加强管理，防止该现象发生。

(4)温度与花芽分化

花芽分化(flower bud differentiation)是一个受多因素影响的综合生物学过程。其中与温度关系密切。油茶日平均气温达18℃时开始花芽分化，最适气温为25～28℃。

根据树木花芽分化时期对温度的要求不同，一般可分为4种类型：①夏秋型：包括多数落叶树种以及常绿的枇杷、香榧等，其花芽分化喜较高的温度。②冬春型：包括亚热带常绿树种的龙眼、荔枝、黄皮等，及热带的杧果，其花芽分化喜冬春一定的低温。③一年多次分化型：包括多数热带、亚热带树种，如金柑、柠檬、四季橘等，以及枣、无花果等，其花芽分化对温度无严格的要求，在亚热带条件下，周年温度都能满足要求。④随时分化型：其花芽分化主要决定于植株的营养生长和养分积累程度，达到一定大小或叶片数，在有足够温度时，一年中随时都可分化，或周年开花结实；或1年内开花结实2～3次。如番木瓜、椰子、可可等热带树种。

(5)温度与果实生长和品质

一般认为昼夜温度在适宜的范围内，温度日较差大(≥10℃)，有利于白天增强光合作用的生产和减弱夜间呼吸作用的消耗，有利于有机物质的积累，提高产量和品质。温度过高，则果肉粗糙，品质下降。酸橙在昼温30℃，夜温23℃时生长良好；酸樱桃的品质与夜温有关，一般夜温越高，果径越小，果实色泽越差，可溶性固形物含量越低。适当的昼夜变温，夜温偏低，可提高樱桃的品质和缩短果实成熟期。秋季早冷的地方，果实着色不好，味淡。

(6)温度与树木生理活动

温度对树木的影响，首先是通过对树木各种生理活动的影响表现出来的。光合作用也有温度三基点，不到最低点和超过最高点，光合作用都难以进行。温度也影响呼吸作用，呼吸作用的温度范围远比光合作用幅度大。乔木树种超过50℃的高温时，呼吸作用迅速下降，接近枯死，在45～50℃之间，呼吸作用最强，一般呼吸作用的最适温度要比光合作用的最适温度高。温度对树木蒸腾作用的影响有两个方面：一方面是温度高低改变空气的湿度，从而影响蒸腾过程；另一方面，温度的变化又直接影响叶面温度和气孔的开闭，并使角质层蒸腾与气孔蒸腾的比例发生变化，温度越高，角质层蒸腾的比例越大，蒸腾作用也越强烈。如果蒸腾作用消耗的水分超过从根部吸收的水分，则树木幼嫩部分可能发生萎蔫以至枯黄。

4.1.2.3 经济树木的需冷量

从20世纪20年代以来，各国学者经过大量研究认为，冬季冷凉的气候对解除树种的自然休眠是必要的，也就是说树木自然休眠需要在一定的低温条件下经过一段时间才能通过，从而确定了“冷冻需要”(chilling requirement)的概念。通常把树木在自然休眠期内有效低温的累计时数，定义为该树种的需冷量。根据这一概念，落叶树种在冬季需要经过一定时期低温，如得不到满足，休眠就不能解除，翌春则会出现发芽延迟或不整齐，甚至落芽落花现象。但在树木的自然休眠过程中，温度变化情况是复杂的，生产上通常用树种经历0～7.2℃低温的累计时数计算。如把常绿树种乌饭树的枝条，放在冬季常温为15.5～21.0℃的室内，结果芽在翌春不能正常生长，甚至延续到一年以上；然而，在0.6～2.2℃的条件下，芽能正常生长。不同树种通过自然休眠所需低温及其时间的长短不同，从0h到超过2 000h不等(表4-4)。如核桃需低于7.2℃的时数为700～1 200h，柿为100～400h，杏为700～1 000h。

许多温带经济树种引种到亚热带、热带地区，由于花芽所经低温(需寒度)不够，花芽进一步分化受阻，造成花芽质量差、花芽脱落等。有的生长不良，甚至不能生存。一般认为，落叶树种进入休眠主要是对低温的一种适应表现，而打破休眠需要一定的低温量。但是，对于休眠需要一定低温的生理原因和实质是什么？尚有许多不明之处和不同表现。目前已知在低温作用下，可使芽等器官组织内的 pH 增加，脂肪分解酶、淀粉酶、蛋白酶等活性增强，从而使其分解。因此，提高细胞液浓度和渗透压，提高其越冬的抗寒力，加大根压，促进萌芽。同时在低温情况下，芽内生长促进物质(GA、CTK)增加，生长抑制物质(ABA、儿茶素、去氢黄酮酚等)减少或消失。并认为，由于生长抑制和促进物质对诱导或解除休眠有颉颃作用，因而不同树种正是由不同的促进与抑制物质的平衡关系来抑制休眠过程的。

表4-4　几种经济树种通过自然休眠所需的低温

树种	需≤7.2℃的时数(h)	树种	需≤7.2℃的时数(h)
苹果	1 200～1 500	欧洲李	800～1 200
核桃	700～1 200	中国李	700～1 000
梅	300～1 200	美洲李	700～1 700
梨	1 200～1 500	杏	700～1 000
酸樱桃	1 200	扁桃	200～500
甜樱桃	1 100～1 300	无花果	200
桃	50～1 200	柿	100～400
葡萄	100～1 500	草莓	200～300
黑莓	200～400	树莓	800～1 700
榛子	800～1 700	醋栗	800～1 500

4.1.2.4　经济树木的需热量

因各种经济树木是在不同自然环境下长期系统发育的结果，形成了各自不同的遗传特性和代谢类型，其生长发育和各种生理生化作用都要求不同的温度条件。如野生喜温树种余甘子、金樱子等对温度十分敏感，余甘子在遇霜冻时容易落花落叶，甚至嫩叶幼芽也被冻伤，金樱子正常发育要求年平均气温在15℃以上。而较抗寒的树种五味子则能耐－37.2℃的极端低温，安全越冬；山杏更可耐－50～－40℃的极端低温等。各种树木在生长期内，从萌芽到开花直至果实成熟，都要求一定的有效积温。据对落叶果树的研究：其生长期长短与开花期呈相关显著。即生长季长的往往开花早；反之，花期晚的，生长季也短。同一树种不同品种对热量要求也不同。一般1年生中营养生长开始早的品种，对夏季的热量要求较低；反之则高。同一品种的经济树木在不同地区，对热量积温要求也有差异，这与生长期长短和昼夜温差有关。生长期短，但夏季温度高时可缩短积温的日数。夜间温度低，呼吸消耗少，而白天温度高合成多，则需要积温日数也相对减少。植物生长有生物学有效的起点温度，并需达到一定温度总量才能完成其生命活动。

(1)*生物学零度*

在综合的外界条件影响下，能使树木萌芽的日平均温度称为生物学零度(biological zero)，也称生物学下限温度(development threshold temperature)，即生物学有效温度的起点。生长季是指不同地区能保证生物学有效温度的时期，其长短取决于所在地区全年内有效温度的日数。一般来说落叶树种的生长起点温度较低，常绿阔叶树则较高。对于原产在温带和亚寒带的树木，春天萌芽活动的生物学起点温度约为日平均气温3℃时开始，果树一般定为5℃。如醋栗的生长起点温度为1～2℃，李为2～4℃，苹果为3～4℃，梨为6～7℃，桃为7～8℃，核桃为9～10℃。

(2)生物学有效积温

树木在生长发育过程中，必须从环境中摄取一定的热量才能完成某一阶段的发育，而且植物各个发育阶段所需要的总热量通常是一个常数。因此，定义生长季中生物学有效温度的累积值为生物学有效积温，简称有效积温或积温(effective accumulated temperature)。树木在生长期中对温度热量的需求不同，这与树种的原产地温度条件有关，如原产寒温带的醋栗、酸樱桃、紫杉等，其开始发根、发芽要求的温度低，并适应较短的温暖期和较凉爽的夏季；原产温带的树木则稍高，而原产亚热带的树木如柑橘类、木棉等，开始发根、发芽温度要求较高，并喜炎热的夏季。亚热带的主要经济林树种如油茶、油桐、毛竹等树种要求年平均气温在14～15℃以上，中心分布地区是16～21℃，≥10℃的有效积温为4 250～6 000℃；而热带经济树木如椰子、油棕则要求年平均气温在24℃以上，≥10℃的有效积温为8 000～9 000℃。另外，分布广泛的核桃、板栗、枣、柿、漆树等年平均气温在10℃以上，≥10℃积温1 600℃以上就能完成其发育期。

4.1.2.5 极端温度对经济树木的影响

树种对温度有一定要求，这是树种在系统发育过程中对温度长期适应的结果。树木生长发育对温度的适应性，也有一定的范围。生物进行正常生命活动(生长、发育和生殖等)所需的环境温度的上限或下限，称为生物临界温度(biological critical temperature)。温度低于一定数值，生物便会受害，过高过低都会对树木产生不良影响，甚至引起树木死亡。

(1)低温对经济树木的危害

低温对经济树木的危害可从树木和温度变化的两个方面来看。从树木方面来说，不同树种其耐寒力大小是不同的，同一树种在不同的生长发育阶段，其耐寒力也不同，部分经济林树种休眠期忍受低温的能力存在较大差异(表4-5)。由于树木体内含有水分的多少，以及树木体中内含物的性质和数量，都影响树木耐寒能力。许多原产南方的树种，向北推移栽植时，年平均气温、生物学有效积温都够，但常受冬季低温的限制，而不能露地自然生长。从气温变化看，如果是逐渐降温，树木不易受害，因为在逐渐降温过程中，树木体内细胞的淀粉，逐步转化成糖，促使幼嫩部分木质化，减少了水分含量，提高了耐寒性；如果是突然降温(如霜冻)，或交错降温(气温冷热变化频繁)和持久降温等，会使树木新陈代谢失常，生理失调或机械损伤，使细胞与组织受伤，造成树木受害或死亡。

低温对树木危害主要是冻害、寒害、冻裂、冻拔和生理干旱等。其中以冻害(cold injury)和寒害(chilling injury)为主。冻害是指0℃以下的低温使生物体内(细胞内和细胞间)形成冰晶而造成的损害。植物在温度降至冰点以下时，会在细胞间隙形成冰晶，原生质因此而失水破损。寒害是指温度在0℃以上对喜温树种造成的伤害。寒害的主要原因有蛋白质合成受阻、碳水化合物减少和代谢紊乱等。

表 4-5　部分经济树种休眠期忍受低温的能力

树种	忍受低温(℃)	树种	忍受低温(℃)
石榴	-17	杏	-30
无花果	-11	枣	-35 ~ -30
草莓	-11	葡萄	-18 ~ -15
苹果	-30 ~ -25	板栗	-29 ~ -25
小苹果	-45 ~ -40	榛子	-40
樱桃	-20	柿	-20
山楂	-36	李	-40 ~ -35
秋子梨	-52 ~ -30	核桃	-31 ~ -20
白梨	-25 ~ -20	扁桃	-33 ~ -20
猕猴桃	-20	柑橘	-8 ~ -7
香蕉	4.5	荔枝	-1 ~ 0
桃	-25 ~ -22	龙眼	-1 ~ 0

(2)高温对经济树木的危害

在一定温度范围内，温度每升高10℃，其生命活动强度增加1～2倍。但当温度超过生物最适温度，继续上升，则不再增加，反而下降，也就是说会对生物产生有害影响，温度越高对生物的伤害作用越大。高温对树木危害很大，可破坏树木新陈代谢的平衡，减弱光合作用，增强呼吸作用，使植物的这两个重要过程失调，消耗的营养物质越多，光合作用积累的营养物质就越来越少，造成树木缺少营养物质而受害。高温还会引起蒸腾作用的加速，破坏树木的水分平衡，从而使根部的吸收能力供应不上，造成失水，促使植物枯萎，蛋白质凝固(50%左右)，脂类溶解，并可使树木体内代谢的有害物质积累，造成树木中毒。同时高温会使树皮灼伤和开裂，增加病虫害感染机会。在苗期，当温度增高到一定程度时，常常引起幼苗日灼。特别在炎热夏季的中午，这种危害较大。日灼症状是在幼苗根颈形成一个圈，从而灼伤了形成层和输导组织，造成苗木死亡。

经济树木忍受高温的极限程度差异很大(表4-6)，大量经济林树种当温度升高至45℃以上便会出现灼伤甚至死亡。

表 4-6　部分经济林树种生长期忍受高温的能力

树种	忍受高温(℃)	树种	忍受高温(℃)
猕猴桃	35.4 ~ 43.4	杏	43.9
柑橘	38.0 ~ 40.0	枣	43.3
草莓	30.0	葡萄	40.0
苹果	37.0 ~ 40.0	核桃	38.0 ~ 40.0

4.1.3 水分

水是生命之源，是生物生存的重要因子，它是组成生物体的重要成分，原生质含水量一般在70%~90%，使它呈溶胶状态，保证了旺盛代谢作用的正常进行。树体内含水约占50%左右。只有在水的参与下，树木体内生理活动才能正常进行；水分不足，会加速树木的衰老和死亡。

水主要来源于大气降水和地下水，在个别情况下，植物还可以利用数量极微的凝结水。水是通过不同质态、数量、持续时间这三个方面的变化对树木起作用的。水可呈多种质态：固态水(雪、雹)、液态水(降水、灌水)和气态水(大气湿度、雾)，不同质态水对树木的作用不同；数量是指降水的多少、空气相对湿度的大小。持续时间是指干旱、降水、水淹等持续的日数；水的这三方面变化对树木的生命活动影响重大，直接或间接影响树木的姿形、开花和结实。

按树种对水分的要求可区分为耐旱树种、湿生树种和中生树种。大多数经济树种对土壤水分要求并不严格，属中生树种，它们都有适应一定程度的水分变化幅度。

4.1.3.1 水分对经济树木生长发育的影响

水是树木光合作用的物质基础和必要条件，它不仅使酶具有需要的活性，同时通过生理生化反应，分解出氢，以供光合作用合成有机质的需要。树木用水来维持细胞的膨胀压，使细胞很好的生长和分裂，并通过蒸腾作用来调节体内温度。

树木主要是通过根系来吸收水分，不断供应叶片蒸腾。当水分吸收与蒸腾间的动态达到平衡时，树木生长发育良好；如破坏了这种平衡，就会影响树木的新陈代谢。所以，水分的动态平衡是树木生长发育的基础。树体水分过多会使体内活性氧水平增高，膜脂过氧化作用加强，使生物膜受到伤害，叶绿素含量下降，最终导致产量下降；土壤水分过多时，会影响根系水分的吸收。因为土壤水分过多导致氧气缺少，二氧化碳相对增加，引起嫌气细菌的活动，促使一些有毒物质积累，如硫化氢、甲烷、氧化亚铁等，使根系中毒。所以在土壤水分多的地方，树木垂直根系往往腐烂，只有水平根活着。沼泽地上林木根系不能充分发展，常遭风倒危害，如果进行排水，就能提高林木生长量。

树木通过水分供应进行光合作用和干物质积累，其积累量的大小直接反映在树高、茎粗、叶面积和产量形成的动态变化上。在水分胁迫下，随着胁迫程度的加强，树体枝条节间变短，叶面积减少，叶量增加缓慢；分生组织细胞分裂减慢或停止；细胞伸长受到抑制；生长速率大大降低。遭受水分胁迫后的树木其个体低矮，光合叶面积明显减小，生长发育受阻，生物量和产量降低。

4.1.3.2 经济树木对水分的需求和适应

(1)经济树木对水分的需求和要求

树木对水分的需求是指树木在维持正常生理活动的过程中，所吸收和消耗的水分。需水量(water requirement)是指在生长期或某一物候期所蒸腾消耗的水分总量与同一时期生产的干物质总量的比值。树木需水量常常可用蒸腾强度[transpiration rate，Tr，mmol/(m^2·s)]来表示。与农作物相比，树木吸收消耗的水分数量是很大的。一棵橡树一天大约消耗570kg水，而一株玉米只消耗2kg水。树木所吸收的水分绝大部分消耗于蒸腾作用，用于体内有机物质的合成一般仅占0.5%～1.0%。蒸腾强度因树种、生育时期和环境条件而不同。一般来说，阔叶树的蒸腾强度大于针叶树；南方树种大于北方树种；幼龄期大于老龄期；抽枝发叶和高径生长旺盛期大于休眠期；在晴朗多风的天气树木的蒸腾强度也比阴天大得多。总之，树木的蒸腾强度是多变的，因此，较难准确反映树木对水分的真实需求，也不能反映树木对水分利用的有效性。因此，评价树木水分利用的有效性常常采用水分利用效率这个指标，水分利用效率(water use efficiency，WUE)是指树木每消耗单位含水量生产干物质的量(或同化二氧化碳的量)。不同树种的水分利用效率差异很大，这取决于各种树木光合作用和蒸腾作用的水平。

在自然界不同的水分条件下，适生着不同的树种。例如，杏、枣、扁桃、阿月浑子、沙棘、核桃等经济树木较为适宜于干旱的立地条件，而椰子、越橘等经济树木能耐一定的水湿。树木对水分的要求与树木对水分的需求有一定的联系，但却是两个不同的概念。树种对水分的需求和要求有时是一致的，有时也可能不一致。如赤杨喜生于水分充足的地方，是对水分需求量高、对土壤水分条件要求比较严格的树种；松树对水分的需求量也较高，但却可生长在干旱少水的地方，对土壤湿度要求也并不严格；云杉的耗水量较低，对土壤水分的要求却严格。

(2)耐旱树种及其对干旱胁迫的适应机制

在自然界，水分亏缺使树木生长发育受到威胁，即使在湿润气候区，也常有干旱的季节和年份。大气和土壤干旱，会降低树木的各种生理过程，影响其生长、产量和观赏性状。但是，有些树种却可忍受长期的大气和土壤干旱，并能维持正常的生长发育，这些树种被称为耐旱树种。如杏、枣、扁桃、阿月浑子、沙棘、核桃等。这些树种都具有较强的耐旱性，其原生质具有忍受严重失水的适应能力，在面临大气和土壤干旱时，或保持从土中吸收水分的能力，或及时关闭气孔，减少蒸腾面积以减少水分的损耗，或体内贮存水分和提高输水能力以度过逆境。因此，耐旱树种通常都具有下列形态的和生理的适应特征：

①根系发达　耐旱树种的根系一般都很发达，有的甚至把根深深扎入土壤深层以便利用地下水。如我国西北干旱区骆驼刺的根可深达30m，南方石灰岩山地上的树木根系常沿石缝向下延伸20～30m，直至插入土中为止，另有一些耐旱树种扎根并不深，但其分生侧根很多，形成浅而伸展很宽且密集的根系。柿根系很大，成龄柿树垂直根可深达3～4m以上，水平根系分布常为冠幅的3倍左右。另外，其根毛特别多，吸收能力强，所以非常耐旱。

②高渗透压　耐旱树种根细胞的渗透压一般高达53～92kPa，有的甚至达133kPa，因而，提高了根系的吸收水分能力，同时，细胞内有亲水胶体和多种糖类，使其抗脱水的能力强。

③具有控制蒸腾作用的器官结构或机能　耐旱树种的叶一般很小，甚至退化成鳞片状、毛状(如木麻黄、柽柳等)，或部分枝退化为刺，同时叶面被有厚的角质层、蜡层或茸毛(如石榴、花椒)，叶面气孔数目少或气孔下陷等都有利于降低蒸腾作用，有的在干旱时采取落叶落枝(如梭梭)来应对干旱。但低蒸腾作用并不一定是耐旱的标志，许多耐旱树种蒸腾强度是相当高的，尤其是在水分供应充足的时候。另外，也并非所有耐旱树种都具备以上各种特征。在自然界里，每种树种都有其固有的综合的耐旱特征，即使生长在同一干

旱生境里的树种，它们适应干旱的方式也是极其多样的。

(3)湿生树种及其对水分过多的适应机制

湿生树种是指在土壤含水量过多，甚至在土壤表面积水的条件下能正常生长的树种，它们要求长期充分的水分供应，不能忍受干旱，如椰子、赤杨等。这些树种因环境中经常有充足的水分，没有任何避免蒸腾过度的保护性形态结构，相反却具有对水分过多的适应。如根系不发达，分生侧根少，根毛也少，根细胞渗透压低，约为800~1 200kPa；叶大而薄，栅栏组织不发达，角质层薄或缺，气孔多而常开放，因此，它们的枝叶摘下后很易萎蔫。此外，为适应缺氧的生境，有些湿生树种的茎组织比较疏松，有利于气体交换。

但大多数的经济林树种属中生树种，不能长期忍受过干和过湿的生境，根细胞的渗透压为100~500kPa。

4.1.3.3 经济树木年生长周期的需水特征

经济树木在年生长周期中需水量是很多的，但在各物候期的需水量不同。掌握经济树木不同物候期的需水特征是制订科学合理水分管理制度的重要依据。以落叶树木为例，年生长周期的需水特征如下：

(1)萌芽期

树体需有一定水分才能萌芽，此期水分不足，常发生萌芽推迟或不整齐，并影响新梢生长。如冬春水分不足，早春则应灌水。

(2)新梢生长期

随春季温度升高，新梢进入旺盛生长期，需水量最多，如供水不足，会削弱生长或早期停长。此期对缺水敏感，因此称该期为需水临界期。有些树木，春梢短，秋梢长，就是由于先春旱后秋雨多造成的。这种枝条往往生长不充实，越冬性差。

(3)花芽分化期

花芽分化期间，如水分缺乏，花芽分化困难，形成花芽少；如水分过多或长期阴雨，花芽分化也难以进行。对于很多经济树木，水分常是决定花芽分化迟早和难易的主要因素。

(4)开花期

此期需一定水分。大气湿度不足花朵难以完全绽开，不能充分表现出品种固有的花形和色泽，而且缩短花期，影响到观赏效果。此外，土壤水分的多少，对花朵色泽的浓淡也有一定的影响。水分不足，花色变浓，如白色和桃红色的蔷薇品种，在土壤干旱时，花朵变为乳黄色或浓桃红色。为了保持树种的固有特性，应及时进行水分的调节。

(5)果实发育期

需要一定水分，但过多引发梢果生长矛盾，引起后期落果或发生裂果和病害。

(6)秋季根系生长高峰期

需一定水分。如果秋旱，影响根系生长，进而影响吸收和有机营养物质的制造积累及转化，并削弱越冬性，还连续影响到下一年。

(7)相对休眠期

此期需水相对较少，但冬季缺水，常使枝条干枯或受冻；春旱多风地区，树体水分不足，易发生“哨条”现象，在沙地尤其明显。故在干旱少雨地区，应在封冻前灌水并充分利用冬季积雪。城市可利用所扫之雪积于树池中。

在缺水少雨地区，栽培经济林如何满足树木的需水，除按物候科学合理及时供水外，既要开源灌溉(开辟水源，排蓄结合)，又要节流保水，同时提高水利用效率，如采用滴灌、按需按时适量灌溉等。如以改良土壤、合理耕作来改善土壤结构，提高吸水保水能力，及时中耕和进行地面覆盖，减少蒸发；并做好山地水土保持，防风固沙等工作，注意雨季蓄水和冬季积雪。

4.1.4 大气因子

大气是指地球表面到高空1 110km或1 400km范围内的空气层。大气因子包括空气、风、雷电、雨和霜雪等。在干洁空气中，氮含量最多(78%)是生物体的基本成分；氧含量第二(21%)是人类和一切生物维持生命活动必需的物质；二氧化碳(0.032%)是光合作用的重要原料，对地面有保温作用；以及一些氢、氖、氦、臭氧等稀有气体。在大气组成成分中，对树木生长发育关系最为密切的是O_2与CO_2。

4.1.4.1 风对经济树木生长发育的影响

风是最重要的大气因子之一。风对经济树木生长发育的影响是多方面的，既有有利的一面，如微风有利于风媒传粉、促进CO_2等气体扩散交换、增强蒸腾作用、改善光照和光合作用、消除辐射霜冻、降低地面高温、改善林分小气候、减少病原菌等；同时也有不利的一面，如大风(风速高于6级或10m/s的风)易对树木造成机械损伤，影响授粉受精，加重旱情。经常在大风处的树木变矮、弯干、偏冠，强风使树木嫩枝、花果吹落，大枝折断、倒伏，甚至整株拔起。寒风可使常绿树木落叶，枝干部分死亡；干热风可引起严重的落花落果，使果实产生日灼；在沿海地区的海潮风会引起落叶、落果、二次开花并降低坐果率，特别是每年夏秋季(6~10月)的台风侵袭，对经济树木危害很大，造成落果、折枝、树倒等严重损失。

各种经济树木和不同的栽培方式其抗风力不同，树冠矮小、枝叶稀疏、果型小、果柄长而有韧性和深根性的树种以及低干整形与矮密栽植的经济树木一般抗风力强，受风害损失较轻。反之，抗风力差。不同的地势其风害的程度不同。一般当风的山口和迎风坡面风害较为严重。背风坡和小盆地内风害较小。因此，在经济林建园时需认真根据树种的抗风力强弱，适当选择树种、确定合理的栽植密度和地形地势栽培，同时营建防风林体系。

4.1.4.2 大气污染对经济树木生长发育的影响

随着工农业现代化的发展进程，环境污染问题日趋严重。目前受到注意的污染大气的有毒物质已达400余种，通常危害较大的有20余种，按其毒害机制可分为6个类型：①氧化性类型，如臭氧、氯气及二氧化氮等；②还原性类型，如二氧化硫、硫化氢、一氧化碳、甲醛等；③酸性类型，如氟化氢、氯化氢、硫酸烟雾等；④碱性类型，如氨等；⑤有机毒害型，如乙烯等；⑥粉尘类型，镉、铅等重金属，飞沙、尘土、烟尘等。

不同类型的污染物对经济树木影响和作用机理不同。飘尘会降低光照强度和光照时间，并且降低光的质量，飘尘散落在叶面上会阻塞气孔，妨碍光合作用及呼吸作用的进行。污染的空气能导致发生病害，使土壤酸化，农药变质，破坏作物生长并减产。大气污染使植物枯萎、落叶、减产，品质变坏。气体状污染物通常都是经叶背的气孔进入植物体，然后逐渐扩散到海绵组织、栅栏组织，破坏叶绿素，使组织脱水坏死，干扰酶的作用，阻碍各种代谢机能，抑制植物的生长。粒状污染物则会擦伤叶面、阻碍阳光，影响光合作用，影响植物的正常的生长而出现中毒现象。如二氧化硫能使叶内的叶绿素遭受破坏和组织脱水，叶片气孔扩大，导致病原微生物侵入。危害程度与污染物浓度有关，当污染物浓度很高时，会对植物产生急性危害，使植物叶表面产生伤斑，或者直接使叶枯萎脱落；当污染物浓度不高时，会对植物产生慢性危害，使植物叶片褪绿，或者表面上看不见什么危害症状，但植物的生理机能已受到了影响，造成植物产量下降，品质变坏。二氧化硫危害程度与浓度有关，当二氧化硫的浓度达0.4μL/L时，敏感植物在7h就会受害。当二氧化硫的浓度达2μL/L时，大多数植物均会受到危害。研究表明，油茶、板栗、柿树、乌桕、油棕抗二氧化硫和氟化氢的能力较强，核桃和油桐相对较弱。

植物受害程度除取决于有毒气体的浓度和接触时间外，还与环境中其他因素有关。此外，植物在不同发育阶段受害程度不同，一般是生长发育最旺盛期敏感，易受害；秋季生长缓慢不敏感，进入休眠后抗性最强。

4.2 土壤因子

土壤是地球表面具有肥力特征的疏松层，是经济林栽培的重要物质基础，树木的生长发育要从土壤中吸收水分和营养元素，以保证其正常的生理活动。土壤对树木生长发育的影响是由土壤的多种因素如母岩、土层厚度、土壤质地、土壤结构、土壤营养元素含量、土壤酸碱度以及土壤微生物等综合作用所决定。只是在一定条件下，某些因素常常起主导作用。因此，在分析土壤对树木生长的作用时，首先应该找出影响最大的主导因子，并研究树木对这些因子的适应特性。关于土壤本身更多的知识，请参考《土壤学》。

4.2.1 土壤状况

不同土壤种类其养分不同。同种土壤种类中的养分取决于土层厚度、石砾含量(容量因素)和土壤质地、腐殖质含量、有效氮磷钾与微量元素的含量及吸收复合体的总量(质量因素)等。同时土壤养分又受光、热、水、生物等的影响。此外，它还与海拔、坡向、坡度、坡位等有密切关系。因此，具有良好的容量因素和质量因素的土壤才能对经济树木生长发育提供良好的基础条件。

(1)土壤类型

我国地域辽阔，由于地带性因素和地形特点而形成的水热条件的差异以及成土母质的不同而发育成众多的土壤种类，并且呈现出水平和垂直分布规律。其中也夹杂着非地带性因素，构成土壤地域性分布的特点。根据土壤机械组成，可分为黏土、砂土和壤土。黏土通气透水性较差，当降雨或灌水时容易造成积水或板结，土壤里氧气也比较缺乏，植物的根系发育也因土壤黏实而不易向下生长。因此，黏土只适于浅根性植物生长。干季时，生长在该土壤上的植物容易受干旱的危害。砂土空气通透性好，但保水力很差。植物的根系在这类土壤中生长发育较好，且多为深根系。壤土通气透水性良好，有利于好气性微生物将有机养分分解，转化成能被植物吸收利用的无机养分，这样就能源源不断地满足植物生长发育的需要，为植物生长提供良好的生活条件。

特别需要指出的是，在我国东北、西北、华北的干旱、半干旱地区，由于降水量小，蒸发量大，溶解在水中的盐分在土壤表层积聚而容易形成盐碱地。由于盐分多，碱性大，使土壤腐殖质遭到淋失，土壤结构受到破坏，表现为湿时黏，干时硬，土表常有白色盐分积淀，通气、透水不良。

在各种不同的土壤类型上适宜于各类不同的经济树木生长。如在西部干旱、半干旱的风砂土上适宜文冠果、巴旦杏、阿月浑子等经济树木生长，油茶适宜在南方丘陵地区的酸性红壤上生长，而石灰岩山地发育成的石灰土上，适合油桐、柿树生长；椰子最适于生长在含盐的海滨冲积土上；枸杞、刺槐等在盐碱地栽种也能适应。因此，了解各种土壤类型及其适栽的经济林树种，可为我们在栽培上选择树种提供可靠的理论和技术依据。

(2)土层厚度

土层厚度对树木根系分布深浅有很大关系。通常土壤深厚，树木根系分布较深，且能吸收较多的水分和养分，抗逆性强，寿命也长。不同土壤类型影响树木根系的分布深度，在一定范围内随土层加厚而根系分布加深。沙地根深，黏土根浅。山地树木根系分布还与下层母岩性状有关，若为半分化母岩则根可扎入较深，反之则浅。石灰质沉积土，下层为白干土，旱时坚实，雨时不透水；山麓冲积平原和沿海沙地，表土下一般都分布砾石层，漏水漏肥，树木矮小或成小老树。据调查核桃根系分布的深度和广度随立地条件、土层厚度变化而变化，垂直分布在一定范围内随土层加厚而分布加深，当土层薄时水平分布较窄。

(3)土壤熟化程度

经济树木的生长发育与土壤熟化程度密切相关。新开辟的山地果园，多属风化不良而无团粒结构的母质，有机质少，土壤理化性质差，保水保肥能力及排水透气性较差，不利于根系生长，故应提前深翻整地，增施有机肥，间作绿肥，熟化改良土壤。

4.2.2 土壤理化性质

(1)土壤温度

土温直接影响树木根系的活动，同时制约各种盐类的溶解速度、土壤微生物的活性以及有机物分解和养分的转化。土温与太阳辐射、气温和土壤特性有关。受土壤导热率、热容量、导温率、土层温差等影响。具体与土壤颜色、质地、结构、湿度有关。太阳光强，气温高，土温也高。不同土壤(如砂土、黏土)温度的季节变化和日变化规律不同。树木常受极端土温的影响。春季下层土化冻晚，应覆盖地膜，少灌水，架风障，多利用辐射热和反射热来增温，使生长期提早；夏季表土温度高，尤在沙地，树木根系易被烫伤，适当密植或种植草坪等来覆盖有利于地表降温；秋冬季，土温缓慢下降，可用覆盖物使土温保持一段时间以防止土壤深层冻结，减少经济树木冻害。土壤温度对经济树木根系生长起主导作用，根系开始生长的土温因树种而异。大多数经济树木根系开始生长的土温为1~5℃，例如，桃树为7℃，柿、葡萄为11~12℃，枣则需15℃以上根系才开始生长。根系生长的最适温度多数经济树木在20~25℃。

(2)土壤空气

土壤孔隙中含有空气的多种成分，如氧、氮、二氧化碳等。氧气是土壤空气中最重要的成分。常说的土壤通气性好坏主要是指含氧量状况。树木根系和土壤微生物都要进行呼吸，不断地消耗氧气并排出二氧化碳等。土壤通气不良，减缓土壤与大气间的交换，使氧气含量下降，而二氧化碳含量增加，土壤中形成有毒物质使根系中毒，这样不利氧与二氧化碳间的平衡，直接影响根的正常生长和生理代谢过程，影响根系生长或甚至停长。据对果树根系研究，一般土壤含氧量不低于15%时能正常生长，不低于12%能发新根。当土壤中二氧化碳含量增加到37%~55%时，根系停止生长。短期含氧少影响不大，时间长会造成树木早衰和死亡。树木在不同季节对土壤含氧量的反应也不同，休眠期影响小，生长旺季影响较大。土壤氧气与根系生长的关系说明：为什么城市树木较活跃的根系总是局限在路边和人行道之间踩踏较少的土壤或附近的草地里。土壤含氧量少，影响树木对养分和水分的吸收，并间接招致寄生菌对根系的破坏。

(3)土壤水分

土壤水分是土壤的一个组成部分，是树木的主要水分来源，一切营养物质只有溶于适当的水中才能被吸收利用，因此，水分是提高土壤肥力的重要因素。水分还可调节土壤温度。土壤中的水有气态水、吸湿水、膜状水、毛细管水和重力水等存在形式，一般树木根系在田间持水量的60%~80%时活动最旺盛。当土壤含水量减少，树木表现缺水、吸水与蒸腾平衡被破坏。土壤水分若进一步减少，植株将出现永久性萎蔫，甚至引起枝叶焦枯、果实受害。当土壤水分降到一定程度时，根系停止吸收，甚至水分外渗，故施肥后应立即灌水。土壤水分过多能使土壤空气减少，并在缺氧情况下产生硫化氢、亚硝酸盐等有害物质。当土壤湿度较高并缺氧时，三价铁易氧化还原为二价铁；硫(SO_4^{2-})氧化还原为H_2S；二氧化碳氧化还原成CH_4等。如果改变了通气条件，则又可变为氧化型。因此，生产上应特别注意加强土壤水分管理。经济树木最适土壤湿度，因土壤和树种而异，柿、君迁子等为30%~40%；栗、梅等为20%~40%。一般经济林在土壤水分为15%以下或50%以上，则不能正常生长。

(4)土壤酸碱度(pH值)

树木生长要求不同的土壤酸碱度。有些树木要求酸性土壤，如油茶、茶叶、板栗等；油茶在pH值4.5~6.5的酸性和微酸性的土壤上均可正常生长发育，但是土壤呈碱性反应则不适宜。有些树木能耐碱性，如椰子、沙枣等。不同土壤的酸碱度影响树木根系的吸收，在酸性土中有利于对硝态氮的吸收，而中性、微碱性土有利于氨态氮的吸收。硝化细菌在pH值6.5时发育最好，而固氮菌在pH值7.5时最好。碱性土壤栽培的经济树木易发生缺绿症，因为钙中和了根分泌物而妨碍对铁、锰的吸收。而强酸性土壤中，因铁、铝与磷酸根结合成难溶的磷酸铁、磷酸铝，而导致土壤缺磷。根据这些特性，在经济树木栽培时需采取相应的改土措施提高土壤肥力以利增产增收。

表 4-7　主要经济树木对酸碱度的适应范围及耐盐能力

树种	油茶	核桃	板栗	柿树	枣树	银杏	香椿	无花果	花椒	杜仲	竹子
适应范围(pH)	4.5~6.5	5.5~8.0	5.0~7.5	5.0~8.5	5.0~8.5	5.0~7.5	5.0~8.0	5.0~8.0	5.0~8.0	6.0~7.5	5.0~7.5
最适范围(pH)	5.0~5.5	7.0~8.0	6.0~7.0	6.0~7.5	6.0~7.5	6.0~7.0	6.0~7.5	6.0~7.5	6.0~7.5	6.0~7.0	5.5~7.0
耐盐性(土壤含盐量%)	0.1	0.1	0.2	0.4	0.2	0.3	0.4	0.3	0.2	0.1	0.1

4.2.3　土壤肥力

土壤肥力是指土壤及时满足树木对水、肥、气、热要求的能力，它是土壤物理、化学和生物学特性的综合反映。要使土壤肥力提高，必须使土壤同时具有良好的物理性质、化学性质和生物性质。

绝大多数经济树木均喜欢生长在浓厚、肥沃而适当湿润的土壤上，即生长在肥力高的土壤上，它们为肥土树种。某些树种在一定程度上能在较瘠薄的土壤上生长，这些具有耐瘠薄能力的树种被称作瘠土树种或耐瘠薄树种，如板栗、枣、核桃等。营造经济林树种选择的基本原则就是要做到适地适树，应该充分考虑土壤肥力状况进行树种选择。

4.2.4　土壤污染

土壤污染是指由于现代工农业生产的发展和人类生活活动，使大量的工业和生活废弃物及农用化学物质等有毒、有害物进入土壤中，当其数量超过土壤本身的自净能力时，就导致土壤质量的下降，甚至破坏经济林生态平衡，使经济林产量下降、品质变差或受毒物的污染，通过食物进入人体从而影响人类健康。大气污染的沉降物(或随降水)、污染水、残留量高且残留期长的化学农药、重金属元素以及放射性物质等都会造成土壤污染。

土壤污染可分为：①水体污染型(一般集中于土壤表层)；②大气污染型(主要是重金属、放射性元素和酸性物质等)，它们主要沉降和集中于土表至20cm深度的土层以内；③农业污染型(化学合成农药与重金属、化学肥料、除草剂及人工合成激素等)，分布于土壤表层及耕作层；④生物污染型(外来物种入侵、垃圾、厩肥等)；⑤固体污染型(废物废渣及大气扩散或降水淋滤等)。

(1)土壤重金属污染

土壤中重金属有毒物质(如镉、砷、过量的铜和锌)会直接影响植物生长和发育，或在植物体内积累。有些污染物质能引起土壤pH值的变化，如SO_2随降雨形成“酸雨”导致土壤酸化，使氮不能转化为供植物吸收的硝酸盐或铵盐；使磷酸盐变成难溶性的沉淀；使铁转化为不溶性的铁盐，从而影响植物生长。碱性粉尘(如水泥粉尘)能使土壤碱化，使水和养分的吸收变得困难或引起缺绿症。

(2)土壤农药化肥污染

农药化肥是保障树木生长发育的重要技术措施，使用得当可增产增效。但施用不当，会引起土壤污染。目前它是一类危害性很大的土壤污染物，喷施于作物体上的农药(粉剂、水剂、乳液等)，除部分被植物吸收或逸入大气外，大多数散落于林地中，经济树木从土壤中吸收农药，在根、茎、叶、果实和种子中积累，通过食物、饲料危害人体和牲畜的健康。长期大量使用化肥，会破坏土壤结构，造成土壤板结，生物学性质恶化，反而影响经济的产量和质量。

土壤污染后还会引起病菌大量繁衍和传播，造成疾病蔓延。土壤被长期污染，其结构破坏，土质变坏，有益的微生物、昆虫、鸟类遭到伤害，破坏了土壤生态系统平衡，严重时甚至影响到区域生态环境的恶化。

土壤污染的显著特点是具有持续性，而且往往难以采取大规模的消除措施，如某些有机氯农药在土壤中自然分解需几十年。日本神岗矿山，在二次世界大战时开采铅锌矿，排放含镉废水，50年代采取废水治理措施后，含镉已很少，但事隔几十年，该地区骨痛病人反而增多。原因是镉被土壤吸持积累，并转移到稻米中，人长期食用后在人体内蓄积而造成的。

4.3 地形地貌因子

4.3.1 地形

地形指丘陵、盆地、坡地和山顶等。地形对太阳辐射、温度、降水等产生较复杂影响。山地的有效辐射和散射辐射，都随周围地形的遮蔽程度的增大而减小。地形对温度的影响更为错综复杂，常因不同的地形形态、季节、天气和纬度等条件而异。例如，在周围山地环绕的山谷和盆地中，因风速小，湍流交换弱，有利于白天增温和夜间冷却，夜间周围山坡上的冷空气沿坡下沉，又换来了自由大气中较暖空气，故白天增温和夜间冷却都较谷底和盆地缓和得多。大地形对降水的一般规律为：在辽阔的草原，以中部降水较少；高原越高，降水越少。在一般山地，以向风面降水多，背风面降水少。向风面的降水，开始随海拔的升高而增加，到一定高度后，达最大值，往上又随海拔升高而递减。小地形对降水的影响，在高地顶部，当风速较大时，向风面的小雨滴、雪花降落速度减慢，并有大量被吹到背风面，加速降落，使背风坡比向风坡和顶部降水增多，这恰与大地形降水相反。在山地和丘陵地发展经济林，栽植地的地形对其生长发育有直接的影响。春季开花较早的经济林树种，在林地选择时要避开谷底、低洼和通气不良的地方。冷空气自山丘顶部进入到谷地，如冷空气不能从林中排泄出去，易发生霜冻。山地的迎风坡、风口地带、易发生山洪的谷口，也不适宜栽植经济林，以防发生风害和水涝。

地形对树木生长发育起着间接作用，但影响关系很大。陆地表面复杂的地形，为树木提供了多种多样的生活环境。地形对经济树木的影响取决于它的垂直高度、坡位及坡度。在山地，温度从下向上降低，山愈高温度愈低；降水在一定范围内有增加的趋势，但超过某一限度(这一高度称为最大降水量高度)，降水量又逐渐减少，或者以另一种降水形式出现。在山地光照和风的条件也有所改变。所有这些变化都影响着植物的生长、分布和形态。山坡的朝向，如南坡和北坡因为接收到的太阳辐射的不同，因为可以观察植物生长发育和形态上的差异。

在北半球，尤其是北回归线以北地区，北坡的植物多为中生植物，较耐阴，因为北坡光照条件较差，温度也较低。在南坡多为喜光植物，并表现一定程度的旱生特征，原因是南坡光照条件较好，温度较高的缘故。高大山系(比如天山)的南北坡植被差异更加显著，在干旱气候带的山地，北坡通常覆盖着森林或者中生草甸植被，而南坡则多为旱生的干草原植被。古诗“南枝向暖北枝寒，一种春风有两般”说的就是不同坡向对植被的影响。

4.3.2 海拔高度

海拔高度对气候有很大的影响，海拔由低至高则温度渐低、相对湿度渐高、光照渐强、紫外线含量增加，这些现象以山地地区更为明显，因而会影响植物的生长与分布。在同一纬度地区，海拔高度每升高100m，则气温平均下降0.5~1.0℃，光强平均增加4%~5%，紫外线平均增加3%~4%。在山的向风坡，降水量随海拔的升高而升高，至一定高度达最大值后，又随海拔升高而降低。最大降水量的分布海拔随季节和地区而异。山地土壤随海拔的增高，温度降低、湿度增加、有机质分解渐缓、淋溶和灰化作用加强，因此pH值渐低。由于各生态因子的变化，对于植物个体而言，生长在高山上的树木与生长在低海拔的同种个体相比较，出现植株高度变矮、节间变短、叶的排列变密等变化。树木物候期随海拔升高而推迟，生长期结束早、秋叶色艳而丰富、落叶相对提早而果熟较晚。一定海拔树木果实品质好，供观果着色也好。如富士苹果随海拔升高，果形指数、果实硬度、糖酸比、色泽总量和色泽比逐渐增大。山地经济林的物候期随海拔高度升高而推迟，生长季随海拔高度升高而缩短。

不同经济树木由于对各种生态因子(光、温、水、土等)的要求不同，因此它们的垂直分布都有其各自的“生态最适带”。例如，湖南湘西土家族苗族自治州，是国内油桐主产区，但油桐栽培分布主要在500m以上的山间丘陵地带，700~800m的山地则少有栽培，即使有栽种生长也不好，1 000m以上的山地则没有油桐分布。在经济树木分布中心，海拔在一定高度范围之内，则影响不是很显著。又如，在湖南永兴，油茶分布在200m与400m处，不会因海拔高度单项因素影响产量。在分区边缘或新引种区，则海拔高度要作为重要的生态因素来考虑。山地果树的物候期随海拔高度升高而推迟，生长季随海拔高度升高而缩短。

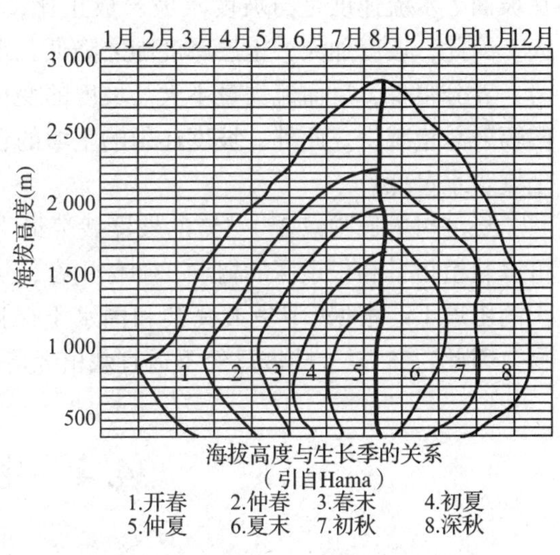

图4-2 海拔高度与生长季的关系

4.3.3 坡向方位

坡向为主坡面法线在水平面上的投影方向，可以简单地理解为：斜坡的坡面从高往低的指向。坡向可划分阳坡(坡向向南，包括135°~225°)、阴坡(坡向向北，包括315°~45°)、半阳坡(坡向东南或西南偏南，包括90°~135°和225°~270°)、半阴坡(坡向西北或东北偏北，包括45°~90°和270°~315°)。但坡向一般只说阳坡和阴坡。不同山地坡向的气候差异很大，如阳坡(南坡、背风坡)的光照强、气温和土温高且日较差大，降雨少、湿度小、土壤较干，风速小、霜冻轻，因此适宜种植喜光、喜干燥温暖的树种，如核桃、栗、杏、石榴等；而阴坡(北坡、迎风坡)则正好相反，适宜耐阴喜湿的树种。

在北方，由于降水量少，所以土壤的水分状况对植物生长影响极大，因而在阴坡可生长乔木，植被繁茂，甚至一些喜光树种亦生于阴坡或半阴坡；在阳坡由于水分状况差，所以仅能生长一些耐旱的灌木和草本植物，但是在雨量充沛的南方，阳坡的植被就非常繁茂了。此外，不同的坡向对植物冻害、旱害等亦有很大影响。南坡的树木生长季早，物候快，树势健壮，产量高，成熟早，着色好，品质好，易受干旱、晚霜的危害。不同的经济林树种对坡向的适应是不同的，如山核桃要求湿度大、光照弱、较为阴湿的环境，故在阴坡生长结果好，而在阳坡分布少，生长也不好。

4.3.4 坡度

坡度的缓急，地势的陡峭起伏，山谷的宽狭深浅及走向不但会形成小气候的变化而且对水土的流失与积聚都有影响，因此可直接或间接地影响到树木的生长和分布。坡度通常分为六级，即平坦地(<5°)、缓坡(6° ~15°)、中坡(16° ~25°)、陡坡(26° ~35°)、急坡(36° ~45°)、险坡(45°以上)。一般坡度越大，土层越薄，保水、保土、保肥能力越差。在坡面上水流速度是与坡度及坡长成正比，而流速和径流量愈大时，冲刷掉的土壤也愈大。因此，坡度加大，土层厚度随之降低，水土和养分流失量加大。但坡度过大，土层稀薄，养分很少，反而流失量不大。坡度的变化也影响太阳辐射强度，随着坡度的增大年太阳辐射总量减少。此外，坡度还影响土壤的含水量，在同一斜坡上，上坡段要比下坡段的土壤含水量低。

经济树木通常以3° ~15°的坡度栽培最为适宜，尤以3° ~5°最好。15° ~30°的山坡上可以栽植耐旱和根系深的树种，如仁用杏、板栗、核桃、香榧和杨梅等，可以栽在坡度较大的山坡上。根据《中华人民共和国水土保持法》：禁止在25°以上陡坡地开垦种植农作物。因此，25°以上陡坡已经不适宜栽植经济林。

4.4 生物因子

在植物生存的环境中，尚存在许多其他生物，如各种低等、高等动物，它们与植物间是有着各种或大或小的、直接或间接的相互影响，而在植物与植物间也存在着错综复杂的相互影响。生物因子包括动物、植物、微生物等，从广义来说也包括人类社会在内。

4.4.1 动物

为大家所熟知的例子是达尔文早在1837年和1881年发表论文中所指出的有关蚯蚓活动的影响。他指出：在当地一年中，每1hm^{2}面积上由于蚯蚓的活动所运到地表的土壤平均达15t。这就显著地改善了土壤的肥力，增加了钙质，从而影响着植物的生长。土壤中的其他脊椎动物以及地面上的昆虫等均对植物的生长有一定的影响。例如，有些象鼻虫等可使豆科植物的种子几乎全部毁坏而无法萌芽，从而影响该种植物的繁衍。许多高等动物，如鸟类、草食性的兽类等亦可对树木的生长起很大的作用。例如，很多鸟类对散布种子有利，但有些鸟类却因可以吃掉大量的嫩芽而损害树木的生长。松鼠可吃掉大量的种子；兔、野猪等每年都可吃掉大量的幼苗、嫩枝或树根。松毛虫在短期内能将成片的松针叶吃光。当然，有益动物亦为植物带来许多有利的作用，如传粉、传播种子以及起到害虫天敌的生物防治作用等。

4.4.2 植物

经济林中植物间存在极其复杂的关系，既有种内关系，又有种间关系；既有竞争，也有互助。

(1)种内关系

种内关系是指同一种群之间的相互关系。在一定时间内，当种群的个体数目和体积增加时，就会出现邻接个体之间的相互影响，称为密度效应(density effect)。同一树种因密度引起对光、水和营养等条件的竞争，个体间差异越来越大，处于劣势的个体逐渐枯死，称为自然稀疏(natural thinning)。因此在经济林种植规划中，必须采取合理适宜的种植密度。

(2)种间关系

种间关系是指不同种群之间的相互关系。这种影响可以是间接的，也可以是直接的，可能是有害的，也可能是有利的。其相互作用类型分为三大类：①中性作用。即种群之间没有相互作用。事实上，生物与生物之间是普遍联系的，没有相互作用是相对的。②互利作用。植物之间的共生现象是对双方有利的，如豆科植物的根瘤以及木麻黄、胡颓子、沙棘、杨梅等的根瘤，植物根系与真菌形成菌根等。油茶、板栗、核桃等经济林树种菌根形成后能促进氮磷养分的吸收，提高光能利用效率和抗逆性。③互害作用。如高等寄生性植物如菟丝子、槲寄生、桑寄生等会使寄主生长势逐渐衰弱。附生植物一般而言对附主影响不太大，但有些附生植物即可成为绞杀植物而使附主死亡，例如，热带雨林中的绞杀榕、鸭脚木等。另外，许多具有挥发性分泌物的植物可以影响附近植物的生长。例如，将苹果种在胡桃树附近则苹果会受到胡桃叶分泌出胡桃醌的影响而发生毒害；桧柏与梨、海棠种在一起，易患上锈病，导致落叶落果。但将皂荚、白蜡树、驳骨丹种在一起，就会产生促进生长速度的影响。又如自然界中发现的连理枝现象则可谓植物间的机械损伤与愈合现象。此外，树木中发生的根部自然嫁接愈合现象，以及植物群落的形成与演替发展等均是植物种内及植物种间的直接或间接互相影响，以及外界的综合作用所致。因此，在生产中，应根据种间关系进行树种的合理配置。

4.4.3 微生物

有益微生物能促进植物养分来源、生长分化、抗病、解毒等，有害微生物如有些病毒、细菌、真菌、线虫等会抑制植物生长分化、分泌毒物等。大多数根际微生物对植物无害，或对植物生长有促进作用。它们在根际的生命活动中，由呼吸作用放出二氧化碳或代谢产酸有助于难溶矿物质的溶解，增加植物对磷及其他矿质元素的吸收。此外，它们分泌的生长刺激素类物质(如吲哚乙酸、赤霉素等)还能促进植物生长。植物也分泌杀害或抑制微生物生长的物质，是造成不同植物的根际微生物组成和数量不同的原因之一。有些根际微生物分泌抗生素，可抑制植物病原微生物的繁殖。在植物根际也有土著性的病原微生物，它们或是引起植物病害，或是产生有毒物质，对植物生长不利。有益微生物与有害微生物总是处于此消彼长的状态中，相互之间的影响更是密切。

菌根是土壤真菌与高等植物形成的互利共生联合体，是二者在长期生命进化过程中协同进化的产物。尽管菌根在陆地生态系统中具有重要的作用，但由于菌根隐藏在地下，相对地上部分来说研究难度大，使我们对自然状态下菌根的发生发展、分布状况、其与环境之间的相互关系以及在陆地生态系统各阶层中的作用所知甚少。随着各种新技术新手段的使用，国内外对菌根研究都有了很大的进展。人们不仅越来越认识到菌根在生态系统各个层次中的重要性，而且发现菌根不但会决定植物分布，影响群落的组成，还会改变植物之间的相互关系，从而对生态系统的各种过程，如能量流动、物质循环、生物多样性的维持，生态系统受到干扰破坏后的状态恢复等都产生很大影响。首先，菌根能扩大树木根系的吸收面积和吸收范围。在森林立地条件下，一般地下都有一庞大复杂的菌丝网络系统。树木一旦同外生菌根菌形成菌根，等于它同这个网络系统相连通。其次，菌根能增强宿主树木对营养元素的吸收和利用。如桦木、松树等北方和亚高山带的树木在与菌根菌共生的情况下，能吸收利用枯枝落叶中的有机氮，但在没有菌根菌与其共生的情况下，则不具备这种能力。菌根还能提高宿主树木的抗病性和抗逆性。菌根的形成能降低某些根部病害的发病率，抑制病菌的生长发育，研究发现菌根苗对干旱的忍受能力增强。

以上所述是个别生态因子与树木的关系，但从与树木整体的生长发育的关系来看，更重要的是各个因子的综合作用。在栽培条件下，只有综合因子的各个方面都能满足经济树木的需要时，才能使其生长发育良好。

总之，作为经济树木生存条件的各因子的作用并不是孤立的，它们之间既相互联系又相互影响，却不能相互代替，但在一定条件下，可以相互补充；各种因子对经济树木的影响作用不是等同的，其中必定有起主导作用的因子，善于找出主导因子并进行调节这乃经济林栽培学的主要任务之一。

4.5 绿色食品生产对环境的要求

绿色食品是无污染的安全、优质、营养的食品，其产地必须符合绿色食品的生态环境标准，因此，绿色食品生产基地的选择显得十分重要。产地应选择空气清新、水质纯净、土壤未受污染、具有良好农业生态环境的地区，尽量避开繁华都市、工业区和交通要道，多选择在边远地区、农村等。选择绿色食品生产基地时，要注意以下几个方面。

(1)生态环境条件

建立绿色食品生产基地时，应注意选择生态环境良好的区域，要求基地周围30km范围内不得有大量排放氟、硫等有毒气体的大型化工厂，尤其是在上风向不得有污染源，不能有大型水泥厂、石灰厂、火力发电厂等大量排放烟尘和粉尘的工厂，森林覆盖率要高，远离重要交通干道，附近没有铜矿、硫矿等矿产资源。生产和生活用的燃煤锅炉需要除烟尘和除硫装置。

(2)大气环境条件

绿色食品生产基地大气质量要求稳定，大气环境条件主要考虑总悬浮颗粒物(TSP)、二氧化硫(SO_2)、氮氧化物(NO_X)、氟化物(F)、铅(Pb)等5个方面。大气环境状况要经过连续3年的抽样观察测定。测定结果要符合国家规定标准(表4-8)。

表4-8　绿色食品产地大气质量标准

项　目	日平均	1h平均
总悬浮颗粒物(TSP)(标准状态)，$mg/m^3 \leqslant$	0.3	—
二氧化硫(SO_2)，$mg/m^3 \leqslant$	0.15	0.50
氮氧化物(NO_X)，$mg/m^3 \leqslant$	0.10	0.15
氟化物(F)，$\mu g/(dm^2 \cdot d) \leqslant$	$7\mu g/m^3$	—

(3)土壤环境条件

绿色食品产地土壤元素要求位于背景值正常的区域，周围没有金属或非金属矿山；土壤肥沃、有机质含量高、土壤质地好，根系主要分布层的土壤重金属元素和农药残留量要符合表4-9的要求。

表4-9　绿色食品产地土壤环境质量标准

项　目	NY/T 391—2000《旱田标准》		
	pH<6.5	pH6.5~7.5	pH>7.5
镉，mg/kg≤	0.30	0.30	0.40
汞，mg/kg≤	0.25	0.3	0.35
铅，mg/kg≤	25	20	20
砷，mg/kg≤	50	50	50
铬，mg/kg≤	120	120	120
铜，mg/kg≤	50	60	60

(4)灌溉水条件

绿色食品生产基地要选择地表水、地下水水质清洁、无污染的地区，水域、水域上游没有对该产地构成污染威胁的污染源；灌溉水质量要有保障，不能含有污染物，特别是重金属和有毒物质(如汞、铅、铬、镉、氟等)，符合绿色食品水质(农田灌溉水、渔业用水、畜禽饮用水、加工用水)环境质量标准。具体指标见表4-10。

表 4-10 绿色食品产地土灌溉水质量标准

项　目	NY/T 391—2000	项目	NY/T 391—2000
pH 值	5.5～8.5	总铅，mg/L≤	0.1
总汞，mg/kg≤	0.001	铬(六价)，mg/L≤	0.1
总镉，mg/kg≤	0.005	氟化物，mg/L≤	2.0
总砷，mg/kg≤	0.05		

思考题

1. 在经济树木栽培的过程中如何有效地提高经济林的光能利用率?
2. 何谓温度的“三基点”? 简述极端温度对经济树木的危害机理。
3. 影响经济树木生长发育的主要土壤性质有哪些? 并说明其作用机理。
4. 简述绿色食品生产对产地环境的基本要求。

参考文献

《果树栽培技术讲座》编写组，1994. 果树栽培技术讲座[M]. 北京：中国农业科学技术出版社.

何方，胡芳名，2004. 经济林栽培学[M]. 2 版. 北京：中国林业出版社.

何方，2000. 中国经济林栽培区划[M]. 北京：中国林业出版社.

河北农业大学，1980. 果树栽培学总论[M]. 北京：农业出版社.

彭方仁，2007. 经济林栽培与利用[M]. 北京：中国林业出版社.

王华田，1997. 经济林培育学[M]. 北京：中国林业出版社.

杨建民，黄万荣，2004. 经济林栽培学[M]. 北京：中国林业出版社.

第5章 经济树木的繁殖

【本章提要】

本章主要讲述了经济树木的实生繁殖、嫁接繁殖、扦插繁殖、实生繁殖、嫁接繁殖、扦插繁殖、分株繁殖、压条繁殖、植物组织培养繁殖、苗木脱毒和人工种子的技术原理和方法。要求重点掌握实生繁殖和嫁接繁殖的原理和技术。

经济树木繁殖是扩大繁殖良种材料(种子和穗条)和将繁殖材料培育出新植株过程，是经济林良种生产的重要技术内容。恰当的繁殖方法不仅能获得高倍繁殖系数，还可有效保持母株的优良性状，确保良种品质。经济林繁殖方法通常可分为实生繁殖(有性繁殖)和营养繁殖(无性繁殖)两大类。在经济林栽培中，实生繁殖主要是用于培育砧木和杂交育种材料，除少数树种外，不宜使用实生苗造林，提倡使用无性苗造林。营养繁殖方法在经济林育苗实践中得到广泛应用，主要方法：嫁接法、扦插法、压条法、分株法、埋条法、埋根法、组织培养法。

5.1 实生繁殖

5.1.1 实生繁殖原理

实生繁殖(seed propagation)是利用种子播种培育成苗木的方法，又称种子繁殖，属有性繁殖(sexual propagation)。实生繁殖培育出的苗木，称为实生苗(seedling)。与营养繁殖育苗相比，实生繁殖的优点主要表现在：①种子体积小、重量轻，便于采集、运输和贮藏。②种子来源广，播种方法简便，便于大量繁殖。③实生苗根系发达、生长旺盛、寿命较长。④对环境条件适应能力强，并有免疫病毒的能力。实生繁殖育苗的缺点有：①种子繁殖有后代易出现分离，优良性状遗传不稳定，果实外形和品质常不一致，影响商品价值。②实生苗需经过童期(juvenile phase)后才具有开花潜能，进入结果期晚。③实生树木通常树体高大，管理不便，影响产量。

5.1.2 种子休眠

种子成熟后，在适宜的条件下仍不萌发，这种现象称为种子休眠(seed dormancy)。种子休眠通常有2种情形：一是自然休眠或生理休眠(physiological dormancy)，指种子成熟后，不加特殊处理，即使处于适宜的发芽条件，也不能发芽，或需经过一段较长的时间贮藏与胚后熟后才能发芽，如银杏、乌桕、香榧；二是强迫休眠(epistotic dormancy)，指由于种子得不到发芽所必须具备的温度、水分和氧气，致使种子不能发芽呈休眠状态。

种子休眠不易发芽的原因较复杂，主要有以下几方面：①种胚发育不全，种子虽然脱离母体，但幼胚还要从胚乳吸取营养才能发育成熟，如银杏、香榧等植物种子。②种皮或果皮结构的障碍，种子坚硬，致密或具蜡质、革质，使种皮不易透水、透气或产生机械困束作用，阻止种胚向外伸长，如乌桕、黄连木、花椒、漆树、酸枣、山楂、桃、葡萄、樱桃、油橄榄、沙枣及蔷薇等植物种子。③自身化学物质抑制，果实或种子发育过程中产生挥发油、生物碱、有机酸、酚、醛等化学物质，强烈阻止种子发芽，如柑橘、葡萄、甜茶、核果类等果实或种子。此外，一些种子成熟后，种子需要在低温潮湿的环境中通过后熟过程才能萌发，如苹果和梨等温带落叶果树的种子。

5.1.3 种子催芽

通过人为的措施，打破种子的休眠，促进种子发芽的措施称为种子催芽(sprouting)。种子催芽的方法很多，应根据种子特性和休眠原因的不同，分别采取层积催芽、浸种催芽和药剂催芽等。近年来，种子催芽处理技术又有了一些新的发展，如汽水浸种(aerated water soaks，将种子浸泡在不断充气的4～5℃水中，使水中氧气的含量接近饱和)、渗透液处理(priming，最常用的渗透液为聚乙二醇，简称PEG)、静电场处理、稀土液处理等。

5.1.3.1 层积催芽(stratification)

种子层积贮藏处理对破除种子休眠有重要作用。以河沙为基质与种子分层放置，称为种子沙藏层积处理。具体方法是：选择低温(0～10℃)、通气的室内，或选择地势高燥、排水良好、阴凉湿润的室外，挖深、宽各1m左右，长度不等的窖，底层铺10cm湿沙(泥炭、蛭石、珍珠岩等基质更佳)，然后将种子和沙按1:3体积比例混合，匀撒在沙层上，高度不超过50cm，其上再覆沙5～6cm，每隔1m放置通气笼，最后覆土成层屋脊形，窖四周开好排水沟(图5-1)。层积处理多在秋、冬两季进行，保持适宜的温、湿、气条件，层积有效温度控制在-5～17℃，基质持水量控制在50%～60%，要求通气条件良好。如核桃、山核桃层积天数为60～80d，板栗100～180d，枣60～100d，油桐90～120d，油茶140～180d，等等。对于坚硬和不透水的种子应先机械破除种皮，再进行层积处理。经过贮藏的种子，特别是对湿沙贮藏的种子虽已有破除休眠和催芽作用，但在播种前仍要进行相应的催芽处理，温度控制在18～25℃，覆盖湿麻袋、稻草等保湿，每日翻动2～3次并适时适量喷水。如果采

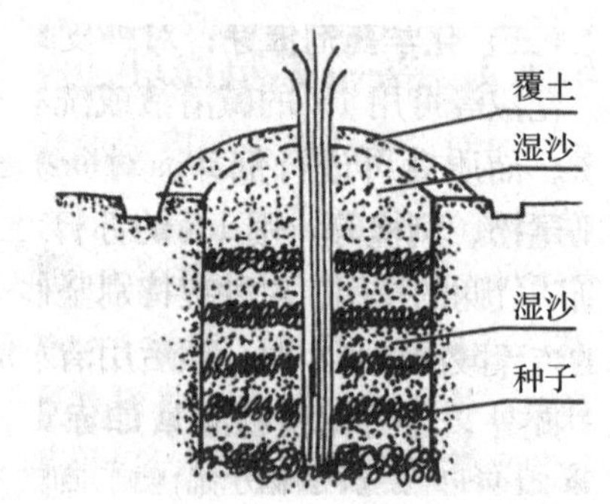

图5-1 层积催芽示意

用秋播法，播后立即进入冬季，种子可以在土壤中通过休眠阶段，因此，秋播种子不需要层积处理；如果在春季播种，播后即进入夏季，没有种子休眠所需要的低温条件。因此，必须在前一年冬季进行层积处理。

5.1.3.2 浸种催芽(soaking seeds to hasten germination)

将种子放在冷水或热水中浸泡一定时间，使其在短时间内吸收水分，软化种皮，增加透性，除去发芽抑制物，加速种子的生理活动，缩短后熟过程，促进种子萌发。水温分凉水浸种(25～30℃)、温水浸种(55℃)、热水浸种(70～75℃)和变温浸种(90～100℃，20℃以下)等。后两种适宜有厚硬壳的种子，如核桃、山桃等，可将种子在开水中浸泡数秒，再冷水浸泡1～3d，待种壳有裂口占30%～50%时，即可播种。油茶变温浸种可消除油茶种子炭疽病，方法是：先用30℃低温水浸种12h，再用60℃温水浸种2h。小粒种子一般经冷水浸种一昼夜，即可播种。含水分太低的种子宜先在室内摊晾使其吸潮增湿，再浸种催芽，以免因过干种子快速吸胀而损伤种胚。

5.1.3.3 药剂处理催芽

用化学药剂(小苏打、浓硫酸等)、植物激素(赤霉素、吲哚乙酸、吲哚丁酸、萘乙酸等)和微量元素(硼、锰、锌、铜等)等溶液浸种，以解除种子休眠，促进发芽的方法。如种壳有油脂和蜡质的乌桕、黄连木、花椒、漆树等种子，用1%的苏打水浸种12h，可使油蜡融化并软化种皮；种皮特别坚硬的皂荚、凤凰木、油棕等种子用60%以上的浓硫酸浸种0.5h，可腐蚀种皮，增强透性。处理时间要短，浸后的种子必须用清水洗干净。利用某些激素和微肥等化学药剂处理种子，可以起到促进发芽、补充营养、增强种子抗性等作用。

5.1.4 种子消毒

种子消毒(seed disinfection)可杀死种子所带病菌，并保护种子在土壤中不受病虫危害。常用方法有药粉拌种和药液浸种。

5.1.4.1 粉剂拌种

粉剂拌种(seed dressing)是将药粉与种子充分混合，使种子表面附着一层药剂，杀死在种子表面的病菌，播种后还可防止土壤中的病菌侵染。常用的药粉有多菌灵、退菌特、赛力散、谷仁乐生、敌克松等。例如，敌克松拌种一般方法是：于播种或催芽前20d处理，以种子重量0.2%～0.5%的敌克松粉剂，先与药重10～15倍细土配成药土后与种子充分搅拌，使每粒种子表面都蘸到药土，拌种后须密封24h以上，使药粉发挥杀菌作用。

5.1.4.2 药液浸种

将药剂按所需浓度配制成溶液，药液浸种(impregnating seed)后应即播或湿沙催芽。常用方法有：1%硫酸铜，浸种4～6h；10%磷酸三钠，或2%氢氧化钠，或0.15%甲醛(1份福尔马林浓度40%原液加260份水稀释而成)浸种15～30min后，捞出后密闭2h；0.5%高锰酸钾浸种2h后，捞出后密闭0.5h。药液浸种后一般应用清水洗去残药，将种子摊开阴干后，即可播种。

5.1.5 播种时期

适时播种是培育壮苗的重要环节，它关系到苗木的生长发育和对恶劣环境的抵抗能力。应根据树种特性(种子成熟期、发芽所需条件、幼苗的抗寒能力等)，苗圃的自然条件(土壤温度、湿度和生长期)来确定播种时期(seeding time)。

5.1.5.1 春播

全国范围内播种均可。开春以后，雨量逐渐增多，气温也开始回升，土壤湿温度适中，适宜种子萌发，还可避免寒冷的危害。春播从播种到幼苗出土时间较短，可减少播种地的管理工作。在北方，雨量增多，气温回升要延迟至4月底5月初，一般在春末播种。绝大多数经济林树种采用春播。

5.1.5.2 夏播

夏播最适宜于华南地区。特别是3~6月种子成熟的树种，如枇杷、海南蒲桃、木棉、肉桂等。种子经过处理后，随采随播，发芽率高，出苗整齐。苗木在圃地管理及时，苗木经半年生，当年冬季即可出圃。

5.1.5.3 秋播

秋播主要适用于我国南方，在土壤理化特性较好、温度适宜、冬季较短而不严寒的地区，宜采用秋播。因为种子能在田间安全通过后熟，开春出苗较早，苗木生长时间长，生长快而健壮，同时还可省去种子贮藏、催芽工序。一般适用于大、中粒发芽较慢的种子，如油茶、油桐、核桃、油橄榄等，宜采用秋播。无后期成熟的种子可以秋播，如梨砧木培育的杜梨种子。

5.1.5.4 冬播

在华中地区最适宜冬播，特别是大、中粒种子，以及小粒硬粒种子，宜于湿藏的种子应大力推广。冬季气温低，雨水少，播种后种子并不萌发，代替了种子贮藏。翌年早春种子萌发时先长根，幼苗出土早，整齐，生长健壮，抗性强。

5.1.6 播种方法

播种方法(method of seeding)有点播、条播和撒播，应根据种子特性、苗木生长规律和对苗木质量要求合理选用。

5.1.6.1 条播(drilling sowing)

在苗床上按一定行距将种子均匀地播在播种沟内。适用于漆树、乌桕等中小粒种子，表现幼苗密度适当、通风透风、生长健壮，便于嫁接和各种抚育管理，是经济林育苗应用较多的方法。条播的行距与播幅(播种沟的宽度)，根据苗木的生长速度、根系特点、留床培育年限长短以及管理水平而定，通常采用单行条播，行距为20~25cm，播幅2~5cm，也可用宽窄行或加宽播幅。开沟深度依种子大小和覆土厚度而定，小粒种子可不开沟，浇水渗下后直接顺行撒种。

5.1.6.2 点播(sowing cluster)

按行距开沟后再按株距将单粒种子播在播种沟内，又称穴播。适用于核桃、板栗、桃、杏、银杏、油桐、油茶、龙眼、荔枝等大粒种子。点播距离一般为5~15cm，行距20~35cm。点播苗木分布均匀，通风透光，生长势强，节约种子。点播时，应注意种子出芽的部位，一般种子出芽部位都在尖端，所以应横放，使种子的缝合线与地面垂直，尖端指向同一方向，使幼芽出土快，株行距分布均匀。若在干旱地区播种，也可使种子尖端向下，使其早扎根，以耐干旱(图5-2)。

5.1.6.3 撒播(broadcast sowing)

将种子全面均匀地撒在苗床上的播种方法。用于小粒种子，畦面浇水渗下后，将种子均匀撒于苗床后，用过筛细土覆盖。撒播省工，出苗量大，但通风透光不良，苗木长势弱，抚育管理不便。多用于培育需要移栽的幼苗。

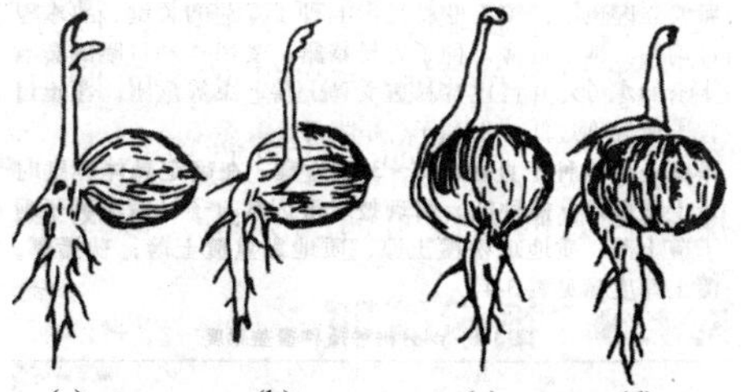

(a) (b) (c) (d)

图5-2 核桃种子放置方式对出苗的影响
(a)缝合线垂直 (b)缝合线水平 (c)种尖向上 (d)种尖向下

5.1.7 播种技术

5.1.7.1 播种深度

条播和点播时，播种沟要开得通直，以便于抚育管理，开沟深度要适当，且要一致，以便为种子发芽出土整齐创造良好条件。播种沟开好后应立即播种，以免播种沟内土壤因长时间暴晒而过度干燥。

播种深度与出苗率有密切关系，依种子大小、萌发特性和环境条件而定。干燥地区比湿润地区播种应深些，秋冬季播种要比春夏季播种深些，砂土、砂壤土要比黏土应深些。一般深度为种子横径的2～5倍，如核桃等大粒种子播种深为4～6cm，海棠和杜梨2～3cm，香椿0.5cm为宜。土壤干燥，可适当加深；砂土比黏土要适当深播，秋、冬播种要比春季播种稍深。种子萌发分为出土萌发(萌发后子叶出土)和留土萌发(萌发后子叶留土)2类，出土萌发的种子宜浅播。

5.1.7.2 播种量

单位面积内所用种子的数量称播种量(seed quantity)。苗木密度是合理确定播种量的重要因素。播种量计算公式为：

$$X = C \times \frac{N \times W}{P \times G \times 1\,000^2} \tag{5-1}$$

式中 X——单位面积播种量(kg)

N——单位面积产苗量，即苗木的合理密度，可根据育苗技术规程和生产经验确定。

W——种子千粒重(g)

P——种子净度(%)

G——种子发芽率(%)

C——播种系数，或称损耗系数。

种粒大小、苗圃环境条件、育苗技术水平、地下害虫和鸟兽危害程度不同，种子发芽成苗率不同。通常种粒愈小，损耗愈大，不同种粒大小的C值大致如下：大粒种子(千粒重在700g以下)略大于1；中小粒种子(千粒重在3～700g之间)在1.5～5之间；极小粒种子(千粒重在3g以下)在5以上，甚至10～20。

5.1.7.3 苗木密度

苗木密度(density of seedling)是指单位面积(m²)或单位长度(m)播种行上的苗木株数。在一定育苗技术和圃地条件下，苗木品质的好坏和产量的高低主要取决于苗木密度。合理的密度是要在保证苗木达到一定质量的前提下，提高单位面积合格苗的产量。苗木密度过大，苗木生长弱，顶芽不健壮，且分化严重，易罹病虫害，影响造林后的成活；但密度过小，不仅单位面积产苗量低，而且由于苗木间空隙大，杂草滋生，土壤干燥板结，既影响苗木生长，还增加了抚育管理成本。苗木密度要根据树种特性和圃地条件来确定。圃地水肥条件好的密度可适当大些，以便获得较高的产量。

5.1.8 播后管理

5.1.8.1 覆盖

种子播种后，即需覆土。覆土厚度对苗木出土有重要影响，依种子大小、土壤状况、播种时间及覆土材料而定。一般覆土厚度为种子直径的2～3倍，大粒种子较小粒种子为厚；疏松土较黏重土为厚；秋冬播较春播为厚，用草木灰覆盖较泥土为厚。秋播时应适当加厚覆土。

播种小粒或细粒种子覆土后应立即进行覆盖，大粒种子一般不必覆盖，但如果播后种子发芽缓慢，要很久才出土的仍需覆盖。覆盖具有保蓄土壤水分，防止土表板结，抑制杂草生长，避免日晒和雨水冲刷，利于种子发芽出土，预防冻害和鸟害等作用。常用覆盖材料有：塑料薄膜、稻草、秸秆等。用稻草覆盖，厚度约为3～5cm；松针或锯末覆盖，厚度约为1～2cm。当种子开始出土时，应分期分批地撤除覆盖物。塑料薄膜覆盖有地面平铺和搭小拱棚两种方式，适用于秋播和点播方式。在苗木出土期前应及时划膜或揭去薄膜。

5.1.8.2 灌水施肥

播种前一般应灌足底水。中小型种子在出土期及出苗期1个月左右的缓苗期内，易受到干旱或者日灼危害，最好采用小拱棚地膜覆盖或采用喷灌。苗木进入迅速生长期后，应及时追施速效性肥料，并配合进行叶面施肥。

5.2 嫁接繁殖

营养繁殖(vegetative propagation)是利用植物的营养体，在适宜的条件下培育成新的个体的繁殖方法，属无性繁殖(asexual reproduction)。用营养繁殖法培育的苗木，称为营养繁殖苗或无性繁殖苗(plants of asexual)。营养繁殖主要是利用植物营养细胞的再生能力、分生能力以及营养体之间的结合能力来进行繁殖的，主要优点有：①保持母本优良的遗传性状。营养繁殖不经过减数分裂和染色体重组，而是由分生组织直接分裂的体细胞形成新的个体，其亲本的全部遗传信息可得以再现。②提早开花结实。营养繁殖体的发育阶段是母体营养器官发育阶段的延续，无需经历实生苗的童期，故能提早开花结实。③解决种子繁殖困难问题。一些树种或品种多年不开花结籽或种子很少、胚发育不健全、打破种子休眠困难等。主要缺点有：①育苗技术相对复杂，种条来源受限；②营养苗的根系一般不如实生苗的根系发达，适应能力和抗逆能力下降，且寿命缩短；③某些树种长期营养繁殖，还会导致生长势减弱、品种退化、病毒或类病毒感染等现象。

嫁接繁殖(graftage; grafting)是将不同植株的部分器官(芽、枝、干、根等)接合在一起，培育新植株的一种繁殖方法。这种方法培育出的苗木称为嫁接苗(graftings)，提供根系的植物部分称为砧木(stock)，嫁接在砧木上的枝或芽称为接穗(scion)。嫁接繁殖是营养繁殖的重要方法，除了具有营养繁殖方法保持母本优良的遗传性状、提早开花结实等优点外，还具有如下独特作用：①可利用砧木的某些性状，如抗旱、抗寒、耐涝、耐盐碱和抗病虫等，增强栽培品种的适应性和抗逆性。②可利用砧木生长特性和砧穗互作效应，调节树势，改造树形，使树体矮化或乔化，以满足不同栽培目的和经营方式的需求。③可采用大树嫁接换冠，迅速更换品种，是低产林品种改良的重要方法。④采用一树多头、多种(品种)嫁接，可使一树多花、多果，提高经济树木的观赏性、经济性和授粉能力。嫁接繁殖也有一定的局限性：嫁接繁殖对砧木的选择严格，要求和接穗的亲和力强，一般限于亲缘关系相近的植物；某些植物由于生理上(如伤流)或解剖上(如茎构造)等原因，嫁接成活困难；嫁接苗寿命较短。此外，嫁接繁殖操作繁杂，技术要求较高。

5.2.1 嫁接成活原理

嫁接成活包括从细胞识别到形态发生的一系列复杂的生物学过程，一般要经过如下几个阶段：①隔离层形成。植物材料切割后切面细胞破裂，暴露于空气中，酚类物质被氧化产生有毒的醌类物质，在切面上出现褐色的坏死组织，即形成隔离层，外观表现为褐化现象。②愈伤组织发生。隔离层形成后，由于愈伤激素的作用，刺激形成层分生细胞和伤口周围薄壁细胞生长和分裂，产生愈伤组织，并导致隔离层破裂形成愈伤组织桥，使砧木和接穗直接联系。③维管组织发生与贯通。愈伤组织分生细胞或嫁接面薄壁细胞分化形成维管分生组织(管状分子)，最终贯通构成木质部桥和韧皮部桥，将接穗与砧木的导管及筛管沟通起来，实现体内物质的正常运输。④嫁接体建成。愈伤组织外部的细胞分化成新的栓皮细胞，与两者栓皮细胞相连，从而建成能够进行正常生长发育的嫁接体(graft unions)。

5.2.2 砧木选择和培育

不同类型的砧木对气候、土壤环境条件的适应能力，以及对接穗的影响都有明显差异。砧木选择的主要依据是：①与接穗有良好的亲和力；②对接穗生长发育有良好影响；③对栽培地区的环境条件适应能力强，如抗旱、抗寒、抗涝、耐盐碱等；④资源丰富，易于大量繁殖；⑤能满足特定的栽培需要，如矮化、乔化和抗病等。我国经济林主要的常用砧木见表5-1。

砧木以生长健壮的实生苗最好，也可采用扦插、分株、压条等营养繁殖苗作为砧木。砧木茎粗以1~3cm为宜；生长快而枝条粗壮的核桃等，砧木宜粗；而小灌木及生长慢的茶、桂花等，砧木可稍细。为了提早进行嫁接，可采用摘心，促进苗木的加粗生长；在进行芽接或插皮接时，为使砧木“离皮”，可采用基部培土、加强施肥灌溉等措施，促进形成层的活动，不仅便于操作又有利于成活。

砧木的年龄以1~2年生者为最佳，生长慢的树种也可用3年生以上的苗木作砧木。实生苗造林后就地嫁接的可适当延迟，如湖南邵阳它栗实生苗造林后砧龄4~5年、茎粗3cm时才进行嫁接。野生林改造或挖野生幼树做砧高接换种的，一般砧龄为10年左右。

表 5-1　我国主要经济林树种的常用砧木

树种	砧木名称	简要特性	应用地区
核桃	核桃楸	抗寒、抗旱、适应性强、嫁接亲和力好	辽宁、山东、河北、山西、北京等
	核桃	嫁接亲和力好、不耐盐碱、喜深厚土壤	河北、北京、山东、陕西、陕西、河南等
	山核桃	适应性强、喜温暖多湿	贵州、浙江等
普通油茶	普通油茶	适应性强	湖南、湖北、浙江、江西、福建、广东、广西等
	越南油茶	生长快，愈合力强	北回归线以南
油桐	千年桐	延长三年桐结果年龄，增强抗病性	湖南、四川、贵州、广西等
板栗	板栗	适应性强、耐贫瘠、亲和力强、结果早	河北、山东、河南、四川、贵州、浙江、江苏、广东、广西、湖南、湖北等
	茅栗	抗旱、耐贫瘠、适应性强、结果早	山西、陕西、甘肃、河南、江西、浙江、贵州、四川、湖南等
	锥栗	适应性强、土壤要求低	福建、浙江、湖南等
	麻栎	耐湿、耐旱、耐贫瘠	山西、贵州、湖北等
柿	君迁子	适应性强、耐贫瘠、较抗寒、结果早、亲和力强	河北、北京、山东、陕西、山西、河南、甘肃、四川、湖南等
	普通柿	种子发芽率稍低、亲和力好，为南方柿主要砧木	江苏、浙江、福建、广东、四川、湖南等
	油柿	有矮化作用、结果早、寿命短，暖地用砧木	浙江、福建、江苏等
	浙江柿	有乔化作用、结果推迟	
枣	酸枣	抗旱、抗寒、耐贫瘠、亲和力好	辽宁、河北、北京、山东、山西、陕西、河南、甘肃、四川、内蒙古
	铜钱树	抗枣疯病、生长快、结果早	长江以南地区
	枣	适应性强	河北、山西、河南、湖南、陕西、内蒙古、新疆等

5.2.3　接穗的选择和采集

接穗应采自无性系采穗圃或经过鉴定的优树，选取生长在母树树冠中上部外围，尤其是向阳面的组织充实、芽体饱满、粗细均匀、无病虫害的发育枝，不要选取内膛枝、下垂枝、病虫枝、衰弱枝及徒长枝。芽接用接穗宜用当年生枝，枝接用接穗可采用1~2年生枝。针叶常绿树接穗可带有一段2年生发育健壮的枝条，以提高嫁接成活率并促进生长。

接穗采集的时间因树种和嫁接方法而不同，落叶阔叶树枝接用的接穗，在落叶后即可采集，一般不迟于发芽前2~3周；针叶树春季枝接的接穗，宜在树木萌动前采集。春季以枝接为主，应在前一年枝条停止生长后采集，可结合冬季修剪进行，贮藏后备用。夏季、秋季以芽接、嫩枝接为主，最好就近采集，随采随接。

穗条在贮藏运输过程中，必须注意保持湿度和适宜的温度，防止失水、发霉和萌芽，确保枝芽有良好的生命力。短期贮放可置于阴凉的地窖内，穗条基部浸于有水的容器中，或立插用湿砂土培好。休眠期越冬贮藏可用室外沟藏，也可贮放在冷藏库中。如在冷库中贮藏，最好将穗条蜡封，贮放枝条可仅蜡封其基部；若贮存已截制好的接穗枝段，则要将其全面蜡封。蜡封接穗有利于保持穗枝的质量，延长贮藏期，防止接后失水，提高嫁接成活率。

5.2.4 嫁接时期

嫁接的时期与各树种的生物学特性、物候期和选用的嫁接方法有密切关系。生长季节都可进行嫁接，枝接一般在春季3~4月，芽接一般在夏秋季的6~8月。每次嫁接时间以选择雨后阴天或晴天为好，雨天不宜嫁接。春季用带木质部芽接或夏季用嫩枝枝接也可嫁接成活，还有在休眠期的冬季进行嫁接的，实际上是把接穗贮存在砧木上，不便管理，一般不常采用。

枝接以早春树液开始流动、芽尚未萌动时为好。北方落叶树在3月下旬至5月上旬，南方落叶树在2~4月，常绿树在早春发芽前及每次枝梢老熟后均可进行。北方落叶树在夏季也可用绿枝进行枝接。芽接可在春、夏、秋三季进行，以夏末秋初为好。芽接的接穗(接芽)采自当年新梢，通常要求砧木和接穗离皮(指木质部与韧皮部分离)，故应在新梢芽成熟之后，且芽体充实饱满时进行，一般落叶树在7~9月，常绿树在9~11月。过早芽未成熟，过迟不易离皮，操作不便。目前普遍采用的贴芽接法是一种带木质部的芽接法，由于不必离皮，其芽接的时间可延长至9月。

5.2.5 嫁接工具和材料

嫁接主要工具有枝剪、芽接刀、劈接刀、手锯、刀片等。枝剪主要用于剪取接穗和断砧，芽接刀主要用于削穗和削砧，劈接刀主要用于大砧开口，手锯主要用于大枝断砧。各种嫁接工具可市售或自制，要求刀口锋利、平整、耐用。国内外还试制出多种嫁接组合刀具或机具。

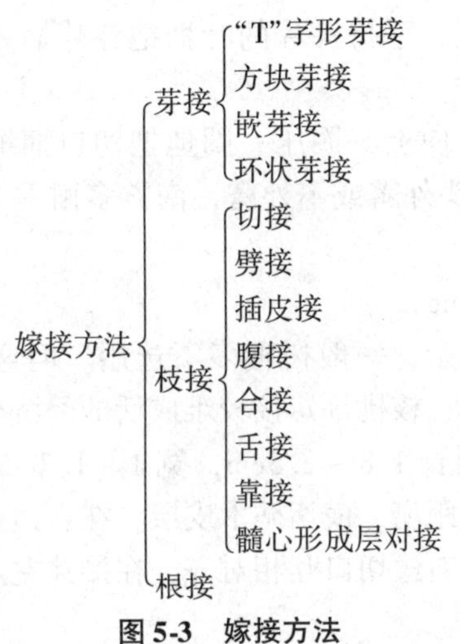

图5-3 嫁接方法

嫁接前还要准备好捆扎用缚条。一般选取弹性较强塑料条带，宽0.6～1cm，长约10cm。目前油茶芽苗砧嫁接中常用5cm×2cm铝箔(牙膏皮)做成套筒将胚茎套住，既快又好，还可用空心、韧性好的马蔺、蒲草等草茎作缚条的，既环保又节约成本。

芽接的接口通常要涂盖接蜡，以防止水分蒸发和雨水浸入。使用时，用毛笔蘸取涂抹接口，见风即干。

5.2.6 嫁接方法

嫁接方法按所取材料不同可分为芽接、枝接、根接三大类(图5-3)。每一类根据具体材料及操作程序的差异性又可分为不同的方法。

5.2.6.1 芽接类

芽接(bud grafting)是用带皮层或少量木质部的芽片做接穗的嫁接方法。优点是：省接穗，操作简单，工作效率高，成苗快，便于大量繁殖，是目前生产上应用最广的嫁接方法。

芽接一般在生长期进行，这时形成层细胞活跃，容易成活，可接的时间长，未成活的可补接。根据取芽的形状和结合的方式不同，芽接可分为有"T"字形芽接、方块形芽接、嵌芽接等方法。

根据枝条皮层特点和不同的芽片采用的嫁接方法也不一样。一般枝条细皮层薄的树种多数采用盾形芽片进行"T"字形芽接，或用管状芽片进行嵌芽接，皮层较厚的树种多数用方形芽片进行板状方块芽接。

(1)"T"字形芽接(T-budding)

又称盾状芽接(shield budding)。是最常用的芽接方法。基本操作步骤如下：

①取芽　以当年生新鲜枝条为接穗，立即除去叶片，留有叶柄，按顺序自接穗上切取盾形芽片，一般不带木质部。

②切砧　距地面5～8cm的背面选择光滑无疤部位横切一刀，长与芽片相当，深度以切断皮层为准，然后从横切口中央切一垂直切口。切口时不要太用力，以防过分切伤木质部。

③接合　接时稍撬开皮层，手持芽片的叶柄把芽片插入切口皮层内，使芽片上边与"T"字形的切口横边对齐。

④捆绑　用塑料缚条从下向上一圈压一圈地把切口捆绑好。捆绑的长度以超过接口上、下各1～1.5cm为宜。芽头外露或不外露，南方多雨季节以芽头不外露为好，以免雨水渗入接口。

(2)方块芽接(patch budding)

此法比丁字形芽接操作复杂，一般树种多不选用。但这种方法芽片与砧木的接触面大，有利成活，因此适用于柿、核桃等嫁接较难成活的经济树种。

方块芽接时，在接穗上削长1.8～2.5cm，宽1～1.2cm的方块形芽片，接芽先不取下。在砧木上按接芽上下口的距离，横切砧木皮层，在右边竖切一刀，掀开皮层，然后再把接芽取下放进砧木切口，使右边切口互相对齐，在接芽左边把砧木皮层切去一半，留下砧木皮包接芽，最后加以捆绑。

(3)嵌芽接(plate budding)

是带木质部芽接的一种方法，当不便于切取芽片时常采用此法。此法宜春季进行，可比枝接节省接穗，成活良好，适用于大面积育苗。取接穗在芽的上部往下平削一刀，在芽的下部横向斜切一刀即可取下芽片，一般芽片长2~3cm，宽度不等，依接穗粗细而定。砧木的切削上在选好的部位上由上面向下面平行切下，但不要全切掉，下部留有0.5cm左右，将芽片插入后再把这部分贴到芽片上捆好。在取芽片和切砧木时，尽量使两个切口大小相近，形成层上下左右部都能对齐，才有利成活。

(4)环状芽接(tubular budding)

以带芽的管状树皮作接穗进行的芽接，又称套接，用于皮部易于脱离的树种，于春季树液流动后进行。砧木先剪去上部，在剪口下3cm左右处环切一刀，拧去此段树皮。在同样粗细的接穗上取下等长的管状芽片，套在砧木的去皮部分，勿使皮破裂，不用捆绑即可。此法由于砧、穗接触面大，形成层易愈合，可用于嫁接较难成活的树种。

5.2.6.2 枝接类

枝接(scion grafting)是以带一个或数个芽的茎段为接穗的嫁接方法。枝接的优点是成活率高，嫁接苗生长较快，在嫁接时间上不受树木离皮与否的限制，在砧木较粗及砧、穗均不离皮条件下多用枝接；春季可及早进行，嫁接当年萌发，秋季可出圃。但操作技术不如芽接容易掌握，而且用的接穗多，对砧木要求有一定的粗度。常见的枝接方法有切接、劈接、皮下接、切腹接、靠接、舌接和插皮舌接等。

(1)切接法(cut grafting)

在砧木截断面的一边，接穗的垂直切面紧靠木质部切接口，进行嫁接的方法。切接是枝接中最常用的方法，适用于大部分树种。基本操作步骤如下：

①削砧　砧木宜选用切口直径1~2cm的幼苗，在距地面5cm左右处截断，削平切面后，在砧木一侧垂直下刀(略带木质部)，深达2~3cm。

②削穗　接穗长约10~15cm，以保留2~3个芽为原则。接穗正面削一刀长约3cm的斜切面，在长削面背面再削一长约1cm短切面，接穗上端的第一个芽应在小切面的一边。

③接合　将削好的接穗插入砧木切口中，使形成层对准，砧、穗的削面紧密结合。

④捆绑　再用塑料条等缚条捆好，必要时可在接口处涂上接蜡或泥土，以减少水分蒸发，一般接后都采用埋土办法来保持湿度。

(2)劈接法(cleft grafting)

接法与切接略同，在砧木的截断面中央，垂直劈开接口，进行嫁接的方法，又称割接法，适用于大部分落叶树种。要求选用砧木的粗度为接穗粗度的2~5倍。砧木自地面5cm左右处切断后，在其横切面上的中央垂直下切，劈开砧木，切口长达2~3cm；接穗下端则两侧切削，呈一楔形，切口长2~3cm，将接穗插于砧木中，靠一侧使形成层对准，砧木粗时可同时入多个接穗，用绑扎物捆紧。由于切口较大，要注意埋土，防止水分蒸发影响成活。

(3)插皮接(bark grafting)

插皮接是枝接中最易掌握、成活率最高、应用也较广泛的一种方法。但要在砧木离皮时才能进行，适用于直径较粗的砧木，细砧木不可用插皮接。在生产上用此法高接和低接的都有。

削接穗时，从枝条下端芽的背面下切，削成长3～5cm的削面，削面要平直并超过髓心。再将长削面背面末端削一0.5～0.8cm的小斜面。削好后留2～3芽截断。

剪砧后选平滑处，将砧木皮层垂直切一小口，长度为接穗长度的1/2～2/3。把接穗从砧木切口沿木质部与韧皮部中间插入，长削面朝木质部，并使接穗背面对准砧木切口正中，削面上部要"留白"0.3～0.4cm，以利于愈伤组织呼吸作用。

(4)腹接法(cutting side-grafting)

又称腰接，是在砧木腹部切斜口进行的枝接，多在生长季4～9月进行。砧木不去头，或仅剪去顶梢，待成活后再剪除上部枝条。在砧木适当的高度，选择平滑面，自上而下深切一刀，切口深入木质部，达砧木直径的1/3左右，切口长2～3cm，此法为普通腹接；还可将砧木横切一刀，竖切一刀，呈一"T"字形切口，把接穗插入，绑捆即可，此法为皮下腹接。

(5)合接和舌接

合接(close grafting)：将接穗下部和砧木上端分别削成45°的斜面，两斜面均须光滑，然后将两斜面特别是形成层对准缚紧的嫁接方法。适用于较细的砧穗，稍粗的也可。将接穗和砧木各削成一长度为3～5cm左右的斜削面(最好选粗度相一致的砧穗)，把二者削面对准形成层对搭起来，绑扎严密即可。注意绑扎时不要错位。

舌接的砧穗削法与合接相同。只是削好后再于各自削面距顶端1/3～1/2处纵切，深度约为削面长度的1/3，呈舌状。接时将砧穗各自的舌片插入对方的切口，并使形成层吻合(至少对准一边)，然后进行绑捆包扎保湿。

(6)靠接法(inarching)

在生长季节，将砧木和接穗植株相邻的光滑部位，各削一长度均相应的切削面，长度3～6cm，将双方形成层相互对准，用塑料条绑缚严密。待愈合成活后，剪去接口以上的砧木枝干；同时去掉接口以下接穗株的茎干，即成一株嫁接苗。这种方法较易成活，但要求砧木和接穗都带有根系，并且需在嫁接前将砧穗植株移植到一起，或将接穗植株栽于盆中，嫁接时搬到砧株旁，比较费工。主要用于亲和力较差，嫁接成活较困难的树种。

(7)芽苗砧嫁接法

芽苗砧嫁接法(bud stock grafting; hypocotyle grafting)是用芽苗(胚芽伸出但尚未展叶)作砧木，用带芽茎段作接穗的一种嫁接法。它是最新发展起来的一种嫁接技术，适用于油茶、板栗、核桃、文冠果、银杏、香榧等大粒种子(图5-4)。该法具有成苗快、质量好、成活率高、操作容易、省工等优点，即可在室内分期分批进行，也可在大田直接进行，省去了提前1～2年培育砧木苗的时间，核桃芽苗砧还可克服"伤流"对核桃嫁接

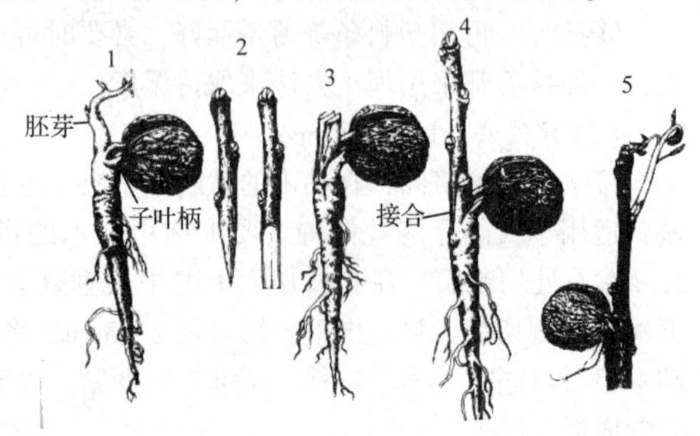

图5-4 核桃芽苗砧嫁接

1. 芽苗 2. 接穗削面 3. 芽苗砧木切口 4. 插入接穗 5. 愈合成活

的影响。

目前生产上广泛采用的油茶芽苗砧嫁接的技术要点和操作方法如下：

①起砧　胚苗长3～4cm半木质化时即可嫁接。在催芽的沙床内取得芽苗，用清水清洗砂土，盖上湿布，放在室内操作台上备用。起砧时要注意不碰掉胚苗上的种子和碰断根部。可预先用5cm×2cm铝箔套筒将胚茎套住，以便接好后捆绑。

②削穗　选用接枝上饱满的腋芽和顶芽，在叶芽两侧的下部0.5cm处下刀，削成两个斜面(呈楔形)，削面长0.8～1.0cm，再在芽尖上部0.1～0.2cm处切断，一芽一叶，叶片剪去1/3～1/2。削好的接穗置清水中备用。单人操作每削30～50个穗随即接完。

③削砧　在胚苗子叶柄上2～3cm处切断，对准中轴髓心劈开，约1.0～1.2cm深，同时切去少量主根，以促进侧根生长。

④接合　把削好的接穗插入砧木切口，有芽的一边应与苗砧的一边皮层(形成层)对齐，插入的穗条两个削面最好能外露1mm左右，以利于愈合。

⑤捆绑　将预先套好的铝箔套筒轻轻上提到与断口齐平，捏紧圈套，使胚茎夹紧接穗削面。接后即湿布盖好，淋水保湿。

⑥栽植　接后直接栽于搭有荫棚的苗床，芽苗栽植前苗床要浇透水，用竹签先打好栽植孔，密度(8～10)cm×(12～15)cm，亩栽4万～6万株。将接好的芽苗植入栽植孔，以子叶入土、接口在土面上为宜，将土压紧。栽植后再浇一次水，及时覆盖无色透明薄膜罩，以土压边。

5.2.6.3　根接法(root grafting)

以根系作砧木，在其上嫁接接穗。用作砧木的根可以是完整的根系，也可以是一个根段。如果是露地嫁接，可选生长粗壮的根在平滑处剪断，用劈接、插皮接等方法(图5-5)；也可将粗度0.5cm以上的根系截成8～10cm长的根段，移入室内，在冬闲时用劈接、切接、插皮接和腹接等方法嫁接。若砧根比接穗粗，可把接穗削好插入砧根内；若砧根比接穗细，可把砧根插入接穗。接好绑缚后，用湿沙分层沟藏；早春植于苗圃。

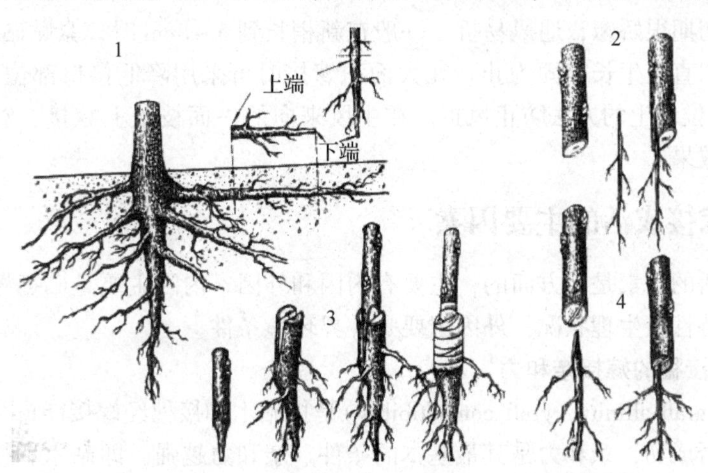

图5-5　根接法

1. 根的上下端　2. 倒插皮接　3. 劈接　4. 倒劈接

5.2.7 接后管理

5.2.7.1 检查成活、解绑及补接

一般芽接接后7~15d、枝接接后20~30d，即可检查成活情况。芽接接芽新鲜，叶柄一触即落者为已成活；枝接接活后接穗上的芽新鲜、饱满，甚至萌动，接口处产生愈伤组织；未成活则接穗干枯或变黑腐烂。

成活的要及时解除或放松绑缚物。对接后进行埋土的，扒开检查后仍需以松土略加覆盖，防止因突然暴晒或吹干而死亡。待接穗萌发生长，自行长出土面时，结合中耕除草，平掉覆土。

芽接未成活的要在其上或下补接，枝接未成活的可待砧木萌生新枝后，于夏秋采用芽接法进行补接。

5.2.7.2 剪砧

一般树种大多可采用一次剪砧；对于成活困难的树种，可采用二次剪砧，即第一次剪砧后1~2年间，留一部分砧木枝条，用来辅养接穗。春季芽接的随即剪砧；夏季芽接的一般10d后解绑剪砧；夏末和秋季芽接的在翌春发芽前及时剪去接芽以上砧木。剪砧时，修枝剪的刀刃应迎向接芽的一面，在芽片上0.3~0.4mm处剪下。剪口向芽背面稍微倾斜，有利于剪口愈合和接芽萌发生长，但剪口不可过低，以防伤害接芽(图5-6)。

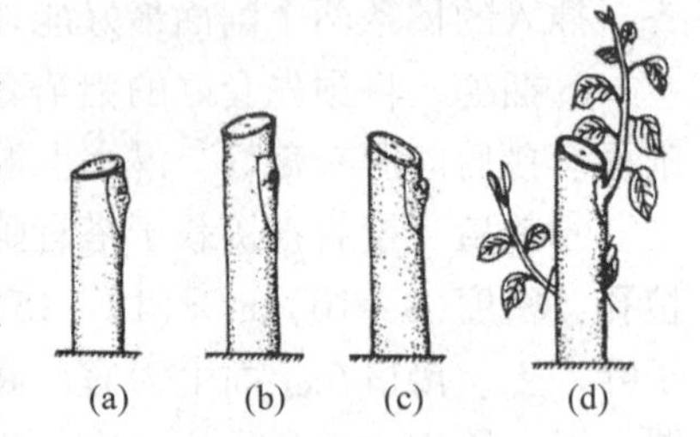

图5-6 剪砧、除萌与抹芽

(a)剪砧正确 (b)剪口过高
(c)剪口倾斜方向不对 (d)除萌、抹芽

5.2.7.3 除萌

剪砧后砧木基部会发生许多萌蘖，与接穗同时生长，这对接穗的生长很不利，须及时除去，以免消耗水分和养分。

5.2.7.4 设立支架

接穗在生长初期很娇嫩，遇风易折。一般在新梢长到5~8cm时，紧贴砧木立一支杆，将其绑于支杆上，直至生长牢固为止。在大面积嫁接时可采用降低接口部位(距地面5cm左右)，在接口部位培土的方法防止风折。在主风来向的一面枝条上嫁接，对于防止接穗被风吹折有一定效果。

5.2.8 影响嫁接成活的主要因素

影响嫁接成活的因素是多方面的，主要有内因和外因。内因主要是砧穗嫁接亲和力的大小和两者生长特性及生理状况；外因主要是外界环境条件。

5.2.8.1 砧木与接穗的嫁接亲和力

嫁接亲和力(graft affinity，graft compatibility)是指砧木和接穗经嫁接能愈合并正常生长的能力。嫁接能否成功，亲和力是其最基本的条件。亲和力越强，即砧木和接穗内部组织结构、遗传和生理特性上排斥反应越弱，嫁接愈合性越好，成活率越高，生长发育越好。

亲和力是物种与环境条件相适应所形成的遗传特性。一般说来，影响嫁接亲和力大小的主要因素是接穗与砧木之间的亲缘关系，亲缘关系越近，亲和力越强，嫁接越容易成

活。如同品种或同物种内相互嫁接称“本砧嫁接”，嫁接亲和力强，同属异种的稍差，同科异属的更差。但嫁接亲和力的大小，不一定完全取决于亲缘关系。例如，梨和苹果亲缘关系虽近，但“苹果+梨”嫁接难于成活，而异属的“枫杨+核桃”“杜梨+贴梗海棠”嫁接反而成活良好，温州蜜柑与同是柑橘属的酸橘嫁接反不如现异属的枸橘嫁接亲和。

砧、穗不亲和或亲和力低的现象表现形式主要有：①愈合不良。嫁接后不能愈合，不成活；或愈合能力差，成活率低。有的虽然愈合，但是芽不萌发，或萌发后极易断裂。②生长结果不正常。嫁接后虽然可以正常生长，但枝叶黄化，叶小而簇生，生长衰弱，以致枯死；有的早期形成大量的花芽，或果实畸形，肉质变劣。③砧、穗接口上下生长不协调。造成“大脚”“小脚”或“环缢”现象(图5-7)；④后期不亲和。有些嫁接组合接口愈合良好，能正常生长结果，但经过若干年后很易衰老死亡。如桃嫁接到毛樱桃砧上，进入结果期后不久，即出现叶片黄化、焦梢、枝干甚至整株衰老枯死现象。后期不亲和主要是砧木和接穗新陈代谢不协调造成的，前期根系供给接穗大量水分和营养，造成徒长，由于消耗了过量的营养而引起根系的亏损，使植物体代谢失调而死亡。

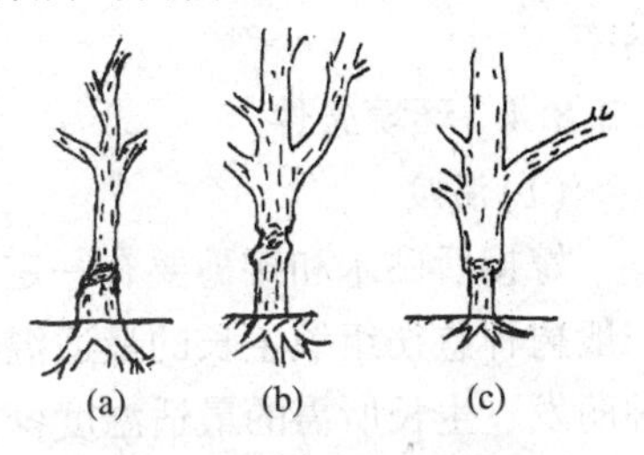

图5-7　嫁接亲和不良表现
(a)大脚　(b)环缢　(c)小脚

5.2.8.2　砧木和接穗的形态解剖特性

大量实践证明，砧木和接穗形成层的有效接合是决定经济林嫁接成活的关键：接触面愈大，接合愈紧密，输导组织沟通愈容易，嫁接成活率也愈高。因此，嫁接时要掌握“切削面平滑，形成层对齐，绑扎要牢固”的技术要领。

进一步的研究证明，决定嫁接成活的关键在于形成层及嫁接面附近的薄壁细胞状况：薄壁细胞越多，处于分化临界期之前的细胞就越多，越容易形成愈伤组织及新的分化细胞，嫁接成活率就越高。通常容易嫁接成活的植物，形成层薄壁细胞有7~8层，甚至更多，而油茶形成层薄壁细胞只有2~4层，常规嫁接方法成活率较低。

一些植物的因茎构造上障碍，形成层难以紧密结合，如板栗枝条木质部呈齿轮形结构，一般芽接法不易成活，可用带木质部芽接。

5.2.8.3　砧木和接穗的生理特性

砧木生长健壮，体内贮藏物质丰富，形成层细胞分裂活跃，嫁接成活率就高。

砧木和接穗在物候期上的差别与嫁接成活也有关。凡砧木较接穗萌动早，能及时供应接穗水分和养分的，嫁接成活率较高；相反，如果接穗比砧木萌动早，易导致失水枯萎，嫁接不易成活。

砧木和接穗体内树脂、树胶、单宁或其他有毒物质含量水平与嫁接成活关系密切。许多木本植物由于体内单宁等酚类物质含量高，如板栗、柿子、核桃、山核桃、山杏等，切削面容易褐化，隔离层不易消失或破裂，因而阻碍嫁接愈合。不同植物材料的酚类水平和多酚氧化酶活性有差异，褐化程度也不一样。另外还与切削面空气接触状况有关：接触面越大、接触时间越长，褐化则越严重。这也是嫁接实践中要求动作快、切口光滑平整、接穗浸水存放的道理。

有些根压大的经济林木，如核桃、葡萄等，春季根系开始活动后，地上部有伤口的地方会出现“伤流”(bleeding)。春季嫁接时，集中在接口处的“伤流”会窒息细胞呼吸，影响愈合组织的形成而降低成活率。为此可在夏季采用芽接或绿枝接，避免“伤流”。若必须在春季嫁接，应提前10d剪砧或在接口下部砧木近地处刻伤，亦可减少“伤流”，提高成活率。

5.2.8.4 环境条件

(1)温度

嫁接后砧木和接穗要有一定的温度才能愈合。不同树种的愈合对温度要求也不一样。一般树种愈伤组织生长的最适温度在25℃左右，不同树种愈伤组织生长的最适温度与该树种萌发、生长所需的最适温度密切相关。物候期早的如桃、杏愈伤组织生长的最适温度较低为20℃左右；物候期中的如核桃、苹果、梨树愈伤组织生长的最适温度较高为20～25℃左右；物候期晚的如枣则其最适温度更高达30℃左右。所以，在自然条件下，春季嫁接各树种进行的次序主要依据树种物候期的早晚来确定，夏、秋季嫁接一般能满足愈伤组织生长的温度要求，先后次序不很严格，主要是依砧木、接穗停止生长时间的早晚或是依产生抑制物质(单宁、树胶等)多少来确定嫁接的先后。

(2)湿度

湿度对嫁接愈合起着至关重要的作用。因为不管是具有分生能力的薄壁细胞还是愈伤组织的薄壁细胞，以及愈伤组织的增殖都需要一定的湿度条件。另外，接穗也只有在较高的湿度条件下才能保持生活力。所以不能保持适宜的湿度往往是嫁接失败的主要原因之一。因此，在接后需要采取一定的技术措施来保持接口的湿度，如采用培土方法或套塑料袋、涂接蜡等。近年来广泛使用蜡封接穗保持接穗湿度取得了较好的效果。

(3)通气状况

在接合部内产生愈伤组织时需要氧气，因为细胞迅速分裂和生长往往伴随着较高的呼吸作用。空气中的氧气在12%以下或20%以上都妨碍呼吸作用的进行。在生产实践中往往湿度的保持和空气的供应成为对立的矛盾，因此，在接后保湿时，注意土壤含水量不宜过高，或以土壤含水量的高低来调节培土的多少保证愈伤组织生长所要求的空气和湿度条件。

(4)光照条件

光照对愈伤组织的生长有较明显的抑制作用。在黑暗的条件下，接口上长出的愈伤组织多，呈乳白色，很嫩，砧、穗容易愈合；而在光照条件下，愈伤组织少而硬，呈浅绿色，砧、穗不易愈合。这说明光线对愈伤组织是有抑制作用的。因此，在生产实践中，嫁接后应创造黑暗条件，采用培土或用不透明的材料包捆，以利于愈伤组织的生长，促进成活。

5.2.9 砧穗相互作用(砧穗效应)

5.2.9.1 砧木对接穗的作用

接穗和砧木接活以后，由于营养物质的彼此交换和同化，相互间必然发生各种各样的影响。砧木对接穗的影响，主要表现在生长、结果和抗逆性等方面。

在进行嫁接繁殖时，所选用的砧木大多数是野生、半野生或是当地生长良好的乡土树种，都具有较强而广泛的适应能力，如抗旱、抗寒、抗涝、抗盐碱、抗病虫害等。因此，一般砧木能增加嫁接苗的抗性和适应性。如君迁子耐寒性强，用它做砧木，可增强柿树的耐寒性；油柿耐湿性强，嫁接的柿子适应南方栽培；枫杨耐水湿性好，嫁接核桃可适应在南方多湿瘠薄的土壤栽培。所以根据不同的立地条件，采用适宜的砧木，才能达到栽培目的。

有些砧木能使嫁接苗生长旺盛、高大，称为"乔化砧"(vigorous stock)。例如，山桃、山杏是梅花、碧桃的乔化砧。相反，有些砧木能使嫁接苗生长势变弱，树冠矮小，称为"矮化砧"(dwarf stock)。例如，寿星桃是桃和碧桃的矮化砧，可做梨等的矮化砧。这种乔化和矮化的作用主要与嫁接亲和力及植物的适应性有关，也常因环境的改变而起的作用不同。一般乔化砧苗木寿命长，矮化砧苗木则寿命短。

砧木对接穗作用还表现在对果实的成熟期、色泽、品质和耐藏等方面的影响。例如，甜橙接在酸柚上，果皮变厚，风味淡；但嫁接在酸橙上或枳壳上则相反。

砧木对接穗虽然能发生多方面的影响，但多属于生理的作用，一般不会造成遗传的变异。所以仍然保持栽培品种固有的特性。

5.2.9.2 接穗对砧木的作用

嫁接后，砧木根系的生长是靠接穗所制造的养分，因此接穗对砧木也会有一定的影响。例如，杜梨嫁接成梨后，其根系分布较浅，且易发生根蘖。

5.3 扦插繁殖

扦插繁殖(cutting)是指利用植物体营养器官的一部分(枝、叶、根等)作插穗(cutting wood)，插入土壤或育苗基质中，在适宜的条件下，使其形成独立的新个体的方法。与嫁接苗相对而言，用扦插、分株、压条等营养繁殖法所繁殖的苗木，直接由繁殖体上发生不定根而形成根系，均为自根营养苗(self - rooted nursery stork)。因此，扦插、分株、压条等繁殖方法有时统称为自根营养繁殖。扦插繁殖具有取材容易、育苗周期短、繁殖系数大、成苗迅速等优点，在大部分经济林树种中有广泛应用。但扦插育苗也有其局限和不足之处：①一些经济林树种扦插生根困难或生长慢；②与实生苗或嫁接苗造林相比，成年树根系不发达，分布浅，影响地上部分生长；③一些树种位置效应明显，容易出现苗期偏根、成年树偏冠现象。

5.3.1 扦插生根成活的原理

植物的茎、叶等器官均具有不定芽(adventitious bud)形成及萌发的潜在能力，扦插生根本质上是诱导不定芽萌发形成不定根的过程，是细胞全能性(totipotency)表达的结果。由于受到整株及其环境的控制与束缚，完整植株中不同部位的生活细胞只表现出一定的形态和生理功能，不定芽通常不能萌发。当植物的器官组织与完整植株分离之后，就不再受完整植株的控制，在一定的刺激信号(伤害刺激等)和适宜的培养条件下，可以诱导不定芽萌发形成不定根。

5.3.1.1 不定根形成方式

不定根形成的方式通常有3种：一是皮部生根型；二是愈伤组织生根型；三是混合生根型。

①皮部生根型　正常情况下，在木本植物枝条的形成层部位，能够形成许多特殊的薄壁细胞群，称为根原始体或称根原基，这些根原始体就是产生大量不定根的物质基础(如图5-8)。利用已形成根原始体的插穗扦插，在适宜的温度和湿度条件下，能在短时间内从皮孔中长出不定根，扦插成活较容易。如图5-9(a)所示。

②愈伤组织生根型　任何植物局部受伤后，均有恢复生机、保护伤口、形成愈伤组织的能力(切割反应)。在适宜的温度、湿度条件下，这些愈伤组织和附近的细胞，能够不断分化，形成根的生长点(根原基)，就能产生大量的不定根。这种生根类型需要的时间长，扦插成活较困难。如图5-9(b)所示。

③混合生根类型　愈伤组织生根与皮部生根的数量相差较小，如葡萄、夹竹桃、石楠等。

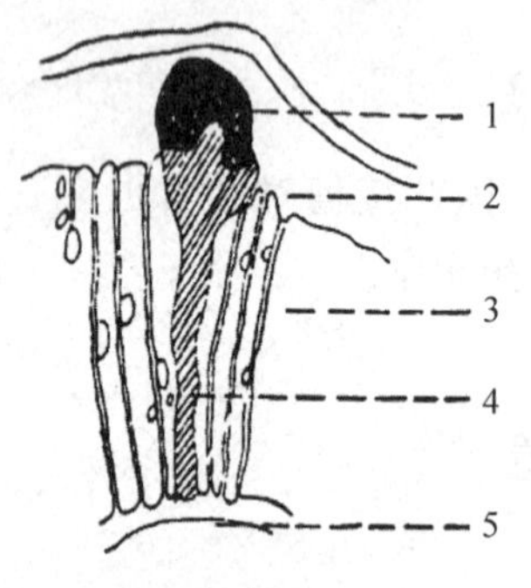

图5-8　根原始体的构造

1. 根原始体　2. 皮部
3. 木质部　4. 髓线　5. 髓

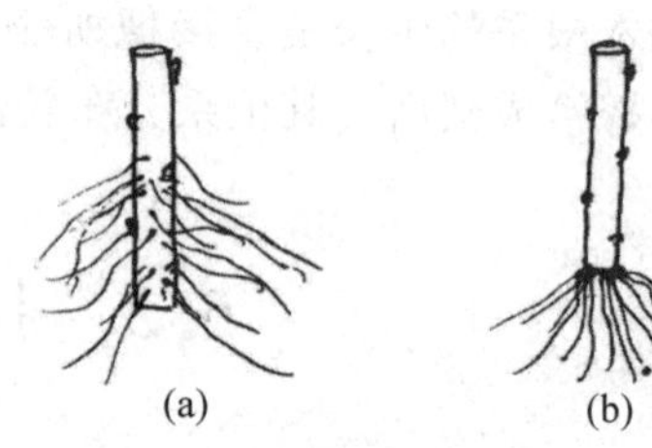

图5-9　愈伤组织生根型

(a)皮部生根型　(b)愈伤组织生根型

5.3.1.2 扦插种类

根据插穗的不同，可分为叶插、枝插、根插3类。枝插又分为硬枝扦插和嫩枝扦插2种。枝插是经济林扦插育苗的最主要方法。

(1)枝插

枝插(branch cutting)是以枝条为插穗的扦插方法，插穗通常剪切成带芽茎段。根据枝条木质化程度，又分为硬枝扦插和嫩枝扦插(图5-10)。

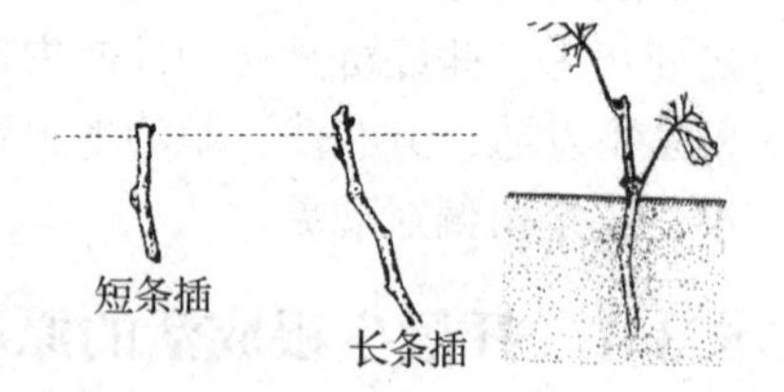

图5-10　硬枝扦插和嫩枝扦插

①硬枝扦插(hard wood cutting)　指用已经完全木质化的枝条作插穗进行扦插育苗的方法。它是生产上广泛采用的扦插方法，适用于扦插容易成活的经济树木，如银杏、葡萄等。木质化硬枝通常已形成根原始体，其扦插生根多属皮部生根型，生根快，容易成活，可实现当年扦插，当年出圃。

②嫩枝扦插(tender branch cutting)　是在生长期中选用半木质化的绿色枝条进行扦插

育苗的方法，又称绿枝扦插。嫩枝插穗对环境条件要求较高，需要细致管理，主要用于以硬枝扦插育苗成活较困难的树种，如板栗、柿等。半木质化嫩枝通常未形成根原始体，其扦插生根多属愈伤组织生根型，生根慢，常因地上部分营养物质供应不足而死亡。另外，因组织较幼嫩，容易被细菌感染而腐烂。

(2)根插

根插(root cutting)是以根段为插穗的扦插方法。适用于根插易生芽、而枝插不易生根的种类(图5-11)。如枣、柿、山楂、梨、核桃、山核桃、漆树、李和苹果等。

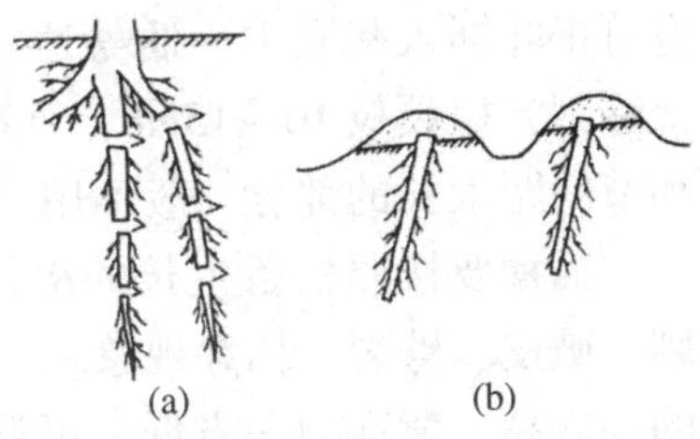

图5-11 根 插
(a)剪根段 (b)扦插

(3)叶插

叶插(leaf cutting)是以叶片为插穗的扦插方法，用于能自叶上发生不定芽及不定根的植物，此类植物以花卉居多，大多具有粗壮的叶柄、叶脉或肥厚的叶片。芽叶插穗仅有一芽附一片叶，芽下部带有芽尖即可；插后覆上薄膜，防止水分过量蒸发。不易产生不定芽的种类，宜采用叶插，如山茶花、橡皮树、桂花、天竺葵等(图5-12)。

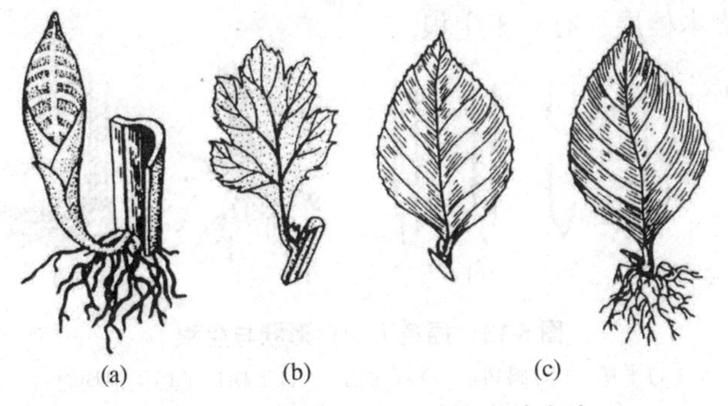

图5-12 种植物叶片带芽扦插的方法
(a)虎尾兰 (b)菊花 (c)山茶

5.3.2 插穗采集

插穗应采自生长健壮、芽饱满、无病虫害的幼年或壮年母树。对难生根的树种，年龄越小越好。采集部位以距主干基部近为好。

硬枝扦插选用去年生已木质化的枝条，在树木停止生长、树液流动缓慢、枝条内养分含量最高的时候采集，即在落叶以后或开始落叶时。许多常绿树种在芽苞开放之前采集的枝条生根率高，而且不易腐烂；而芽苞开始生长后的枝条，养分被生长所消耗，插穗生根率低，而且容易腐烂。

嫩枝扦插选用当年生半木质化的发育枝，大部分树种的采条适期在5~9月，具体采条时间因树种和气候条件而异。过早枝条幼嫩，插后容易失水和腐烂；过迟枝条老化，生长素减少，生长抑制物质含量增加，生根困难或生长缓慢。为防止枝条萎蔫失水，以早晨采条较好，避免在中午采条。

用于根插的根条，宜选用粗度在0.5cm以上。过细的根条出苗细弱，长势不良。

硬枝扦插的时间多在春季，故插条剪下以后需贮藏一个阶段，贮藏的方法以露地埋条较为普遍。嫩枝扦插一般要随采随插，不宜贮藏。短期贮藏置阴凉湿沙埋放即可。

5.4.3 插穗截制(制穗)

通常靠近节部剪取枝条中部壮实枝段作为插穗，至少有2个节间，具有2~4个饱满芽，阔叶树保留上部2~3个叶片，针叶树应尽量保留上部叶片，下部叶片一般要除去，也可带叶插入基质中。插穗适宜长度因树种和方法而异：一般落叶树休眠枝15~20cm，常绿阔叶树硬枝10~15cm，草本植物7~10cm，嫩枝插穗可稍短，一般5~15cm。枝梢部和节间距太长的部分一般不用。

插穗要按照枝条生长的极性靠近节部剪取，勿上下颠倒，切口要平滑、整齐，无毛刺、破皮、劈裂、伤芽现象。上切口在的芽上方约0.5~1cm，多呈斜口(马耳形)，向芽的一方高，背芽的一方低，可避免扦插后切面积水；较细的插穗和根插枝条则可剪成平口。下切口靠近芽的下方，切法有平切、斜切和双面切。一般平切切面养分分布均匀，根系呈环状均匀分布，但与插壤的接触面小，吸收慢；斜切能扩大与插壤的接触面积，有利于吸收水分和养分，但根系多生于斜口端，易形成偏根；双面切与插壤的接触面积更大，在生根较难的植物上应用较多(图5-13)。此外，在插穗基部节间刻划5~6条深达韧皮部纵伤口，或剥去表皮木栓层，有利于生根。

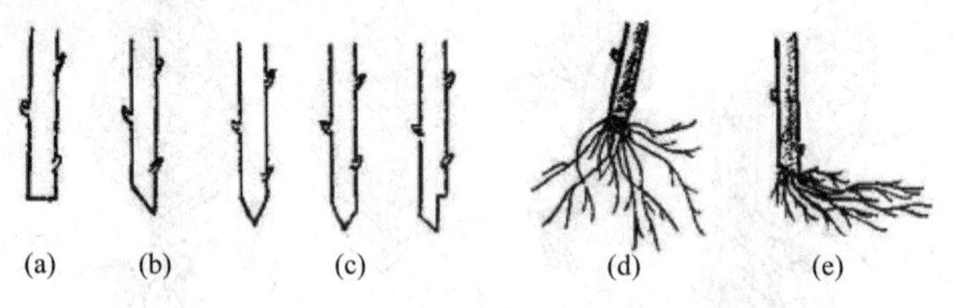

图5-13 插条下切口形状与生根

(a)平切 (b)斜切 (c)双面切 (d)下切口平切生根均匀

(e)下切口斜切根偏于一侧

嫩枝插穗截制过程中要注意保湿，随时用湿润物覆盖或浸入水中。插穗截制后，按粗度分级捆扎，及时扦插或妥善存放，防止失水。

5.3.4 扦插时期

扦插时期因植物种类、扦插方法及当地气候条件而异。一般落叶阔叶树硬枝扦插为3月，嫩枝扦插为6~8月，常绿阔叶树多为7~8月，常绿针叶树以早春为好，草本类一年四季均可，根插多在春季进行。

硬枝扦插的最适宜时期是春季。春插宜早，在叶芽萌动以前进行，北方冬季结冻地区当土壤解冻后立即扦插。秋插可在土壤结冻前进行，随采随插，不需贮藏穗条。但北方寒冷地区秋插后易遭冻拨害，干旱地区秋插后剪口芽容易失水枯死。

嫩枝扦插在我国南方春、夏、秋三个季节都可进行，而在我国北方多在夏季进行。为防止失水，嫩枝扦插宜在每天的早、晚作业，随采随插。

5.3.5 插床与基质

扦插一般采用苗床育苗，在室外露地作高床，床面平整。也可采用容器育苗，有利于生根和成活。沙床扦插的，在地上部分要有保湿措施或具间歇喷雾条件，生根后要移床。

扦插基质(插壤)应疏松，透气，保温，保湿，肥力好，pH值适宜，无病虫源。不同扦插基质的肥力状况和理化性质有很大差异，不仅直接影响养分和水分的供应，还会影响到插壤温度、湿度、酸碱度和空气状况，从而影响扦插生根及苗木生长。易于生根的树种，可用普通砂质土壤作基质；生根困难的树种及嫩枝扦插，常用蛭石、珍珠岩、泥炭、河沙和木炭粉等作基质。用过的基质应经火烧、熏蒸或杀菌剂消毒后再用。

5.3.6 扦插密度、深度与角度

扦插一般是在人工控制的环境条件下，进行密插。密度以两插穗之叶相接为宜。

扦插深度要适宜，一般硬枝扦插(春插)约为插穗长度的1/2～2/3，上顶芽略高于地面；嫩枝扦插(夏插)或盐碱地扦插约为插穗长度的1/3或1/2，使顶芽露出地表；干旱地区扦插插穗顶芽与地面平或稍低于地面；室内嫩枝扦插，只要插穗不倒越浅越好。

硬枝扦插时直插、斜插均可，但倾斜度不能过大，不宜超过45°。嫩枝扦插多采用直插。

根插时根条上端应浅埋入土；较长的插根，宜斜插，切勿倒插；长度在20cm左右的根条，也可水平埋根培育多株苗木。

5.3.7 插后管理

扦插后到插穗下部生根、上部发芽、展叶，直到扦插苗能独立生长时为成活期。此阶段关键是水分管理，插床湿度要适宜，还要透气良好。扦插后应立即灌足第一次水，以后经常保持土壤和空气的湿度(嫩枝扦插空气湿度更为重要)，可以采用覆膜、遮阴、行间覆草等方法，最好有喷雾条件。

5.3.8 影响插穗生根的因素

5.3.8.1 内部因素

(1)物种和品种

扦插生根能力与植物固有生物学特性有关。不同物种或品种，不定根形成的能力和方式不尽相同，扦插生根的情况也存在着差别。如油橄榄扦插育苗，‘费奥’、‘卡林’等品种容易生根，生根率高达80%～90%；而‘贝拉’、‘莱星’等品种生根较难，生根率低仅20%～30%。不同物种或品种扦插生根能力上的差异，与枝条的组织结构及生理特性关系密切：枝条中分生组织，特别是形成层发育越好，活的薄壁细胞的营养物质对它供应越多，根原基的生长发育就越好，扦插生根也越快，越容易成活。

(2)树龄和枝龄

一般情况下，扦插生根能力随着采穗母树年龄的增长而降低(表5-2)，幼龄树比成年树高，未结果树比结果树高，实生树比自根营养树高。同理，一般插穗枝龄越小，扦插越易成活，以1年生枝的再生能力为最强。为提高扦插繁殖生根率，材料老化时可采用平茬、绿篱状采穗、枝条“黄化”处理等措施，对采条母树或枝条进行幼化处理(rejuvenize)。

表 5-2 杜仲母树年龄与插穗生根率

年龄	插穗数	生根率(%)	年龄	插穗数	生根率(%)
1年	500	88.6	5年	300	70.3
3年	500	80.7	22年	300	52.1

(3)枝条着生部位

枝条在树体上的着生部位的不同，扦插生根能力及苗木长势也不同，这种现象称为插穗的“位置效应”(topophysis position effect)。造成位置效应的本质原因是不同着生部位的枝条在生理年龄上的差异，沿主轴越向上的部分形成的器官生长时间越短，生理年龄越老，越接近发育上的成熟，根系再生能力越弱(“成熟效应”与“位置效应”等非遗传因素引起的变异统称“C效应”)。因此，枝级越高，生根能力越低，着生于主干上的枝条较着生于侧枝上的枝条生根能力强，多次分级的侧枝扦插后即使成活，生长势也不旺；树干基部萌条比树冠上的枝条容易扦插生根；树冠内部的徒长枝比树冠外围的生长枝生根能力强；树冠侧面枝条比树冠顶部枝条生根能力强。

(4)插穗粗度

在适插范围内，相同枝龄插穗越粗壮，枝条内的贮藏营养就越丰富，生根也就越好。还因为插穗粗度决定着切口面积大小，切口越大，吸收水分和养分就越多，形成层分生细胞越多，伤害刺激和切割反应越强烈，越有利于生根。利用这一原理，采用“割插”(将硬枝插穗下端从中间纵向割开后夹入石子)、“穿孔插”(在插穗下切口穿孔)等方法，可增加切割面，促进一些生根特别困难的树种扦插生根。这也是插穗下切口双面切比斜切易生根、斜切比平切易生根的内在原因。

(5)插穗长度

插穗长度要适当，过短体内贮藏营养不足，过长物质运输距离长，应掌握“粗枝短剪，细枝长留”的原则。例如，沙棘雌株以18～20cm长穗扦插生根率最高(表5-3)，油茶以5cm左右的短穗扦插生根率较高，且发根数多，移植易成活；油橄榄中短穗(8～10cm)比长穗(10cm以上)扦插生根率高。

表 5-3 沙棘雌株插穗长度与插穗生根率

项目	沙棘雌株			
穗条长度(cm)	14	16	18	20
生根率(%)	48.1	52.3	65.2	69.5

(6)插穗留叶数

叶片是植物进行光合作用和蒸腾作用的主要场所。因此，在一定条件下，插穗留叶数量与生根率有密切关系。留叶太少，插穗光合能力低，养分补给不足，则生根率低，甚至不生根；留叶过多，蒸腾失水大，插穗易干枯死亡。例如，油橄榄扦插试验，保留2对叶片比保留一对叶片的插穗，具有提高扦插生根率和使侧根发达的作用。

(7)枝条内含物质水平

影响枝条扦插生根的内含物质主要有：贮存营养物质、内源激素和生根抑制物质。插穗中贮存营养物质的多少，特别是碳水化合物含量及碳氮比，对生根和扦插苗生长影响很大：枝条发育充实，营养物质丰富，碳水化合物含量高，碳氮比大，则生根率高，成活后的生长势好。植物内源激素主要有吲哚乙酸(IAA)、赤霉素(GA)、脱落酸(ABA)等，其中：吲哚乙酸和赤霉素可促进生根，而脱落酸则可抑制生根。生根抑制物质，如单宁、树脂、多酚类等，容易造成伤口褐化坏死，妨碍愈伤组织形成和生根。

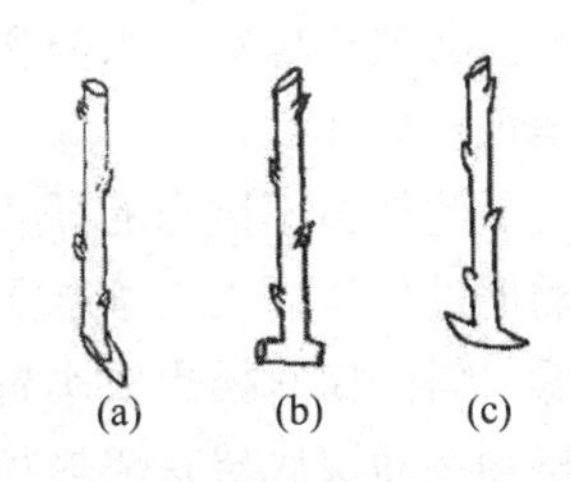

图5-14　踵状扦插法
(a)踵状枝　(b)(c)槌状枝

同一树种的不同类型枝条及同一枝条的不同部位，其内含物质含量水平也会有所差异。如板栗、柿、核桃等硬枝扦插生根困难，但嫩枝扦插相对容易生根，其主要原因：一是嫩枝中的生长素较多；二是半木质化的枝条含氮量较高，可溶性糖和氨基酸含量都较多；三是嫩枝中酚类物质积累少。在生产实践中常采用"踵状扦插法"(或槌状扦插法)，即插穗下端附带有部分老枝，可供给插穗更多的贮藏营养，有利于插穗生根(图5-14)。

5.3.8.2　外部因素

(1)水分与湿度

插穗在生根前失水干枯是扦插失败的主要原因之一。插条从母树切离之后，由于吸水能力降低，仅能从切口或表皮吸收水分，但蒸腾作用仍在旺盛进行。因此，扦插后必须保持土壤湿润。同时，插穗生根一般都落后于地上部分萌发，未生根插穗如过量蒸腾，就会失水萎蔫致死，这种现象称为插穗"假活现象"。假活现象通常发生在难生根树种，但很多情况是由于插壤湿度过低引起的。因此，空气湿度要尽可能地大，以减少插穗和插床水分的消耗，尤其是嫩枝扦插，高湿可以减少叶面水分蒸腾，保证生根前叶子不能萎蔫，这是嫩枝扦插能否成活的关键。

(2)气温和地温

插穗生根要求的地温因树种而异，易生根的落叶阔叶树种能在较低的地温下(10℃左右)生根，而常绿阔叶树的插条生根则要求较高的地温(23～25℃)，大多数树种的最适生根地温是15～25℃左右。气温主要是满足芽的活动和叶的光合作用，虽有利于营养物质的积累，但气温升高，会加剧"假活现象"发生，所以在插穗生根期间最好能创造地温略高于气温的环境。实践证明，当土壤温度高于气温1～2℃，土壤含水量适中时，最有利于插穗生命活动，生根快，发芽多。因此，春季硬枝扦插，此时地温较低，提高地温可有效提高生根率。

(3)光照

光照对插穗生根的作用具有"双重性"：一方面，光对根系的发生有抑制作用，且会使插穗温度升高而加快水分蒸腾；另一方面，适当光照可提高基质和空气的温度，以利于光合作用制造养分，且促使生长素的合成，促进插穗生根。对于一般树种的扦插繁殖来说，光照不是必要的。硬枝扦插生根前可以完全遮光，嫩枝带叶扦插需要有适当光照，但日照太强时，应当适当遮阴，避免日光直射。

(4)通气性

插穗在生根期间会发生强烈的呼吸作用，要求在土壤通气良好的条件下才能生根。因此，必须正确解决水分和通气二者的关系，避免因过量灌溉造成土壤过湿及通气不良而使插穗腐烂死亡。

此外，不恰当的扦插深度，会因为得不到最有利的环境条件而间接影响生根。例如，插穗过长，插入土壤越深，插穗基部所受的地温更低，通气条件更差，则生根慢，发根率低。斜插比直插生根率高，尤其长穗扦插，斜插可使插穗不致入土太深。但在温床扦插，特别在插壤底层有酿热物增温条件下，扦插深度对生根率影响不明显。

5.3.9 促进扦插生根的新技术方法

5.3.9.1 插穗处理

(1)生根剂处理

ABT生根粉是中国林业科学研究院王涛院士于20世纪80年代初研制成功的。ABT生根粉是一种广谱高效生根促进剂，能促进形成不定根，缩短生根时间，并能促使不定根原基形成簇状根系，效果优于吲哚丁酸和萘乙酸。ABT生根粉有醇溶剂和水溶剂两类。醇溶剂ABT生根粉为1~5号，水溶剂ABT生根粉为6~10号。适用于木本植物的有3个型号。1号生根粉主要用于扦插难生根的树种；2号生根粉适合于一般苗木及花灌木；3号生根粉主要在移植苗木时用以促进被切断的根系恢复功能，以提高移植成活率。使用方法主要有：①速蘸法：将插条一端浸入ABT生根粉含量为200~2 000mg/L的溶液中30s后再扦插。②浸泡法：将ABT生根粉配成50~200mg/L的溶液，把插穗浸泡在溶液中2~12h。嫩枝适宜用速蘸，硬枝适宜用浸泡。浸泡还可洗脱体内的酚醌类等抑制物质。

GGR(双吉尔)生根剂是中国林业科学研究院ABT研究开发中心继ABT生根粉之后新研制出的继代产品，是一类非激素型的植物生理活性物质，对植物内源激素、内源多胺、酚类化合物的合成及某些代谢相关酶活性的提高呈正相关，而且能够影响植物营养元素的吸收与代谢，成为调控植物生长发育、器官形态建成，提高产量的又一类新型生理活性物质。GGR系列不仅能提高苗木成活率和植物的产量，还能减轻或避免逆境对植物所造成的伤害。

(2)生长素处理

适量增加外源生长素，可促进可溶性化合物向枝条下部运输和积累，从而促进插穗生根。促进扦插生根效果显著的生长素有萘乙酸(NAA)、吲哚乙酸(IAA)、吲哚丁酸(IBA)、2，4-D等。使用方法与生根粉相似：用溶液浸泡插穗下端，或用湿的插穗下端蘸粉立即扦插。但使用过量时，生长素的刺激作用将转变为抑制作用。因此，要严格控制使用浓度和处理时间。使用浓度因生长素种类、浸泡时间、母树年龄和木质化程度等不同而异。以萘乙酸为例，对大多数树种的适宜浓度，一般为50~100μg/L，将插穗基部2cm浸泡于溶液中16~24h。对于难生根的树种，可多种生长素混合使用。

(3)化学药剂处理

用化学药剂处理插穗，能增强新陈代谢作用，从而促进插穗生根。常用的化学药剂有：维生素B_1、维生素C、蔗糖、高锰酸钾、二氧化锰、硝酸银、硼等，处理插穗对生根有一定效果。如用5%~10%蔗糖溶液，浸泡银杏、茶叶等树种的插穗12~24h，对促进生根效果显著；用0.05%~0.1%高锰酸钾溶液浸插穗12h，除能促进生根外，还能起到消毒作用。

(4)水浸处理

用水浸插穗不仅能增加插穗的水分，还能减少酚醌类抑制物质的积累，提高成活率。在休眠期扦插，将插穗的1/3置于清水浸12h，让其充分吸水。最好用流水，或每天换水1~2次。也可用温水(40℃)浸插穗基部30min，可促进根原基的形成。

5.3.9.2 插床加温

提高插床温度可促进插穗生根。常用方法有：①电热加温法。是在温室大棚内铺设专门的电加温线给插床加温，规模较大时可铺设温水管，并用恒温装置控制插床温度在20~23℃。②酿热加温法。是在插壤下铺20~40cm厚的秸秆、饼粕、牲畜粪便等酿热物，通过微生物发酵分解，并产生热量，以提高地温。

5.3.9.3 全光喷雾扦插

全光喷雾扦插(mist propagation of cutting in open)，即在露地全光照条件下，通过自动间歇喷雾装置，按需要对苗床进行自动喷雾，使叶片表面保持一层水膜，保证插穗在夏季烈日下即不会失水萎蔫，也不会灼伤，并可充分进行光合作用，促使插穗迅速生根、成活(图5-15)。全光喷雾苗床使用的基质必须是疏松通气、排水良好的粗砂、石英砂、珍珠岩、蛭石、锯末等。在气温较高且阳光充足的地区，全光照自动间歇喷雾可以为带叶嫩枝扦插提供最适宜的生根条件，也可提高硬枝扦插的生根成活率，在经济林扦插育苗中已广泛应用。

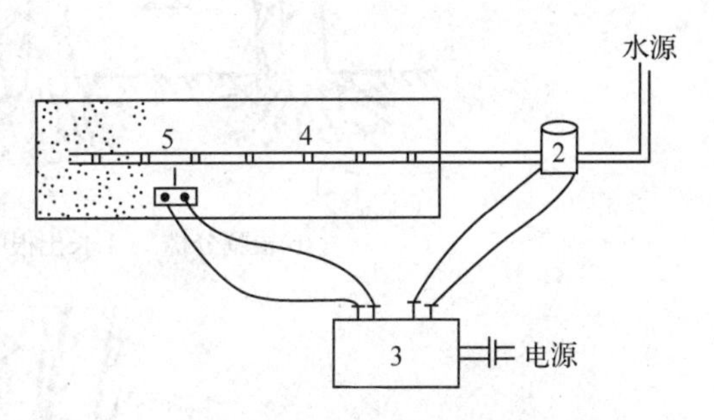

图5-15 全光照自动间歇喷雾苗床平面示意

1. 电子叶 2. 电磁阀 3. 温度自控仪 4. 喷头 5. 苗床(基质为蛭石等)

5.4 分株与压条繁殖

5.4.1 分株繁殖

分株繁殖(suckering plant)是指利用某些植物能够萌生根蘖或灌状丛生株的特性，把根蘖或丛生株从母株上分割下来，另行栽植，使之形成新的植株的方法。分株繁殖简单易行，成活率高；但繁殖系数小，不便于大量生产。在经济林育苗上，主要适用于根蘖能力强的经济树种，如香椿、银杏、枣、李、石榴、山定子、海棠、山楂、樱桃、杨梅等。分株繁殖的主要方法有：

灌丛分株：从灌丛一侧或两侧连根挖取带1~3个茎的丛生株[图5-16(a)]。

根蘖分株：从母株上连根挖取根蘖[图5-16(b)]。

掘起分株：将母株全部带根挖起，再分割成带1~3个茎的分株[图5-16(c)]。

此外，某些草本植物还可采用吸芽分株(如香蕉、菠萝等)、匍匐茎分株(如草莓等)、

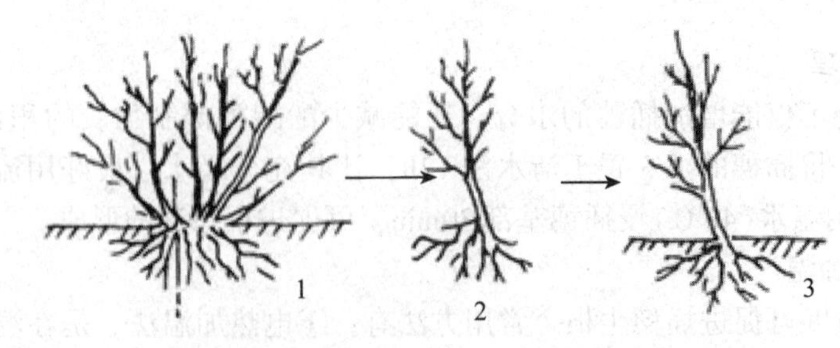

(a)灌丛分株 （1. 切割 2. 分离 3. 栽植）

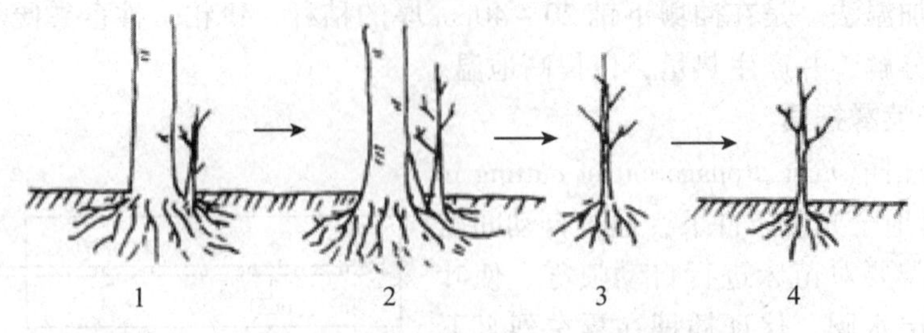

(b)根蘖分株 （1.长出根蘖 2.切割 3.分离 4.栽植）

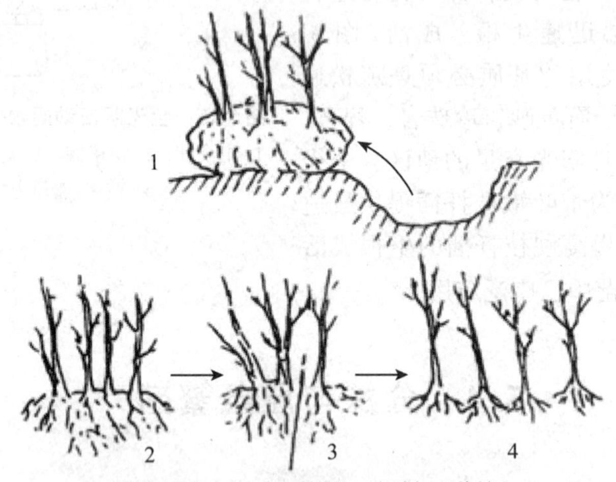

(c)掘起分株 （1、2. 挖掘 2.切割 3.栽植）

图 5-16 分株法

根状茎分株(如草莓、吊兰等)等方法。

5.4.2 压条繁殖

压条繁殖(layering，layerage)是指枝条不与母体分离的状态下压入土中，促使压入部分发根，然后与母株分离而成为独立植株的繁殖方法。多用于灌木类树种的繁殖，也可用于扦插、嫁接较难的树种繁殖，如樱桃、荔枝、龙眼等。此法简单易行，并可获得较大的苗木，但生根时间较长，繁殖系数低，繁殖量较小。对于不易生根的树种，或生根时间较长的，可采取技术处理，以促进生根。

促进压条生根的常用方法有：刻痕法、切伤法、缢缚法、扭枝法、劈开法、软化法、生长刺激法以及改良土壤法等。各种方法皆是为了阻滞有机物质(碳水化合物等)的向下运输，而向上的水分和矿物质的运输则不受影响，使养分集中于处理部位，有利于不定根的形成。同时，也有刺激生长素产生的作用。

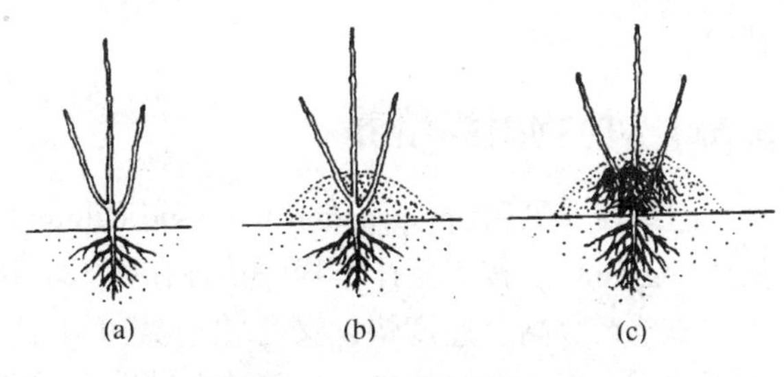

图 5-17　直立压条法

(a)单株植物　(b)土埋枝杈　(c)长出新株

常见压条方法有以下几种：

(1)直立压条法

苹果和梨矮化砧、樱桃、石榴、无花果等均可采用此法繁殖(图 5-17)。具体方法是，先将按照(0.5～1)m×2m 定植自根苗，萌芽前，每株留 2～5cm 短截，促使其发出萌蘖。当新梢生长至 20～30cm 时第一次培土，培土高度约为新梢高的 1/2，当新梢生长 40～50cm 时，进行第二次培土，培土高度约为 30～40cm，注意土堆内部湿润，一般 20d 左右即可生根。入冬前，扒开土堆，在每根萌蘖基部靠近母株 2～5cm 处短桩剪截移栽，未生根的应及时短截，促进明年生根。

(2)水平压条法

葡萄、猕猴桃等繁殖采用此压条法(图 5-18)。具体方法是，定植时将植株与栽植沟底呈 45°倾斜栽植，并将枝条水平压入 5～8cm 左右的浅沟中固定好，待新梢长到 20cm 左右时第一次培土，新梢长到 30cm 时第二次培土，注意土堆内湿润。秋季落叶后即可分株。

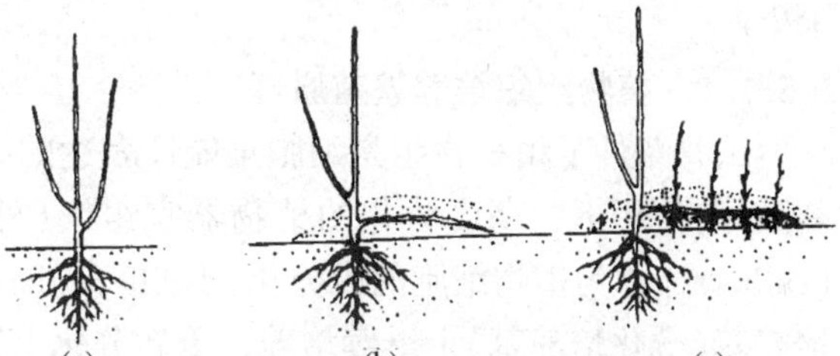

(a)　(b)　(c)

图 5-18　水平压条法

(a)单株植物　(b)压一枝杈　(c)长出新植株体

(3)高枝压条法

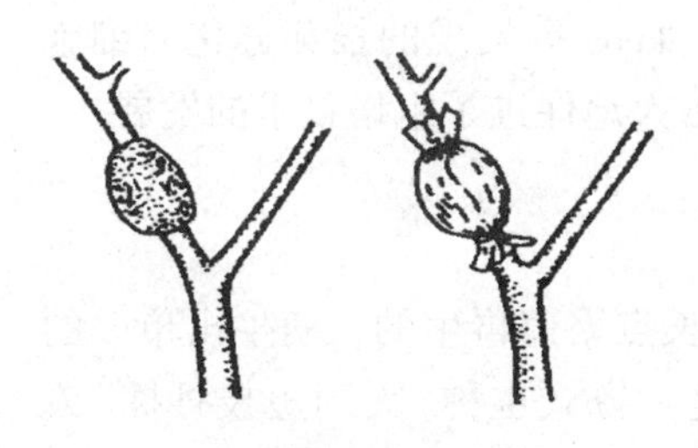

图 5-19　高枝压条法

我国很早就利用此法来繁殖荔枝、龙眼、枇杷、人心果、菠萝蜜等树种，该法成活率较高，方法简单(图 5-19)。整个生长期均可进行，但以春季和雨季进行好。具体做法是，选用 2～3 年生的健壮枝条，在枝近基部环剥，宽度约 2～4cm，注意刮净皮层和形成层，在环剥处包上以椰糠、锯木屑或稻草、泥为主的保湿材料，再用塑料薄膜或棕皮、油纸等包裹保湿，一般 2 个月左右生根，生根后剪离母株，假植一年后，可移栽定植。

5.5　植物细胞工程繁殖

植物细胞工程繁殖技术主要指植物组织培养繁殖，同时还可包括苗木脱毒和人工种子技术。

5.5.1 植物组织培养

组织培养繁殖(propagation by tissue culture)是指分离植物的器官、组织或细胞，即外植体(explant)，按无菌操作程序接种在人工培养基中，培养成为完整植株的繁殖方法。由于其繁殖系数高、速度快，又称快速繁殖(high-speed propagation)；由于其繁殖材料及苗木个体小，还称微型繁殖；由于其在试管内成苗，培养出的苗木称为试管苗(test-tube plantlet)。组织培养繁殖一般以茎尖、茎段等营养器官为外植体，相当于试管条件下进行微扦插，属于无性繁殖，因此，能够有效保持母树的优良遗传性状。与常规的无性繁殖技术相比，这一技术有如下独特优点：①所需材料少，繁殖系数高，可实现快速无性繁殖。许多快速繁殖工艺成熟的植物，1～2个月可继代一次，增殖3～4倍，1个芽一年可繁殖10万株无性苗。②室内作业，条件可控，可实现周年繁殖育苗，且苗木质量稳定、整齐。③集约化、标准化程度高，可实现工厂化育苗。组织培养繁殖缺点是：许多植物组织培养难度大，尤其是木本植物，难以建立工艺成熟的快速繁殖技术体系；容易产生体细胞无性系变异；对育苗技术和育苗设施的要求很高，育苗程序复杂，生产投入大，不适于小批量苗木生产。

5.5.1.1 植物组织培养繁殖原理

试管条件下植株再生是细胞全能性表达的结果。在一定的刺激信号(激素信号、伤害刺激等)作用下，高度分化的植物器官组织(外植体)诱导形成没有形态分化的愈伤组织(callus)，称为植物细胞的脱分化(dedifferentiation)；脱分化形成的愈伤组织转移到适当的培养基(分化培养基)上继续培养，重新分化出器官，如茎、叶、根等，称为愈伤组织再分化(redifferentiation)；最终形成具有根、茎、叶的完整植株。这一过程称为植株再生。

愈伤组织形成是一种异常的生长过程，是对强烈外部刺激的一种反应，有可能造成遗传上的改变，如基因变异、染色体变异。愈伤组织再分化，取决于培养基中植物激素的种类和配比。适当的细胞分裂素/生长率的比值，常决定器官发生的方向：比值高时，促进分化芽；比值低时，促进形成根。这一20世纪40年代由Skoog等发现的根芽分化与细胞分裂素/生长素的比例关系模式，称为“激素平衡”理论，极大地促进了组培技术的发展。

组织培养再生的方式，有如下几种：

(1)顶芽和腋芽发育方式

诱导顶芽或侧芽发育，通过延伸和诱导茎轴的芽或生长点繁殖再生的，萌生出单一的苗或形成一个微型的多枝多芽的丛生状结构(丛生枝)。这种方式也称“无菌短枝扦插”或“微型扦插”。因为它不经过发生愈伤组织而再生，是最能使无性系后代保持原有品种特性的一种繁殖方式。细胞分裂素可抑制顶端优势，促进侧芽萌发。

(2)不定芽发育方式

植物许多器官都可以诱导不定芽发育，形成根、芽(枝)结构。不定芽发生方式在构成器官的纵轴上表现出单向的极性，即不能同时形成芽和根。多数情况，先形成芽，以后较易形成根，而先形成根，则往往抑制芽的形成。不定芽发育方式又分两种：①器官型方式。直接从外植体再生不定芽。②器官发生型方式。完全从愈伤组织上分化出不定芽。由于前者较少或不发生愈伤组织，因此，遗传性状较稳定；而后者先形成愈伤组织，可能出现遗传性状改变现象。

(3)体细胞胚状体的发生与发育方式

在离体培养条件下，一些植物可产生类似合子胚结构和特性的胚状体(embryoid)。由于常从体细胞产生的，故称体细胞胚状体(somatic embryo)。体细胞胚具子叶、胚轴和胚根结构，在适当条件下能持续萌发，发育成完整的小植株。通过这一途径进行快速繁殖具极大潜力：胚状体同母体没有维管束联系，容易分离；可利用生物反应器大规模悬浮培养，增殖速度极快；具根端、芽端两极结构，无须根芽诱导。目前已知能产生体细胞胚的植物有200余种。

5.5.1.2 培养基制备

植物组织培养能否成功，选择适合的培养基(culture medium)极为重要。植物组织培养常用的基本培养基为MS、ER、B_5、SH、HE培养基等。基本培养基主要成分包括各种无机盐(大量元素和微量元素)、有机化合物(蔗糖、维生素类、氨基酸、核酸或其他水解物等)、螯合剂(EDTA)。植株再生过程及再生方式通常取决于植物激素的种类和配比，因此，通常要在基本培养基中附加适当的植物激素(生长素、细胞分裂素、赤霉素)。分装后的培养基，采用高温高压灭菌法(湿热灭菌)法灭菌，将需要灭菌的物品放在一密封的高压高温灭菌锅内，在121°C高温和1.06kg/cm^2的压力下，持续15~40min，即可杀死一切微生物的营养体及其绝大多数孢子(此法适用于器皿、工具、培养基的灭菌)。固体培养时还应加入琼脂使培养基固化。

5.5.1.3 外植体接种

适宜的外植体应当符合下列要求：增殖能力强、污染少，即容易培养成功。外植体接种前要进行表面消毒，一般用70%~75%酒精浸泡10~60s，无菌水冲洗3遍；然而用消毒液(灭菌剂)，如0.1%升汞浸泡3~12min；无菌水清洗3~5遍。表面消毒后，再将无菌材料进一步切割成适宜培养的外植体。一般茎尖或茎段切成0.5~1.0cm的带节切段(剪除叶片)，将切割好的外植体接种(inoculating)在预先制备并灭菌好的培养基上。污染被认为是无菌培养的“瘟疫”，生产中应将污染率控制在5%以下。污染率每上升5个百分点，室内直接成本按10%以上递增。

5.5.1.4 培养条件

一般培养室保持在25℃±2℃的恒温条件，低于15℃培养物的生长停滞，高于35℃时对生长不利；光照强度为2 000Lux，光照时间为10~12h，对培养室内的湿度，一般不加控制，因装有培养基的容器内的湿度基本上能满足要求，外界环境的湿度过高容易造成污染；培养基的pH通常为5.5~6.5。

5.5.1.5 初代培养——无菌培养系的建立

这一阶段的目的是要从所取用的外植体诱发芽的形成，以获得无菌苗。经过这一时期培养可得到遗传性稳定的单生芽、丛生芽。从快繁角度，木本植物外植体以茎段或茎尖为宜，尤其是茎段，取材容易，能在适宜条件下诱导侧芽萌发，变异少。初代多用MS作是基本培养基，外植体通常切成0.5~1.0mm带节切段。对木本植物而言，这一阶段着重要解决外植体表面消毒和褐变的问题。

茎段起始是无根的，而根是合成细胞分裂素的主要场所，尽管培养的苗能合成少量细胞分裂素，但不能为茎段芽的生长发育提供足够的内源细胞分裂素，故必须补充。实践中，使用最多，也是最有效的是6-BA，其次为KT，再次为2-ip。浓度多在0.5～1.0mg/L。芽是合成生长素的部位，带芽茎段培养一般不需要外源生长素，但适量补充是有利的，多为NAA、IBA、IAA，浓度多在0.1～1mg/L。GA对芽的伸长有效，但大多数外植体可以合成足够的GA，可酌情使用外源GA，浓度小于1mg/L。

5.5.1.6 继代培养——中间繁殖体的增殖

这一阶段的目的是使已建立的无菌繁殖系，以最快的速度生产出能用于繁殖的苗。在适宜培养条件下，如使用激素，可以解除顶端优势，使腋芽不断分化和生长逐渐形成丛生芽。若反复切割这些丛生芽和移接到新的培养基中继代培养，可在短期内获得大量芽苗。

这一阶段培养目的和培养条件与第一阶段相似，所加的细胞分裂素和生长素(包括GA)及其使用效果与第一段基本一致，但要在一定程度上优化。尤其是即将分流进入生根培养的无菌苗要考虑培养壮苗，以有利于生根(如：增加光照，16h/2 000～3 000Lux，减少细胞分裂素浓度)。

芽的增殖速度是这一阶段的首要问题，关键是如何缩短继代周期(一次增殖培养的时间)和提高增殖倍数。作为工艺成熟的一般要求，继代周期在20～90d，木本植物应当在1.5个月左右。增殖倍数对生产成本有很大影响。增殖倍数低意味必须有更多的分化苗瓶数，即需要配制更多的培养基。但每代增殖 >10 倍时，一次培养成苗的可能性下降，需要进行复壮培养。因此，实际生产中通常控制在3～9倍之间，以5倍为常用。继代周期及增殖倍数与培养方法有关，技术上可以通过合理选择外植体、控制调节因子、营养因子等方法调节。

5.5.1.7 生根培养——再生植株的获得

试管苗生长到一定高度后(约1cm高)，要将部分材料转入生根阶段，获得完整植株。生根培养周期在10～45d，通常15d，木本植物常常要1个月左右。由于前两个阶段以长苗为目的，使用的生长激素往往不利于根的发生和生长，因此在这个阶段，必须创造一个适于根的发生和生长的条件，主要是降低或除掉细胞分裂素，而加入或增加生长素。关键措施如下：

(1)盐浓度

矿物元素浓度较高有利于发展茎叶，而较低时有利于生根，所以多采用低离子浓度的White、1/2MS或1/4MS培养基。

(2)生长素浓度

细胞分裂素/生长素比值大时有利于芽诱导和生长，比值低时，则有利于根诱导和生长。由于在增殖阶段施用了较高浓度的细胞分裂素，其中仍有一定的含量，因此可不加，或使用极低浓度如0.01mg/L以下。生长素是必需的，且需较高浓度，其中使用最多的依次为NAA、IBA、IAA。NAA一般用0.1～1.0mg/L，IBA、IAA可稍高些。

(3)其他培养条件

试管中的植物是以糖为营养的异养型的，生根阶段应当调整，减少对异养条件的依赖，逐步发展它们通过光合作用来为自己制造所需养分的能力。所以要减少糖用量并增加光照。糖约减少1/2或1/3，光强由300～1 000Lux提高到1 000～3 000Lux或更高。

5.5.1.8 试管苗炼苗移植

生根率和移栽成活率是影响育苗成本最大的因素，一般要求90%以上，低于70%的不宜大规模生产。生根培养约1个月，多数能获得健壮而发达的根系，达数厘米高的小植株，可考虑移栽。多采用逐渐缩小试管环境与自然环境之间的差距的方法，移栽前经过室温、自然光下由闭口到开口的炼苗过程。移栽后，一切措施要以防止失水、防感染、尽快扎根为中心。关键措施如下：

(1)保持水分供养平衡

试管苗茎叶表面防止水分散失的角质层几乎没有，根系也不发达，因此，必须有足够的空气相对湿度(光土壤湿度不够)。宜加盖或喷雾等加以保障。

(2)根系通气条件

培养基质要疏松透气，如培养土中加1/4河沙。粗粒状硅石、珍珠岩、炉灰渣、谷壳、锯木屑等及其混合也是适宜的。管理中不要浇水过多，过多的水应能迅速排去，以利根系呼吸，有助于生根成活。

(3)防止菌类滋生及病虫感染

基质要高温消毒；尽量少伤苗，减少病菌侵染的伤口；不使用有机质含量高的肥沃土壤作基质(防霉)；适量使用浓度1/800～1/1 000的杀菌剂喷雾，或移栽时0.1%代森锌等浸根3～5min。

(4)温度、光照条件

以强度较高的漫射光为好，1 500～4 000Lux或更高。温度要适宜，基质温度略高于空气湿度2～3℃，有利于生根和促进根系发达。

(5)离子浓度

防止因离子浓度过高引起生理干旱。因此，初期宜浇纯水，而非营养液。

5.5.2 苗木脱毒技术

苗木脱毒是20世纪50年代以来，在病毒研究的基础上发展起来的一种将脱毒技术和无毒繁殖技术应用于作物生产的方法，对作物尤其果树生产具有十分重要的作用。许多栽培植物都可能带有一到数种病毒(virus)或类病毒。病毒是通过维管束传导的，经济林长期采用营养繁殖，更容易发生病毒危害，如柑橘黄龙病和衰退病、苹果锈果病(嫁接传播)、枣疯病(分株传播)、葡萄扇叶病、桃环斑病等，严重影响生长发育、经济性状和产品品质。病毒病不能采用杀菌剂或抗生素防治，因此，严重发生时几乎是毁灭性的。病毒苗木生长健壮，整齐一致，根系发达；生长势强，结果早，稳产高产；果实大，光洁度好；施肥量少，抗逆性强。以下介绍几种常用的脱毒苗(virus-free plantlet)培养和检测方法。

5.5.2.1 热处理法

在高于常温条件下，植物组织中的很多病毒会部分或完全钝化，使扩散速度减慢，这样生长速度较快的植株嫩梢部分有可能不含病毒。将不含病毒的新梢顶端取下繁殖，即可以培养成无病毒个体。常用的方法是将病毒感染的盆栽植株于旺盛生长时，在35～38℃热空气中处理2～4周或者更长时间，对高温期间长出的嫩梢在与母体连接状况下，进一步在45～50℃的温水中浸泡数小时后，剪下热处理期间生长的新梢顶端10～20cm，切取顶芽嫁接到盆栽实生砧上(种子繁殖的实生苗不带病毒)，或者扦插生根获得无病毒植株。此法尤其适合处于生理干旱或休眠状态的植株，但易受高温而枯萎，且脱去病毒种类有限。

5.5.2.2　茎尖培养法

植物病毒在植物体内分布不均匀，枝梢顶端分生组织没有导管、筛管的分化，一般不带病毒。利用茎尖(分生组织)培养，就可能获得不带病毒的再生植株，从而培育出脱病毒苗。这种方法脱毒率高，脱毒速度快，也同时除去了真菌、细菌、植原体、线虫等的寄生，已经成为植物无毒苗生产中应用最广泛的一种方法。

严格的茎尖培养仅限于顶端生长点圆锥区，通常≤0.1mm，所以剥取茎尖较为困难，需要在实体显微镜下操作。茎尖过大不能保证完全不携带病毒，通常切取茎尖越小脱毒效果越好，但培养难度加大，一般带1～2个叶原基为宜。幼小茎尖较一般的芽难培养，必须提供适宜的外源生长素和细胞分裂素，生长素一般采用较低浓度的NAA或IAA，避免采用促进茎尖愈伤组织分化的2,4-D(图5-20)。

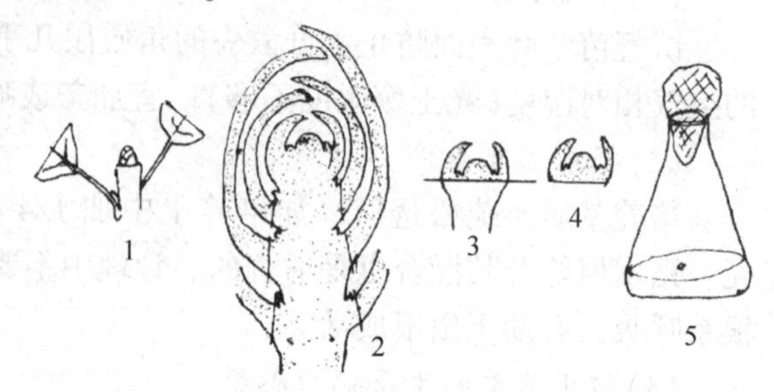

图5-20　剥离茎尖培养

1. 取顶芽作外植体　2. 剥离鳞片、叶片　3. 露出带2个叶原原基的生长点　4. 切割茎尖　5. 接种到培养基中

茎尖培养结合热处理或抗病毒药剂，效果更好，并且有可能使用更大一些的茎尖，如0.5～1.0mm，避免因茎尖过小难于诱导和生长过缓。热处理结合茎尖培养脱毒法有两种技术路线：①切取经过热处理后长出的新梢茎尖0.5～0.8mm，进行组织培养。②先进行茎尖组织培养，经继代培养增殖后，将幼苗连同试管放入恒温光照培养箱中热处理一段时间后，再切取0.3～0.5mm茎尖组织培养。

5.5.2.3　抗病毒药剂法

抗病毒药剂在三磷酸状态下会阻止病毒RNA帽子结构形成，能够在不同程度上抑制病毒复制。常用的抗病毒化学药物有：三氮唑核苷(利巴韦林，rilavirin)、5-二氢尿嘧啶(DHT)、双乙酰-二氢-5-氮尿嘧啶(DA-DHT)、8-氮鸟嘌呤等，一些蛋白质与核酸合成的抑制剂也有效果。通常将抗病毒药剂直接注射到带病毒植株上，或加到植株生长的培养基中。与茎尖培养相结合效果更佳，切取经过抗病毒药剂处理的嫩梢茎尖，再进行组织培养，可以较容易地脱除多种病毒，且接种茎尖可大于1mm，易于分化出苗，可提高脱毒率和存活率。

5.5.2.4　其他脱毒方法

除了以上脱毒方法以外，实践中还有如下脱毒方法。

(1)愈伤组织培养脱毒法

快速增殖的愈伤组织因为细胞增殖速度快于病毒复制传播速度，使部分愈伤组织细胞或细胞团不带病毒。

(2)微体嫁接脱毒法

把小于0.2mm的茎尖作为接穗嫁接到实生苗砧木上，再在培养基上培养。这一方法在柑橘、苹果等果树上获得成功，但剥离茎尖困难、采穗季节受限等。

(3)环心胚培养脱毒法

柑橘、葡萄等多胚品种中，除一个受精卵外，尚有多个由珠心细胞形成的无性胚，珠心胚与维管束系统无直接联系，培养珠心胚可获得脱毒的再生植株。

5.5.2.5 脱毒苗检测

经上述方法脱毒后的材料，应用防虫网覆盖，并定期进行病毒检测，确认是否真正脱除病毒。检验方法有：形态观察法、指标植物接种法、电镜观察法、酶联免疫吸附法(ELISA)等。经检验合格后，以脱毒材料建立母本园，脱毒母株一次登记有效期为12年，每5年进行一次病毒检测。

5.5.3 人工种子技术

人工种子(artificial seeds)是指将植物非合子胚繁殖体，包埋在含有养分及保护物质的人工胚乳和人工种皮中，形成类似于种子结构的颗粒体，又称合成种子(synthetic seeds)。人工种子具有休眠和持续萌发能力，可以贮存、运输、播种和长成正常植株。

人工种子本质上属于无性繁殖，既能保持母本优良遗传性状，又具有种子繁殖的幼化复壮效应。与种子繁殖及试管苗繁殖相比，还具有如下独特优点：①繁殖材料可在离体条件下大规模快速制备，对于自然条件下不能正常产生种子(不结籽、结籽少等)，或种子萌发困难(种胚发育不全、种子深休眠等)的植物材料，如三倍体、非整倍体、远缘杂交种等更具意义。②包裹材料可加入各种营养元素及其他成分，人为改变种子的适应性、抗逆性和萌发特性，以满足特殊造林目的。③无需种子繁殖的制种过程，不受田间制种用地和季节限制，可实现周年工厂化生产。④无需试管苗的炼苗移栽环节，可直接播种和机械化操作。

目前人工种子距离实际应用还有很大距离，尚存诸多技术难题有待克服：①许多重要植物体细胞胚诱导困难，且容易发生遗传变异。②人工种皮制备还存在缺陷，尚未研制出既透水、透气，又能防霉、防菌的人工种皮。③贮藏和萌发技术尚不成熟。这些难题一旦解决，人工种子将会展现广阔应用前景。

5.5.3.1 人工种子的结构

完整的人工种子由三大部分构成：繁殖体、人工胚乳、人工种皮(图5-21)。

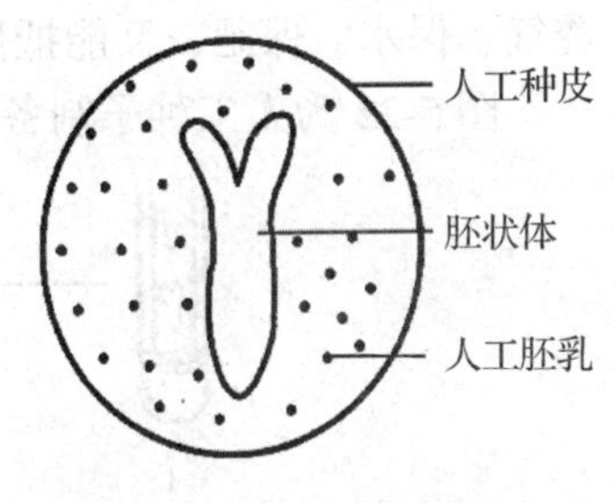

图5-21 人工种子结构

(1)繁殖体

人工种子的核心部分，类似于天然种子的胚。通常为具有萌发成苗能力的胚状体(somatic embryo)，播种后可出芽并发育成完整植株。

(2)人工胚乳

包埋繁殖体的填充物质，主要为培养基和包埋剂，类似于天然种子的胚乳。培养基主要营养成分为矿质元素和碳源，包埋剂通常为胶黏性有机化合物，与培养基混合黏连成胶质体(胶囊)，具有固定和释放营养成分的作用。

(3)人工种皮

包裹在人工胚乳外面的保护膜，类似于天然种子的种皮，具有一定的透气性、保水性和物理强度，能维持人工胚乳胶囊的完整性和理化性质的稳定性，使人工种子适于贮藏、运输及播种。

5.5.3.2 人工种子的制备

(1)繁殖体的选择和处理

繁殖体通常是在离体条件下通过组织培养获得的。以具有休眠和持续萌发能力的胚状体为好，也可用具有植株再生能力的胚性愈伤组织、不定芽、顶芽、腋芽、原球茎、微鳞茎、微块茎等。繁殖材料的形态和发育程度应尽量均匀、一致，通常要在培养过程中进行同步化处理。为提高人工种子的贮藏性和萌发能力，包埋前对不同的繁殖材料还要进行预处理：①体细胞胚适度脱水干燥和强制休眠(ABA 处理)；②微型变态器官表面消毒和适度休眠；③芽繁殖体的老化处理。

(2)人工胚乳的制作

人工胚乳的制作实质上是筛选出适合体细胞胚萌发的培养基配方，最后将筛选出的培养基添加到包埋剂中。常用基本培养基为 MS、SH、1/2SH、White 等，一般以 1.5% 的马铃薯淀粉水解物或 1.5% 的麦芽糖作为碳源。也可根据需要添加其他各种功能成分，如植物激素、维生素、保水剂、杀虫剂、杀菌剂、除草剂、固氮菌等。

(3)繁殖体的包埋

目前最为常用的包埋剂是海藻酸钠，其具有无毒、资源丰富、价廉及工艺简单等优点，但存在营养物质易渗漏、保水性差、胶球易黏连等不足，添加缓释物(药用炭等)、固化剂($CaCl_2$等)、木薯淀粉等可在不同程度上得以改善。包埋的方法主要有：水凝胶法、液胶包埋法和干燥包埋法等。

(4)人工种皮的装配

即在包埋有繁殖体的人工胚乳胶囊上包裹外膜的过程。人工种皮通常由疏水性复合材料制作而成，常用材料有：Elvax4260(乙烯、乙烯基乙酸和丙烯酸共聚物)、二氧化硅化合物、硅酮。目前，已经建立了多种人工种皮的装配工艺，装配成功的人工种皮要求既能透气、保水、保肥，又能抵抗一定的外部机械冲击。

图 5-22 为人工种子制备流程示意。

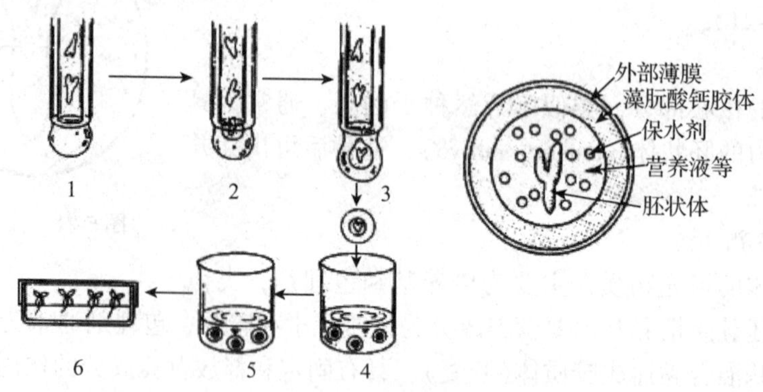

图 5-22 人工种子制备

5.5.3.3 人工种子的贮藏和播种

人工种子常温下易萌发，也易失水干缩，贮藏难度很大。对人工种子贮藏的基本要求：贮藏期间既要保持繁殖体萌发能力，但又不能萌发出芽。主要贮藏方法有：低温法、干燥法、抑制法、液体石蜡法等，以及这些方法的组合。

人工种子生产的最终目标是能直接播种于土壤上并萌发成苗，但目前通常只能在无菌条件下接种在固体培养基上萌发。少数材料在蛭石或珍珠岩基质上试验成功，附加低浓度无机盐、1/6MS 培养基、0.75% 麦芽糖等有利于发芽(图 5-23)。

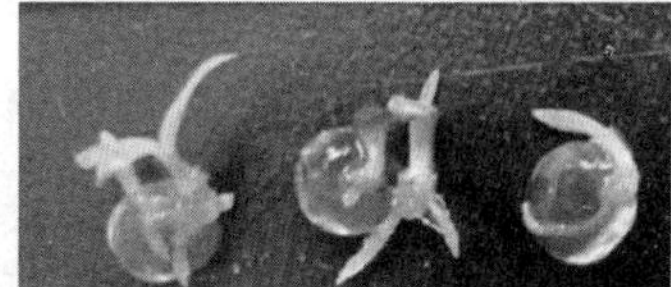

图 5-23　白及人工种子生长 30d

思考题

1. 简述经济林苗木繁殖的主要方法及各自特点。
2. 简述实生苗培育的方法和技术要点。
3. 试述营养繁殖的主要方法、原理和意义。
4. 影响嫁接成活的主要内外因素有哪些？如何提高嫁接成活率？
5. 试比较枝接和芽接在技术方法及适用范围等方面的异同。
6. 影响扦插生根的主要内外因素有哪些？如何促进扦插生根？
7. 比较硬枝扦插和嫩枝扦插在技术方法及适用范围等方面的异同。
8. 容器育苗的作用意义和技术要点。
9. 简述育苗容器和基质的主要种类及其制备方法。
10. 介绍轻基质育苗的优点和技术要点。
11. 设施育苗的作用意义和主要方法。
12. 塑料大棚育苗的优点和技术要点。
13. 试述植物组织培养的原理和一般程序。
14. 苗木脱毒的方法和主要途径。
15. 简述人工种子的意义和制备程序。

参考文献

何方，胡芳名，2002. 经济林栽培学[M]. 2 版. 北京：中国林业出版社.
彭方仁，2002. 经济林栽培与利用[M]. 北京：中国林业出版社.
杨建民，黄万荣，2004. 经济林栽培学[M]. 北京：中国林业出版社.
沈海龙，2009. 苗木培育学[M]. 北京：中国林业出版社
孙时轩，2009. 林木育苗技术[M]. 北京：金盾出版社.
张钢，2007. 林木育苗实用技术[M]. 北京：中国农业出版社.
郗荣庭，1980. 果树栽培学总论[M]. 北京：中国农业出版社.
侯元兆，2007. 现代林业育苗的理念与技术[M]. 北京：世界林业研究,20(4):24－29.

国家标准局，1985. 育苗技术规程：GB 6001—1985[S]. 北京：中国标准出版社.
国家标准局，2013. 容器育苗技术：LY/T 1000—2013[S]. 北京：中国质检出版社.
国家标准局，2008. 育苗技术及苗木质量分级：LY/T 1730. 3—2008[S]. 北京：中国标准出版社.
国家标准局，2010. 林木组织培养育苗技术规程：LY/T 1882—2010[S]. 北京：中国标准出版社.

第6章
经济林良种基地建设与良种生产

【本章提要】

本章介绍了种质资源圃营建与种质保存、采穗圃营建与良种穗条生产、种子园营建与种子生产、母树林改造与种子生产、苗圃营建与规划、圃地育苗与苗木生产。要求重点掌握采穗圃营建技术和嫁接苗良种苗木培育技术。

良种化水平是现代经济林产业发展的重要标志之一。优良品种的广泛使用是实现经济林良种化的物质基础，经济林良种基地建设是实现良种化的根本途径。经济林良种基地指是以生产优质的良种穗条、优良种子和良种苗木为主的场所。经济林良种选育需要通过种质资源的创制、搜集、评价、筛选来实现，这一过程需要建立种质资源圃；经济林良种化途径必须依靠建立良种采穗圃、母树林和种子园来实现，经济林良种苗木的规模化生产通常是在经济林苗圃进行培育。采穗母本园(采穗圃)、采种母本园(种子园)和采种基地(或母树林)是良种扩大繁殖的基本途径，它们分别用于培育良种的穗条和生产优良的种子。有条件的地方还要建立砧木母本园，以生产砧木种子。植物组织培养是良种扩大繁殖的另外一种途径，繁殖效率高、所繁殖的个体一致性好。

6.1 种质资源圃营建与种质保存

植物种质资源(germplasm resource)的收集保存兴起于20世纪70年代，现在已发展成为全球性的重要课题。目前，世界上许多国家和国际组织都建有种质资源圃以保存种质资源，我国也有很多地区或科教单位建立的经济林种质资源圃。建种质资源圃，就是通过维持经济林树种的种内遗传多样性来提高其生态适应性，以保证在环境胁迫时更有机会避免生物种类灭绝的危险，也为良种选育提供物质基础以及给生物学研究准备原始试验材料。所以，经济林种质资源圃就是为了研究和管理种质资源，对其鉴定和评价，开展种质创新，培育优良品种，服务于生产。为了便于信息交流和资源共享，种质资源圃的建设和管理需要遵循统一的规范和标准。《中华人民共和国种子法》(以下简称《种子法》)明确规定：

"国家对种质资源享有主权，国家依法保护种质资源，任何单位和个人不得侵占和破坏种质资源"。

种质资源圃是经济林种质资源保存的主要场所，也是多年生经济林树种的主要保存方式。目前，我国已经建成木本粮食与果树、木本油料、木本工业原料等的几十个国家级种质资源圃，见表6-1。

表6-1 国际组织和我国代表性的经济林种质资源圃一览表

序号	资源圃名称	建设地点
1	橡胶树种质资源圃	巴西玛瑙斯；马来西亚；中国海南儋州，云南景洪
2	国家油桐种质资源圃	湖南永顺，贵州望谟
3	国家油茶种质资源圃	湖南浏阳
4	国家枣种质资源圃	山西太谷，河北沧县
5	国家葡萄种质资源圃	山西太谷
6	国家核桃种质资源圃	山东泰安
7	国家板栗种质资源圃	山东泰安
8	国家柿种质资源圃	陕西杨凌
9	国家山楂种质资源圃	辽宁沈阳
10	国家杏、李种质资源圃	辽宁营口
11	新疆名特优果树及砧木种质资源圃	新疆轮台
12	寒地果树种质资源圃	吉林公主岭
13	云南特有果树砧木种质资源圃	云南昆明

6.1.1 种质资源圃的选址

经济林种质资源圃的选址，不论是国际层面，还是国家层面，以及特殊用途的资源圃，最基本原则是要选在该树种的自然分布区或主产区。原则上同一树种应建两个资源圃，称为"备份圃"，但是由于立地条件的差异，两个圃的资源不可能完全备份。对于分布区跨度较大的树种，有必要建多个圃。例如，我国的石榴有多个间断的产区，如云南蒙自、四川攀枝花、陕西临潼和新疆南疆，多个地区立地差异大，种质资源的遗传差异也大。又如，芒果在广西和海南是两大产区，相对而言云南的产业较小，但云南具有丰富的野生芒果种质资源。

种质资源圃的选址应结合立地条件和产业发展，做到因地制宜；而建圃的重复数要根据树种的分布区和遗传差异而定。

6.1.2 种质资源圃的规划

经济林种质资源圃实际上是一个种质资源保藏机构，包括研究人员、试验设施、土地和种质资源等。确保种质资源的安全是对资源圃的最低要求，保存的目的是利用，所以根据建圃任务，要明确资源圃的目标定位。种质资源圃就是为了把经济林种质资源以活体植株的形式保存起来，具有长期性和稳定性。种质资源圃的设计规模和布局、保存资源的种类和数量应根据经济林树种的特性、产业状况和实地条件，所以要因地制宜地做好规划设计。

种质资源圃规模，主要依据资源数量、种植株数、株行距等来确定。种质资源的数量会不断增加，所以规划时要留有余地，但不能太大，造成土地浪费。面积较大的资源圃，应根据资源的类型分成若干大区，分区保存；大区再分小区，区与区之间保持界限分明；小区面积应根据所保存植物的特点而定，以便编号记录。如云南景洪橡胶树种质资源圃分为魏克汉种质和巴西野生种质两个大区，每个大区再分成数十个小区，小区之间用生产道路隔开；最长小区72m，巴西野生种质资源每份3株，株距3m，每行8份；魏克汉种质资源每份4株，株距3m，每行6份。再如山西太谷枣种质资源圃，最早从1963年开始建圃，现占地165亩，收集我国24省(自治区、直辖市)的枣品种资源630个(份)，按照北方和南方资源，以及各省(自治区、直辖市)资源进行分区，株行距4m×6m，每份资源保存4~6株，并规划有专门的小区，用于新增资源的收集和选育良种的对比试验。

6.1.3 其他辅助设施

种质资源圃具有资源保存、科学研究和品种培育的多重任务。种质资源圃的重点是保存，负责建档保存，为试验和生产提供繁殖材料。作为“保存圃”的“辅助圃”，应建繁殖圃、引种过渡圃、试验圃等。繁殖圃用来繁殖新收集的资源，并为保存圃的更新提供苗木；引种过渡圃是对新引进的资源进行暂时保存，观察其适应性、抗逆性和病虫害的危害情况，起到驯化和检疫的作用；试验圃是为种质资源的性状鉴定提供材料。辅助圃和保存圃可以建在一起，也可以分开，依据土地及其他因素具体确定，但是引种过渡圃需要隔离，以免检疫性病虫害的引入。

种质资源圃内要求设有良好的灌溉系统、道路网络(见6.5.2.3辅助用地规划)、消防设施和安全保卫设施，并建立气象站等其他辅助设施。

6.1.4 种质资源圃的管理

种质资源圃是露天的档案室，每一份种质资源就是一份档案，要用管理档案的理念来管理种质资源圃。种质资源要进行统一编号，其编号是种质资源的标识符，资源编号不可重复。每份种质资源在第几区第几行第几株到第几株，资源圃要有明晰的标识，并要有清楚记录，如果资源圃较大，还需要建立数据库。每份资源都应记录其来源、引种人、引种日期、引种材料、特性特征等，随着鉴定工作的开展，不断补充资源信息。

经济林种质资源作为一个生命体，需要对其进行动态管理。当一份种质资源进入保存圃以后，要进行跟踪观察记录，如果出现资源死亡缺株需要及时繁殖补上，确保种质资源的安全。但是，种质资源在自然选择压力下，适者生存，不适者淘汰，如果资源由于各种原因导致不能适应而死亡，必须及时记录，并注明原因。经济林种质资源圃的日常管理，按照树种的特性，进行中耕除草、合理修剪、花期管理、病虫防治、产品采收与处理等工作。

6.2 采穗圃营建与良种穗条生产

采穗圃(cutting orchard)是以品种、品系为材料，生产遗传品质优良的种条(穗条、根条)繁育基地，所生产的良种穗条主要用于无性系育苗(如嫁接、压条、扦插等)或大树高接换种。采穗圃是无性繁育的基础，嫁接、压条、扦插繁殖的种条均应来自采穗圃。建立采穗圃有如下几个优点：①采穗圃母树都是单一的品种或品系，其种条的遗传一致性高；②通过对采穗母树的平茬、修剪、施肥、保幼等措施，种条健壮、充实、整齐，位置效应或成熟效应弱，粗细适中，愈合和生产能力强；③便于集约化经营和管理，可以在短期内生产大量优质种条，生产效率高、成本低；④采穗圃一般在经济林产业基地的中心区或大型苗圃附近，国外生产性采穗圃一般就在大型苗圃中，可以适时采条，避免种条的长途运输和贮存而降低其繁殖成活率。

6.2.1 采穗圃类型

对于良种化程度比较高的木本果树(如核桃、枣、板栗、柿、杏等)、木本油料(如油茶、油橄榄等)等经济林树种，其良种(品种、品系)原种圃(或原种采穗圃)一般由良种选育单位或经营主体建立，进而在规模化产业基地或育苗基地建立良种采穗圃(包括中心和临时采穗圃)。原种采穗圃是品种、品系的原始母株(M_0)采穗嫁接而成，其目的是保持原种无性系的优良性状，它主要向中心采穗圃和临时采穗圃提供建圃种穗，所以其规模不必太大。中心采穗圃一般位于产业基地的中心，交通便利，规模较大，土地平整(适宜机械化耕作)，直接向规模化产业基地提供穗条。不同经济林树种的采穗圃年产穗芽数量存在较大差异，乔木类经济林树种，盛产期亩产穗芽3万~5万个，如新疆枣良种采穗圃，第5年亩产穗芽3.5万个。成龄树油茶采穗圃可年产20万~30万个芽。临时采穗圃是指远离中心采穗圃的产业基地，按照采穗圃或结果园建立，待产业基地所需的育苗任务完成后，改造为正常的经济林基地。

普通采穗圃和改良采穗圃。以表型优良但尚未通过鉴定的优树为材料建立的采穗圃，称为普通采穗圃，通常只为建立一代无性系种子园、无性系测定和资源保存提供繁殖材料，不宜直接用于生产性大规模育苗；以优树通过遗传鉴定后的品系或品种为材料建立的采穗圃，称为改良采穗圃，可为优良无性系、品种的生产推广提供繁殖材料。

此外，按采穗圃经营目的可分为长期采穗圃、临时采穗圃和兼用采穗圃；按建立方式可分为新建采穗圃、改(扩)建采穗圃等。

6.2.2 圃地选择与营建

经济林采穗圃应设在该树种生产条件最适宜和技术力量较强的地区，临近规模化良种繁育基地或大型苗圃，便于采穗，随采随用，最大限度地提高穗条产量和繁殖效率。圃地要求交通方便，集中连片，地势平坦或低缓山地，适合机械化耕作；气候适宜、土壤肥沃，排水、灌溉便利，光照条件好。

根据缓坡地和平地不同，经济林采穗圃有坡地水平沟、竹节沟和平地丛状、条状建园模式，栽植密度因树种和品种，灌木或乔木，坡地或平地，经营年限而不同，如新疆枣良种采穗圃采用0.6m × 3.5m株行距平地模式，适合机械化耕作，第5年亩产穗芽3.5万个。经济林采穗圃是用无性系繁殖方法建立的，主要有新建和改造两种方式建圃。新建采穗圃采用品种苗(如扦插苗、压条苗、组培苗或嫁接苗)建圃，其优点是统一规划、栽植规范，管理方便，穗条整齐一致，但见效慢；改造采穗圃一般为高接换种改造而来，其优点是见效快，可以快速进入穗条生产期，但技术要求高，管理不便。采用品种苗建圃，要求做好规划，细致整地，施足基肥，大坑栽植(详见第7章　经济林营建部分)。改造采穗圃，要求选择树龄一致(如油茶一般6~30年生)、林相整齐、株行距规范、区界明显的林分，高接采用插皮接、嫩枝接等。

根据我国的《种子法》，生产中推广应用的品种必须是国家或省级正式审定或认定的品种或品系。因此，建圃的品种、品系不宜太多，一般采穗圃主要品种3~5个，可按品种或无性系成行或成块排列，同一品种为一个小区。详细记录建圃时间、品种(苗)来源，做好定植图，注明每个品种、品系所在的位置和数量，挂上标牌以方便采条识别。

6.2.3　作业方式

采穗圃的作业方式可采用灌丛式或乔林式，生产的穗条主要用于嫁接目的通常采用乔林式，株行距较大(4~6m)，经营年限较长；生产的穗条主要用于扦插目的通常采用灌丛式，采穗母树呈垄或呈畦栽植，株行距小，经营年限短。若发现采穗圃的母树退化或严重病虫危害时，须更新或重建。一般采条6~8年后须更新一次。生产上采用分区轮流采穗方式，以克服连年过度采穗而造成树体早衰和穗条质量下降等问题。

6.2.4　采穗圃管理

采穗圃建立后要及时做好土壤管理、树体管理、除萌除杂和病虫防治等工作，采穗圃管理重点抓好以下4个关键时期的管理工作。

(1)幼树发育期

主要是促进幼树营养生长，使其尽早达到一定高度。除了定植前施足基肥外，还要在定植后到定干修剪前，结合中耕除草，追施化肥。冬施农家肥或长效基肥，春施速效氮肥。也可间作豆类作物，以耕代抚。此外，还要做好除萌除杂，及时清除砧木基部萌芽和实生苗，保证采穗母树的正常生长。

(2)树体形成期

主要是促进枝条萌发和树体(冠)形成。随着树体、树冠的长大，要适时整形修剪，逐渐培养采穗树冠的形成。截干和修枝前后要追施以磷肥为主的化肥，以补充采穗和整形修剪中损失的营养，促进萌条发生，扩大树体。随着采穗母树的生长，要及时进行疏伐，首先应伐除病虫株和衰弱株，及时清除砧木萌条，中耕除草。

(3)采穗期

主要是促进树势和枝条健壮生长，提高穗条产量和质量，延长采穗年限。由于连年大量采穗，树体营养消耗很大，应做好土壤深翻、施肥、灌水等工作，防止土壤肥力下降。

秋冬季适当增施有机肥，采取农家肥或饼肥和生物菌肥发酵后施入；春季追施化肥，氮磷钾肥按比例施入；采穗后追肥以氮肥为主。采穗期及时防治病虫害。

(4)更新复壮期

主要是阻止采穗母树老化，诱导老树复壮。常用的方法是诱导树干基部(或嫁接口以上)萌生萌条，即采用截干方法促使树干基部不定芽萌发，抽生生理年龄幼化的萌条，重新形成新的树冠。此外，采用降低采穗部位的措施，可防止下一次萌条部位升高，具有保幼作用；利用植物激素等处理老龄接穗，可诱导休眠芽或短枝萌生新梢，具有返幼复壮作用。

6.2.5 穗条采集与贮运

采穗母树要选择品种纯正、性状稳定、生长健壮、无检疫对象的植株，果用经济林还要求从优质壮树或结果树上采穗。经济林良种化的基础就是分品种采穗、按品种育苗。根据不同繁殖用途，通常选用树冠外围中上部叶芽饱满的当年生嫩枝、当年生半木质化枝和1年生的木质化枝，注意保留穗条基部的部分叶芽。穗条采集的具体时期和方法因不同的无性繁殖(扦插、压条、嫁接)方法而定。

野外当年生嫩枝采集需用纸箱盛装，底部用湿毛巾铺垫，上用湿毛巾遮盖，以利保鲜。接穗随采随用为好，若需要远距离运输，先将枝条捆成30～50根一束，放入清水中浸湿，甩干后挂上标签，基部用吸足水的脱脂棉或湿布包扎，竖立整齐装于纸箱，运回后应立即解绑，插放于阴凉处的湿砂土或地窖中，注意保湿，存放期不宜超过3d。

6.3 种子园营建与种子生产

种子园(seed orchard)是以繁殖生产优良遗传品质和播种品种种子为目的的特种用途良种基地，所生产的种子主要用于播种繁殖育苗或直接播种建园或造林。种子园在针叶树种上应用最广，而经济林上主要应用于实生建园或无性繁殖困难的经济林树种，如橡胶树、桑树、麻疯树、白蜡、麻栎、沙棘、油桐、花椒等，也可用于实生改良。经济林种子园营建，一般由国家投资，按照某一树种优生区(或适生区)内定点建园、专业化营建，确保能机械化耕作，集中供种且良种纯正、种子质量好。大型专业化苗圃也可自行建园，但要确保种子园材料来源于选育单位或自主选育的优树。

6.3.1 种子园类型

6.3.1.1 无性系种子园和实生种子园

按照繁殖方法，经济林种子园分为无性系种子园(clonal seed orchard)和实生种子园(seedling seed orchard)。无性系种子园是由优树无性系或优树枝条嫁接建成的种子园，是当前种子园的主要形式，其优点是可以保持亲本优良遗传特性，能提早开花结实，较快提供生产所需种子，优良基因型可多次繁殖，遗传增益大，嫁接母树矮化，便于管理及采种作业。实生种子园是用优树控制授粉或自由授粉种子繁殖的实生苗建立的种子园，其优点是建园简便，可完成子代测定和种子生产双重任务，对于早期选择效果明显、遗传力较低的性状改良效果较好；但受早期选择效果的限制，结实较晚，初期种子产量较低，且因后代分化，个体的遗传基础不同，不便选择和利用。

6.3.1.2 初级种子园和改良种子园

按照繁殖材料的改良程度或繁殖世代，种子园可分为初级种子园(primary seed orchard)和改良种子园(advanced generation seed orchard)。初级种子园是以只经过表现型选择，而未经过子代测定，遗传品质尚未经过验证的繁殖材料建立的种子园。改良种子园是经过改良的繁殖材料建立的种子园，如由初级种子园子代测定后建立的第二代种子园或更高世代的种子园。

其他类型的种子园有：杂交种子园(hybrid seed orchard)建园材料为遗传基础不同的两个或两个以上的种质材料，以生产具有杂种优势的种子；产地种子园(source seed orchard)，建园材料属于同一树种的不同地理类型，以生产不同种源间杂种种子。

6.3.2 建园材料

种子园是以人工选择的优树无性系(clone)或家系(family)为材料，一般应先选择优良种源，在优良种源中选择优良林分，再在优良林分中选择优树获得初始繁殖材料。优树(superior；plus tree)是指在该树种某些性状上，显著超过同等立地条件下周围同种、同龄林分的单株，其遗传品质的好坏直接影响到建园的质量。优树选择配合种子园的建立和子代测定，是实现良种化的重要途径。无性系种子园接穗采用优树树冠中上部1~2年生枝条，砧木选用由适合本地生长的同种优质种子培育的生长健壮、根系发达的1~2年生移栽苗。实生苗种子园应采用优树家系的超级苗(super-seed)，即指生长特别突出，苗高、地径、根系超过平均值2~3个标准差的苗木。

6.3.3 建园方法

6.3.3.1 园址选择

种子园应建在该经济林树种的优生区或适生区，以有利于开花结实，一般可以在产区就地建园。如果种子园选择地因气温较低等原因而开花结实不良，则应在其南方或海拔较低的地区建园。园址选择应考虑如下条件：海拔适宜，地势平坦、开阔，光照充足，适宜机械化作业；土层深厚(南方应大于60cm，北方应大于40cm)，肥力中等，透气排水良好，酸碱性适宜，有灌溉条件；年积温较高，有适度的降水，避免晚霜、冻害、干旱及风等影响开花结实的不良气候条件，或有防控措施；集中连片，避免与农田或其他用地插花；交通便利，有劳动力来源。

种子园规模应根据经济林基地建设中长期任务确定，同时要考虑种子产量大小年情况，以及产业发展和种子调拨的需要。种子园要求有一定规模，生产性种子园同一树种面积应在100亩以上。经济林种子园以圆形或接近方形为好，避免长条形。

6.3.3.2 隔离条件

经济林种子园尽量远离同种或近缘种林分或生产基地，否则应设立花粉隔离带(pollen isolation)，以杜绝或减少外来花粉的污染。隔离带的宽窄，主要取决于花粉传播的距离，同时还要考虑树种种类、授粉方式、花粉结构、撒粉期的主风向和风速，以及种子园的位置等因素。一般认为，林木能受精并能生产种子的花粉有效传播距离约150m，但不同树种差异很大，如板栗花粉传播距离不超过30m，而银杏花粉能随风飘5～15km，有效传播距离可达1km。因此，种子园有效隔离距离应保持在300m以上，撒粉期上风方向要保持在500m以上。隔离措施一般是利用其他树种形成的林带，平地或缓坡地可种植草本或灌木。经济林种子园建立在其他树种林分内，或几个不同树种块状交错同时建立种子园，可起到良好的隔离效果。另外，无融合生殖的经济林树种，如大红袍花椒等，因为没有或不需要雄株授粉，所以建立种子园不需要任何隔离。

6.3.3.3 种子园规划

经济林种子园一般可以分为种子生产区和育种区。种子生产区可综合考虑地形和生产管理等因素，划分出经营大区和配置小区。经营大区一般100～150亩，大区间可设5～6m宽的主干道或防火带；配置小区能保证容纳一定数目的品种或品系，每区约10～15亩，小区间可设1～2m宽的步道。生产区尽可能规划成规则形状，便于编制品种、品系配置图。育种区包括优树收集区(育种圃)、采穗木本区(原始采穗圃)、子代测定区和良种示范区，具体应根据实际需要设置。

6.3.3.4 无性系(家系)数量与配置

种子园设计的目的就是保证无性系间的充分自由交配、减少自交或近交概率。所以，种子园要有一定无性系数量，以减少近亲繁殖和保证初级种子园去劣疏伐强度，但过多则遗传增益降低，遗传测定工作量加大。初级种子园，100～450亩需配置无性系50～100个；450亩以上需配置无性系100～200个；实生种子园，每个小区配置无性系50个，无性系种子园每个小区配置无性系20～25个。

无性系配置(clone layout)是指配置小区内各重复中无性系植株间的相对位置。配置的原则是；①同一无性系植株间的距离应大于20m，或间隔3株以上，以减少自交或近交概率；②避免无性系的固定搭配，以使个体间充分自由授粉，提高种子的遗传多样性；③便于施工管理和机械化作业。常用的配置方式有顺序错位配置，分组随机配置和调整的随机小区配置。但是，无融合生殖的经济林种子园则不需要配置，只需要按照品种、品系建园即可。

6.3.3.5 栽培密度和定植

种子园的栽植密度关系到母树的生长发育、所产种子数量和质量。初植密度依树种特性、立地条件和种子园类型的不同而定，基本原则是：有利于母树的生长与开花结实，有利于充分授粉，有利于单位面积高产。一般速生树种间距大一些，阔叶树比针叶树间距大，低纬度和立地条件好的地区比高纬度和立地条件差的地区间距大，无性系种子园比实生种子园间距大。一般行距(4～6m)大一些，株距相对小一些，成园后行内株间保持冠距1～2m，有利于机械化作业。初级种子园初植密度宜大，经多次疏伐后确定其株行距；改良种子园适宜一步到位，基本不做疏伐。

整地主要采用大穴、块状、水平梯田，单株定植。定植方式与采穗圃建园相同。实生苗种子园多采用优树实生苗定植，也可采用直播建园方式；无性系种子园多采用先育苗后定植的方式，嫁接成活率高的地区也可以先定砧后嫁接方式建园。

6.3.4 种子园经营

经济林种子园经营的目的是保证和增加种子产量，提高种子的遗传品质。种子园管理的主要技术包括土壤管理、树体管理、花粉管理、去劣疏伐、病虫防治和技术档案管理等。

6.3.4.1 土壤管理

土壤管理包括施肥、灌溉和松土锄草，机械化和肥水一体化是经济林种子园土壤管理的趋势。根据种子园土壤肥力状况、树种特性以及母树生长发育阶段确定施肥种类、数量和时间。每年追肥1~3次，以有机肥、复合肥或氮肥为主，特别是花芽分化期追肥1次，其余追肥可在幼果发育期和籽粒饱满期施入。种子园间作绿肥或豆科植物，有利于耕作时消灭杂草，提高土壤肥力。干旱地区灌溉有利于种子园母树的生长成形和丰产稳产，但在花芽分化期要停止或控制灌溉，有利于种子增产。

6.3.4.2 树体管理

经济林种子园要求树体、树冠大小适中，有利于采种和树体管理。所以，对于树体高大、冠形直立的树种，通过整形修剪、树干矮化等措施，降低树高、扩大树冠，以利提高种子产量。注意及时清除砧木萌条，采种期要注意保护树体，积极探索种子园机械化修剪措施。

6.3.4.3 花粉管理

种子园花粉管理的目的是提高种子产量和改进种子品质，主要方法是人工辅助授粉。辅助授粉(supplemental mass pollination，SMP)是在不去雄、不套袋的情况下，人工采集目的树花粉，并授于另一林分的授粉方法。在种子园开花结实初期或开花撒粉期遇阴雨天气时，应及时人工辅助授粉。花粉从10~20个无性系植株或优树上采集，分系采集、分系存放并标记。采集的花粉要进行调制、烘干和去杂，放入冰箱内贮存。授粉时要注意天气情况，清晨气流稳定，适于授粉。对虫媒花树种的种子园，应注意传粉昆虫的放养。

结果期的种子园，应掌握各无性系母树的开花时间和无性系之间花期是否同步。对花期不同步的无性系应疏伐掉，尽量使同一种子园或一个大区内无性系的花期保持同步，以提高各无性系母树的坐果率。

6.3.4.4 去劣疏伐

去劣疏伐的目的是增加初级种子园的产量，提高种子的遗传品质。疏伐能有效减少母树对养分和光照的竞争，保证母树的正常发育，促进结实。种子园初植密度较大时在树冠密接之前进行疏伐。特别是种子园母树进入结实后，应本着宁稀勿密的原则尽早尽快疏伐。间行或间株疏伐，或间行、间株同时疏伐。根据子代测定和花期观察情况，要及时淘汰遗传品质低劣、花期过早或过晚、花量过多或过少、种子产量极低的无性系。种子园去劣疏伐一般分2~3次进行。

6.3.4.5 病虫害防治

专用机械的病虫防治是现代经济林种子园的基础，也是有效降低成本、提高生产效率的关键。要使种子园丰产稳产，必须保证种子园母树的正常生长与结果，控制花、果实、种子及其主干、枝梢、根、茎病虫危害。根据种子园病虫和动物(鼠害)的发生、危害规律，采用有效措施及时防治。同时，加强检疫，防止危险性检疫对象随接穗引入园内。

6.3.4.6 技术档案管理

在种子园建园和经营管理中，对各项工作都要有详尽的记录，要建立完整的技术档案。主要内容包括种子园的基本情况、区划图、优树来源、无性系或家系配置图、经营活动、物候及生长发育情况、种子历年的产量和品质、遗传改良情况，以及标明供给经济林种子的标签，以便用户追溯。资料收集完整、记录准确、档案完整、使用方便，并有专人负责。

6.4 母树林改造与种子生产

6.4.1 母树林

建立经济林(或砧木)采种基地或母树林，目的是为经济林基地建设提供所需的优质种子，如红松、漆树、樟树、油桐、香椿、杜仲、沙棘、油茶等，以及核桃(或核桃楸)、酸枣等砧木用种，都需要采种基地。经济林良种基地一般设在地势平缓、相对集中、便于集约经营、交通方便的林分中，气候、环境有利于结实和采种。采种基地中，目的树种应在70%以上，采种母树生长良好，结实正常，无严重病虫害，采种基地应当确标定界，设立明显的标牌或标桩，严禁在疫区内设立采种基地。

采种基地的经营管理单位编制经营方案，疏伐要依据建设规划。疏伐低劣不良林木，疏伐强度确保留存母树的正常生长和结实，疏伐后林分郁闭度应在0.6以上，保留株数应根据树种、林龄及立地条件而定。加强杂草、灌丛和病虫害的控制。建立采种基地档案，采收的种子要有标签，标明树种、采集地和时间，做到记录准确，档案完整。

6.4.2 种子成熟与采收

种子成熟(seed maturity)分形态成熟和生理成熟两个时期。生理成熟(physiological maturity)指种子营养物质贮藏到一定程度，种胚形成，种实具有发芽能力；形态成熟(morphological maturity)指种实外部形态完全呈现成熟特征，种子的形态、大小、质量已稳定不变，完成种胚发育过程。一般树种的种子多是生理成熟在先，一段时间之后才达到形态成熟。但是，也有的种子生理与形态成熟时间几乎一致，如合欢等，种子达到生理成熟后即自行脱落，应及时采种。也有些树种种子形态成熟时种胚尚未发育完全，不具有发芽能力，种子采后在适宜条件下才能完成生理成熟，即后熟(after - ripening)，如银杏、香榧、皂荚、元宝枫、沙枣等。种子成熟的具体时间因树种及品种而异，板栗、核桃、酸枣、柿、油茶等大多数树种在秋冬季成熟，柚子、杨梅、桑树等在春夏季成熟。环境条件对种子成熟有一定的影响，一般气温越高，成熟越早；沙质土壤成熟早，黏质土壤成熟晚。

经济林采种多在形态成熟后进行。过早采收，种子未成熟，种胚发育不全，贮藏养分不足，抗逆性差，生活力弱，发芽率低，且容易受微生物危害；但对深休眠的种子，如山茱萸、山楂等，可用处于生理成熟期的种子，采后即播，以缩短休眠期，提高发芽率。通常从果实外形、果皮色泽可判断种子发育的情况，一般果实肥大，果形端正，果色正常，种子也饱满。

采种时应选品种纯正、类型一致、生长健壮、无病虫害的成年植株。用于实生繁殖的树种应选优质、丰产、抗性强的单株，固定为采种母株。采种方法可根据树木高低、种子大小、有无果肉包被等，在地面收集或树上采收。生产用种可混系采收，但子代测定用种应分系(或组合)单采、单收，以防系组混杂。

6.4.3 种子调制与质量检验

6.4.3.1 种子调制

种实是对经济树种球果、果实和种子的统称。种子调制(seed processing)是指从经济树种的球果或果实中取出种子，清除杂物，使种子达到适宜贮藏或播种的程度。根据树种和果实特性的不同，采取相应的脱壳取种的方法，如油茶和油桐均为蒴果，但脱除果壳的方法完全不同。油茶榨油用种子通常阳光下暴晒、果壳自然开裂后捡取种子的方法取种，但作为播种用的种子不可在烈日下暴晒，只可采用室内自然干燥裂果后取种；油桐则采用先堆沤、果皮腐烂后再捡取种子的方法取种。银杏的取种则先堆沤、后去皮、再漂洗的办法。果实堆沤应常翻动，控制温度不超过45℃。淘洗出种子后应阴干，忌强光暴晒。根据不同树种的要求控制含水量，干燥后的种子应按照标准要求进行精选和分级，使种子的净度达到99%以上，做好种类、品种、产地、质量、水分、纯度等标注。

6.4.3.2 种子质量检测

种子质量(seed quality)是种子优劣程度的各项指标的统称，可从种子含水量、种子净度和千粒重、种子发芽力、种子生活力几个方面进行测试。新种子生活力强，播种后发芽率也高，幼苗生长健壮；陈年种子则因贮藏条件和年限不同，而失去生活力的程度也不一样。因此，播种前必须经过种子质量的检验和发芽试验。

种子质量应依据国家标准《林木种子检验规程》(GB 2772—1999)的方法进行取样和检验。

(1)种子含水量

$$种子含水量(\%)=\frac{干燥前种子质量-干燥后种子质量}{干燥前种子质量}\times 100$$

(2)种子净度

$$种子净度(\%)=\frac{纯净种子质量}{供检种子质量}\times 100$$

(3)千粒重

千粒重(one thousand-seed weight)是指1000粒种子的质量(g/千粒)。用来衡量种子大小与饱满程度，也是计算播种量的依据之一。

(4)种子发芽力

包括种子发芽率和发芽势，用发芽试验来检验。发芽试验一般是将无休眠期或已解除休眠的种子，均匀放在有滤纸的培养皿中，种子上面也用湿纱布盖好，并给予一定水分等处理，在20～25℃温度条件下促其发芽，计算发芽百分率，判断种子发芽力，为确定播种量提供依据。

种子发芽率(germination percentage of seeds)是在最适宜发芽的环境条件下，在规定时间内(时间依树种而异)，发芽种子占供检验种子总数的百分比。

$$发芽率(\%) = \frac{规定天数内种子发芽粒数}{供试种子粒数} \times 100$$

发芽势(germination energy)是指种子自开始发芽至发芽最高峰时的发芽粒数占供试种子总数的百分率。发芽势高说明种子萌芽快，萌芽整齐。

$$发芽势(\%) = \frac{规定天数内种子发芽粒数}{供试种子总数} \times 100$$

(5)种子生活力

种子生活力(seed viability)是在适宜条件下种子潜在的发芽能力，大部分经济林种子采后处于休眠状态，难以直接用发芽试验来判断种子生活力。快速测定种子生活力的方法有：目测法、靛蓝染色法和TTC法。

目测法(visual evaluation)：直接观察种子的外部和内部形态，凡种仁饱满、种皮有光泽、剥皮后胚及子叶呈乳白色、不透明，并具有弹性为有活力种子，如种皮发皱、破损、色暗、种仁呈透明状或变色为失去活力，种仁变硬脆为陈年种子。

靛蓝染色法(indigo carmine test)：将种子在水中浸10～24h，使种子吸水膨胀，种皮软化，小心剥去种皮，浸入0.1%～0.2%的靛蓝溶液(也可用0.1%曙红，或5%的红墨水)中染色2～4h，取出用清水冲洗后观察，完全不上色者为有生命力种子，染色或胚着色是无生命力种子。

TTC法(Teterazolium test)：取种子100粒剥皮，剖开两半，取胚完整的一半放在器皿中，加入0.5%TTC(氯化三苯基四氮唑)溶液淹没种子，置于30～35℃黑暗条件下3～5h，胚芽及子叶背面染色者，子叶腹面染色较轻，周缘部分色深为有生活力；无发芽力的种子腹面，周缘不着色，或腹面中间部分染色不规则呈交错斑块。

6.4.4 种子分级与包衣

6.4.4.1 种子精选分级

播种前，要对种子进行精选和分级。

种子精选(seed cleaning)又称净种，是清除种子中的杂质和不合格种子，如空瘪籽、不饱满种子、霉变种子、机械损伤种子、破口或发芽种子等，从而获得纯净种子的工作。常用方法有风选、浮选、筛选、粒选。风选(winnowing)和筛选(screening)分别是以风力和筛子的筛孔大小进行种子筛选；浮选(floation)是利用液体浮力进行种子筛选，通常将种子放入25%的盐水中，充分搅拌后静止片刻，除去浮在水面上的不饱满种子或空瘪粒，留下沉在水中的种子，又称盐水选。可根据种子特性和夹杂物特性采用适宜的精选方法，大规模选种可由专用精选设备完成，而大粒种子也可人工选择，即手选。

表 6-2　部分经济林树种的种子质量等级

树种	Ⅰ级				Ⅱ级				Ⅲ级				各级种子含水量不高于(%)
	净度不低于(%)	发芽率不低于(%)	生活力不低于(%)	优良度不低于(%)	净度不低于(%)	发芽率不低于(%)	生活力不低于(%)	优良度不低于(%)	净度不低于(%)	发芽率不低于(%)	生活力不低于(%)	优良度不低于(%)	
银杏	99	85		90	99	75		85	99	65		80	25～20
山杏	99		90		99		80	90	99		70		10
板栗	98			85	96				94			75	30～25
栓皮栎	99	80		95	97	65		90	95	50		85	30～25
核桃	99	80			99	70							12
乌桕	98			90	95			80	90			70	10
油茶	99	85			99	75			99	65			15～13
黄檗	96		80		93		70		90		60		10
文冠果	98		85		95		75		95		60		11
漆树	98			80	98			75					12～10
沙棘	90	80			85	70			85	60			9
紫穗槐	95	70			90	60			85	50			10
刺槐	95	80			90	70			90	60			10
沙枣	98	90			95	85			95	80			10

种子分级(seed grading)即按种子大小、形状、色泽、种仁质量和综合因子划分种子质量等级，一般分为三级：Ⅰ级、Ⅱ级种子均可用于播种，Ⅲ级种子为不合格种子，不能用于播种(表 6-2)。如果采集地自然条件相近或未超越分布区，不同种批可以混合分级，按种子质量等级分别播种。

6.4.4.2　种子包衣

种子包衣(seed coating)是指利用黏着剂或成膜剂，将杀菌剂、杀虫剂、微肥、植物生长调节剂、缓释剂、着色剂、填充剂等非种子材料，包裹在种子外面，使种子成球形或基本保持原有形状的一项种子处理新技术。种子包衣处理后，具有明显的杀灭地下害虫和苗期害虫，解除种子带菌和根部苗期病害，促进苗齐、苗全、苗壮的效果。种子包衣已在国内农作物上广泛应用，一般增产 10% 左右，并可减少农药用量，减轻环境污染，便于机械作业，降低劳动成本，节约种子用量，提高生产效率。

种衣剂(seed coating agent)按其所含药剂的成分分为两类：一类是单剂型，主要是有机防病杀菌种衣剂、防虫的杀虫种衣剂、蓄水抗旱种衣剂等；另一类是复合型种衣剂，即将杀虫剂、杀菌剂和微量元素等按一定比例配在一起，同时起到防病、防虫、保水、促长等作用。种衣剂以种子为载体，借助于成膜剂或黏着剂黏附在种子上，很快固化为均匀的一层药膜，播入土壤中后，这层薄膜遇水只能吸胀而几乎不被溶解(一般拌种剂或农药遇水溶解，药剂随之降低)，成为一个地下小药库缓慢释放，被根系吸收传导到幼苗植株各部分，有效期一般为40～60d，比一般浸种或拌种施药方法药效长2～4倍。

种子包衣方法分为两种：①种子丸化(seed pelleting)，指利用黏着剂，将杀菌剂、杀虫剂、染料、填充剂等非种子物质黏着在种子外面，常做成在大小和形状上没有明显差异的球形单粒种子单位，主要适用小粒种子。②种子包膜(seed film coating)，是指利用成膜剂，将杀菌剂、杀虫剂、微肥、染料等非种子物质包裹在种子外面，形成一层薄膜，经包膜后，成为基本上保持原来种子形状的种子单位，适用大粒和中粒种子。种子包衣的方法除人工方法外，主要采用种子包衣机进行包衣，通过药剂雾化和绞龙(滚筒)搅拌的方法使种衣剂均匀地包在种子上面。

6.5 苗圃营建与规划

苗圃(nursery)是繁殖和培育良种苗木的场所，包括苗圃地和附属设施。根据不同目的，苗圃类型多样。根据经营年限，可分为固定苗圃(长期苗圃，10年以上)和临时苗圃(短期苗圃)；根据经营规模，可分为大型苗圃(300亩以上)、中型苗圃(50～300亩)和小型苗圃(50亩以下)；根据苗圃经营种类及生产任务，可分为综合性苗圃和专业性苗圃(果树苗圃、经济林苗圃等)；根据苗圃设施条件，可分为露地苗圃和保护地苗圃。不同类型苗圃的用途和经营方式不同，在布局和经营管理上也各有不同。随着我国经济林产区优化和产业升级，区域性的优质良种苗木的需求更加迫切。我国地域辽阔，建立适合各地立地条件和经济林特点的规模化的大、中型专业苗圃，将是今后苗圃建设的发展方向。

6.5.1 苗圃地的选择

苗圃地选择应以当地主要经济林树种的良种苗木需求为依据，同时选择苗木生长环境良好、苗圃经营管理便利的区域。基本要求是：地势平坦，土壤肥沃，土质疏松；背风向阳，水源充足，排水良好，无严重自然灾害(如冰雹、霜冻、洪水、风害等)和环境污染；适宜建设配套附属设施，交通便利。

(1)地理位置

尽量选择主要经济林树种的产区中心或附近，交通便利，减少苗木长途运输，提高栽植成活率。有利于苗圃的水、电、路等基础设施和设施棚体、仓储、场地、机械化车辆、工具等附属设施的建设。

(2)地形地势

应选择背风向阳、地势平坦或坡度较小的区域。地势平坦开阔，便于机械化耕作和灌溉，也应有利于排水防涝。特别是在低洼、峡谷、风口、寒流汇集等地形，不宜选作苗圃，以免苗木冻害、风害和水涝。

(3)土壤条件

应选择土层深厚、土壤肥沃、土质结构疏松、透水透气良好的砂壤土或轻黏壤土，有良好的持水保肥能力和透气性能，适宜苗木生长。一般要求土层厚度应在50cm以上，含盐量低于0.2%，这有机质含量1.5%～2.5%。不同经济林树种对土壤酸碱度有不同的要求，应根据树种特性、种子大小、育苗难易等进行土壤改良。例如，油茶、板栗喜酸性土壤，油橄榄、枣、核桃喜中性偏碱性土壤。

(4)灌溉与排水

充足的水源、良好的灌溉设施是苗圃建设的基本条件。地表水可直接用于苗圃灌溉，而很深的地下水温度一般较低，不能直接用于灌溉，应设蓄水池提高水温后再进行灌溉。根据育苗类型和树种，现代经济林苗圃都建有自流灌溉、喷灌等灌溉系统，为了防止苗圃水涝也应有排水系统。

(5)气候与环境

应选择气候条件比较温和、稳定，灾害性天气很少的区域。而过度干旱、地下水位过高，以及霜冻、风害、冰雹、洪水等频发区域，则不宜选作苗圃。有些经济林树种，也应该考虑到苗圃病虫草及动物危害的情况，如蝼蛄、地老虎等地下害虫，立枯病、猝倒病，多年生杂草，以及鸟类、地下或地上鼠兔害等。

6.5.2 苗圃规划设计与圃地耕作

苗圃用地一般包括生产用地和辅助用地两部分。生产用地一般占苗圃总面积的75%～85%，大型苗圃通常在80%以上。通常包括播种繁殖区、营养繁殖区、苗木移植区以及轮作休闲地。现代经济林苗圃还设有大苗培育区、种质资源区或良种采穗区、设施育苗区、组织培养区、试验示范区等。

辅助用地，又称非生产用地，一般占苗圃总面积的20%～25%，大型苗圃占15%～20%。辅助用地是指苗圃的管理区建筑用地、苗圃道路、排灌与电力系统、防护林系统、晾晒场、积肥场、仓储建筑等用地，以满足生产管理和机械化作业的需要。

6.5.2.1 规划前的准备工作

根据苗圃地的选择要求，确定苗圃地点和区域面积后，做好以下几项工作：①实地踏查，了解圃地的现状、种植历史、地势地形、土壤条件、水源、电力、交通、病虫鼠(兔)害、自然环境等情况；②按照比例尺测绘地形图，包括河流、山川、水井、道路、桥梁、房屋等尽量绘入，土壤养分情况也应标明；③根据圃地地形、地势及指示植物，调查土层厚度、pH值、酸碱度、地下水位等，弄清圃地土壤种类、分布、肥力状况，以便合理利用土地和进行土壤改良；④了解当地气象资料，如年平均气温及各月气温、年降水量、绝对最高和最低气温、土表最高温度、冻土层深度、早晚霜、主风向等，以及当地小气候情况。

6.5.2.2 生产用地规划

(1)作业区规划

通常将生产用地划分为若干个作业区，作业区作为苗圃育苗的基本单元，一般为长方形或正方形。作业区大小根据圃地条件及耕作方式、机械化程度确定。大、中型苗圃，每个作业区约50亩或更大，长度约300m，宽度约100m，圃地土壤质地与地形便于排水的可以宽一些，不便排水的窄一些。同时，要考虑排灌系统的设置，机械化喷雾及其射程、耕作机械作业的宽度等因素。

(2)繁殖育苗区规划

根据所培育经济林树种的种类、数量和繁育方法，结合苗圃地的立地条件进行全面规划，合理配置繁育育苗区。包括：①实生育苗区，主要为培养实生苗而设置的生产区，要求圃地自然条件和经营条件好的作业区作为实生播种区；②营养育苗区，为培养扦插、嫁接、压条、分株等无性或营养繁殖苗而设置的生产区；③设施育苗区，为温室、大棚或拱棚等设施育苗而设置的生产区，要求临近管理区，土壤条件好，通常用于组培苗炼苗和容器苗培育，因此应与组织培养室及其他育苗区统筹规划；④苗木移植区，为培育移植苗而设立的生产区，一般由实生和营养育苗区培育的苗木，需进一步培养较大苗木时，则应移入该区培养；⑤大苗培育区，有些经济林树种需要大苗建园，或特殊用途，培育根系发达、有一定树形、苗龄较大、可直接出圃建园而设置的生产区；⑥良种繁殖区，根据苗圃经营的需要而设置的种质资源库、采穗圃、原种收集圃(母树林)、种子园、良种示范园等，主要是保存种质资源、良种苗木培育、遗传测定和良种示范。

6.5.2.3 辅助用地规划

(1)管理区设计

大型苗圃管理区包括生活区、生产区建筑和圃内场院等。生活区建筑包括办公、食宿、会议室、接待室等；生产区建筑包括车辆、机械、工具库房，接穗、苗木贮存(整理)库、种子贮藏库等；圃地场院包括晾晒场、堆肥场等。苗圃管理区应设在交通方便、地势较高的地方。中、小型苗圃办公区、生活区一般选择靠近苗圃出入口的地方，大型苗圃的办公区、生活区则设在苗圃中心位置。

(2)道路系统设计

苗圃道路系统主要是保证运输车辆、耕作机具、作业人员的正常通行，一般道路系统占地面积约为苗圃总面积的7%～10%。苗圃道路包括一级、二级、三级路和环路几部分，中、小型苗圃可少设或不设二级路。

一级路，也称主道。一般设置于苗圃的中轴线上，连接管理区和苗圃出入口，能够通行载重车辆和大型耕作机械。通常设置1条或相互垂直的2条，路面高出作业区20cm以上。二级路，也称支道。是一级路通达各作业区的分支道路，通常与一级路垂直，根据作业区的划分可设置多条支道，路面高出作业区10cm。三级路，也称作业道。路面宽度从一级到三级路，逐渐减少。环路，设在苗圃四周防护林带的内侧，供机动车辆回转通行和防护林带管理使用。

(3)灌溉系统设计

建立苗圃时结合道路、作业区和地形设置灌溉系统。灌溉系统包括水源、提水设备、引水设施。引水设施分渠道引水和管道引水两种，目前大、中型现代苗圃应采用地下管道引水设施，并采用喷灌、滴灌、渗灌等节水灌溉技术。苗圃配套喷灌设施，也可预防霜冻和高温危害。温室和扦插育苗区应设置间歇自动喷雾设施。

(4)排水系统设计

在地势低洼、降水量大或暴雨集中的地区建立苗圃应有排水系统，排水系统通常分为大、中、小三级排水沟。大排水沟应设在圃地最低处，直接通入河流、湖泊或城市排水系统；中、小排水沟通常设在路旁；作业区内的小排水沟与步道相配合，排水沟与路、渠相交处应设涵洞或桥梁。苗圃四周宜设较深的截水沟，以防苗圃以外的水流入，并具有排除内水、保护苗圃的作用。

(5)防护林带设计

防护林带占地面积一般为苗圃总面积的5% ~10%，主要根据风害的强弱和环境条件而确定。林带树种一般选用适应性强、生长迅速、树冠高大的乡土树种，也可结合采种、采穗母树和有一定经济价值的树种，忌用苗木病虫害的中间寄主。国外有用塑料防风网防风，优点是占地少、耐用，但成本较高。

6.5.2.4 圃地土壤耕作

圃地土壤耕作(nursery soil tillage)指对苗圃耕作层所进行的一系列土壤改良和地力维护措施，包括整地、作床或作垄、土壤消毒、施肥、接种菌根菌、轮作等，目的是改良圃地耕作条件和土壤耕性，提高土壤肥力。土壤耕作层是苗木根系生长的基础，其理化性质和养分状况对苗木生长发育具有重要作用，因此，圃地土壤耕作是培养壮苗的重要措施(详见6.6.1部分)。

6.5.3 苗圃档案

苗圃档案是苗圃生产经营活动的真实记录，其目的是通过不断地记录、整理分析苗圃的使用、苗木生产、育苗技术措施的实施情况和物料投入、机械、用工及劳力组合效果等，以便掌握苗木生产规律，总结育苗经验，提高苗圃经营管理水平。苗圃档案主要包括：

(1)苗圃规划档案

包括苗圃原来地貌特点，地形平面图；苗圃原始规划设计图及其说明书，及以后历次改、扩建和变更规划设计图和说明书；主要辅助用地(如道路、灌溉排水、防护林、管理区建筑)规划设计图及其改、扩建和变更情况资料。

(2)苗圃技术档案

种质资源库、采穗圃、母树林、种子园、良种示范园等定植图及各种材料来源记载；各作业区苗木培育数量和销售去向，种子、种条、接穗和种苗来源；各年度不同技术措施的实施方案、实施效果，施工记录、科技计划和试验总结；苗圃作业管理日记等。

(3)环境气候档案

苗圃各繁殖区土壤类型、肥力状况及各年度土壤管理情况，作业方式、整地方式；常规气候资料和灾害天气及其危害情况。

6.6 圃地育苗与苗木生产

6.6.1 圃地育苗

6.6.1.1 圃地耕整

圃地耕整是用物理机械方法对苗圃地耕作层进行深耕细整，使之适宜于苗木生长发育和育苗作业的耕作过程，包括平地、浅耕、耕地、耙地、镇压、中耕等。土壤耕作层是苗木根系生长的基础，其理化性质和养分状况对苗木生长发育有着至关重要的影响，通过整地可以起到加深土壤耕作层，疏松土壤，改良土壤结构，提高土壤的通气性和透水性，改善土壤温热状况，促进土壤微生物活动，加快土壤有机质分解，消灭杂草和病虫害的良好作用。因此，圃地耕整是培育壮苗的重要措施。

圃地耕整要求及时耕耙，深耕细整，清除草根、石块，地平土碎，并达到一定深度。土壤耕作一般要求“两耕两耙”：第一次可于12月前撒施枯饼、厩肥等有机肥，然后翻耕耙碎，耕深30cm以上；第二次可于1~2月育苗前撒施复合肥或磷肥，然后翻耕耙平，耕深20~25cm。耕地深度还要考虑苗木根系生长的需要，如1年生播种苗的根系主要分布在10~25cm的土层内，播种区的耕作深度应地25cm左右；移植苗和扦插苗的根系分布较深，故移植区和扦插区的耕地深度以30~35cm为宜。

在北方干旱、半干旱地区，秋季起苗后随即进行深耕并及时耙平，以利保墒。冬季有积雪的地区，秋耕后在早春尚未完全解冻时“顶凌”耙地。南方苗圃一般土质较黏重，应“三耕三耙”，冬春雨雪较多，冬耕不耙，使土垡越冬时受冻融作用而松散，再在早春到作床前，连续两次进行浅耕耙地，使耕作层土壤充分细碎。在撂荒地、灌丛地开辟苗圃时，因杂草多，土壤坚实，要提前一年翻耕；农用地改为育苗地时，在作物收割后立即进行深5cm左右的浅耕灭茬，待杂草种子萌发时再进行深耕。

苗圃耕翻作业要避免在土壤过湿或过干时进行。若土壤过于干燥，则耕地时阻力较大，难以耕翻；而土壤过湿时，则耕后土垡不易破碎，对苗木生长不利。当土壤干湿适中，含水量为饱和含水量的50%~60%时，通常以表土稍干而下层土壤较湿润时耕翻最为适宜。此时耕作阻力较小，效率高，同时能把土壤碎成小团块。通常是取土在手中能捏成团。再在1m高处自由落地能摔碎，即为宜耕性状，应及时耕地。

若圃地质地不良或酸碱不当应结合耕整进行改良。重黏土可掺河沙、黄心土、稻壳等，重砂土可掺原圃土、塘泥等。酸性土(pH值4.5~5.5)可施用生石灰(须同时施用有机肥)或草木灰，或随基肥加入$Ca(NO_3)_2$、$NaNO_3$等碱性肥料提高pH值；碱性土(pH值8.5~9.5)可施用硫黄粉(缓效)、硫酸亚铁(速效)或硫酸铝等，或加入$(NH_4)_2SO_4$、NH_4Cl等酸性肥料降低pH值。

6.6.1.2 作床和作垄

作业方式有苗床育苗和垄作育苗两种：苗床育苗(nursery bed culture)是在整地后修作的苗床上育苗，便于集约管理，有利于排水；垄作育苗(nursery row culture)是在整地后修作的苗垄上育苗，或在整地后成行成带直接育苗，便于机械化作业。垄作育苗与农作物栽培方式相似，又称大田育苗。我国南方由于雨水多，一般采用苗床育苗；北方在阔叶树育苗时广泛采用垄作育苗。

(1)作床

在经过耕作的圃地上，以步道作床埂，修作苗床，然后在苗床上播种或扦插。根据苗床与步道间高度的差异，苗床可分为高床、低床、平床3种(图6-1)。

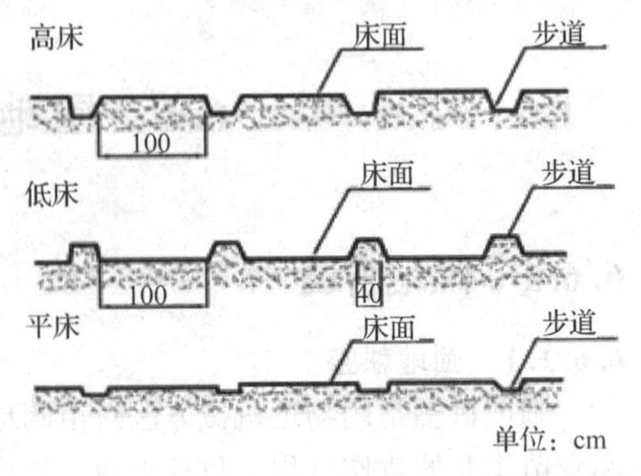

图6-1 苗床示意

①高床(high bed)　床面高出步道的苗床。适用于多雨且土质黏重的地区。优点是促进土壤通气，提高土温，增加肥土层厚度，有利排水和利用步道进行侧方灌溉，使床面不致板结。整地后取步道土壤覆于床上，苗床高一般为15~20cm，培育大苗时可稍低，约10~15cm；床面宽100cm。

②低床(low bed)　床面低于步道的苗床。通常床面比步道低15~20cm，有利于蓄水保墒，适于干旱少雨、水源不足地区。

③平床(flatten bed)　床面与步道等高的苗床。但由于步道经常踩踏，仍比床面要低一些，优点是作床简便省工，在湿润不需灌溉和排水的圃地采用。

播种育苗的床宽一般为1~1.3m，步道宽一般为40cm，以便于人工育苗作业；移植苗的床面可适当放宽为2~3m，以提高土地利用率。苗床的长度因地形而定，但为了便于计算面积，苗床长度可取整数，一般为10~20m，机械作业的苗床可长达30~50m。为了使苗木受光均匀和便于遮阴，苗床的方向(长边)应为东西向。在坡地应使苗床长边与等高线平行，以防止土壤冲刷。

(2)作垄

垄作育苗分为平作、高垄和低垄3种(图6-2)。

①平作(flatten row)　圃地经耕耙平整后不作垄，直接进行育苗。能提高土地利用率和单位面积产苗量，也便于机械化作业，常用于多行式带播。

②高垄(high row)　垄面高出地面，具有高床的优点，但管理不如平作细致，土地利用率和产苗量较低，垄底宽60~70cm，垄面宽30~40cm，垄高10~20cm。

③低垄(low row)　垄面低于地面约10cm。优点是灌水方便，省水，利于抗旱，垄背有防风作用。

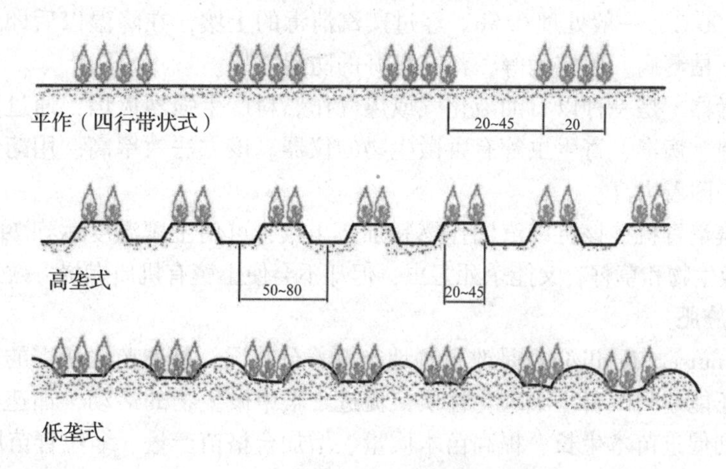

图6-2　大田育苗方式示意图(单位：cm)

6.6.1.3　土壤消毒

苗圃土壤消毒(nursery soil disinfection)的目的是消灭土壤中的病原菌、虫卵和杂草种子。常用的土壤消毒方法有：药剂处理和高温处理。

(1)药剂处理

使用除菌剂、杀虫剂进行土壤消毒，常用药剂有：

①硫酸亚铁　一般在播种前5~7d，在床面上按每平方米浇洒1%~3%的水溶液3~4kg，也可将硫酸亚铁研成粉末，拌以细土，均匀撒在苗床或播种沟内。

②高锰酸钾　能有效地杀死床土中的病菌，防治立枯病、腐烂病等。在播种或扦插前1~2d，用0.1%~0.5%高锰酸钾溶液喷透床面，用量0.15g/m²(用1.2L水稀释后使用)，用塑料薄膜覆盖3~5h(高锰酸钾为强氧化剂，消毒时不宜与其他药品、肥料等混用)，再用清水将药液冲洗干净。

③福尔马林(甲醛)　每平方米用40%的福尔马林50mL加水6~12kg的稀释液，在播种前10~15d均匀喷洒在苗床上，用塑料薄膜覆盖，在播种前3~5d揭去薄膜，待福尔马林充分挥发后才能播种。

④五氯硝基苯及辛硫磷　用五氯硝基苯(2~4g/m²)混拌适量细砂土，均匀撒在床面，再与表土混匀耙平。配合适量辛硫磷50%颗粒剂(1.5g/m²)可防地老虎、蝼蛄、蜗牛等。

⑤多菌灵　50%多菌灵10g/m²干细土拌匀，1/3药土作垫土，2/3药土播种后作覆土，撒后适量洒水，可防立枯病、根腐病、猝倒病等。

(2)高温处理

在圃地堆放柴草焚烧，使地表剧烈升温，不仅能消灭病原菌，还能杀死害虫和杂草种子。

①燃烧法　在露地苗床上，将干柴草平铺在田面上点燃，这样不但可以消灭表土中的病菌、害虫和虫卵，翻耕后还能增加一部分钾肥。

②蒸汽消毒　欧美和日本等国家和地区普遍应用蒸汽进行床土消毒。荷兰用蒸汽将床土加热到90~100℃，一般处理0.5h。经过蒸汽消毒的土壤，在降温以后即可使用，对猝倒病、立枯病、枯萎病、菌核病等，都有良好的防治效果。

③火焰消毒器　是一种以石油液化气或煤气作燃料产生强烈火焰，通过高温火焰来杀灭环境中的病菌、病毒、寄生虫等有害微生物的仪器。该方法效率高、用药省，防治成本低，弥漫性好、附着力高。

④火焰土壤消毒机　该机以汽油作燃料加热土壤，可使土壤温度达到79~87℃，既能杀死各种病原微生物和草籽，又能杀死害虫，但却不会使土壤有机质燃烧，效果比较理想。

6.6.1.4　苗圃施肥

苗圃施肥(nursery fertilizing)是改善圃地土壤养分状况，补充苗木所需的营养元素的基本方法。施肥还能起到改善土壤理化性质，促进土壤中微生物的活动，加速有机质分解的作用，从而达到促进苗木生长、提高苗木质量、增加合格苗产量、缩短育苗周期的目的。

苗圃施肥要坚持以有机肥为主、无机肥为辅，施足基肥、适当追肥的原则，应综合考虑苗木特性、圃地条件、施肥目的及肥料特性等因素，合理施肥。苗木以营养生长为主，对氮素要求较高，一般应以氮肥为主，适当补充磷、钾肥，最好施用氮、磷、钾完全肥。豆科树种的苗木大多有根瘤，对磷肥要求较高而对氮肥要求较低。幼苗期宜多施磷肥，速生期多施氮肥，生长后期多施磷、钾肥。随着苗龄增加，需肥量需随之加大，一般2年生苗比1年生苗要多3~5倍。播种区和扦插区的施肥量应大于移植区。

施肥方式可分为基肥、种肥和追肥3种。基肥(basal fertilizer)目的是满足苗木生长周期对养分的长期需求，以迟效有机肥如堆肥、厩肥、绿肥等为主，也可加入少部分速效氮肥和大部分磷钾肥，在播种或移植前施用，通常将肥料均匀地撒在土壤表面，在翻耕过程中，将肥料埋入土中。种肥(seed fertilizer)在播种或扦插、移植时施用，以满足苗木生长初期对养分的需要，一般将硫酸铵、过磷酸钙与筛过的腐熟堆肥、厩肥等混匀后拌种或蘸根，也可施入播种沟、播种穴，或施在初期根系分布最多的土壤层次。追肥(top dressing)主要在苗木生长期间施用，具体施用方法见苗木抚育章节。

6.6.1.5 接种菌根菌

菌根(mycorrhiza)是土壤中的菌根真菌菌丝与植物营养根系形成的共生体，具有强化苗木对水分和养分的吸收，特别是对磷和氮的吸收的作用。板栗、榛子、银杏、核桃、红松等均存在根系与菌根真菌共生现象。新建苗圃育苗前接种菌根是促进苗木生长，提高土壤肥力，保护苗木根系免受病菌侵害的有效措施之一。接种菌根菌一般是从老苗圃或同一树种的林内挖取根部附近带菌根菌的土壤，撒入苗床或播种沟内，与表土掺匀。接种后应经常保持土壤疏松湿润，如施入适量的磷肥作基肥则更有利于菌根的形成。也可先将菌根苗移栽到苗圃作为“母苗”，翌年在“母苗”四周移栽幼苗，使其感染菌根菌。

6.6.1.6 轮作

在同一育苗地上，按一定的顺序，轮换培育不同树种的苗木，或将苗木与农作物、绿肥等轮换种植的方法称为苗圃轮作(nursery rotation)。而连年在同一育苗地上培育同种或近缘种苗木称为苗圃连作(nursery continuous cropping)。长期连作会使土壤结构变坏，地力衰退，养分偏失，营养失衡，病虫蔓延，影响苗木产量和质量，故应实行轮作制。苗圃轮作要根据育苗任务、各种树种苗木和农作物的生物学特性，以及与土壤的相互关系，进行合理的安排，一般繁殖区每隔2~3年轮作一次，移植大苗区每隔4~5年轮作一次。北方干旱地区可用休闲制，即用1/4~1/3的圃地休闲1~2年。在南方可以不用休闲。轮作方法主要有以下几种：

(1)不同树种苗木的轮作

在育苗树种较多的情况下，将没有共同病虫害，根系分布不同，对土壤要求不同的树种的苗木进行轮作。可避免某些病虫害的蔓延和互相传染，也可防止土壤中某些营养元素的亏缺，如针叶树与阔叶树，豆科树种与非豆科树种进行轮作。

(2)苗木与农作物的轮作

可将苗木与豆类、小麦、玉米、水稻等轮作。这种轮作不仅可改善土壤结构，恢复地力，还可收获一部分农产品，有利于苗圃开展多种经营。

(3)苗木与绿肥、牧草的轮作

育苗树种较少的苗圃，可在连续育苗几年后栽培一年或一季绿肥作物的牧草，如苕子、苜蓿等以增加土壤中的有机质，促进土壤形成团粒结构，改善土壤肥力条件。

6.6.2 容器育苗

6.6.2.1 育苗容器

(1)制作材料

对育苗容器制作材料的基本要求：来源广，加工容易，成本低廉；使用方便，浇水、搬运不易破碎；保水性能好，对苗木生长有益无害等。按材料降解特性，可以分为两大类：

①难降解材料　一般为化学合成材料，自然条件下不容易降解，栽植时要去掉容器，可回收或多次使用，如塑料营养袋、塑料营养筒(硬塑管)、泡沫塑料营养砖等。生产上应用较多的是塑料薄膜容器。这类容器的优点是制作简单、成本低、使用方便，缺点是通透性差，苗木容易发生窝根，尤其是对于培育时间较长、木质化程度高的林木苗木更是如此，而且难以自然降解，若回收不干净会导致土壤污染。

②易降解材料　一般为生物质材料或天然材料，自然条件容易降解，通常一次性使用，栽植时不需要去掉容器，如纸质营养袋、泥炭营养砖、黏土营养钵(杯)、竹黄营养篮(竹篓)等。目前，国内外已开发出多种新型环保容器制作材料，例如：可生物降解塑料(以变性淀粉、玉米淀粉等为原料)、可再生环保聚丙烯塑料(以甘蔗乙醇为原料)、专用无纺布(由聚丙烯喷丝热压而成)等。其中，以专用无纺布使用最为广泛，其在阳光照射等物理作用下比塑料薄膜易于降解，对土壤环境的污染远低于塑料薄膜，而且透气透水，不会出现类似塑料薄膜的阻隔水分和养分传导的负面影响。

(2)容器结构

育苗容器外形主要有：四方体、六角体、圆筒体、圆锥体等。容器形状对根系生长方式有重要影响。由于容器苗根系发达，根量大，根系遇容器内壁后继续贴壁横向生长，进而缠绕成团，发生"窝根"现象，定植后根系伸展困难。圆筒和圆锥容器内壁光滑，最容易发生窝根，而六角和四方容器的纵向内角可阻滞根系横向缠绕，有利于根系纵向伸展。

容器内壁布设导根筋，可以引导根系向下生长。例如，改良后的圆筒状或圆锥状容器，其内壁附有2～6个纵向棱形凸起结构(导根肋)，根系可沿棱肋向下伸展，从而减轻窝根现象。

容器壁适当位置通常要留有孔口，目的是排水和透气。留孔方式有：网状孔、底部打孔、侧面打孔、无底等。容器孔口还有利于"空气修根"：根尖遇空气后因得不到充足的水分就会萎蔫干枯，形成类似于剪口愈合产生的根结，达到减少窝根、促发侧根、控制根幅等目的。底部边缘留孔的容器苗比底部中心留孔的容器苗根系质量好，主要原因是侧根多分布于容器四周，边缘留孔有利于空气修根。此外，容器内壁涂上铜离子制剂(硫酸铜、碳酸铜)或氟乐农等，可抑制根的顶端分生组织，实现根的顶端修剪，促发更多的侧根。

育苗容器排杯单元结构有单体和多体之分。单体结构即一个容器为一个排杯单元，多体结构即多个容器组合在一起成为一个排杯单元，如穴盘、蜂窝纸杯、育苗网袋等。

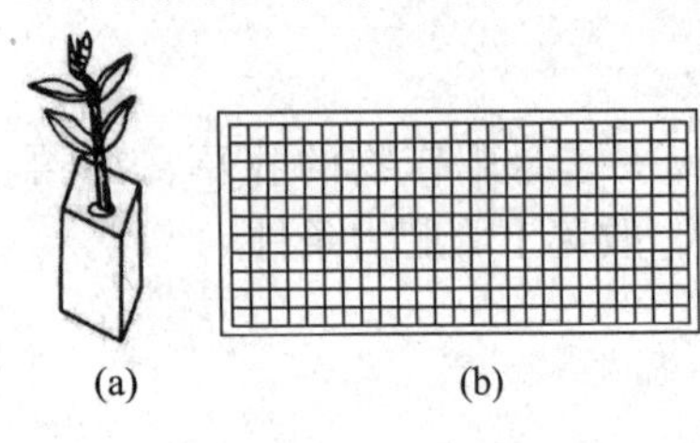

图6-3　营养砖

(a)营养砖苗　(b)营养砖苗床示意

(3)容器规格

容器规格对苗木质量及育苗成本影响很大。在保证苗木和移栽质量的前提下，应使用尽量小的容器，以降低育苗及运输成本。北美、北欧等温带地区多使用小型容器(直径2～3cm，长度9～20cm，容积40～50cm^3)；而在亚热带和热带地区杂草多，苗木宜大，故多用较大的容器(容积超过100cm^3)，以提高移栽质量。

(4)容器种类

育苗容器经历了营养钵、塑料薄膜容器、蜂窝状容器、硬塑料杯容器到无纺布容器、控根育苗容器的发展过程，营养钵几乎不再使用，其他容器各地根据不同情况都在应用。单体、易穿透、易分解、不回收的容器已成为当今育苗容器的主流。

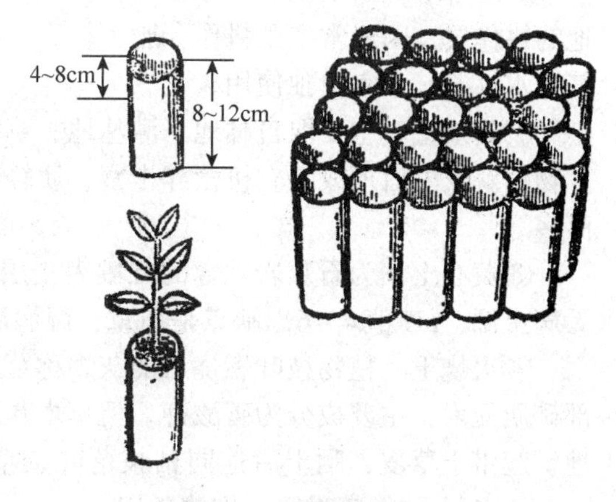

图6-4 塑料薄膜袋

①营养钵(nutritive cup) 用腐熟有机肥、火烧土、原圃土，并添加适量无机肥料配制成营养土，经拌浆、成床、切砖、打孔而成长方形的营养砖块，或者用木模或机具制成营养钵。

②塑料薄膜容器 一般用厚度为0.02~0.06mm的无毒塑料薄膜加工制作而成。塑料薄膜容器分有底(袋)和无底(筒)两种。

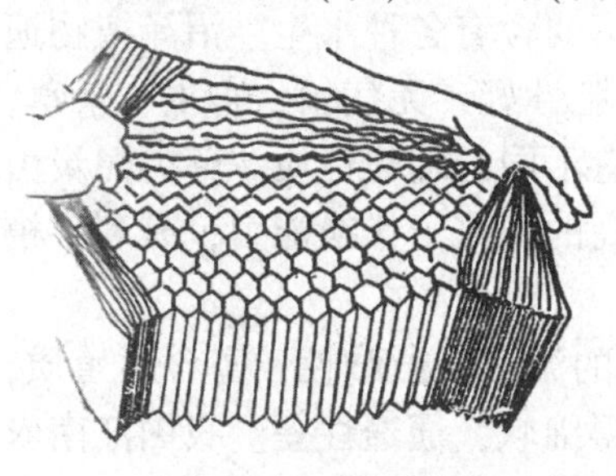
图6-5 蜂窝纸杯

③蜂窝状容器 以纸或塑料薄膜为原料制成，将单个容器交错排列，侧面用水溶性胶黏剂黏成，可折叠，用时展呈蜂窝状，无底(图6-5)。造林时，纸杯可以一个一个分开栽植。

④硬塑料杯 用硬质塑料制成单个管状容器杯，有六角形、方形或圆锥形，上大下小，内壁有3~4条棱状导根筋，底部有排水孔。装填营养土后直立安放在育苗架上。

⑤穴盘 通常为塑料或泡沫塑料制成的长方形盘，一般长54cm，宽28cm，穴孔数有32孔、50孔、70孔、128孔、200孔、288孔等，穴孔口径和穴盘高度因穴孔数目而异。穴盘壁光滑，利于定植时顺利脱盘。

⑥网袋容器 网袋制作材料通常用可降解无纺布，也可用纺织布或纸等其他具有网孔状结构的材料。将无纺布圈成肠衣，肠衣内填充育苗基质，形成基质肠，将基质肠切段后形成育苗网袋。网袋容器制作和使用均很方便，育苗效率高，网袋制作、基质装填和基质肠切段均可由专用机械完成。

6.6.2.2 育苗基质

(1)基质原料

育苗基质通常是由多种原料混合配制而成。不同基质原料具有不同的性质，在基质中所起的作用不同，基本作用有3个：①提供并保持基质一定的有机和无机养分；②维持或改善基质的物理性质，如质地、结构、孔隙度、持水量、空气含量等；③维持或改善基质的化学性质，如可溶性离子浓度(EC值)、酸碱度(pH值)、盐基饱和度(BS)。基质的理化性质对苗木生长具有决定性作用，理想的育苗基质应具有质轻、透气、保水、保肥、无有害生物(杂草种子、虫卵、病原菌等)的特点。常用基质原料有：

①原圃土 又称园土，是配制营养土的主要原料之一。直接取自菜园、果园、苗圃等

地的耕作层，因经常施肥耕作，肥力较高，团粒结构好。缺点是干时表层易板结，湿时通气透水性差，不宜单独使用。

②腐殖土　主要取自林地、灌丛地、草坡地腐殖层，由植物枯枝落叶在土壤中经过微生物分解发酵后形成，有机营养丰富，质轻疏松，不易板结。缺点是理化性质不稳定，杂菌多。

③黄心土　为石灰岩发育的红壤表土层以下新鲜土壤，经细碎过筛后使用。无污染、无病虫源，pH 值 4 ~6。缺点是质重，湿润后较黏，肥力低，保水透气性差。

④火烧土　植物枝叶燃烧后的灰烬称草木灰，为优质土杂肥，几乎含有植物所需的全部矿质元素，主要成分为碳酸钾。但草木灰质轻碱性重，易随风散失和随水流失，故常就地铲起带土草皮，晒干后连同枯枝落叶杂草等收拢成堆，焖烧成火烧土，碾碎后用孔径 0.5 ~0.6cm 的细筛过筛，堆放备用。

⑤菌根土　指寄生外生菌根菌植物的根际土壤，通常应取自同种植物根系周围表土，或从同一植物前茬苗床上取土。菌根菌有利于提高植物对土壤矿质元素的吸收利用，对某些植物是必要的，如松类育苗基质若缺少菌根菌，则苗木针叶发黄，生长不良。

⑥泥炭　泥炭又称泥煤、草煤或草炭，是保存在水线下的含有各种水生、沼泽植物遗骸的半腐熟泥土，由水、矿物质和有机质三部分组成，保肥性好，无病菌、害虫、杂草，是较好的基质。不同产地的泥炭其组成成分变化较大，具有不同的理化性质。藓类泥炭由水藓、灰藓或其他藓类形成。水藓泥炭持水力强，具有较高的阳离子代换能力，有利于植物吸收营养，适合于容器育苗。

⑦塘泥　取自鱼塘淤泥，是鱼类粪便等积淀发酵而成的淤泥，微酸性，富含腐殖质，速效养分和迟效养分兼有，缺点是干时板结滞重，湿后变得绵软，通透性差。我国江南农村通常将塘泥和稻草夹杂沤制成“草塘泥”，可显著改善其理化性质。

⑧蛭石　是天然云母岩经过加热膨胀而成，属于性状稳定的惰性基质，具有良好通气、透水、持水性能；质地轻，便于搬运；阳离子代换量很高，能够储备养分逐步释放，并且含有较多的钾、钙、镁等营养元素；无病菌、害虫污染；酸碱度中性。在容器育苗中作基质辅料极佳。

⑨珍珠岩　是一种火山喷发的酸性熔岩经高温膨化形成的海绵质细小颗粒，化学性质基本呈中性，但没有阳离子代换能力，不具缓冲作用，不含矿物养分，在容器育苗中的作用是增加培养基的通气性，可防止营养土板结。

⑩河沙　取自江河未受污染的干净河沙，近圆形，粒径 2mm。透气性好，但养分极少，保水能力差，温湿度难以控制。

(2)基质类型

按照基质原料来源及基质密度的不同，可分为重型基质、轻型基质和半轻型基质三类：①重型基质主要以各种营养土为原料，质地紧密，多采用杯状容器；②轻型基质是以各种有机质为原料，质地疏松，多采用穴盘或网袋容器；③半轻型基质是以一定比例的营养土和各种有机质混合而成，质地介于前两者之间，多采用袋状容器。营养土是最常用的育苗基质，但近年来，轻型基质在经济林育苗上得到了迅速推广应用。

(3)营养土制备

常用基质土壤有：原圃土、腐殖土、火烧土、黄心土、泥炭等。可根据需要，适量加入有机肥或复合肥、钙镁磷、过磷酸钙等，以提高基质肥力；也可拌入河沙、蛭石、珍珠岩、树皮粉等，以改善基质理化性状。常用配方有：①火烧土78%～88%，堆肥10%～20%，过磷酸钙2%。②泥炭土、火烧土、黄心土各1/3。③火烧土1/2～1/3，山坡土或黄心土1/2～2/3。

各种基质原料充分拌匀后，过筛去除杂质，调节pH值到育苗树种的适宜范围，一般针叶树种以4.5～6.5为宜，阔叶树种以6.0～8.0为宜。

装杯前采用化学熏蒸消毒法进行基质消毒。常用熏蒸药剂有：甲醛(福尔马林)、代森锌、硫酸亚铁(黑矾)、多菌灵等。消毒方法是：将适量熏蒸药剂均匀拌入基质，再用塑料薄膜覆盖封闭2d以上，然后揭去薄膜摊晾7d以上，待药剂气味消失后便可装杯。消毒时，保持营养土潮湿状态、温度18～24℃，效果最好。

装杯时将营养土湿润，以手捏成团、摊开即散为度。把营养土装入容器杯，分层压实，装至距容器上口1cm即可。

(4)轻基质制备

轻基质有优良的气相、液相、固相结构，疏松透气，富含有机质，且重量轻，便于携带运输，在农作物育苗中已广泛应用，在经济林育苗中也具有良好的应用前景。无纺布网袋是理想的轻基质育苗容器，轻基质网袋已实现工厂化制备，一般工艺流程为：原料→粉碎→筛分→发酵或炭化→干燥→装袋。无纺布网袋容器可充分利用轻基质透气、透水、透根性好的特性，有利于空气修根，苗木根系生长密集、牢固、完整、舒展，造林时可不脱袋直接埋植，成活率高。但轻基质水分蒸发快，遇高温干旱，苗木易失水枯死。因此，造林移植时要注意覆土保水，幼林期要加强水分管理。

我国常用的轻基质原料有：①农林废弃物，如作物秸秆、杂草、枯枝落叶、树皮、果皮、种壳、菌棒、锯屑等；②工业生物质固体废料，如糠麸、饼粕、糟渣等；③膨化轻体矿物废料，如火山灰、硅藻土、煤渣、粉煤灰、矿渣、炉渣、窑渣等。国外传统上是以泥炭、珍珠岩、蛭石为主要原料，这些原料属不可再生资源，已日益枯竭。中南林业科技大学谭晓风等使用的轻基质配方：发酵基质原料(树皮、锯屑、竹屑、稻壳等)80%～90%+复合肥料5%～10%+珍珠岩5%～10%；中国林业科学研究院亚热带林业试验中心钟秋平使用的轻基质配方：80%树皮(杉松)或锯木(需腐熟)，稻壳需炭化或半炭化，20%泥炭，在油茶容器育苗中效果良好。

大部分农林废弃物和生物质固体废料的主要成分为木质纤维素，为重要有机碳源，但须发酵降解后才能被苗木利用。通常采用堆制或沤制方法：将木质原材料粉碎，直径不超过2cm，按8∶2的比例与人畜粪尿混合，或接种特制菌液(如酵素菌)，发酵腐熟后使用。

农林废弃物还可炭化或半炭化处理(如炭化稻壳)，所得到的生物质炭含有大量钾，可增加基质可交换性钾，并对氮离子(NH_4^+、NO_3^-)具强吸附作用，可有效降低氨挥发和氮淋失，具有改善土壤结构，提高基质透气性、保水性和保肥性的作用。

6.6.2.3 排杯床准备与排杯

排杯床分为普通床和高架床两种：普通床应选在造林地附近灌溉方便、排水良好的平坦地，先开出比地面低半杯的床面，床面要铲平；高架床可用水泥板、砖块、钢网加角铁镀锌、木板竹片或石棉瓦等材料搭建，高度70～80cm。普通床根系易穿透容器扎入土中，不利于侧根生长，且起苗时易伤根，故需定期人工修根(挪动容器或剪根)，也可在床面铺设限根层，如卵石、粗砂、地布(地面纺织膜)、无纺布、木条等。高架床为架空排放，有利于空气修根。

排杯时容器要整齐排列于床面，容器间要紧贴，再用沙或细土填实容器间的空隙并培好床边，以充分利用容器透水、透气特点，便于水分、肥料互相渗透。一般每床宽度100～120cm(可排10～20个容器)，长度因场地和容器大小而定，一般排100～200个容器。

6.6.2.4 容器育苗方法

容器育苗多采用移栽育苗方法，即“苗床播种，幼苗移栽”，先在苗床培育实生苗(砧)，然后移栽于育苗容器。近年来，这一方法进一步改良为“温床催芽，芽苗移栽”，即先在沙床上播种催芽，培育出芽苗(砧)，然后再移植，不仅种子发芽早、发芽整齐、发芽率高，而且便于集约化管理，可降低育苗成本。也可直接播种育苗(砧)或直接扦插育苗。

(1)容器移栽育苗

苗床苗长出2叶1芽(苗高约3～5cm)时，或芽苗真叶未展开前，及时起苗移栽到容器中。移栽前将基质用水淋透，用竹签在容器基质中央打一小孔，略深于苗根长，将苗放入孔中，再压实，避免小苗上露、下空和窝根，移栽前可剪去少量主根。也可边装杯，边植苗，边压实，直至装满容器为止。每个容器移栽1～2株，晴天移栽应择早、晚进行。移栽后随即浇透水，此后一周内每天早、晚浇水，必要时应适当遮阴。

(2)容器播种育苗

播种前将容器内基质用水淋透，根据种子大小及萌发能力，每个容器点播2～3粒种子。若种子经过催芽、手工点播的，每个容器只需播1粒种子。播后覆土1cm左右，再盖上一层稻草，此后经常保持苗床和基质湿润。

(3)容器扦插育苗

每个容器扦插1～2株，通常先在温室内培育约2～3个月，保持适宜的温湿和光照条件，待90%以上生根后，适当减少水分和增加光照以炼苗，然后移到大田继续培育约3～4个月，可适当遮阴。

6.6.3 设施育苗

6.6.3.1 地膜覆盖育苗

地膜覆盖育苗是一种简单、实用的地面设施育苗技术，即用农用地膜，贴地平铺覆盖在苗床上，作业方式有：平畦覆盖、高垄覆盖、高畦覆盖、沟畦覆盖等(图6-6)，主要作用是提高苗床土壤温度和湿度，还具有避免雨水冲刷、防止水肥流失、维持土壤结构、减轻杂草和病虫危害等作用。在经济林育苗中，地膜覆盖主要用于播种育苗，有利于种子萌发和苗木生长，可提前播种，提早出圃，延长苗木生长期，提高苗木质量；也可用于扦插和移栽育苗，有利于提早生根，避免在露地扦插和移栽时常常发生的因先发芽后生根导致的“假活”现象。

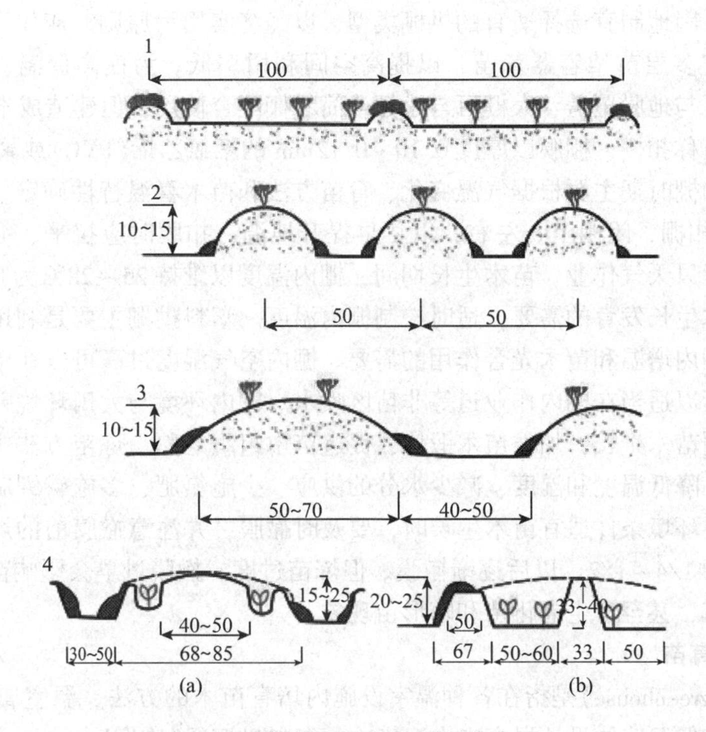

图6-6　地膜覆盖作业方式示意(单位：cm)

(a)宽沟畔 (b)窄沟畔

1. 平畔覆盖　2. 高垄覆盖　3. 高畔覆盖　4. 沟畔覆盖

现代农用地膜(mulch plastic film)已由普通地膜发展到各种有色地膜及除草地膜、防虫地膜等多功能专用地膜，可根据圃地条件、苗木特性及育苗目的合理选用。育苗上通常采用普通地膜，为无色透明膜，透光、保温、保墒性能好，有利于生根出苗，但难以控制杂草生长；黑色地膜具有良好的保墒、除草性能，但保温性能差，不利于生根出苗；除草地膜经除草剂特殊处理，对杂草具强烈杀灭作用，但对苗木种类有严格的选择性。地膜厚度以0.015～0.02mm为宜，太薄易被外力撕裂或受光碎裂，太厚不易与地面紧贴，且成本要高。

6.6.3.2　塑料拱棚育苗

塑料拱棚是在拱跨棚架结构上固定覆盖塑料薄膜的近地面保护设施，也称棚膜覆盖。棚膜覆盖以后，土温回升较快，棚内温度可高于露地5～10℃，对幼苗出土和前期生长十分有利，在经济林扦插苗繁育、试管苗炼苗移栽及大规模快速育苗中有重要应用价值。棚膜覆盖育苗与地膜覆盖育苗的技术原理及效果相似，只是靠棚架结构增加了覆盖的高度，因此，可对整个苗木生长期的根部和地上部分进行全面的保护，能有效避免晚霜冻、倒春寒等不良气候因素的影响；同时，苗期管理方便，可在棚内作业，还可以通过闭棚、揭膜、通风、盖草帘、盖遮阳网等方法，一定程度上调控苗木的生长环境，提高育苗的可控性。

塑料拱棚分为小棚、中棚和大棚等种类，在建造成本、使用寿命、作业方便程度及保温、保墒、防霜效果上均有所差异，在育苗生产中各有优劣。应根据圃地条件、苗木特性及育苗目的等，因地制宜选择适宜的拱棚类型，以经济实用为原则。床作育苗以中、小棚为宜，大棚适宜多层苗架容器育苗，以提高空间利用率低。为提高保温、保墒、防霜效果，棚膜覆盖可与地膜覆盖、大棚可与小棚或简易棚配合使用，但建造成本增加。

覆盖棚膜俗称扣棚。棚膜以厚度0.10～0.12mm的聚氯乙烯(PVC)或聚乙烯(PE)长寿无滴膜为宜。扣棚时期主要根据气温变化、育苗方法和苗木喜温特性确定。一般在播种或扦插前7～10d扣棚，闭棚10d左右，以尽早提升地温。扣膜时应拉平、绷紧、压牢、固定，选择晴天无风天气作业。苗木生长期间，棚内温度以维持25～28℃为宜，应根据外界气温变化和苗木生长发育的需要，适时控制棚内温度。塑料拱棚主要是利用自然光照作为光源，以满足棚内增温和苗木光合作用的需要。棚内空气湿度过高可以在中午进行短时间的放风，过低可以适当在棚内作业道等非苗区喷水。棚内环境与大田环境差异大，苗木生长后期即要控制苗木生长，加强苗木锻炼，促进苗木组织老熟。炼苗方法主要有：增加光照、增加通风、降低温度和湿度、减少水分的供应、少施氮肥、多施磷钾肥等。苗木根系发育完好且外界环境条件适宜苗木生长时，要及时撤膜，并注意撤膜前的炼苗过程，即先撤掉上部薄膜的1/4～1/2，以后逐渐撤膜。但炼苗过度、撤膜过早会影响苗木生长，不利于培育优质壮苗，甚至产生老化苗和畸形苗现象。

6.6.3.3 温室育苗

温室育苗(greenhouse)是指在各种温室设施内培育苗木的方法。温室属“暖棚”，通过附加加温设施及保温墙体设计提高室内温度；而塑料拱棚属“冷棚”，主要靠覆盖棚膜后形成的“温室效应”维持棚内温度。塑料拱棚附加简单的加温和保温设施后(如苗床加温、保温膜覆盖等)，即成简易的塑料温室。相比于塑料大棚，温室保温效果好，可以附加的设施多，但建造和育苗成本高，能源消费大，目前主要在园艺花卉商品苗木生产中应用，在经济林育苗上少有应用。

我国南北气候条件相差较大，北方地区多采用日光温室，南方地区多采用塑料温室。玻璃温室价格昂贵，自重大，对支撑结构的要求高，一般用作展览型温室。温室规格：一般长30～80m，宽10～16m。可采用拱圆形，用竹、木或轻型角钢(或铝合金管)做构架，上面覆盖耐老化的农用聚氯乙烯薄膜。

温室育苗方法及苗期管理与拱棚育苗基本相同，但育苗条件比拱棚更优越，管理更精细，自动化程度更高，最适宜移动式苗床穴盘容器工厂化育苗，可以高度利用空间，能使温室的使用面积达82%以上。也可用于苗床扦插，可就地整地作床，床底最好铺放蛭石或河沙，保持湿度在85%～90%，气温控制在20～30℃，苗床温度要高于气温2℃，以利于生根。某些易生根植物可采用气插法，即将当年生半木质化插穗直立悬放在固定架，控制温度28～30℃，湿度90%，光照600～800Lux，使插穗在温度高、湿度大的空气环境下生根。实生育苗可以在温室内直接播种催芽，无须层积沙藏催芽过程。

温室工厂化育苗设备主要包括温室环境调控设备和育苗作业专用设备，温室育苗设备的配置决定了温室管理和育苗作业的集约化、自动化、机械化程度。温室环境调控设备主要有：通风、加温、降温、遮阳、补光、除雾、灌溉、施肥、施药、补CO_2等系统设备，属温室通用设备。温室工厂化育苗作业专用设备主要有移动式苗床、播种设备、嫁接设备、移植设备、清洗和消毒设备。

各种温室育苗设备的配置应根据圃地条件、温室构造、苗木特性、管理水平等因素综合考虑，合理配置。现代化智能温室常配备智能温室环境监控系统，即将各种设备由计算机集中控制，从室外气象站和室内传感器采集数据，根据预先编制的特定育苗目的计算机程序，对温室内的空气温度、土壤温度、相对湿度、CO_2浓度、土壤水分、光照强度、水流量以及pH值、EC值等参数进行实时、精准和自动调控，创造出适合特定苗木生长的最佳环境，再配合移动式苗床、穴盘容器、自动播种机等育苗作业专用设备，可大大提高育苗效率，实现苗圃智能化管理和苗木工厂化生产(图6-7)。

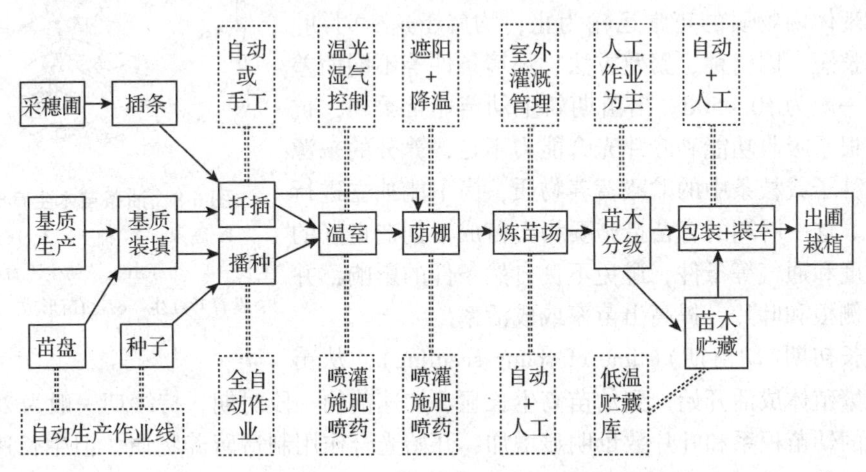

图6-7　南方林木种苗示范基地工厂化育苗工艺流程

6.6.4　苗期管理

苗期管理(seedlingmanagement)包括苗木抚育和苗木出圃两项主要内容，关系着苗木的生长速度、苗木质量及造林成活率，是培育“壮苗”的保障和最后一道关口。随着育苗技术水平和设备条件的提升，苗期管理及其作业方式正走向机械化、自动化和工厂化。

6.6.4.1　苗木生长特性

(1)苗木生长类型

根据苗木高生长特点，可分为春季(前期)生长型和全期生长型：春季(前期)生长型高生长前期迅速，持续期短(1~3个月)，秋季木质化，仅1次高峰，早秋或有二次生长；全期生长型高生长前期缓慢，持续期长(3~8个月)，边生长边木质化，高温时1~2次暂缓期(根系速生)。银杏、板栗、核桃、梨、漆树等表现为春季(前期)生长型，油桐、乌桕、桃、杏、杜仲等表现为全期生长型。

不同生长类型应采用不同的管理技术，春季(前期)生长型速生前期及时追肥、灌溉和中耕，速生后期适时停施N肥和灌水(防顶芽二次生长难充分木质化)；全期生长型应适时抚育，满足生长中心需要，高温干旱期加强水分光照管理，减轻高生长暂缓期不利影响。

(2)苗木生长节律

苗木生长节律(growth regulation of seedling)指苗木年生长进程，通常可分为4个时期：出苗期(成活期)、生长初期(幼苗期)、生长盛期(速生期)和生长后期(苗木木质化期)。

了解苗木在不同时期的生长发育特点以及对外界环境条件的要求，采取相应的抚育措施，才能有效地促进苗木生长，提高苗木的产量和质量(图6-8)。

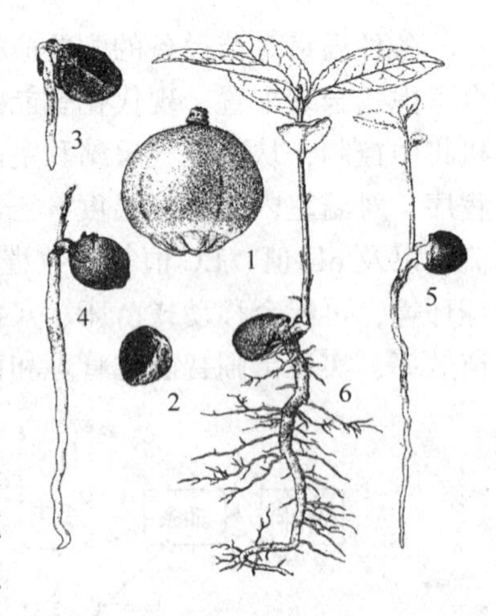

图6-8　油茶苗木生育时期

1. 蒴果　2. 种子　3. 在土下主根生长　4. 幼芽出土，初生不育叶互生　5. 发育叶互生　6. 幼苗形成

①出苗期(成活期)(time emergence of seedling)　播种苗从播种经过种子萌发到长出真叶为止，移植苗从移植到地上部分开始生长为止，扦插苗从插穗插入基质到插穗生根、茎开始生长为止，嫁接苗从接后到砧穗愈合、建成嫁接体并实现体内物质的正常运输为止，均属于这一时期。这一时期长短，因树种、繁殖方法、环境条件等不同而差异很大，一般为10～50d。出苗期新生幼苗非常柔弱，抗逆性差，根系吸收功能和叶片光合能力不足，养分的来源主要是靠种子或枝条中的贮藏营养物质，尚不能独立进行营养生长。这一时期的育苗措施要为出苗成活创造良好的水分、温度和通气等条件，避免不良自然条件的影响，并尽快促发侧根和叶片，提高出苗率或成活率。

②生长初期(幼苗期)(time of young seedling)　从苗木出土或繁殖体成活开始，到幼苗高生长显著加速前的一段时期，持续期一般为20～45d。这一时期的幼苗根系和叶片数量明显增加，开始光合作用制造营养物质，但生长速度和生长量仍较缓慢，幼苗仍很幼嫩，对外界不良条件如炎热、低温、干旱、病虫害等抵抗力弱，死亡率很高。幼苗期对养分的需要量虽很敏感，要保证一定的氮、磷等营养供给。育苗的主要任务是在保苗的基础上进行“蹲苗”(hardening of seedling)，以促进根系的生长发育，为以后的苗木旺盛生长打好基础。采取的育苗措施主要是合理进行灌溉，适时适量追肥，及时除草松土、遮阴、间苗、除萌和病虫害防治等。

③生长盛期(速生期)(prosperous stage of seedling growth)　从苗木高生长迅速增加开始，到高生长量大幅度下降为止，持续时间较长，约3个月。生长盛期苗木生长速度很快，苗高、地径和根系的生长量都很大，其中尤以高生长量增长最为明显，一般可达全年高生长量的60%～80%，形成发达的根系和营养器官，速生树种有侧枝长出。生长盛期的苗木生长发育状况，基本上决定了苗木质量的高低。因此，必须加强苗木的抚育，充分满足苗木生长发育所需的各种条件，及时进行追肥、灌溉、除草、松土、防治病虫害等，以促进苗木迅速而健壮地生长。尤其要加强高温干旱期的管理，以消除和缩短因外界不良条件所造成的生长暂时停滞的现象。

④生长后期(苗木木质化期)(final stage of seedling growth)　又称生长休止期，从苗木高生长大幅度下降，到苗木的地上、地下部分充分木质化，进入越冬休眠为止。其特点是苗木高生长速度迅速下降，并逐渐停止，形成顶芽；直径和根系继续生长并可出现一个小的生长高峰，继而停止；苗木含水量逐渐下降，干物质逐渐增加；苗木地上、地下部分完全木质化，苗木对低温和干旱抗性增强，落叶树种树叶脱落，进入休眠期。这一时期育苗的主要任务是防止苗木徒长，促进木质化，形成发育正常的顶芽，提高苗木的越冬能力。必须停止追肥、灌溉、除草松土等一切促进苗木生长的措施，采取截根控制土壤水分等办

法以控制苗木生长。对易受早霜危害的苗木，要做好越冬防寒等准备工作。

6.6.4.2 苗木抚育

苗木抚育(intermediate)的一般技术措施有：遮阴、间苗、除草、松土、灌溉、排水、追肥、防病、治虫、防寒等。各种抚育措施应根据苗木生长特点科学制定，以创造满足不同时期苗木生长所需要的水、肥、光、气、热等条件为目的。

(1)遮阴(shading)

目的是调节苗床光照，减少日光直射，降低地表温度和增加近地层空气相对湿度，以避免夏季地表高温灼伤幼苗，减少土壤水分蒸发和苗木蒸腾。一些生长缓慢、对强光敏感、易受日灼和干旱危害的针叶树苗如红豆杉、香榧等，以及幼苗阶段比较柔弱的阔叶树种如核桃、八角、肉桂等，在幼苗出土揭去覆盖物后，应立即遮阴以缓解强光高温等对幼苗的不利影响，防止苗木根颈部受灼伤。

遮阴可采用插荫枝和搭荫棚等方法。插荫枝即利用干枯后叶子不易脱落的杉枝、松枝、竹枝或蕨类等插在苗床两侧和苗行中间对苗木起遮阴作用，这种方法简便易行，节省劳力和费用。搭荫棚遮阴可以控制遮阴强度和遮阴时间，应用较为普遍。生产上一般都采用平顶式荫棚，在苗床四角和长边每隔1～2m竖一支柱，搭成棚架，高约40～50cm，宽稍大于苗床宽度，上盖芦帘或竹帘，遮光度为50%～60%左右。

遮阴强度不宜过大，如透光度过小或遮阴时间过长则导致光合作用减弱，会造成苗木生长发育不良。在苗木生长初期，遮阴时间一般从上午9：00～10：00起到下午16：00～17：00止，其余时间及阴雨天应予揭开。随着苗木成长，要逐渐缩短遮阴时间。当高温季节过后，苗木日趋健壮，苗干逐渐木质化，应及时撤除荫棚。

(2)间苗

间苗(thinning)是调节光照、通风和营养面积的重要手段，还可淘汰生长不良、受机械损伤或病虫危害严重的苗木，并结合间苗进行适当补苗，以保证单位面积的产苗量，并为培育壮苗创造条件。

间苗要及时，宜早不宜迟。间苗早，幼苗扎根浅，易拔除，苗木之间相互影响较小，且可减少被间苗对土壤养分和水分的消耗。间苗次数根据苗木生长速度和抵抗力强弱来决定，一般生长迅速、抵抗力较强的阔叶树苗如杜仲、香椿等可间苗1～2次，多数针叶树苗如红豆杉、红松等生长较慢，易遭干旱和病虫危害，应分2～3次间苗。一般阔叶树苗展开2～3片真叶、针叶树幼苗出齐后20d左右进行第一次间苗，以后根据幼苗生长情况进行第二、三次间苗，一般间隔期为两周左右，最后一次间苗又称定苗。定苗时要留苗均匀，应比计划产苗量多10%～15%左右，以防损失。

间苗可与拔草结合，最好在雨后或灌溉后土壤比较湿润时进行。拔除苗木时要防止带动保留苗的根系。间苗后需及时灌溉。

(3)除草松土

除草松土是苗木抚育管理的经常性工作。在苗木整个生长期内，应掌握“除早、除小、除了”的原则及时除草(weed control)，力求做到圃地处于无草状态，以消除杂草对水分、养分和光照的竞争，改善苗木生长条件。松土(loosen soil)可疏松土壤表层，切断土壤毛细管，从而减少土壤水分蒸发，促进气体交换，为土壤微生物活动创造有利条件，提高土壤中有效养分的利用率。除草松土一般结合进行，也可根据需要单独进行，当土壤板结，天气干旱，水源不足，即使不需要除草，也要及时松土。

除草松土的次数和时间应根据苗圃地天气、土壤条件、杂草滋生状况和苗木生长发育时期而定。在生长初期，幼苗柔嫩，抵抗力弱，要及时除草松土，一般每隔 15 ~ 20d 左右进行一次；生长盛期苗木生长量大，需要水分、养分最多，并要求一定光照条件，也应加强除草松土，为苗木生长发育创造良好的环境条件，一般每 20 ~ 30d 进行 1 次；在生长后期，为促进苗木充分木质化，应停止除草松土。通常在水分充足地区，1 年生播种苗约需除草松土 4 ~ 6 次，而在灌溉条件比较差的干旱地区应增加到 6 ~ 8 次。

在苗木生长初期，幼苗根系分布较浅，松土宜浅，一般为 2 ~ 4cm，到苗木生长旺盛期，苗木已具有较发达的根系，松土深度可加深到 8 ~ 10cm。通常阔叶树苗比针叶树苗深些，苗根附近、株间宜浅些，行间可深些。

容器苗因浇水常板结，要注意松土，硬质容器可用竹签松土，软质容器旋转或轻压即可使土块疏松。若容器内的土太浅，应适当填土补充。

除草是一项繁重的作业，采用化学除草可减轻劳动强度，并降低育苗成本。目前生产上应用的除草剂种类很多，各种除草剂的性质不同，作用原理和杀草效果也有很大差异，必须根据苗圃所培育苗木的特性和杂草种类通过试验选择适宜的除草剂种类。

(4)灌溉排水

为了保证苗木在各个生长时期对土壤水分的要求，必须适时适量进行苗圃灌溉(nursery irrigation)。灌溉量和灌溉次数根据树种生物学特性、苗木生长发育时期和圃地土壤条件来确定。不同苗木生长发育时期对水分的需求不同，播种苗在出苗期，种子萌发和幼苗出土都需要水分，故应经常保持床面土壤湿润；苗木生长初期，根系分布较浅，虽需水量不多，但仍应经常湿润，以利保苗，宜采取少量多次的灌溉方法；苗木生长盛期由于生长速度快，蒸腾强度大，此时气温又高，苗木需水量很大，应采用少次多量一次灌透方法；在生长后期，为防止苗木徒长，促使苗木木质化，应控制水分供应。每次灌溉量的确定，应掌握苗木根系的分布层处于湿润状态的原则，即水分要浸润到根系主要分布层以下。灌溉应尽量在早晨、傍晚或夜间进行，不仅可减少水分蒸发，而且避免因温度剧烈变化而影响苗木生长。

地膜覆盖具保水作用，灌水要较露地育苗减少，在苗木生长盛期，可结合根外追肥适当增加灌水。

苗圃灌溉的方法有沟灌、喷灌和浇灌几种。沟灌的优点是苗床不致板结，减少松土次数，也较省工，但耗水量多，当苗床较宽时，会产生灌水不均匀的现象。喷灌工作效率高，灌溉及时均匀，省水、省工，不仅能湿润土壤，而且能使近地层空气湿度增大，改善苗圃地小气候条件，有利于苗木生长。喷灌采用固定(管道)和移动两种方式。设置固定式喷灌时，根据输水管粗细、水压大小、喷头型号和射程远近来确定管道间隔距离，移动式喷灌可使用已定型生产的各种喷灌机。小规模育苗时，也可用喷壶浇灌，浇灌易掌握灌溉量，节省用水，但容易引起土壤板结，也较为费工。

苗圃要做好排水防涝工作，在雨季要及时排除圃地积水。

(5)追肥

苗木生长期的施肥称为苗期追肥，目的在于满足苗木在不同生长时期对不同营养元素的需求。追肥一般都是速效性肥料，主要有人粪尿、草木灰、火烧土和硫酸铵、硝酸铵、尿素、过磷酸钙、氯化钾、硫酸钾等，也可用充分腐熟的厩肥、饼肥等加水稀释后施用。

不同营养元素对苗木的作用效果不同。N元素可促进苗木营养生长，提高苗木光合效率和生物量，但N过多容易导致徒长，木质化程度低，抗逆性差；苗木移植时N素过多，还会导致缓苗期长，成活率下降。P可促进根系生长和新根形成，还可增加细胞内束缚水和可溶性糖含量，进而提高抗寒和抗旱能力。K可调控气孔关闭，促进光合作用，还可促进加粗生长，提高抗寒、抗旱和抗倒伏能力；K在体内具高度流动性，且易淋溶和被土壤固定，故施用量要大。但不同苗木、不同圃地条件对营养元素的需求有很大差异，应重视苗木营养诊断(diagnosis of seedling nutrition)，根据苗木和土壤营养成分分析，结合外观缺素症状和施肥反应，科学制订施肥方案。

追肥的次数、时间以及施用量应根据苗木生长状况灵活掌握。在整个苗木生长期内，一般可追肥2~4次，间隔20~30d左右。幼苗出土后约1个月刚产生侧根时开始追肥，到苗木结束生长前1个月左右即应停止追肥，以免徒长，增强抗逆性。

追肥可采用干施或湿施。为了避免肥料被土壤固定和流失，也可以将低浓度的速效性化肥和微量元素溶液直接喷施于苗木茎叶上，即根外追肥。根外追肥方法肥料用量少，见效快，特别是在苗木缺乏微量元素时，效果最为显著，但不能完全满足苗木所需全部养分，因此不能取代常规的土壤施肥。地膜覆盖的苗木生长快，放苗后可用0.1%尿素或0.15%磷酸二氢钾作根外追肥，以防幼苗早衰。

根据苗木生长特性适时追肥，速生期以氮肥为主，生长后期停止使用氮肥，适当增加磷、钾肥，促使苗木木质化。追肥宜喷施，不宜干施化肥，追肥后要及时用清水冲洗幼苗叶面。

(6)苗木保护

①病虫害防治　必须贯彻“以防为主，防重于治”的原则，根本措施应从改善育苗技术、加强苗圃经营管理着手，促进苗木发育健壮，增强苗木对病虫害抵抗能力，如慎选圃地(避免用种过易感病作物的土地作苗圃)、秋冬耕翻圃地、精选种子、适时早播、加强苗木抚育管理等，都是积极有效的预防措施。病虫害一旦发生应及时采用药物防治。

苗木常见的侵染性病害(infectious disease)有立枯病、猝倒病、炭疽病、叶斑病等。苗木发病后，要及时拔除病株，并调温降湿和控制水分。对立枯病等地下部病害，可在拔除病株后喷铜氨合剂消毒，喷药后土面湿度过高时，可撒草木灰降低湿度。对叶斑病等地上部病害，可选用1%波尔多液、50%代森铵、代森锌等杀菌剂喷施，每隔7~10d喷1次，直至控制住病害为止。

地膜覆盖高温、高湿环境会加重病虫害的发生，应及时有效防治。

苗木常见的地下害虫(underground insect)有蝼蛄、蛴螬(即金龟子幼虫)、地老虎等。提倡结合育苗作业进行综合防治：对于虫口密度较大的圃地要实行精耕细作，深耕多耙可以机械杀伤部分虫体，还可破坏其生态环境，将虫体翻出土，受天敌和自然环境的影响而死亡；杂草是地老虎产卵的主要场所及其幼龄幼虫的食料，清除田间杂草对防治地老虎危害有一定作用；适时灌水，可显著减少蛴螬危害。漫灌可杀死产在地面杂草上的卵及大量初龄幼虫；乌鸦、喜鹊喜啄食成虫、幼虫，为地下害虫的天敌。虫害严重时可采用药物防治，如用2.5%高效氯氰菊酯(每亩600mL稀释)溶液喷洒床面，也用黑光灯周围喷洒农药，或以糖醋液配制成毒饵诱杀成虫等。

②防寒　苗木防寒目的是防止苗木遭受冻害、生理干旱及冻拔等危害，保护不耐寒苗木安全越冬。南方地区以早晚霜造成的冻害较为普遍，秋末苗木尚未充分木质化时，或因深秋温暖多雨，苗木再度长出新梢，均易遭受早霜危害。在春季苗木发出新芽，当气温下降到零度以下时，就会发生晚霜危害。北方的早春寒风常使苗木蒸腾加剧，而处于冻结土层中的根系尚不能及时吸水补充，使苗木体内失去了水分平衡，出现生理干旱现象，发生枯梢乃至整个地上部分枯死。

苗木防寒应从提高苗木抗寒能力和预防霜冻两方面着手，前者可采取适时播种，合理施肥，适当增施P、K，入秋后及早停止追施N肥和减少灌溉等措施，促使幼苗在寒冷到来前充分木质化，提高其抗御低温的能力；后者可采取苗床覆草、覆膜、覆土，设置暖棚(霜棚)及防寒障，圃地灌水、熏烟等措施，预防苗木受冻。

地膜覆盖的苗木出土早，放苗后地上部分暴露在自然条件下，易受晚霜冻危害，在晚霜冻严重的地区要适当晚播晚插，并提前做好防霜冻准备。

(7)截根与整形

对主根发达的核桃、板栗、梨等的实生苗截根可以抑制主根，促进侧根和须根生长，减少起苗时根系损伤，提高定植成活率。截根的时期可在幼苗展开2片真叶时沿苗侧以45°角从8~10cm处截断主根，或者在秋季8月底到9月下旬，地上部停止高生长，根系开始进入生长高峰期时，从主根15~20cm处截断。截根后应配合浇水。如苗木计划移栽则不需截根。

某些树种和品种的半成苗发芽后在生长期间，会萌发副梢即二次梢或多次梢，如桃树可在当年萌发2~4次副梢，可以利用副梢进行圃内整形，培养优质成形的大苗。

思考题

1. 简述经济林良种基地在经济林发展中的作用。
2. 简述经济林良种生产的主要内容及其主要产品形式。
3. 简述经济林种质资源圃和采穗圃的主要作用。
4. 简述经济林圃地育种与苗木生产、苗圃营建与规划的主要内容。

参考文献

中南林学院，1983. 经济林栽培学[M]. 北京：中国林业出版社

谭晓风，2013. 经济林栽培学[M]. 3版. 北京：中国林业出版社

第7章 经济林营建

【本章提要】

本章介绍了经济林的宜林地选择技术、基地规划与设计技术、整地技术与水土保持技术、品种选择和配置技术、密度控制与定植技术、基地营建成本核算和经济效益估算方法。要求重点掌握经济林的适地适树、品种配置与栽植技术。

经济林营建是经济林栽培的一项重要基本建设，直接关系到经济林生产的成败及其经济效益的高低。营建经济林种植基地涉及植物学、土壤学、气象学、林木育种学和经济学等多门学科的理论知识和专门技术，既要考虑经济林树种本身的遗传特性和环境条件的影响，又要考虑经济林产品市场容量和流通渠道。因此，经济林营建必须在经济林栽培区划和适地适树的基础上，应用经济林栽培学的基本理论，对林地进行科学、合理的规划设计，采取先进的栽培技术措施，达到经济林优质、丰产、稳产、高效的经营目的。

7.1 经济林宜林地选择

经济林宜林地的选择是从整体生境中，选择适宜经济林生长发育的小生境，如小气候、土壤类型、土壤的理化特性、小地形、海拔高度等。在小生境中的一个环境因素可以单独起作用，或几个因素共同起作用，影响着经济树木的生长发育，甚至决定经济树木的存亡，直接关系到经济林营造的成败。

7.1.1 适地适树

7.1.1.1 适地适树的意义

适地适树中"地"的概念，不能单纯从技术角度只看土壤的种类和肥力。它应包括两个方面的内容：一个是自然环境条件；另一个是社会经济条件。自然环境条件主要考虑的是水热状况和具体的立地类型，对原有栽培分布的乡土树种主要考虑的是立地类型，社会经济条件应考虑该地区在历史上和当前经济林在各项生产上所占的比重，群众的生产经验和经营方式，国家对该地区的生产布局要求，全面权衡发展的前景。适地适树中“树”的概念，也包括两个方面的内容：一是在经济树种中不仅考虑种，更重要的还要考虑品种(类型)与营建地自然环境条件和立地类型之间的适应关系，是否适宜该树种或该品种的生长发育；另一方面是选择该树种的生产目的，是否能达到预期的经济产量与产品品质。

适地适树是经济林树种与环境相统一的高度概括，是经济林栽培应遵循的根本原则。真正做到适地适树，要进行科学的调查研究，深入分析“地”和“树”两方面的条件和要求。因此，一定要掌握栽培地区自然情况和正确划分林地立地类型，并深刻了解所选择栽培树种的生物学特性，两者缺一不可。在北方盐碱地栽培油茶，在热带砖红壤上栽培油桐，在湖南和江西的低丘红壤地区种植核桃，湿润地区引种巴旦杏等都会出现生长发育不良的现象。这些违背适地适树原则的事例在经济林生产中屡见不鲜。

7.1.1.2　适地适树的标准

虽然适地适树是相对的，但衡量是否符合适地适树要求应有一个客观的标准，这个标准要根据营建目的的要求来确定。对经济林来说，应该达到丰产、优质、稳产、低耗的要求。衡量经济林适地适树的量化指标包括两个方面：一是某树种在各种立地条件下的不同生长状态，如树高、树姿、枝梢、发叶、生长势等，能够较好地反映立地条件与树体生长之间的关系。在生产实践中通过调查和比较分析，了解树体在各种立地条件下的生长状态，尤其是把同一树种在不同的立地条件下的生长状态进行比较，就可以比较客观地评价树种选择是否做到适地适树。另一个衡量适地适树的指标是经济产量指标。某一经济林树种盛产期在相同经营技术水平条件下达到的平均经济产量指标，取决于所处的立地条件。因此，用营养生长、生殖生长和产量指标及其比例关系作为综合衡量适地适树指标就比较可靠。

有些学者将定量指标分为产量指标和经济效益指标 2 种。产量指标即以一定的产量水平衡量某一经济林木在不同立地条件下适地适树的程度。若产量超过该树种最高产量的 2/3，则为适地适树；产量为最高产量的 1/3 ~ 2/3，则为基本适地适树；低于 1/3 则为没有做到适地适树。经济指标一般用单位面积林地上的纯收入来表示，用于衡量相同立地条件下不同经济林木适地适树的程度。若该树种的现实经济纯收入高于相同立地条件下经济林经营最高纯收入的 2/3，则为适地适树；现实经济纯收入为最高产量的 1/3 ~ 2/3，则为基本适地适树；低于 1/3 则为没有做到适地适树。经济林产品与用材林相比有显著差别，衡量适地适树的标准，尤其是定量指标，必须反映其经济产量、产值的高低和经济效益的优劣。

7.1.1.3　适地适树的途径

达到适地适树的途径，可以归纳为两条：一是选择途径；二是改造途径。

(1)选择途径

选择途径可以分为选树适地和选地适树。选树适地指的是为既定的种植地选择适宜的树种；选地适树指的是为既定的树种选择适宜的种植地。这是当前经济林生产中做到适地适树的主要途径。经济林生产通常遇到 2 种情况：①当发展经济林作为某一地区农业产业结构调整和林业发展规划制定的决策时，生产者面临的任务是如何为该地区各种类型的种植地选择适宜的经济树种，即如何为既定种植地选择适宜的树种；②某一地区在制定经济林发展规划时，通过对市场的调查和预测，结合当地现有的经济技术条件，确定了该地区应当重点发展的经济树种。这时，生产者的任务是如何为既定的经济树种选择适应的种植地，以保证早实、丰产和稳产。这两种情况下，都可以采用选择途径，以达到适地适树的目标。

(2)改造途径

改造途径可以分为改树适地和改地适树。改树适地指的是在地和树之间某些方面不甚相适应的情况下，通过选种、引种驯化、育种等方法改变树种的某些特性，使它们能够相互适应。通过育种工作增强树种的耐寒性、耐旱性、耐盐性以适应在寒冷、干旱或盐渍化的种植地上生长。如茶树为热带、亚热带树种，不耐低温，引种到山东以后常发生冻害，但经过3~4代实生繁殖建立的子代茶园，对低温的适应能力大大提高，受冻害的程度逐渐减轻。解剖发现，子代茶园经过长期驯化，叶片栅栏细胞由原来的1~2层增加到3~4层，这是属于改树适地的范围。改地适树是指通过整地、施肥、土壤管理等技术措施在一定程度上改变种植地的生长环境，使其适合于原来不适应的树种生长。如低洼地发展经济林，首先应整修台田、挖掘排水沟以提高台面，降低地下水位，在河滩地发展经济林要抽沙换土、增施有机肥，提高土壤蓄水保肥的能力，属于改地适树的范围。

应当指出，在目前的技术经济条件下，改树或改地的程度是有限的，而且改树及改地措施也只有在地、树尽量相适的基础上才能收到良好的效果。改造途径需要的投入大，往往效果不是非常明显。在生产实践中，因地制宜地选择适宜的树种和品种，是经济林栽培的一个关键问题。

7.1.2 宜林地选择的基本原则与方法

7.1.2.1 基本原则

适地适树就是使栽植的经济林树种生态学特性和栽培要求与栽植地的立地条件相适应，以充分发挥双方的生产潜力，达到该树种在该立地条件和现有经济技术条件下优质、高产水平。这是经济林宜林地选择的基本原则。一般经济林树种生态学特性与实现栽培目的对环境条件的特定要求是一致的，但一些具有多种经济林产品的树种往往有不同于生态特性的要求。例如，果、叶兼用的银杏、八角等耐阴树种，叶用时要求与生态特性相一致的环境条件，果用时则要求光照条件好的环境。

7.1.2.2 方法

经济林宜林地选择在栽培技术上是采用立地类型划分的方法，既科学，又简便易行。经济林区划和发展规划仅解决了宏观决策，确立了发展方向。但具体至某一地段、地块的土壤、坡度、坡向、坡位，以及海拔高度、土壤条件等仍然存在着局部差异，必须进行宜林地的选择。

(1)立地类型的概念

立地条件是指某一具体林地影响该经济林分生产力的自然环境因子，如地貌、土壤、植被(植物种类、组成、覆盖)等环境因子。根据环境因子间的差异，将其分别进行组合，可以组合成不同的类型，称之为立地类型或立地条件类型，即具有相同的生长环境条件小区或小班的联合。立地类型不同，经济林生产能力就有差异，栽培技术也有所不同。因此，根据立地类型的异同，可以进一步做出立地质量生产力的评价，根据立地类型的等级栽培适宜树种、品种和确定具体的经营措施。

立地类型划分是指按一定原则对影响林木生长的自然综合体的划分与归并。在栽培学实践中，立地类型划分可从狭义的和广义分类两方面来理解。狭义上讲，将生态学上相近的立地进行组合，叫立地分类，组合成的单位，称为立地条件类型，简称立地类型(或称植物条件类型)。立地类型是土壤养分和水分条件相似地段的总称。广义上说，立地类型划分包括对立地分类系统中各级单位进行的区划和划分。一般意义上的立地类型划分多指狭义分类。立地质量评价就是对立地的宜林性或潜在的生产力进行判断或预测。立地质量评价的目的，是为收获预估而量化土地的生产潜力，或是为确定林分所属立地类型提供依据。立地质量评价的指标多用立地指数(site index)，也称地位指数，即该树种在一定基准年龄时的优势木平均高或几株最高树木的平均高(也称上层高)。

(2)划分立地类型的依据

坚持因地制宜、适地适树的基本原则，拟定正确的栽培技术措施，只有在充分认识了立地条件的基础上，才有可能使制定的各项林业技术符合自然发展的规律，从而实现经济林的优质高产。划分立地类型主要是根据土壤条件、地势地貌等，并将不同土壤条件和地势地貌分成若干等级，以简单明了的形式表示立地的特征。土壤条件包括土壤肥力、类型、母岩、土层厚度、水分等；地势地貌包括海拔、坡向、坡位、坡度等。

(3)立地类型划分的方法

立地类型具体的划分方法是采用主导因素等级法。生态环境包含着气候、土壤、生物等许多因素，不可能全部参加划分，只能从中选择出主导因素，在主导因素中再分为不同的等级，从中相互组合。主导因素在不同的生态环境中是不同的，主导因素选择的不同，划分出的立地类型也自然不同。我国经多年研究，已形成了一套完整的立地分类系统，全国共划分了8个立地区域，50个立地区，166个立地亚区。对于局部地区，在遵循全国立地分类系统的基础上可按立地类型小区、立地类型组、立地类型作为该区立地类型划分的主要单位。

例如，表7-1为中南林业科技大学对湖南省油桐立地类型划分，其中主导因素是选择海拔、母岩和坡位3个，每一个主导因素又可分为3级，共有9个等级，3个主导因素9个等级共同组成27个不同的立地类型。

表7-1　湖南省油桐立地类型表

编号	划分依据			立地类型
	海拔	母岩	坡位	名称
1	低	页岩	下	低海拔页岩下坡位类型
2	低	石灰岩	下	低海拔石灰岩下坡位类型
…	中	页岩	中	中海拔页岩中坡位类型
26	高	砂岩	上	高海拔砂岩上坡位类型
27	高	页岩	上	高海拔页岩上坡位类型

说明：海拔高分为低、中、高(>500m，500～700m，700～900m)，坡位分上、中、下，母岩按实际分，总共可以组成27个类型。

又如，表7-2中南林业科技大学对湖南等11省(自治区、直辖区)油茶立地类型划分中，以地形、坡度、坡向、土类、土厚等立地因子为自变量，油茶单位产果量为因变量进行回归分析，结果表明，地貌、坡度、土层厚度3个立地因子对油茶产量影响显著，而且易于在实践中识别应用。按照中山、低山、高丘、低丘4种地貌，平、缓、陡3种坡度和薄土、中土、厚土3种土层厚度，将每个立地类型组划分为中山平坡薄土立地类型等36个立地类型。

表7-2　油茶立地类型划分表

编号	划分依据			立地类型
	地形	坡度	土层厚度	名称
1	中山	平坡	薄土	中山平坡薄土立地类型
2	中山	缓坡	薄土	中山缓坡薄土立地类型
…	低山	陡坡	中土	低山陡坡中土立地类型
…	高丘	缓坡	中土	高丘缓坡中土立地类型
35	低丘	缓坡	厚土	低丘缓坡厚土立地类型
36	低丘	陡坡	厚土	低丘陡坡厚土立地类型

说明：土层分厚、中、薄三级(＞100cm，50～100cm，＜50cm)，坡度分平、缓、急三级(＜10°，10°～20°，＞20°)，地形不同，也可组成36个类型。

在划分出的立地类型中，是有差异的，面积大小也不一样，从中选择适宜的类型栽培相应的经济林树种和品种。主导因子的选择，以往多用多元回归筛选的统计方法，现在看来也有局限性。在一个县的范围之内，可以根据外业调查资料和以往的工作经验，综合考虑选择认定，也是准确的。在立地因子的选择中还应根据经济林的种类选择立地因子，如集约化程度较高的经济林树种可增加土壤肥力和土壤水分等。

7.1.3　经济林宜林地类型

7.1.3.1　平地类型

平地是指地势平坦或是向一方稍微倾斜且高度起伏不大地带，平地由于成因不同，地形及土壤质地存在差异，可以分为冲积平原、山前平原和滨湖滨海地等。

冲积平原是大江大河长期冲击形成的地带，一般地势平坦，地面平整，土层深厚，土壤有机质含量较高，灌溉水源充足，管理方便，便于使用农业机械。在冲积平原建立商品化经济林基地，树体生长健壮、目标经济产量高、品质好、销售便利，因而经济效益较高。但是，在地下水位过高的地区，必须降低地下水位(1m以下)。

山前平原由几个山口的洪积扇连接起来形成，因沿山麓分布故又称山麓平原。山前平原出山口的扇顶物质较粗，坡度大；到扇的中、下部物质逐渐变细，坡度逐渐变小，面积逐渐变大；随着海拔高度的降低逐渐由山前平原向冲积平原过渡。山前平原在近山处常有山洪或石洪危害，不宜建立经济林基地。在距山较远处，土壤石砾少，土层较深厚，地面平缓，具有一定的坡降故地面排水良好，水资源较丰富，可大力发展集约化生产的经济林基地。

泛滥平原指河流故道和沿河两岸的沙滩地带。黄河故道是典型的泛滥平原，中游为黄土，肥力较高；下游是粉砂或与淤泥相间，砂层深度有时达数米或数十米，形成细粒状的河岸沙荒，故称沙荒地。沙荒地土壤贫瘠，且大部分盐碱化，土壤理化性状不良，加之风沙移动易造成植株埋根、埋干和偏冠现象，对经济林生长发育有不良影响。但沙地导热系数高，昼夜温差较大，果实含糖量较高。沙荒地经济林地应注意防风固沙，增施有机肥，排碱洗盐改良土壤理化性状，并解决排灌问题。

滨湖滨海地濒临湖、海等大水体，空气湿度较大，气温较稳定，比远离大水体的经济林基地受低温或冻害等灾害性天气危害较小。但滨湖、滨海地对经济林木的生长也有不利的影响。主要表现为：春季回暖较慢，经济林萌芽迟；昼夜温差小，对经济林果的果实着色不利。靠近水面的地区，地下水位较高，土壤通气不良，最好采用高畦栽培；滨湖滨海地风速较大，树体易遭受风害。滨海地常因台风携带海水通过而受海水雨的“淋浴”，导致树体受到盐害。因此，在这类地区建立经济林基地，应营造防风林。

7.1.3.2　丘陵地类型

通常将地面起伏不大、相对海拔高差在200m以下的地形称为丘陵地。将山顶部与麓部相对高差小于100m的丘陵称为浅丘，相对高差100～200m者称为深丘。丘陵地是介于平地与山地之间的过渡性地形。深丘的特点近于山地，浅丘的特点近于平地。

与深丘相比，浅丘坡度较缓，冲刷程度较轻，土层较深厚，顶部与麓部土壤和气候条件差异不大，水土保持工程和灌溉设备的投资较少；交通较方便，便于实施相关栽培管理技术，是较为理想的经济林基地营建地点。

深丘具有山地某些特点，如坡度较大，冲刷较重，顶部与麓部的土层厚薄差异较明显，有时顶部母岩裸露，麓部则土壤深厚肥沃，土壤水分与肥力高于上部，营建水土保持工程费工，灌溉设备投资较高。由于相对高差较大，海拔与坡向对小地形气候条件的影响明显，实施栽培管理技术较为复杂，交通不便，产品与物资运输较为困难。

7.1.3.3　山地类型

我国是一个多山的国家，山地面积占全国陆地面积的2/3以上。山地是发展经济林生产主要林地类型，对调整和优化山区的经济结构，改变山区贫困落后的面貌，具有十分重要的现实意义。按山地的高度可分为高山、中山和低山。海拔在3 500m以上的称为高山，海拔在1 000～3 500m的称为中山，海拔低于1 000m的称为低山。

山地空气流通，日照充足，温度日差较大，有利于碳水化合物的积累，尤其是有利于果用经济林果实着色和优质丰产。选择山地营建经济林基地时，应注意海拔高度、坡度、坡向及坡形等地势条件对温、光、水、气的影响。坡度对营建经济林基地的影响主要表现在土壤侵蚀、整地、交通运输、灌溉和机耕等方面。地形起伏越小，对整地与机械化越有利。一般来说，坡度越大，台地平整的土石方也越大，小于1～2m的地面微起伏容易平整，更大的起伏应考虑修筑梯地。自流灌溉通常要求较小坡度；喷灌和滴灌可容忍较大的坡度。坡度在8°以下时适宜机械化，8°～17°时尚可使用农业机具。一般在山地营建经济林基地或多或少都存在着缺水问题，要根据水资源分布情况和有无灌溉条件，合理规划树种和品种。

山地随海拔高度的变化而出现气候与土壤的垂直分布带。从山麓向上，出现热带—亚热带—温带—寒温带的气候带变化，这与水平方向从赤道—低纬度—高纬度而出现的气候带的变化一样。在栽培中，可以充分利用这一特点，选择与各气候带相适应的树种、品种进行经济林基地营建，提高山区土地资源开发利用的经济效益。云南省高黎贡山从潞江坝最低海拔640m开始，依次往上分布有香蕉、芒果、荔枝、龙眼、滇橄榄、柑橘、枣、柿、梨、板栗、腾冲红花油茶、核桃等。

由于山地构造的起伏变化，坡向(或谷向)、坡度的差异，气候垂直分布带的实际变化常出现较为复杂的情况。如在同一海拔高度，某些地带按垂直分布带应属温带气候，实际近似亚热带气候，这种逆温现象与热空气上升积聚在该地带有关。相反，在同一海拔高度，某些地区按垂直分布带应属亚热带的地区，由于地形闭锁，冷空气滞留积聚却常常出现霜害或冻害，从而形成了山地气候垂直分布带与小气候带之间犬牙交错，互相楔入和经济林木分布异常的复杂景观。常常出现同一种经济林木在同一山地由于坡向与坡度不同，其分布不在同一等高地带，有时错落竟达数百米高度。或者，分布在同一等高地带内，但生长势、产量和品质出现明显差异，反映了经济林生态最适带的复杂变化。

小气候地带除在地形复杂的山地容易形成外，在有高山为屏障的山麓地带亦较为显著。陕西城固由于秦岭的屏障作用，挡住了南下的冷气流，而能生产柑橘；四川茂县因九顶山的屏障作用挡住东来的湿润气流而能生产品质优良的苹果。

综上所述，山地气候变化的复杂性，决定了在山地选择经济林宜林地的复杂性。在山地营建经济林基地应充分进行调查研究，熟悉并掌握山地气候垂直分布带与小气候带的变化特点，对于正确选择生态最适带及适宜小气候带营建经济林基地，因地制宜地确定栽培技术具有重要的实践意义。

7.2 经济林基地规划与设计

7.2.1 规划与设计内容与步骤

7.2.1.1 规划与设计内容

规划设计是经济林营建的基础工作，规划和设计是两个有区别又密切联系的工作，二者相辅相成，构成完整的营建规划设计体系。规划是对种植地长远的产品生产发展计划和对全局性工作的战略性安排，是设计工作的前提和依据。设计是规划的深入和具体体现，是根据营建规划的目的和要求，对营建工作所作的具体安排。经济林规划设计应有较详细的施工技术方案、方法和对物耗、用工、资金投入、投资回收期及投资效益等，以指导经济林营建和经营管理，避免营建工作的盲目性、随意性，将营建和管理纳入科学、有序、高效的轨道，确保经济林营建质量标准。因此，经济林基地规划设计包括以下主要内容。

①通过调查分析，提出营建的依据、必要性及可行性；

②评价待建经济林基地各种资源的利用价值及生产潜力；

③提出待建种植地的经营方向、经营强度、规模、树种和品种选配、建设进度、产期产量、产前产中及产后配套辅助设施的布局和建设计划，营建资金概算及资金筹集途径、

营建成本分析及经济效益估算;

④整地方式及改土措施、种植形式及种植密度、种植季节及种植方法、种植材料及其规格、数量、抚育管理措施等技术设计,以及排灌系统、交通道路、防护设施等具体实施计划,并分树种提出典型设计;

⑤编制各树种的面积、产量及效益预测统计表、资金概算及投资效益概算表,绘制规划图;

⑥提出确保规划设计实施,达到经济林基地营建目标的保障措施等。

7.2.1.2 规划与设计步骤

经济林营建规划设计的实施,应在明确目的任务的基础上,通过充分细致的调查研究,全面掌握规划设计地的自然条件、社会经济条件(即经营条件)、经济林生产状况等情况,遵循规划设计的基本原则,进行经济林地规划设计,产生规划设计文件(成果),经同行专家鉴定通过之后,用于指导经济林营建和经营。

(1)基本情况调查

社会经济情况:经济林营建地区及其邻近地区的人口,劳动力数量和技术素质;当地的经济发展水平,居民的收入及消费状况,乡镇企业发展现状及预测,经济林产品贮藏和加工设备及技术水平;能源交通状况;市场的销售供求状况及发展趋势预测等。

经济林生产情况:当地经济林栽培的历史和兴衰变迁原因和趋势;现有经济林的总面积、单位面积产量、总产量;经营规模、产销机制及经济效益;主栽树种和品种生长发育状况;经营管理技术水平等。

气候条件:包括平均气温、最高与最低气温、生长期积温、休眠期的低温量、无霜期、日照时数及百分率、年降水量及主要时期的分布,当地灾害性天气出现频率及变化。

地形及土壤条件:调查掌握海拔高度、垂直分布带、坡度、坡向与降水量、光照等气象因子和经济林分布的相关性。土壤条件应调查土层厚度、土壤质地、土壤结构、酸碱度、有机质含量、主要营养元素含量,地下水位及其变化动态,土壤植被和冲刷状况。

水利条件:主要包括水源,现有灌、排水设施和利用状况。

调查完毕应写出书面调查分析报告。

(2)测量地形并绘制大比例尺地形图

绘制的地形图比例尺1∶1 000或1∶2 000,地形图上应绘出等高线、高差和地物,以地形图作基础绘制出土地利用现况图、土壤分布图、水利图等供设计规划使用。

(3)外业调查

通过对经济林林地的实地调查和社会调查,掌握其规划设计必需的资料,如种植地的自然条件,包括地形地貌、气候、土壤及土地利用状况、植被及主要树种等;社会经济技术条件,包括经济文化发展状况、人力资源及素质、市场发育状况、交通等;经济林生产现状,包括经济林生产规模、种类、经营方式、经验、加工程度及能力、产品市场及销售状况、经济效益及在当地经济中的地位、存在的主要问题等。为了获得较准确可靠的资料而又减少调查环节,社会调查应着重收集专业部门积累的现成资料;实地调查在初步踏查的基础上,进行抽样详查,如土壤调查、经济林生长发育调查等。调查结束之后,应及时对调查资料进行整理分析,对种植地的自然资源、社会经济技术资源及可持续发展潜力进行综合评价，并清绘出土地利用现状图、立地类型分布图。

(4)内业工作

在深入调查研究，充分掌握必需资料的基础上，首先对种植地进行总体规划，即根据适地适树原则及市场需求，制定种植地的发展规模、发展树种及品种、经营方式、经营强度、预计产期及产量、资金筹集及经营效益、产品收获处理及销售等计划。然后，根据总体规划进行营建技术设计，主要有树种选配、种植形式及种植密度、整地及改土、种植材料及种植技术、投产前抚育管理、道路及排灌系统、防护设施及其他辅助设施等设计，并形成经济林规划设计文件。

(5)规划设计成果的审定及实施

各种规划设计文件和图表产生之后，应报上级主管部门组织同行专家进行评审，通过之后即可组织实施。各种规划设计文件和图表包括调查资料整理分析、规划设计指标制定、典型设计表、土地利用现状图、立地类型分布图、规划设计图和规划设计说明书等。

7.2.2 经济林基地的土地规划

以企业经营为目的的经济林基地，土地规划中应保证生产用地的优先地位，并使各项服务于生产的用地保持协调的比例。通常各类用地比例为：经济林栽培面积80%～85%；道路5%左右；防护林和辅助建筑物等占15%左右。

7.2.2.1 基地小区规划

经济林种植基地小区在森林资源管理上又称小班，为经济林基地的基本生产单位，是方便生产管理而设置的。小区的大小和形状将直接影响到经济林栽培所采用各项技术措施效果和生产成本。划分小区是林地规划中的一项重要内容。

(1)小区面积

确定经济林种植基地小区面积的依据：第一，同一小区内气候和土壤条件大体一致；第二，有利于防止林地水土流失和发挥水土保持工程的效益；第三，有利于防止风害；第四，有利于基地内的运输和机械化管理。

在平地或立地条件较为一致的种植基地，小区的面积可设计8～12hm^2；在地形复杂、立地条件差异较大的地区，每个小区可以设定为1～2hm^2；在地形极为复杂，切割剧烈或起伏不平的山地，小区面积可以缩小，但不应小于0.1hm^2。

(2)小区的形状与位置

小区的形状多采用长方形，长边与短边比例为(2～5):1。在平地种植基地小区的长边，应与当地主要有害风向垂直，使林木的行向与小区的长边一致，防护林应沿小区长边配置与经济林一起加强防风效果。山地与丘陵地经济林种植基地小区可成带状长方形，带状的长边与等高线走向一致，可提高农业机械运转和各种管理活动的效率，保持小区内立地条件一致，提高水土保持工程的效益。由于等高线并非直线，常常随弯就弯，小区的形状也不完全为长方形，两个长边也不完全平行。

7.2.2.2 道路系统规划

经济林基地的道路系统是由主道、干道、支道组成。主道要求位置适中，贯穿整个种植基地，通常设置在栽植大区之间，主、副林带一侧，便于运送产品和其他生产资料。在山地营建经济林基地，主道可以环山而上，或呈“之”字形，纵向路面坡度不宜过大，以卡车能安全上下行驶为度。干道常设置在大区之内，小区之间，与主路垂直，能并行两台动力作业机械为度，须沿坡修筑，但要求有3/1 000的比降。小区内或环绕经济林基地可根据需要设置支道，以人行为主或能通过大型机动喷雾器。山地经济林基地的支道可以根据需要顺坡筑路，顺坡的支道可以选在分水线上修筑，不宜设置在集水线上，以免塌方。大、中型经济林种植基地不论平地与山地各种道路的规格质量如下：

①主道　宽5~7m，须能通过大型汽车，在山地沿坡上升的斜度不能超过7°；

②干道　宽4~6m，须能通过小型汽车和机耕农具，干道一般为小区或小班的分界线；

③支道　宽2~4m，主要为人行道及通过大型喷雾器等农具，在山地支道可以按等高线通过种植行行间，在修筑等高台地时可以利用边埂作人行小路，不必另开支路。

小型经济林基地为减少非生产占地，可不设主道与干道，只设支道即可。

7.2.2.3　辅助建筑物规划

经济林基地经营时间较长，可以是一个完整的生产企业，还需要规划必要的管理用房和生产用房等辅助建筑物规划。辅助建筑物包括办公室、贮藏房、车辆库房、农具室、肥料农药库、配药场、包装场、晒场、职工宿舍和休息室等。其中办公室、财会室、包装场、配药场、果品贮藏库及加工厂等，均应设在交通方便和有利作业的地方。在2~3个小区的中间，靠近主道和干道处处，设立休息室及工具库。在山区应遵循量大沉重的物资运送由上而下的原则，畜牧场与配药场应设在较高的部位，以便肥料，特别是体积大的有机肥料由上而下运输，或者沿固定的沟渠自流灌施，包装场、果品贮藏库等应设在较低的位置。

7.2.3　主栽树种和品种的选择

7.2.3.1　树种与品种选择的条件

经济林种植基地是以生产各类经济林产品投放市场，为社会消费服务并取得高效益为根本目的，因而营建时选择适宜树种、品种是实现经济林营建目的的一项重要决策。在选择树种和品种类型时应注意以下条件：

(1)优良特性

具有生长强健，抗逆性强、丰产、质优等较好的综合性状。木本油料经济林，如油茶需具有高产、出籽率高和含油率高的优良性状；果用经济林还必须注意其独特的经济性状，如美观的果形，诱人的颜色，成熟期的早晚，种子有无或多少，风味或肉质的特色、加工特性等。

(2)适应性

适应当地气候和土壤条件，表现优质丰产，保持优质与丰产的统一优良品种并不是栽之各地而皆优的，而是有其一定适应范围，超出这个范围，就可能不再表现优良性状。因此，在选择树种和品种时，必须选择适应当地气候土壤条件，表现丰产优质的品种。

(3)市场需求

树种、品种选择应注意适应市场需要，产品适销对路。种植经济林的经济效益最终是通过产品在市场上销售效益而实现的。对某个树种或品种质量优劣的评价，单靠书本上的评价，生产者个人的感觉或好恶来评价是不够的，还必须接受市场和消费者的检验。因此，根据市场的需要选择树种、品种应成为商品经济林生产的出发点和归宿，大力调整经济林品种结构，推进具有区域特色的名特优新经济林基地建设，提高经济林产业的附加值。但切忌一哄而上，盲目发展。

一个经济林种植地适宜栽培多个树种和品种时，应根据市场的需要及经济效益，选择市场紧俏、经济效益高的树种、品种，有时可能不是最适应当地的树种和品种。

7.2.3.2　授粉品种的选择和配置

经济林果木如苹果、梨、李、柚、油橄榄、板栗等有自花不亲和现象和自花不实的特性，在栽培单一品种时，往往花而不实，低产或连年无收。即使能够自花结实的品种，结实率也低，不能达到商品生产的要求。例如，油橄榄中的'贝拉'自花授粉结实率约0.88%，用'米扎'的花粉授粉，结实率可提高2.42%；油茶自花结实率很低或不孕，要靠异花授粉。营建时，必须配置适宜的授粉品种。杨梅、猕猴桃、银杏、香榧、千年桐等雌雄异株树种，应注意雌雄株按适当比例配置。核桃具有雌雄异熟的特性，也应配置授粉树。柑橘、荔枝、龙眼、桃等虽能自花结实，但进行异花授粉，则能显著提高产量。

(1)授粉品种应具备的条件

第一，授粉品种要与主栽品种花期相遇，且能产生大量发芽率高的花粉；第二，要与主栽品种同时进入结果期，且年年开花，经济结果寿命长短相近；第三，要与主栽品种授粉亲和力强，能生产经济价值高的果实；第三，能与主栽品种相互授粉，两者的果实成熟期相近或早晚互相衔接；第四，当授粉品种能有效地为主栽品种授粉，而主栽品种却不能为授粉品种授粉，又无其他品种取代时，必须按上述条件另选第二品种作为授粉品种的授粉树。

(2)授粉品种的配置

授粉树与主栽品种的距离，依传粉媒介而异，以蜜蜂传粉的品种(如苹果、梨、柚等)应根据蜜蜂的活动习性而定。据观察，蜜蜂传粉的品种与主栽品种间最佳距离以不超过50～60m为宜。杨梅、银杏、香榧等雌雄异株的经济林果木，雄株花粉量大，风媒传粉，且雄株不结果。因此，多将雄株作为基地边界少量配置，在地形变化大的山地，也可作为防风林树种配置一定比例。

关于授粉树在经济林种植地中所占比例，应视授粉品种与主栽品种相互授粉亲和情况及授粉品种的经济价值而定。授粉品种的经济价值与主栽品种相同，且授粉结实率都高，授粉品种与主栽品种可等量配置；若授粉品种经济价值较低，在保证充分授粉的前提下低量配置。大部分经济林木授粉树(或品种)一般可按2%～3%的比例，但配置时要注意均匀分散，同时注意风向、坡向和上下坡等。

7.2.4　排灌系统与水肥一体化

7.2.4.1　灌溉系统

随着灌溉技术的不断改进，灌溉系统也在不断更新，各国运用的灌溉可分为地面灌、喷灌、滴灌三大类。结合我国的实际，现仅阐述地面灌溉系统的规划和设计。地面灌溉系统由水源与各级灌溉渠道组成。

(1)水源

经济林地的灌溉水源主要是蓄水和引水。

蓄水：主要是修建小型水库和蓄水池。应在种植地适当的位置修建蓄水池，一般每公顷地修建30～50m^3的蓄水池一个，有条件的地方最好每15～20hm^2修建1～2个小型水库或池塘，同时建好相应的排水及灌溉系统。小型水库的地址宜选在溪流不断的山谷，或三面环山，集流面积大的凹地。要求地质状况较为稳定，岩石无节理和裂缝，无渗漏的地方。水库的堤坝宜修在库址的葫芦口处。这样坝身短，容量大，坝牢固，投资少。母岩为石灰岩的地区，常有阴河溶洞，渗漏现象严重，不能选作库址。为了进行自流灌溉，水库位置应高于种植地。经济林地的堰塘与蓄水池，也要选在山坳地以便蓄积水，如果选在分水岭处，由于来水面小，蒸发与渗漏较快，难于蓄水。在有条件的地方宜在经济林地的上方或在地形坡度较大处可在山间长流溪水的出口处修建蓄水池，将自然流水就地拦蓄储存，既保证充足的集流水源，又有一定的自流灌溉压力，利用地形坡降度引流灌溉。

引水：从河中引水灌溉的经济林种植地。在林地高于河面的情况下，可进行扬水式取水。提水机器功率按提水的扬程与管径大小核算。林地建立在河岸附近，可在河流上游较高的地方，修筑分洪引水渠道，进行自流式取水，保证自流灌溉的需要。在距河流较远，利用地下水作灌溉水源的地区，地下水位高的可筑坑井，地下水位低的可修成管井。

(2)输水系统

输水系统有渠道灌溉、喷灌、滴灌方式。生产上常用的是渠道灌溉，其优点是投资小，见效快；缺点是费工，水资源浪费大，易引起土壤板结，水土肥流失较严重，同时又降低地温；滴灌可以避免渠道灌溉的缺点，但一次投资大；喷灌的投资和效益介于渠道灌溉和滴灌之间。山地经济林种植地用喷、滴灌可以不用造台地，平整土地，辅之其他水土保持措施可节省非常大的投资。

(1)渠道灌溉

渠道包括干渠、支渠和毛渠(灌水沟)三级。干渠是将水引到林地内并纵贯经济林种植地。支渠将水从干渠引到种植地小区或小班。毛渠则将支渠中的水引至经济林树行间及株间。

渠道灌溉规划设计，应考虑种植地地形条件，水源位置高低，并与道路、防护林和排水系统相结合。具体设计应注意以下原则：第一，位置要高，便于控制最大的自流灌溉面积。丘陵和山地经济林种植地，干渠应设在分水岭地带，支渠也可沿斜坡分水线设置。第二，与道路系统和小区或小班形式相结合。支渠与小区或小班短边走向一致，而灌水沟则应同小区或小班长边一致。第三，输水的干渠要短，既可减少修筑费用，也可减少水分流失。第四，为了减少干渠的渗漏损失，增强其牢固性，最好用混凝土或石材修筑渠道。第五，渠道应有纵向比降，以减少冲刷和淤泥。比降过大，易造成土质干渠冲刷，比降过小，流速小，流量低。带泥沙的水源，易造成渠道淤积堵塞。一般干渠比降为1/1 000，支渠的比降为1/5 000。

渠道灌溉的横断面，尽量采用半填半挖的形式，便于向下一级渠道分水，且修筑工程量较小。渠道断面横距与竖距的比值，称为边坡比，是表示边坡陡缓的指标。设计边坡比大小取决于土壤的质地。质地轻松则边坡缓，边坡比较大。各种土壤的边坡比分别为黏土：1～1.25；砂砾土：1.25～1.5；砂壤土：1.5～1.75；砂土：1.75～2.25。

(2)喷灌

喷灌是在一定压力下，把水通过管道和喷头以水滴的方式喷洒在树体上。喷头可高于树高，也可低于树高，水滴自上而下类似下雨。喷灌较渠道灌溉节约用水50%以上，并可降低冠内温度，防止土壤板结。喷灌的管道可以是固定的，也可以是活动的。活动式管道一次性投资小，但用起来麻烦。固定式管道不仅用起来方便，而且还可以用来喷药，起到一管两用的作用。即使喷药条件不具备，也可以用于输送药水。尤其是山地经济林种植地，在不加任何动力的情况下，就可以把药水输送到各个种植小区。

(3)滴灌

滴灌是通过一系列的管道把水一滴一滴地滴入土壤中，设计上有主管、支管、分支管和毛管之分。主管直径80mm左右，支管直径40mm，分支管细于支管，毛管最细，直径10mm左右，在毛管上每隔70mm安一个滴头。分支管按树行排列。每行树一条，毛管每棵树沿树冠边缘环绕一周。滴灌的用水比渠道灌溉节约75%，比喷灌可节约50%。

7.2.4.2 水肥一体化设计

(1)水肥一体化概念

水肥一体化技术是将灌溉与施肥融为一体的农业新技术。水肥一体化是借助压力灌溉系统，将可溶性固体肥料或液体肥料配兑而成的肥液与灌溉水一起，均匀、准确地输送到树体根部土壤。采用灌溉施肥技术，可按照经济林木生长需求，进行全生育期需求设计，把水分和养分定量、定时，按比例直接提供给。水肥一体化常用形式是微灌与施肥的结合，且以滴灌、微喷与施肥的结合居多，与滴灌结合的水肥一体化又称为滴灌式施肥(fertigation)。微灌施肥系统基本与上述喷灌、滴灌系统相同，由水源、首部枢纽、输配水管道、灌水器四部分组成。水源有：河流、水库、机井、池塘等；首部枢纽包括电机、水泵、过滤器、施肥器、控制和量测设备、保护装置；输配水管道包括主、干、支、毛管道及管道控制阀门；灌水器包括滴头或喷头、滴灌带。

(2)水肥一体化的特点

水肥一体化灌溉施肥的肥效快，养分利用率提高，具有省肥节水、省工省力、降低湿度、减轻病害、增产高效的实施效果。可以避免肥料施在较干的表土层易引起的挥发损失、溶解慢，最终肥效发挥慢的问题；尤其避免了铵态和尿素态氮肥施在地表挥发损失的问题，既节约氮肥又有利于环境保护。因此，水肥一体化技术使肥料的利用率大幅度提高。据华南农业大学张承林教授研究，灌溉施肥体系比常规施肥节省肥料50%～70%；同时，大大降低了经济林设施内因过量施肥而造成的水体污染问题。由于水肥一体化技术通过人为定量调控，满足经济林木在关键生育期“吃饱喝足”的需要，杜绝了任何缺素症状，因而在生产上可达到产量和品质均良好的目标。

(3)确定水肥一体化灌溉系统设计参数

以集约化栽培核桃地为例，确定出如下设计参数。

灌溉设计保证率：为获得高产量，高品质，可采取全额灌溉方式，即设计取灌溉设计保证率$P=100\%$。

滴灌土壤湿润比：设计土壤湿润比以不小于30%为基准。

灌水小区流量偏差：$qv=0.20$。

灌溉水利用系数：$\eta=0.90$。

设计灌溉补充强度：$la=5\text{mm/d}$。

(4)技术要领

水肥一体化是一项综合技术，涉及经济林林地灌溉、栽培和立地条件等多方面，其主要技术要领须注意以下四方面：

建立一套滴灌系统：在设计方面，要根据地形、地块、单元、土壤质地、种植方式、水源特点等基本情况，设计管道系统的埋设深度、长度、灌区面积等。水肥一体化的灌水方式可采用管道灌溉、喷灌、微喷灌、泵加压滴灌、重力滴灌、渗灌、小管出流等。特别忌用大水漫灌，容易造成氮素损失，同时也会降低水分利用率。

施肥系统：要设计为定量施肥，包括蓄水池和混肥池的位置、容量、出口、施肥管道、分配器阀门、水泵肥泵等。

选择适宜肥料种类：可选液态或固态肥料，如氨水、尿素、硫酸铵、硝酸铵、磷酸一铵、磷酸二铵、氯化钾、硫酸钾、硝酸钾、硝酸钙、硫酸镁等肥料；固态以粉状或小块状为首选，要求水溶性强，含杂质少，一般不应该用颗粒状复合肥(包括中外产品)；如果用沼液或腐殖酸液肥，必须过滤，以免堵塞管道。

7.2.4.3 排水系统

(1)排水的意义

土壤中的水分与空气含量是互为消长的。排水的作用是减少土壤中过多的水分，增加土壤的空气含量，促进土壤空气与大气的交流，提高土壤温度，有利于好气性微生物的活动，促进有机质的分解，改善经济林的营养状况，使林地的土壤结构、理化性质、营养状况得到综合改善。具有下列情况之一的经济林地，最好设置排水系统：

①地势低洼，降雨强度大时径流汇集多，且不能及时宣泄，形成季节性过湿地或水涝地。

②土壤渗水性不良，表土以下有不透水层，阻止水分下渗，形成过高的假地下水位。

③临近江河湖海，地下水位高或雨季易遭淹涝，形成周期性的土壤过湿。

④临近溢水地区，或林地由水稻田改造而来，土壤经过长期淹水，下层为还原性物质大量积累的潜育层。

⑤山地与丘陵地，雨季易产生大量地表径流，需要通过排水系统排出。

(2)明沟排水

明沟排水是在地面上挖掘明沟，排除径流。山地或丘陵经济林种植地多用明沟排水。这种排水系统按自然水路网的走势，由等高沟与总排水沟以及拦截山洪的环山沟(亦称拦山堰)组成。在修筑梯田的经济林地中，排水沟应设在梯田的内沿(即背沟)，背沟的比降应与梯田的纵向比降一致。总排水沟应设在集水线上，走向应与等高沟斜交或正交。

总排水沟宜用石材修筑，长而陡的总排水沟，宜修筑成阶梯形，每隔20～40m的斜距修筑一个谷坊，以减缓流速。总排水沟应上小下大，以利径流排泄，可与水库、水塘、蓄水池连接，以补给库、塘水源。

平地种植地的明沟排水系统，由小区或小班内的集水沟、小区或小班边缘的排水支沟与排水干沟组成。集水沟与小区或小班长边和树行走向一致，也可与行间灌水沟合用或并列。集水沟的纵坡应朝向支沟，支沟的纵坡应朝向干沟。干沟应布置在地形最低处，使之能接纳来自支沟与集水沟的径流。各级排水沟的走向最好相互垂直，但在两沟相交处应成锐角(45°~60°)相交，以利水畅其流，防止相交处沟道淤塞。各级排水沟的纵向比降应大小有别：干沟为1/3 000~1/10 000；支沟为1/1 000~1/3 000；集水沟为1/300~1/1 000。明沟的边坡系数因土质而有差别：黏土为1.5~2.0；砂壤土1.5~2.5；砂土2.0~3.0。排水沟的间距和深度，应视降水量和地下水位而定。在地势低洼，地下水位高，降水量大，土壤含盐量高的地方，集水沟宜多、宜深、宜宽，间距宜小；在地下水位低，降水量小，土壤含盐量低的地方，集水沟相对减少，间距可适当加大，沟的深度和宽度相应减少。烟台市西沙旺的海滩沙地的地下水位，冬春多在1.0m左右，夏季可达40~50cm。常年雨季((7月初至9月上旬)的平均降水量为331.3mm。当地果用经济林地每隔2~4行树挖一条小区或小班水沟，沟底宽30~50cm，沟口宽80~150cm，沟深50~100cm。这种规格的水沟沟底有一定比降，可以满足小区或小班内排水的需要。排水支沟的深度和宽度应大于小区或小班水沟，排水干沟的深度和宽度应大于支沟，以利于排水通畅。干沟出路不畅的地区，可在干沟出口建立扬水站，进行机械抽水排水。

采用明沟排水，物料投入少，成本低，简单易行，便于推广。其缺点是土方工程量大，花费劳力多，明沟排水占地多，不利于机械操作和管理，而且易坍、易淤、易生杂草。因此，近年来，我国不少地方采用了地下暗管(沟)排水。

(3)暗沟排水

暗沟排水是地下埋置管道或其他填充材料，形成地下排水系统，将地下水降低到要求的深度。暗沟排水可以消除明沟排水的缺点，如不占用经济林行间土地，不影响机械管理和操作。但暗沟的装置需要较多的劳力和器材，要求较多的物资投入，对技术的要求也较高。设置暗沟的林地，不再需要设置明沟。在低洼过湿地和季节性水涝地，地下水位高以及水田改旱地的经济林种植地，暗沟排水系统最为需要。

暗沟排水系统和明沟排水系统基本相同。暗沟的深度取决于土壤的物理性质、气候条件及所要求的排水量。暗沟深度及沟间距离与土质的关系见表7-3。

表7-3　不同土壤与暗沟设置的深度与沟距的关系

土壤种类	沼泽土	砂壤土	黏壤土	黏土
暗沟深度（m）	1.25~1.5	1.1~1.8	1.1~1.5	1.0~1.2
暗沟间距（m）	15~20	15~35	10~25	12

暗沟有完全暗沟和半暗沟两种类型。完全暗沟可用塑料管混凝土管或瓦管建成。半暗沟又称为简易暗沟，多以卵石等材料建成。半暗沟的间距宜小，分布密度较大，才能抵消其流水阻力大的缺点，提高排水效率。卵石暗沟下面填大卵石，上面填稍小的卵石，最上面填以碎瓦即可。完全暗沟也有干管、支管、排水管之别，各级管道按水力学要求的指标(表7-4)组合施工，可以使水畅流，防止淤塞。一旦发生淤塞，检修困难，国外多用高压水枪冲洗除淤。

表7-4 暗管的水力学要求

管 类	管径（cm）	最小流速（m/s）	最小比率
排水管	5～6.5	0.45	5/1 000
支 管	6.5～10	0.55	4/1 000
干 管	13～20	0.70	3.8/1 000

土壤透气性良好的经济林种植，排水渠道可与渠道灌溉的渠道结合起来。盐碱地、黏土地应单设排水渠道，要深而宽，为排水洗盐(碱)改良土壤用。平地经济林种植地排、灌两者合二为一，涝时排水，旱时灌溉；涝洼地，每一个行间都要挖宽而深的排水沟，沟深和宽视涝洼程度而增减，最终把种植地整成“台田”；山地经济林种植地应挖好堰下沟，防止半边涝。

7.2.5 水土保持规划设计

7.2.5.1 水土保持的意义

山地及丘陵地营建经济林基地，由于原有植被受到破坏，土壤因垦殖而松散，加之耕作不合理，地表径流对土壤的侵蚀和冲刷而引起的水土流失将不可避免。尤其在大雨季节，降水过量形成的地面径流，沿着坡地冲走泥土和有机质，流向溪河大江，使土层变薄，土粒减少，含石量增加，土壤肥力下降；使经济林根系裸露，树势衰弱，经济产量降低，寿命缩短；严重的造成泥石流或大面积滑坡，使生态环境急剧恶化，甚至危及经济林种植基地的存亡。从大范围的生态条件看来，大面积的水土流失，将造成江河淤积，洪水泛滥，威胁着人民生命财产的安全。因此，做好水土保持是决定山地、丘陵地营建经济林基地成败关键。

造成水土流失的根本原因是地表径流，水的流动带走土壤，形成水土流失。水土流失的程度与地表径流是成正比的，地表径流量制约条件的天气因素是降雨强度，地面因素是坡度、坡长和地面覆盖。因此，技术措施总的原则是：可以通过降低坡度，缩短坡长，增加覆盖，来减免地表径流，防止水土流失。

降低坡度，增强土壤吸水性能，使径流速率降低，保持水分渗透性；缩短坡长，减少地表径流的集流面积，减小径流量，同时减小水流的重力加速度；增加土面覆盖，加强抗蚀抗冲性能，蓄水保土，从而达到林地水土保持的目的。因此，林地水土保持效果大小取决于它截断地表径流的性能、容水量的大小及土壤渗水性能。

我国劳动人民长期与水土流失作斗争，积累了丰富的经验。有农谚说：“头戴帽子，腰围带子，脚穿鞋子”。即是说在山顶的树木要留好，山腰留了生土杂灌带，山脚下部的杂灌也要保留下来，以分开截拦径流。林地水土保持的具体技术措施有：梯土、等高沟埂、带状开垦、间隔留生土带、栏栅拦土、鱼鳞坑、环地截水沟、蓄水坑等。上述林地水土保持措施与前述宜林地的整理是完全一致的。具体应采取哪种措施则要因地制宜，根据地区、地形、土质、雨量、水土流失情况和经济林栽培的要求而定。

7.2.5.2 梯田修筑工程

防止水土流失在技术上最好的措施是修筑梯田，阶面和梯壁是构成梯田的主要部分，

边埂和背沟是构成梯田的附属部分(图7-1)

(1)阶面

梯田的阶面可根据倾斜方向分为水平式、内斜式和外斜式3种。山地经济林基地的梯田阶面不能绝对水平，才有利于排出过多的地面径流。在降水充沛、土层深厚的地区，可设计内斜式阶面；降水少，土层浅的地区，可以设计外斜式阶面，以调节阶面的水分分布，并可节省改良心土的工程费用。无论阶面内斜或外斜，阶面的横向比降不宜超过5%，以避免阶面土壤冲刷。

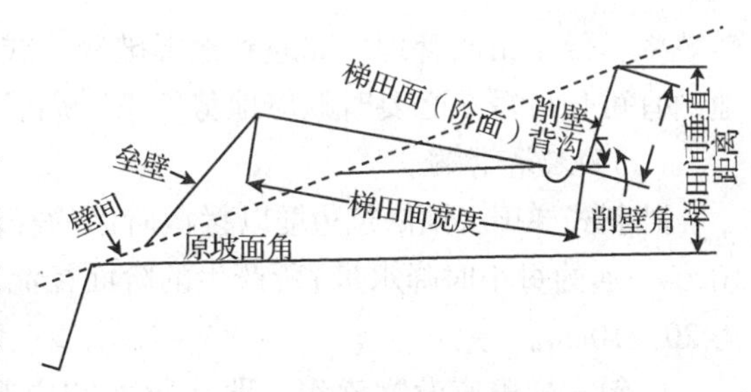

图7-1　梯田结构断面图

(引自德拉加夫采夫，略有修改，钟守琦重绘)

设计阶面的宽度应根据原坡度大小和经济林种类而定。陡坡地阶面宜窄，缓坡地阶面可宽。一般5°坡阶面宽10～25m，10°坡阶面宽5～15m，15°坡阶面宽5～10m，20°坡阶面宽3～6m，20°以上坡阶面宽2～4m。如果将经济林的种类综合考虑，在5°～20°的斜坡范围内，篱架式葡萄园梯田阶面宽可采用1.5～2m，普通油茶和枇杷3～5m，苹果及板栗可用4～5m，核桃可更宽些。矮化树可稍窄，乔化树则宜宽。如以树冠横径决定阶面宽度，斜壁式梯田因斜壁而使阶面加宽，且梯田之间高低错落，阶面宽度可以小于树冠径的1/4。

梯田的阶面是由削面与垒面两部分所组成。原坡面与梯田阶面的交叉线即垒面与削面的界线，又称中轴线。垒面土壤条件良好，其心土系原坡面表土；削面土壤条件差，表土系原坡面心土或母岩。因此，阶面的土壤肥力状况不均匀，削面的土壤改良是新建经济林基地土壤改良的重点。

(2)梯壁

按照梯壁与水平面夹角的大小，分为直壁式与斜壁式。梯壁与水平面近于垂直的为直壁式；与水平面保持一定倾斜度的为斜壁式。根据修筑梯壁的材料不同，有石壁和土壤之分。石壁可能修成直壁式从而扩大阶面利用率，土壁则以斜壁式的寿命长，其阶面利用率较小，树的根系所能伸展的范围则较大。正如阶面由垒面和削面所组成的那样，梯壁也由垒壁与削壁所组成。土壁梯田的垒壁土质疏松，削壁的土质紧密。垒壁与地平面之间的夹角为垒壁角，通常垒壁角较小为45°～50°。削壁与地平面之间的夹角削壁角可以大些，为65°～75°削壁与垒壁之间留出一段原坡面，称为壁间，俗称“二马台”。带有壁间的梯壁，较为牢固。壁间宽窄随原坡面的陡缓而定，缓坡可窄，陡坡宜宽，可在20～40cm范围内伸缩。

坡度、阶面、梯壁三者之间的关系，是直角三角形三个边之间的关系，某一边发生变化会影响到另外两个边，是梯田设计与施工中常常遇到的问题。

如阶面宽度不变，坡度变陡时，增高梯壁；坡度变缓时，降低梯壁，形成阶面等宽梯壁不等高的梯田。通常土壁高度不宜超过2.5m，石壁不宜超过3.5m。如梯壁高度不变，坡度变陡时，阶面可变窄；坡度变缓时，阶面可变宽，形成梯壁等高阶面不等宽的梯田。这种梯田较为省工，宜在生产上加以推广。

梯田的纵向长度原则上应随等高线的走向延长，以经济利用土地，提高农业机具的运转效率，便于田间管理。如遇到地形破碎，或有大的冲沟，不便填凹补壑时，梯田长度因地制宜可长可短。必要时顺应地势留下“断台”。

(3)边埂和背沟

外斜式梯田必须修筑边埂以拦截阶面的径流。边埂的尺寸以当地最大降水强度(即5~10年一遇的每小时降水量)所产生的阶面径流不漫溢边梗为依据。通常埂高及埂顶宽度多为20~30cm。

内斜式梯田应设置背沟，即在阶面的内侧设置小沟。沟深与沟底宽度为30~40cm，背沟内每隔10cm左右应挖一个沉沙坑，以沉积泥沙，缓冲流速。背沟的纵向应有0.2%~0.3%比降，并与总排水沟相通，以利排走径流。

7.2.5.3 其他水土保持措施

水土保持的工程措施，除修筑梯田外，还有修筑鱼鳞坑和等高撩壕等形式。在坡面较陡或破碎的沟坡上，不便修筑梯田，可以修筑鱼鳞坑。鱼鳞坑可按品字形布置，挖成半圆形的土坑，坑的下沿(或外沿)修筑半圆形的土埂，埂高30cm左右。坑的左右角上各开一小沟，以便引蓄径流。根据栽植经济林木的需要，要求坑长1.6m左右，宽1.0m，深0.7m，坑距根据定植密度要求而定。经济林木栽在坑的内侧。为了将鱼鳞坑逐步改造成等高梯田，横向鱼鳞坑宜尽可能按等高线设置。在较长的陡坡上修筑鱼鳞坑，每80~100m坡距，必须修筑一道拦山堰，以拦截山洪，防止冲刷。

等高撩壕亦称撩壕，是我国北方农民创造的一种简单易行的水土保持方法。撩壕时先在坡地按等高开浅沟，将土在沟的外沿筑壕，使沟的断面和壕的断面成正反相连的弧形，果树植于壕的外坡。由于壕的土层较厚，沟旁水分条件较好，幼树的生长发育好。但是撩壕在沟内及壕的外沿皆增加了坡度，使两壕之间的坡面比原坡面更陡，增强了两壕之间的土壤冲刷。为克服这一缺点，可根据具体情况，逐步将撩壕改造成复式梯田，以利经济林正常生长结果，并防止冲刷。

根据在湖南株洲许家弯村油茶林地不同整地方式，对径流系数影响的试验研究结果见表7-5。表7-6说明：处理A、C、E产生的径流系数，明显低于对照(CK)，而泥沙含量只要经垦覆，含量就大。因此，说明整地具有明显的水土保持效应，一经垦覆，径流水中泥沙含量明显增大。在垦覆深挖的同时，必须搞好竹节沟建设，以防止表土被径流冲走。

表7-5 整地方式与径流系数

处理	径流系数	泥沙含量(g/m^3)
A (垦覆+竹节沟)	0.02	3.14
C (垦覆)	0.54	4.42
E (竹节沟)	0.21	0.66
CK (对照)	0.96	0.64

表7-6 油桐林地土壤含水率及养分测定

处理	含水量(%)	有机质(%)	氮(%)	磷(%)	钾(%)	备注
修石坎梯地	15.25	1.480 9	1.101 9	0.099 5	2.014 2	间作管理
未修石坎梯地	8.25	0.612 2	0.090 3	0.031 8	2.000 8	未间作

在陕西山阳丰产林试验基地测算了油桐林地修建石坎梯地与未修石坎梯地的土壤含水率和肥力(表7-6)。

从表7-6中看出，修石坎梯地提高了保水保肥性能。修石坎梯地比未修石坎梯地的土壤含水率提高7%，其他有机质及氮、磷、钾的含量普遍都有提高，因而促进了油桐生长。

7.2.5.4 植被覆盖

(1)植被覆盖的作用

根据水土保持的原则设计和施工修筑的梯田，其阶面和梯壁仍然可能受到降水的冲击和地面径流的侵蚀，导致土壤冲刷和水土流失。水土保持是一个复杂的系统工程，如单靠工程措施，垦殖后基地的水土流失可能比垦殖前，即原坡面和原有植被破坏之前更严重。因此，将工程措施与生物措施结合应用，可大大提高工程措施的效益。

美国加利福尼亚州的试验证明，以块茎作物耕翻后的土壤流失量为100%，则小麦留茬地为10%，牧场为5%~10%，茂密的禾本科草地和森林均为0.001%~1.0%。保加利亚的试验也证明，在侵蚀土壤上种草，土壤流失减少至1/2。由此可见，植被防止土壤侵蚀的作用是十分显著的，不同植被保持水土的效能有所差别，森林的效能最高，草被、作物依次降低，清耕休闲地最差。

(2)植被覆盖规划

植被覆盖应该全面规划，合理布局。山地或深丘经济林基地顶部配置森林，可防风，涵养水源，保证顶部土壤不受冲刷。

树冠可以缓冲雨水对土壤的冲击。梯田阶面上，树体间应种作物或自然生草，尤其降雨集中季节切忌清耕休闲。间作物应选择经济效益较高、树叶繁茂防冲刷效能高，或回归土壤的有机质多的植物。也可结合发展畜牧业，在经济林基地行间种多年生牧草或青饲料。间作物宜等高横行播种、横行耕作，以加强水土保持效果。梯田的土壁必须配置植被。较宽的壁间应生草或种草或种植如金针菜、紫穗槐、黄荆、马桑等护坡植物或绿肥。每年刈割数次，覆盖于土壤表面，既减少水分蒸发，又增加有机质。垒壁和削壁上应促进生草，严禁以任何理由在梯壁上铲草。在削壁为易风化的泥岩地区，泥岩自然生草很难，容易风化剥落，梯壁的牢固性较差。为此，修筑梯田的同时，应用生长有草根的土块作为护壁材料。

在没有修筑梯田的缓坡地，利用植被来防止坡面冲刷显得更加重要。配置植被的方式有：等高横行播种短期作物；隔行生草；行间种植多年生牧草或绿肥等。

7.2.6 防护林设计

7.2.6.1 防护林的作用

防护林对改善经济林基地生态条件，减少风、沙、寒、旱的危害，保证经济林木的正常生长发育和丰产优质有明显的作用。

(1)降低风速，减少风害

微风可补充树冠周围的二氧化碳含量，有利于光合作用，适度促进叶面蒸腾和根系吸收，减少辐射霜冻的威胁。大风则会导致断枝毁树，或撕叶落果的严重后果。同一林带，随风速的加大，防风效果更加明显。

(2)调节温度，提高湿度

防护林对改善经济林基地的小气候环境，调节温度，提高湿度方面有明显的作用。有防护林的经济林基地全年的相对湿度均高于无防护林的基地，在干旱地区或灌溉成本高的地区，具有显著生态效益与经济效益。

(3)保持水土，防止风蚀

山地及丘陵经济林基地营造防护林，可以涵养水源，保持水土，防止冲刷。防护林落下大量枝叶，分解腐烂后，既增加土壤有机质含量，又可保护地面免遭雨水冲刷及地面径流侵蚀。据测定，1kg 枯枝落叶可以吸收 2～5kg 降水。当水分饱和后，多余的水分渗入土中，变成地下水，大大减少了地面的径流。在 10°斜坡上，有枯枝落叶层覆盖的地表，其径流量仅为裸地的 1/3。在 25°斜坡上，枯枝落叶层内的水流速度仅为裸地的 1/40，因而起到保持水土，防止冲刷的作用，据江西农业科学院调查，红壤地区有林地比无林地的冲刷量减少 4.8 倍。

在风沙严重地区营造防护林，可防风固沙、保护经济林基地。山西省右玉县由于地处风口，经常受到暴风侵袭，每年风蚀耕地表土 1～2cm，每公顷刮走土量达 90～195m^3。该县盆而洼村，平均每年土壤风蚀厚度达 1.2cm 左右，严重的高达 10cm。全县形成防护林带之后，风蚀程度减少 70%～80%，每年每公顷土地至少有 120m^3 的表土保持在林网内，有利于经济林的生长发育。

(4)有利于蜜蜂活动

蜜蜂是重要的传粉媒介，其出现数量、活动能力及飞翔距离与风速的大小关系密切。赵锡如(1981)观察发现，春季风速小于 0.5m/s 时，蜜蜂出现数量多，飞翔距离远。风速达到 1.5m/s 时，蜜蜂出现的数量少，飞翔距离近。风速达到 3.4m/s，基本上无蜜蜂活动。有防护林的经济林果基地，在花期，即使风速大于 3m/s，由于降低了基地内风速，蜜蜂出现数量明显增加，授粉情况比对照明显改善，能提高授粉受精效果。

7.2.6.2 防护林的结构

防护林带可以分为稀疏透风林带及紧密不透风林带两种类型。林带结构不同，防护效益和范围有明显差别。

(1)稀疏透风林带

这种林带可分为上部紧密下部透风(无灌木)类型及上下通风均匀的网孔式类型两种。稀疏透风结构林带可通过一部分气流，使从正面来的风大部分沿林带走向上超越林带而过；小部分气流穿过林带形成许多环流进入基地而使风速降低。稀疏透风结构林带对来自正面的气流阻力较小，且部分气流从林带穿过，使上下部的气压差较小，大风越过林带后，风速逐渐恢复。

稀疏透风林带较紧密不透风林带防护林范围大。据测定，稀疏透风林带向风面保护范围约为林带高的5倍，背面约为高于林带高的25~35倍。但以距林带高10~15倍的地带防护林效果最好。根据有关调查资料，均匀适度的透风林带，北风面林带高度30倍以内地带，平均降低风速28%。稀疏透风林带还具有排气良好，冷空气下沉缓慢，辐射霜冻较轻，地面积雪积沙比较均匀等优点。目前各国均趋向营造稀疏透风林带，适宜的林带透风度为35%~50%。透风度(或透风系数)是从与林缘成垂直方向观察时，林冠的孔隙面积(未被枝、叶、干所堵塞的间隙)合计，除以林分总面积所得的值，并用百分比表示，是衡量林带稀疏程度的指标。

(2)紧密型林带

紧密型林带是由数行或多行高大乔木、中等乔木及灌木树种组成，林带从上到下结构紧密，形成高大而紧密的树墙。因其上下郁闭，气流不易从林带通过，而使向风面形成高压，迫使气流上升，越过林带顶部后，气流迅速下降，很快恢复原来风速。这种林带虽防风范围较小，但在其防护范围内效益较好，调节空气温度，提高湿度的效果也较明显。由于透风能力低，冷空气容易在基地沉积而形成辐射霜冻，背风面容易集中积雪和积沙。因此，在山谷及坡地的上部宜设置紧密不透风林带，以阻挡冷空气下沉；而在下部则宜设置稀疏透风林带，以利于冷空气的排除，防止霜冻危害。

防护林降低风速的效果除与林带结构及林带高度有关外，林带内栽植行数不同，降风速的效果有明显差别。在旷野风速为7m/s的情况下，经过4行毛白杨林带时，在林带高20倍范围内平均风速为2.9m/s，比对照降低59%；而通过3行毛白杨林带时，平均风速为4.6m/s，比对照降低34%。10行树的林带比3~5行树的林带可降低风速23.3%。

7.2.6.3 防护林树种选择

选择防护林树种是否适当，直接关系到林带的防护效益。选择树种的条件如下：

①适应当地环境条件能力强，尽可能用乡土树种。

②生长迅速，枝叶繁茂。乔木树种要求树种高大，树冠紧密直立，寿命长，防风效果好。灌木要求枝多叶密。

③抗逆性强。根系发达入土深，根蘖发生少，抗风力强，对树的抑制作用小。

④与种植的经济林树种无共同病虫害，也不是其病虫害的中间寄主。最好是经济林木病虫害天敌的栖息或越冬场所。

⑤具有较高的经济价值，可作架材、筐材、药材、建筑原木和加工材料，以及蜜源植物等

现将常用的适宜防护林树种列举如下：

乔木树种：加拿大杨、毛白杨、北京杨、小叶杨、银白杨、箭杆杨、旱柳、榆、泡桐、白桦、橡树、白蜡、臭椿、苦楝、侧柏、沙枣、皂荚、马尾松、杉、喜树、乌柏、麻栗、锥栗、板栗、石楠、合欢、枫杨、枫香、樟树、桉树、落叶松、蒙古栎、桤木、山定子、杜梨、柿、杜仲等。

小乔木和灌木树种：刺槐、柽柳、紫穗槐、荆条、胡枝子、酸枣、花椒、枸杞、女贞、油茶、胡颓子、木麻黄、丛生竹、杨梅、枳树等。

据 T. B. Tukeg 报道，在美国常绿树和落叶树构成防护林带的良好组合为落叶树有小叶杨、银白杨、榔榆、榆、三角叶杨、美国皂荚、美国榆、复叶槭。常绿树种有挪威云杉、白云杉、欧洲赤松和美国红杉。而日本福岛县则要求防护林的树种具有生长快、防风性强的特点，常用的树种为松、杉、黑松、杨、森岛洋槐等。

7.2.6.4　防护林营造

(1)防护林的配置

防护林的配置应全面规划，从当地实际出发，因害设防，适地适栽，早见效益。防护林带的防风效果与主林带同当地主要害风方向的交角有关。主林带的走向应与主要害风的风向垂直。如因地势、地形、河流、沟谷的影响，主林带的走向不能与主要害风的风向垂直时，林带与风向之间的偏角不超过20°~30°，防风效果基本不受影响。但为增强防风效果，宜在与主林带垂直方向设副林带或折风线，形成防护林网。

经济林基地多建在山地，地形复杂，防护林的配置有其特点。如迎风坡林带宜密，背风坡林带宜稀。山岭风常与山谷主沟方向一致，故主林带不宜跨谷地，可与谷向呈30°夹角，并使谷地下部的林带偏于谷口。谷地下部宜采用透风结构林带，以利于冷空气排出。

(2)林带间距离

林带间的距离与林带长度、高度和宽度以及当地的最大风速有关。通常是风速越大，林带间距离越短。防护林越长，防护的范围越大。在风向一致的条件下，从正面来的风，其防护范围是三角地段。林带的高度与防护范围密切相关。在一般情况下，背风面的有效防护范围大约为树高的25~30倍。某些防护作用可延伸到林带高的40倍以上。根据我国各地多年经验，主林带间的距离一般为300~400m，风沙较大及滨海台风地区可缩小到200~250m。副林带的距离在风沙较小的地区可为500~800m，风沙严重地区可减少到300m左右。

(3)林带的宽度

林带内行数与降低风速的效果有关，随林带内行数增加，降低风速的平均效果有逐步减少的趋势。因此，在设计防护林带的宽度时，必须与当地的最大风速相适应。如果过多增加林带的宽度，将减少生产用地，防风的效应也不能相应提高。国外的防护林有由宽林带向窄林带发展的趋势，林带超过一定宽度后，防护距离减小，占地增多。国外农田防护林占地比率约为被保护地区的1.5%~3.5%。

(4)营造技术

防护林的株行距可根据树种及立地条件而定。乔木树种株行距常为(1.0~1.5)m×(2.0~2.5)m。灌木类树种株行距为1.0m×1.0m。

林带内部提倡乔灌混交或针阔混交方式。双行以上的采取行间混交，单行可采用行内株间混交。有条件的也可采用常绿树种与落叶树种混交方式。

营造防护林宜在经济林木栽植前1~2年进行。选用生长快的树种，也可以与经济林木同时栽植。造林前应行整地，栽植苗木的根系要健全，从起苗到栽植，保证每个环节都要保护好根系。

设置防护林要防止林带对经济林木遮阴及向基地内串根，要特别注意与末行经济林木间的距离。基地南部的林带要求距末行树不少于20～30m，基地北面的林带不少于15～20m。在此间隔距离内可设置道路或水利渠道，以经济利用土地。

7.3 经济林基地营建技术

7.3.1 整地技术

经济林种植地多种多样，有的是长期耕作的农田，有的是未经开垦的荒山荒坡、杂灌林地，有的是种植后形成的荒老残林，有的是更新迹地。总体表现为有效土层薄、土壤物理结构差、肥力水平低、水分状况不良等，种植后不利于苗木成活和幼林生长。种植前整地是改善种植地环境条件(主要是土壤条件)的一项重要工序。正确、细致、适时地进行整地，对提高经济林种植成活率、促进幼林生长、实现经济林的早实、丰产具有重要作用。

经济林种植整地的特点表现为：第一，种植地的类型多种多样、经济树种对环境的要求多种多样，这就决定了经济林种植整地必须根据种植地的具体立地条件和种植树种自身的特征，采取灵活多样的方法和技术。第二，经济林生长周期长，树体高大，根系深，且连年要生产经济林产品，因此希望能够增大整地的作用效果，延长整地作用的持续时间。故经济林整地必须高规格、严要求。第三，经济林种植整地工程量大、需劳动力多、技术要求高，必须经过科学认真的设计与规划并组织施工和质量验收。

7.3.1.1 整地的作用

(1)改善立地条件、提高立地质量

改善小气候：通过整地清除杂草、灌木和采伐剩余物，可以直接增加林地受光量，满足不同幼林的需要。全面清除植被，可以使耐阴树种或幼年耐阴树种获得适度的光照和庇荫。整地还可以改变种植地的局部小地形，增加或减少受光量。例如，在南向坡面上，整出局部朝北的反坡。改变光线和地面的交角，使林地受光状况也相应发生改变。整地时清除掉自然植被、透光量增加，空气对流加强，白天地温和近地表层的温度要比有植被覆盖时上升得快；夜间则与一般裸露地相似，降温也较快。整地还可以通过改善土壤物理机械性质，协调土壤中水分、空气的数量和比例。由于水的比热大大超过空气，在干旱条件下，整地后土壤含水量增加，地温上升较慢，也比较稳定。在湿润条件下，整地后，排出了土壤中的过多水分，土壤空气含量增加，地温上升就比较快。整地还可以把原来倾斜的坡面整平，修成反坡或把原来平坦的地面整出下凹或凸出的小地形等，都能改变日光照射角度和土壤的通气、排水、蓄水状况，使地温得到调节。

调节土壤水分状况：通过整地能使土壤变得疏松多孔，使土壤田间持水量增加，渗透能力及蓄水能力增加，有利于种植地更多地保蓄雨水。同时地表的粗糙度增加，可以减少地表径流，增加雨水下渗量，构成大量具一定容积的“水库”，使土壤蓄水量增加。应当指出，整地改善土壤水分条件的作用，与所使用的方法和季节等有密切的关系。其蓄水保墒作用只有在方法使用得当，时间掌握适宜，才能收到良好的效果。否则不但不能很好地蓄水保墒，甚至造成水分大量蒸发散失，使土壤变得更加干燥。

促进土壤养分的转化和积蓄：整地不能直接增加土壤中的养分，但整地可以加速土壤风化作用，使土壤颗粒变细，促进可溶性盐类的释放和各种营养元素有效化，还可以使腐殖质及生物残体分解加快，增加土壤养分的转化和积蓄。同时，植被清除后，可以减少植物对养分的消耗，其残体还可以增加土壤中的有机质。山地土壤经过整地，还可以除去石块，把栽植穴周围的表层肥土集中于穴内，使穴内的肥土层厚度增加，相对提高了土壤肥力。

增强土壤气体交换：整地使土壤变得疏松、透气性增强，使土壤气体交换加强，有利于根系呼吸和微生物的活动。

(2)提高种植成活率和促进林木生长

整地改善了林地的立地条件，栽植的苗木根系愈合快，产生的新根多，水分条件好，有利于苗木成活。整地后，土壤疏松，土层加厚，灌木、杂草及石块被清除，苗木根系向土层深处及四周伸展的机械阻力减小，因而主根扎得深，侧根分布广，吸收根密集。由于不同整地方法改善立地条件的作用不同，因而根系的水平和垂直分布范围，以及根系数量也会产生不同程度的差异。种植整地促进林木生长的效果，与种植地原来的立地条件有关。就是说同一种整地方法用在不同的立地条件下，效果并不一样。种植地的立地条件越差，越需要细致整地；相反，则可以适当降低整地的质量标准，甚至可以不整地。

(3)保持水土和减免土壤侵蚀

水土流失的治理措施有生物措施和工程措施2种。植树是防止水土流失最有效的生物措施。尽管营造经济林的主要目的是较高的经济效益，但只要经营措施得当，经济林本身也可发挥其巨大的水土保持作用。整地是一种坡面上保持水土的简易工程措施。首先它可以改变小地形，把坡面整成无数个小平地、反坡或下凹地，使地表径流不易形成；其次它具有一定的积水容积，在坡面上构成许多“小水库”“小水盆”，可以有效地聚集水流，并加以保蓄。同时，经过整地的土壤，渗透性强，水分下渗快，一时来不及渗透的水流，由于在坡面上停留的时间较长，可以蒸发重返大气，或慢慢地渗入土壤中，而不致汇集造成严重冲刷。应该看到，整地对自然植被的破坏和对土壤的翻耕可能加剧水蚀、风蚀。所以，无论是山地、沙地，还是黄土高原地区，整地一定要方法得当，保证质量，使发生水土流失的危险减少到最低限度。整地保持水土的效果，与所采用的整地方法、施工质量、整地时间有关。整地方法不当，不但起不了良好作用，而且会加剧水土流失。

(4)便于营造施工和提高种植质量

整地是种植前的一个工序，主要是为种植、抚育创造条件，保证适当的种植密度，有利于种植点的均匀配置以及减轻灌木、杂草和病虫、鸟兽危害等。种植地经过认真清理和细致整地，可以排除种植施工的障碍，便于进行栽植、提高作业速度和质量。

7.3.1.2 整地季节

整地季节是保证整地效果的重要环节，尤其在干旱地区更为重要。一般来说，春、夏、秋、冬四季均可整地，但冬季土壤封冻的地区除外。以伏天为好，既有利于消灭杂草，又利于蓄水保墒。从整个种植过程来说，一般应做到提前整地。因为提前整地可以促进灌木、杂草的茎叶和根系腐烂分解，增加土壤中有机质，调节土壤的水分状况，在干旱地区可以更好地蓄水保墒。提高种植成活率，提前整地还有利于全面安排种植生产活动。

提前整地，最好能使整地和种植之间有一个降水较多的季节。如秋季种植可以在雨季前整地；春季种植，可以在前一年雨季前，雨季或至少在秋季整地。因此，提前整地一般是提前1~2个季节，绝不是无限制的提早。如果整地后长时间不种植，立地条件仍会不断变劣，失去整地作用。

整地如果与种植同时进行，这样由于整地的作用尚未充分发挥就种植，苗木受益不多，而且还常因整地不及时，失去种植时机，一般效果不好，尤其在干旱地区效果更差。但是在土壤深厚肥沃、杂草不多的熟耕地上，土壤湿润、杂草、灌木覆盖率不高的新采伐迹地可随整随造。在低洼地、盐碱地整地应和开挖排水沟或修筑台田结合进行。

7.3.1.3　整地方法

(1)全面整地

全面整地是翻垦种植地全部土壤的整地方法。这种方法改善立地条件的作用显著，清除灌木、杂草彻底，便于实行机械化作业及进行林粮间作，苗木容易成活，幼林生长良好。但花工多、投资大，易发生水土流失，在使用上受地形条件(如坡度)、环境状况(如岩石、伐根及更新林木)和经济条件的限制较大。

全面整地只限用于坡度较小，立地条件在中等肥厚湿润类型以上，以及有在林地内间种农作物习惯的地区使用。可用于平原地区，主要是草原、草地、盐碱地及无风蚀危害的固定沙地。北方草原、草地可实行雨季前全面深耕，深度30~40cm，秋季复耕，当年秋季或翌春耙平；盐碱地可以利用雨水或灌溉淋盐洗碱、种植绿肥植物等措施的基础上深耕整地。

(2)局部整地

局部整地是翻垦种植地部分土壤的整地方式。局部整地又可分为梯级整地、带状整地(带垦)和块状整地(块垦)3种方法。

梯级整地　梯级整地应用得好是最好的一种水土保持方法。根据前一节水土保持规划设计，用半挖半填的办法，把坡面一次修改成若干水平台阶，上下相连，形成阶梯。梯土是由梯壁、梯面、边埂、内沟等构成。每一梯面为一经济林木种植带，梯面宽度因坡度和栽培经济林木的行距要求不同而异。一般是坡度越大梯面越狭。筑梯面时，可反向内斜，以利蓄水。梯壁一般采用石块和草皮混合堆砌而成。保持45°~60°的坡度。并让其长草以作保护，梯埂可种植胡枝子等灌木。

修筑梯土前，应先进行等高测量，在地面放线，按线开梯。由于坡面坡度不会很规整，放线时要注意等高可不等宽，根据株行距的要求，在距离太大的坡面上，可以插半节梯(表7-7)，因为不可能要求每一条梯带都一样长，会出现长短不一。

水平沟整地法：沿等高线环山挖沟，把挖出的土堆在沟的下方，使成土埂，在埂上或埂的内壁种植[图7-2(c)]。

水平阶整地法：从山顶到山脚，每隔一定距离(按行距)沿山坡等高线，筑成水平阶[图7-2(b)]。

表 7-7 梯土设计

地面坡度 Q (°)	设计梯壁高度 H (m)	设计梯壁侧坡 (°)	可得梯面宽度 B (m)	梯埂点地面宽度 b′ (m)	梯面有效宽度 B′ (m)	需要原地面宽度 L (m)	坡地有效面积损失 L−B′ (m)	坡地有效面积损失 $\frac{L-B'}{L}$ (%)	每米长梯土土方量 S (m^3)	每米长梯土土方量 W (m^3)	每米长梯土土方量 S+W (m^3)	每 667m² 梯土长度 (m)	每 667m² 梯土的土方量 V (m^3)	每 667m² 梯土劳力 (工日)
10	1.0	70	5.31	0.6	4.71	5.75	1.04	18.1	0.663	0.135	0.798	125.7	100	25
	1.5	65	7.80	0.6	7.20	8.62	1.42	16.5	1.464	0.135	1.599	58.5	133	33.3
	2.0	60	10.20	0.6	9.60	11.50	1.90	16.5	2.550	0.135	2.685	65.4	145	36.3
15	1.0	70	3.37	0.6	2.66	3.85	1.19	28.1	0.421	0.135	0.556	98.0	110	27.5
	1.5	65	4.90	0.6	4.33	5.77	1.47	25.5	0.918	0.135	1.053	136.0	145	35.8
	2.0	60	6.30	0.6	5.70	7.70	2.00	26.0	1.578	0.135	1.713	106.0	183	45.5
20	1.5	65	3.42	0.6	2.82	4.40	1.58	35.9	0.641	0.135	0.776	195.0	151	37.8
	2.0	60	4.34	0.6	3.74	5.85	2.11	36.0	1.085	0.135	1.220	154.0	188	47.0
	2.5	55	5.12	0.6	4.52	7.30	2.78	38.0	1.590	0.135	1.725	130.0	224	56.0

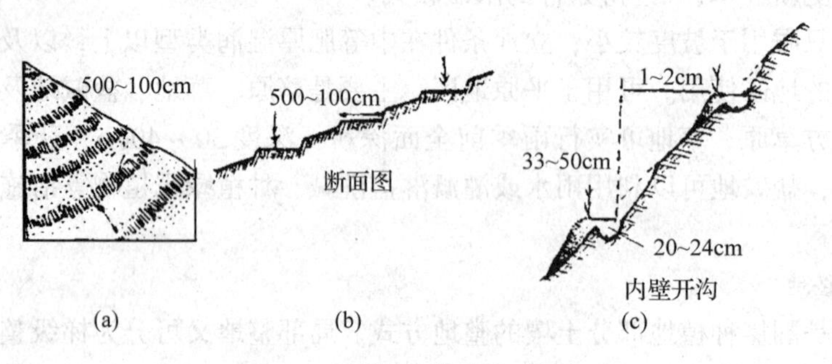

图 7-2 阶梯形(等高线)整地

随着经济林栽培经营集约度的提高，要求建立“三保山”(保水、保土、保肥)，水平梯土整地可以达到“三保山”的要求。但梯土整地要因地制宜，通常情况下在坡度超过30°以上不宜进行梯土整地。

带状整地 是呈长条状翻垦种植土壤，并在翻垦部分之间保留一定宽度原有植被的整地方法。这一方法改善立地条件的作用较好，预防土壤侵蚀的能力较强，便于机械或畜力耕作，也较省工。

山地进行带状整地时，带的方向可沿等高线保持水平，或偶尔顺坡成行，带宽一般为1～2.5m，但变化幅度较大。带长应在可能的条件下长些，但过长则不易保持水平，反而可能导致水流汇集，引起冲刷。带的断面形式可与原坡面平行，或构成阶状、沟状。

带状整地主要用于坡度平缓或坡度虽陡但坡面平整的山地和黄土高原，以及伐根数量不多的采伐迹地、林中空地和林冠下的种植地，也可用于地势平坦、无风蚀或风蚀轻微的种植地。

山地带状整地方法主要有水平带状(环山水平带)、水平阶(条)、水平沟、等高沟埂及撩壕等。

块状整地 是呈块状翻垦种植地土壤的整地方法。块状整地灵活性大，可以因地制宜应用于各种条件的种植地，整地比较省工，成本较低，同时引起水土流失的危险性较小，但改善立地条件的作用相对较差。块状地的边长或穴径一般为0.5～1.5m，很少超过2m，但营造经济林，可采用较大的规格。块状整地主要用于坡度较大、地形破碎的山地，也可用于平原的各种种植地。山地应用的块状整地方法有穴状鱼鳞坑等，平原应用的方法有坑状(凹穴状)、高台等。

鱼鳞坑整地也是一种块状整地形式，在与山坡水流方向垂直环山挖半圆形植树坑，使坑与坑交错排列成鱼鳞状。坑一般长1m，宽50cm，深25cm，由坑外取土，使坑面成水平，并在外边连筑成半环状土埂以保水土(图7-3)。

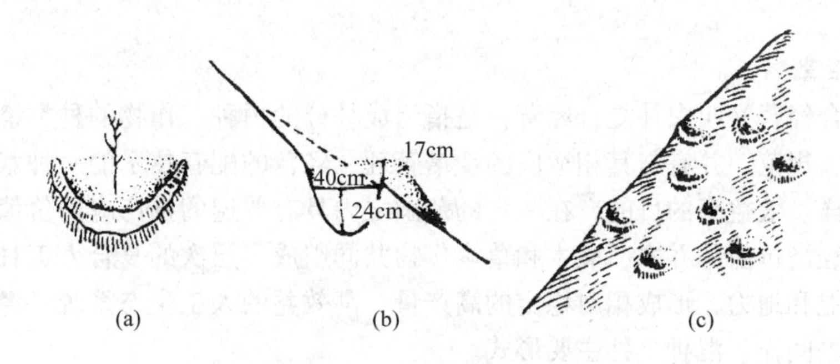

图7-3 鱼鳞坑整地

(a)鱼鳞坑正面 (b)鱼鳞坑断面 (c)鱼鳞坑示意

整地方法的确定应根据地形、土壤条件，当地的经济状况及经济树种的要求确定。一般平原地区，可进行全面整地，或在机械全面深翻的基础上进行条状整地，按照植树行距开挖深60～100cm、宽100～150cm的植树沟，然后按照底土掺杂草和表土掺土杂肥的顺序回填，浇水后待用。低湿地要先整成条状台田，然后在田面上按照一定的株行距进行整地。山区整地方法应视地形和坡度而定，一般采用局部整地。低湿较为平坦地方，直接按照预定的株行距挖种植沟。坡度较大的地方，可沿等高线进行水平阶、水平沟、撩壕法或反坡梯田整地。在地形起伏、岩石裸露或土层浅薄的地方，采用局部整地，随地形开挖鱼鳞坑。山地整地一定要做好水土保持工作。

7.3.2 栽培方式

(1)纯林栽培

经济林纯林(pure non－timber forests)是指由单一经济林树种构成的林分。当存在多个经济林树种时，其中有一个树种占整个林分的90%以上。仅种植一个经济林树种的纯林栽培方式称为纯林栽培。纯林栽培个体之间的生态关系比较简单，易引起病虫害等的危害。但纯林栽培有利于实施栽培技术措施、标准化管理，达到速生、丰产、优质。

(2)矮化栽培

矮化栽培(dwarfing culture)是利用各种措施促进经济林矮化，进行密植的栽培方式。它有利于提早结果，增加产量，改善品质，减少投入，方便管理，提高土地利用率。常用矮化砧、矮生品种、改变栽植方式和树形、控制根系、控制树冠、生长调节剂控制等措施。矮化栽培在苹果、梨树栽培上应用较多，在银杏、红豆杉等枝叶用经济林树种栽培也常采用，现已成为现代经济林集约栽培的重要方法。

(3)庭院栽培

经济林庭院栽培是指在绿化庭园、道路、篱壁、凉台、屋顶等进行立体栽培经济林的一种方式。它能充分利用土地，提高光能利用率，净化空气，减少污染，增加农产品收入。适于庭院栽培的经济林树种很多，可因地制宜加以选择。

(4)保护地栽培

在由人工保护地设施所形成的小气候条件下进行的经济林栽培，又称经济林设施栽培。人工保护地设施是指人工建造的、用于栽培经济林或其他作物的各种建筑物(详见第9章)。

(5)复合经营

经济林复合经营又叫农林复合经营，是指组成林分的树种、作物的种类搭配科学，表现出结构优化、规范，并有与其相适应的栽培管理、经营的配套技术的一种栽培方式。它能达到功能多样、效益高的目的，在一定的范围之内具有普遍的推广应用价值。在同一土地上使用具有经济价值的乔木、灌木和草本作物共同组成多层次的复合人工林群落，达到合理地利用光能和地力，形成相对稳定的高产量、高效益的人工生态系统。经济林复合经营栽培有混交、间作、混种3种主要形式。

①混交　在同一块林地上栽培两种以上的树种。营造混交林可以组成稳定的森林生态系统，增强抵御外界不良环境因素的能力，使森林的直接和间接效益发挥得更加充分。我国在经济林栽培中就有营造混交林的经验，如茶桐和杉桐的短期混交。但通常栽植经济林多为纯林，在一定的条件下才混交栽植。

②间作　在人工林地短期或长期种农作物(粮食、经济作物、药材等)，以林为主，以耕代抚，长短结合。

③混种　在较平缓坡的农耕地零星栽培经济林木，但不能过于遮阴农作物。长期农林混种，以粮为主，地上有粮，树上有果，农林并举。

经济林复合经营模式在我国南、北方一些主要经济林木栽培上都各具特色。如油茶幼林期间种薯类、豆类、旱粮，成林后间种草珊瑚、紫珠等药材，以及牧草等。北方的枣粮长期间种，南方的竹林中栽培竹荪等食用菌、云南胶茶间种等。立体复合经营模式很多，因划分依据不同而异。

7.3.3　栽植技术

7.3.3.1　栽植前的准备

(1)挖定植穴

种植整地或修筑好水土保持工程之后，按预定的栽植设计，测量出经济林木的栽植点，并按点挖栽植穴。挖穴时可人工挖掘也可用挖坑机挖掘。密植经济林种植地可不挖穴而挖栽植沟，无论挖穴或挖沟，都应将表土与心土分开堆放，有机肥与表土混合后再行植树。穴深与直径和沟深与沟宽常依树种和立地条件确定。栽植穴或沟应于栽植前一段时间挖好，使心土有一定熟化的时间。挖穴可结合整地同时进行。地下水位高或低湿地种植地，不宜先挖栽植穴。应在改善排水的前提下再挖栽植沟，沟底应沿排水系统的水流走向设置比降，以防栽植沟内积水。

(2)苗木准备

经济林种植有植树、直播和分殖3种方法，以植树为主。自育或购入的苗木，均应于栽植前进行树种、品种核对、登记、挂牌。发现差错应及时纠正，以免造成品种混杂和栽植混乱。还应进行苗木的质量检查与分级。合格的苗木应该具有根系完好、健壮、枝粗节间短、芽子饱满、皮色光亮、无检疫病虫害等条件，并达到国家或部颁标准规定的指标。对不合格、质量差的弱苗、病苗、畸形苗应严格剔除或淘汰，也可经过再培育达到壮苗后定植。经长途运输的苗木，因失水较多应立即解包浸根一昼夜，充分吸水后再行栽植或假植。

(3)肥料准备

在土壤条件差的经济林营建基地，为了改良土壤应增施一定量的优质有机肥。可按每株50~100kg，每公顷40~70t的数量，分散堆放。

7.3.3.2 栽植密度

栽植密度是经济林栽培中受到关注的问题之一。经济林的栽植密度指的是单位面积种植地上苗木的株数。栽植密度关系着群体的结构、光能和地力及生长空间的利用，关系到经济树木的生长发育过程、对产量的高低及其变化动态、对经济林产品的品质，以及树体的经济寿命及更新期等都有深刻的影响。

(1)确定栽植密度的依据

确定栽植密度是一个复杂的问题。密植增加了单位面积上的栽植株数，提高了种植地覆盖率及叶面积指数，从而提高单位面积的生物产量和经济产量，产量高峰期提前。如果密度超过某一限度，将导致树冠及种植地群体郁闭，光照状况恶化，反而削弱了光能利用率，降低生物学产量和经济产量，导致树势早衰，缩短经济寿命。生产中应根据具体情况合理确定种植密度。合理的栽植密度，应根据下列因素确定：

根据树种、品种的生物学和生态学特性确定栽植密度：不同的树种、同一树种的不同品种，其植株的高矮、树冠的大小和性状、分枝角度、根系的分布范围及其嗜性、对光照和肥水条件的要求等各不相同，因此种植时，必须根据具体情况确定密度。树体高大、树冠宽大开张、根系分布范围大、嗜肥嗜水性强、喜光不耐阴的树种或品种，栽植密度应减少；反之，则应加大栽植密度。如枣树 > 板栗 > 苹果 > 柿树 > 核桃，板栗中矮丰 > 石丰 > 金丰 > 华光 > 燕红 > 红栗 > 红光。

根据经营目的确定栽植密度：一般而言，以生产果实或种子为目的的经济林，如核桃、板栗、柿树、枣树、花椒、石榴等，由于花芽分化、开花坐果及果实发育均需要充足的光照，因而栽植密度应该适当减少。以生产树皮、芽叶、汁液为目的的经济林，如茶树、香椿、竹子、漆树、杜仲等，其产量与株数、枝梢数关系密切，适当增大栽植密度有利于提高产量。有时，同一树种生产两种或两种以上经济林产品应根据具体目的确定。例如，银杏叶用林地的密度为每667m^2 3 000 株，而果用经济林地的密度通常为每667m^2 25~30 株；又如，杜仲，采叶为目的每667m^2 栽植600株，以剥皮为目的每667m^2栽植30~

60株。

根据立地条件确定栽植密度：同一树种或品种，在土层厚、土壤肥沃、水分状况良好、光照充足、温度适宜的种植地上，树体生长快、树冠迅速扩大，在这种种植地上应稀植，以防种群过早郁闭引起产量下降。在土层浅薄、干旱瘠薄的立地条件下，经济林种植后生长缓慢，林地长期不郁闭，种植时应增加密度。

根据砧木类型确定栽植密度：经济林的砧木类型可简单分为乔砧和矮化砧两大类。乔砧经济林没有矮化特性，种植时应稀植；矮化砧经济林具有一定的矮化特性，可适当加大栽植密度。

根据土地资源及苗木来源确定栽植密度：一般而言，土地资源丰富，生产成本构成要素中土地生产成本低，可以稀植；反之，土地紧缺，价格和承包费用昂贵，则只能利用有限的土地实行密植栽培。就苗木来源来说，若品种珍贵、苗木紧缺、价格昂贵，则应当稀植。

(2)主要经济林树种常用栽植密度

经济林种类、品种繁多，气候、土壤条件复杂多变，栽植密度也不同。几种主要经济林树种适宜栽植密度参考见表7-8。

表7-8　几种主要经济林树种适宜栽植密度参考表　　单位：株/667m²

树种	密度	树种	密度
油茶	70~90	漆树	40~50
油橄榄	20~30	油桐	40~60
核桃	14~19	千年桐	15~25
云南核桃	10~15	乌桕	20~40
薄壳山核桃	15~24	板栗	14~27
香榧	20~40	枣树	20~40
文冠果	150~170	柿树	14~27
油棕	9~12	毛竹	20~30
椰子	10~14	棕榈	100~150

(3)计划密植

计划密植是一种有计划分阶段的密植制度。定植时高于正常的栽植密度，以增加单位面积上的栽植株数，提高覆盖率和叶面积指数，达到早期丰产、早盈利的目的。在经济林营造初期，由于植株矮小、林地裸露、光能和空间利用率低，群体稳定性和抗御灾害的能力差，土地生产力低下，易发生水土流失等。因此，在营建初期，常常按一定的比例加大初植密度。实施计划密植的要点是：栽植之前做好设计，预定永久株与临时株。在栽培管理中对两类植株要区别对待，保证永久株的正常生长发育，而对临时株的生长进行控制，早期结果。待种植地行将郁闭时，及时缩剪临时株，直至间伐移出。计划密植系数是指初植密度与永久密度的比值，其大小根据树种特性和经营目的而定。以生产果实和种子为经营目的的经济林，计划密植系数不宜过大，一般以2~3为宜，最大不超过4；以生产树皮、树叶为经营目的的经济林，计划密植系数可适当加大。树体前期生长较慢的树种，亦可适当提高计划密植系数，如银杏等。

实行计划密植，在计划密植系数较小时，应首先在行间密植，即在永久行间插入一行临时性植株，采用三角形配置；计划密植系数较大时，可在永久性行的株间插入临时性植株(图7-4)。

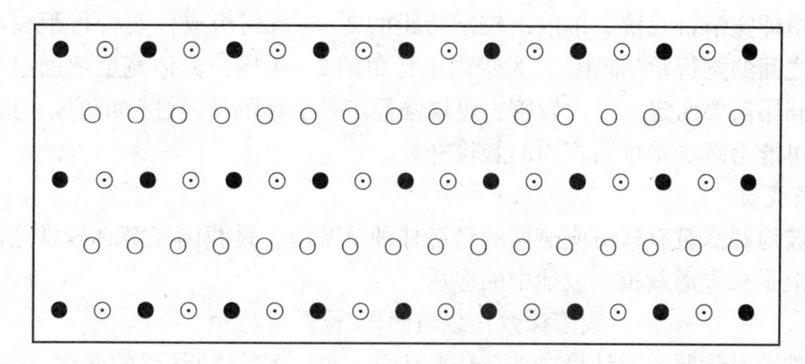

图7-4　经济林计划密植模式示意

● 永久株　○ 第一次间伐(移)临时株　⊙ 第二次间伐(移)临时株

7.3.3.3　栽植方式

栽植方式决定经济林群体及叶幕层在经济林种植地中的配置形式，对经济利用土地和栽培管理有重要影响。在确定了栽植密度的前提下，可结合当地自然条件和经济林树种的生物学特性决定。常用栽植方式有：

(1)长方形栽植

这是广泛应用的一种栽植方式。特点是行距大于株距，通风透光良好，便于机械管理和经济林产品的收获。在经济林果木栽培中利用矮化砧木常常采用行距大于株距的1倍以上的宽行窄株的栽植方式，如缓坡地栽植油橄榄，株行距(2~3)m×(4~6)m之间，不但可以提高单位面积产量和品质，并且更有利于机械化管理等。

$$栽植株数 = 栽植面积/行距 \times 株距$$

(2)宽窄行栽植

指采用宽行和窄行相间排列的栽植方式，属长方形栽植中的一种特殊方式。这种植方式有利于改善通风透光条件，植株封行晚，有利于中后期的田间管理。在高水肥地块采用这种方式，对增加种植密度，提高产量有利。如矮化苹果、油茶和矮林作业的经济林，宽窄行栽植适宜的密度可达$1.5 \times 10^4 \sim 2.0 \times 10^4$株/$hm^2$。在欧洲，矮化果树的栽培中还采用每两个窄行一个宽行的栽植方式，以增加单位面积种植株数，提高早期产量。

$$栽植株数 = 2 \times 栽植面积/(宽行距 \times 株距 + 窄行距 \times 株距)$$

(3)正方形栽植

这种栽植方式的特点是株距和行距的相等，通风透光良好、管理方便。若用于密植，树冠易郁闭，光照较差，间作不便，应用较少。

$$栽植株数 = 栽植面积/(栽植距离)^2$$

(4)三角形栽植

三角形栽植是株距大于行距，两行植株之间互相错开而成三角形排列，俗称“错窝子”

或梅花形。这种方式可提高单位面积上的株数，比正方形多11.6%的植株。但是由于行距小，不便管理和机械作业，应用较少。

$$栽植株数 = 栽植面积/(栽植距离)^2 \times 0.86$$

(5)带状栽植

带状栽植即宽窄行栽植。带内由较窄行距的2～4行树组成，实行行距较小的长方形栽植。两带之间的宽行距(带距)，为带内小行距的2～4倍，具体宽度视通过机械的幅宽及带间土地利用需要而定。带内较密，可增强经济林群体的抗逆性(如防风、抗旱等)。如带距过宽，可能会减少单位面积内的栽植株数。

(6)等高栽植

适用于坡地和修筑有梯田或撩壕的经济林种植基地，是我国经济林较常用的一种栽植方式。实际上是长方形栽植在坡地中的应用。

$$栽植株数 = 栽植面积/株距 \times 行距$$

在计算株数时除照上式计算之外，还要注意“插入行”与“断行”的变化。

(7)丛植(丛状种植)

丛内按较小株行距密植成丛状，丛间距较大，丛间空旷，便于间作管理，丛内郁闭快，易形成群体小环境，可提高抗风性。

(8)大树稀植

适用于山地种植高大乔木经济林，如核桃每公顷的栽植密度在90～150株之间，没有固定或统一的株行距，可常年间种其他经济作物，达到增加早期收入和以短养长的目的。

7.3.3.4 栽植季节

定植季节适宜与否，直接关系到定植成活与林木生长，应根据林木特性、自然条件、定植材料及劳力状况等进行综合分析，确定适宜的定植季节和时间。适宜的定植季节，应具有苗木生长所需的温度和水分等条件，有利于伤口愈合、促进新根生长、缩短缓苗时期。我国大部分地区，特别是南方冬无严寒的温暖地区，一年四季均可定植。

(1)春季定植

春季是我国多数地区最好的种植定植季节。这时，温度回升，土温增高，土壤较湿润，根系在地上部分未萌动以前即恢复正常生长，极利于维持水分平衡，种植成活率高；成活之后，生长季节长，生长量大，有利安全越冬。因而，春季定植利于苗木成活和生长。但在春旱突出的地区，如云南等地，如无特殊措施(如容器苗)或灌溉条件，不宜春季定植。

(2)夏季定植

适用于降水集中于夏季的地区及常绿和萌芽力强的经济林树种。此时，土壤水分充足，空气湿度大，温度高，有利于苗木生长，但蒸腾强烈，定植之后若遇间歇性干旱(持续晴天)，苗木则难成活。因此，夏季定植特别要选好时机，一般应选在降雨过程初期阴天时定植。此外，为了提高定植成活率，还应适当剪叶修枝、切干(仅限于萌芽力强的林木)、尽可能带土保根和缩短起苗一定植间隔，防止苗木在运输中失水。定植之后若遇持续晴天，应及时采取抗旱防晒措施，如淋水、插荫枝等。许多喜热树种，应在透雨之后及早定植，让其有较长的生长时间，获得较大生长量，使幼嫩组织充分硬化，以利安全越冬。

(3)秋季定植

在春旱、夏热、冬暖的地区，可行秋季定植。秋季气温下降，土壤水分较稳定，苗木落叶，地上部分蒸腾减弱，根系尚在活动，栽后有利于水分平衡和恢复树势，来年苗木生根发芽早，有利抗旱保苗。因此，乡土树种和抗寒力较强的树种，均可在秋初定植。但秋植要适时，若过早树叶未落，蒸腾作用较大，苗木易干枯；若过迟土壤冻结，不仅栽植困难，而且根系完不成生根过程，对成活、生长不利。并且，一些喜热和冬季有较强降温过程的地区，如在云南、华南热区种植橡胶、咖啡等热带树种，不宜行秋季定植，应抓紧在夏初定植，以获得最大生长量，安全越冬。

(4)冬季定植

我国南方大部分地区冬季温暖湿润，土壤不结冻或结冻期短，根系活动静止期短，利于水分平衡，又易安排劳力。因此，这些地区从秋末到早春均可定植落叶树种。冬季定植实际上是提前的春季定植和延迟的秋季定植。北方落叶经济林木多在落叶后至萌芽前栽植。但在冬季严寒的地区，则不宜冬季定植。

无论什么季节，均以阴天定植最佳，晴天应避开烈日，于下午气温下降后定植。

7.3.3.5　定植技术与栽后管理

(1)栽植方法

裸根苗栽植：将苗木放进挖好的栽植坑之前，先将混好肥料的表土，填一半进坑内，堆成丘状，取计划栽植的树种或品种苗木放入坑内，使根系均匀舒展地分布于表土与肥料混堆的丘上，同时校正栽植的位置，使株行之间尽可能整齐对正，并使苗木主干保持垂直。然后，将另一半混肥的表土分层填入坑中，每填一层都要压实，并将苗木轻轻上下提动，使根系与土壤密接。再后将心土填入坑内上层。在进行深耕并施用有机肥改土的经济林地，最后壅土应高于原地面5～10cm，且根颈应高于壅土面5cm(图7-5)。以保证松土踏实下陷后，根颈仍高于地面。最后在苗木树盘四周筑环形土埂，并立即灌水。栽后剪去部分枝叶，对苗木涂白或涂抹抗蒸腾剂，可提高栽植成活率。

容器苗栽植：先在定植穴内开挖长、宽、深容器苗相适宜的植苗穴，除去苗木根部的容器，将苗木放入植苗穴内，如是嫁接苗应使嫁接口露出地面3～5cm，将土回填，并踩紧压实。定植后，以苗木根部为中心，作一个直径60～70cm，高出地面5～10cm土堆，在苗木树盘四周筑一环形土埂，并立即灌水。其他技术方法与裸根苗相同。

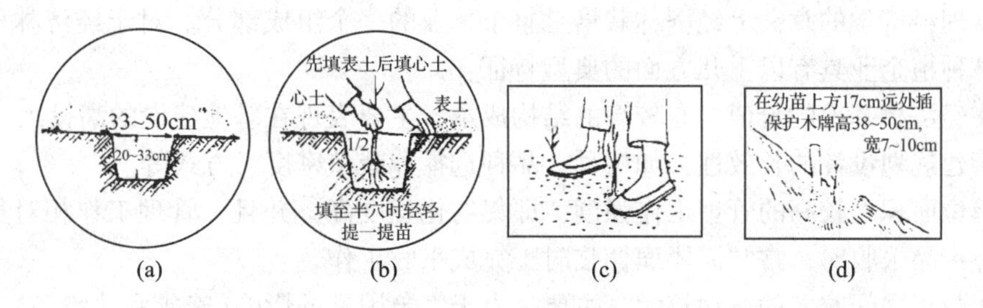

图7-5　苗木栽植示意

(a)挖穴断面图　(b)植株摆放断面图　(c)压实土壤　(d)插木牌

(2)大树移栽

由于经济林栽植密度过稀过密，将进入投产期的大树移入或移出，必须进行大树移栽。大树移栽的时期，同前述栽植时期的原则一致。需要注意的是，在前一年春天围绕树干挖半径为70cm、深度80cm的环沟，切断根系后，沟内填入表土，使环沟以内的土团里长出新根，称之为“回根”。移栽时在预先断根处的外方开始挖树。为了保护根系，提高成活率，最好采用大坑带土移栽。栽植时有机肥与表土混合，分层放入坑内并分层压实等与前述相同。移栽前应对树冠进行较重修剪，以不伤及大的骨干枝为度，花芽花序要全部剪掉，以保持地下与地上部的水分平衡，有利于提高成活率。栽植完毕，应灌足水，并设立支柱，以防风害。

计划密植的经济林林地，应按设计的要求，分期分批间移或间伐临时植株，以改善种植地光照，保证永久株持续丰产。间移临时株的时期和方法，同大树移栽。

(3)栽植后的管理

为了提高栽植的成活率，促进幼树生长，加强栽植后的管理十分重要。主要管理措施有：

①及时灌溉　栽植后如遇高温或干旱应及时灌溉。水源不足，栽植并灌水后，立即用有机质、干草、禾谷类的秕壳、地膜等覆盖树盘，以减少土壤蒸发。

②幼树防寒　冬季严寒和易发生冻害或幼树抽条(冻旱)的北方地区，或南方亚热带经济林种植区有周期性冻害威胁的地区，应注意防寒。

③及时补植　栽植当年秋季对苗木成活率和成活情况进行调查，及时用同龄苗木进行补植。

④其他管理　除上述之外，根据幼龄经济林种植地的管理技术规范进行施肥、整形修剪、病虫防治、土壤管理等，以提高成活率，加速生长，早期丰产。

7.4　经济林基地营建成本与经济效益估算

7.4.1　经济林基地的特点

从管理经济学的意义上经济林栽培是整个林业的一个组成部分。对于经济林种植基地或经济林种植企业具有以下几方面的典型特征：

①在经济林基地的价值上有较高的结构成本，主要表现在基地建设的高投入。

②营建规划设计的长效性，如树种、品种选择和栽植密度、方式等。

③单位面积上较高的管理工作强度，即集约化程度高。并且，管理工作相对集中，如在经济林产品采收时，常常需要雇佣临时工完成采收工作。

④年与年之间收入的波动较大，主要是由于气象因素的影响(晚霜和冰雹等)，或者是树木的生理特性，如大小年现象、异常落花落果、病虫害等。

⑤产品的价格波动大，这取决于市场的产品收获总产量和质量。

⑥一年内不同时期财务流动资金时多时少。

因此，从事经济林种植业所面临的风险较高。由不利因素造成的经济损失是不可预见的。每一个经济林经营者必须面对这种情况，并尽可能把损失降低到最低程度。有前瞻的经营者通过获取各种信息预测未来的发展趋势，规避风险。这些信息包括：不同条件下生产消耗和收获的测算模型，规范化管理工作支出预算，机具、设备和特殊装备的购置计划，不同经营模式(方式)的投资计划等。

7.4.2 基地营建生产成本

为了核算营建经济林基地的生产成本必须了解每一个环节的成本构成。营建经济林基地的生产成本包括全部可区分的直接成本和适度结构成本。核算出生产成本将能比较每生产1kg的经济林产品所需成本，并计算出某经济林产品的获利空间。在经济林经营中生产成本对价格形成起到重要作用。而且，比较生产成本可应用于改善企业的经营活动。

在农业经济上，为了便于对基地建设投资成本进行分析，将成本的各个部分划分为直接成本、结构成本、可变成本和固定成本。

(1)直接成本

直接成本是会计核算方面的概念，能直接计入企业某一成本的各项费用，如固定投入的折旧费、农药、肥料、补栽植株、奖励津贴等。扣除直接成本的收益(产量)，即为我们获得不含直接成本收益。比较某一种经济林树种不含直接成本收益时必须要考虑其营建期是没有或仅能获得很少的收益。例如，种植营建一个板栗基地，营建期为4年，盛产期为21年，则不含直接成本的年收益应乘以21/25。

(2)结构成本

所有不被计入直接成本的费用构成了结构成本。经营企业的结构成本是出于可比较性的原因，而不是针对某一类企业。营建经济林的结构成本包括劳务费(工资)、农机设备购置费、房屋建筑费、土壤改良费、土地租赁利息和管理公共支出费等。当结构成本比不含直接成本的收益少时，营建的经济林基地才会有收益；否则，将会出现亏损，这表明营建该经济林基地不能满足资本投资需求。

(3)可变成本

可变成本，又称变动成本，是指在总成本中随产量的变化而变动的成本，同样是企业可控制的。经济林营建的可变成本包括所有的直接成本项目和结构成本中劳动支出(或工资)和机械设备租赁费。这样就涉及另一个概念，即边际收益或边际利润。边际收益(marginal profit)是指增加一单位产品的销售所增加的收益，即最后一单位产品的售出所取得的收益。边际收益是反映增加产品的销售量能为企业增加的收益，它可以是正值或负值。利润最大化的一个必要条件是边际收益等于边际成本。

(4)固定成本

不计入可变成本中其他所有费用构成了固定成本，指不随某经济林产品产量的变化的各项成本。经济林营建的固定成本包括除劳动支出(或工资)机械设备租赁费外的所有结构成本，如房屋建设费、机械设备购置费、管理人员工资等。当固定成本小于边际收益时，所营建的经济林基地会获得收益；反之，则将出现亏损。

(5)营建材料折扣费

基地营建材料价值应分摊到整个经济林树种结果(盛)期中，即结果期年限是其折扣期。基地营建材料包括种植材料、支撑桩、围栏等。例如，板栗的结果为期20年，生长期为5年，基地营建材料费折扣期就是20年。一般对于某一种经济林栽植密度越大，其折扣期就越短。

以云南省营建1hm²集约化栽培的板栗基地为例，每公顷种植625株，5年为生长(建设)期，15年的盛果期，盛果期产量6t，其中85%为优质果，15%为次等果。按上述成本核算统计其生产成本25 197元(表7-9)。次等果产量0.9t，市场价2元/kg，总值1 800元。因此，优质果成本价：(25 197 - 1 800) ÷ [(6 - 0.9) × 1 000] = 4.59(元/kg)

表7-9　1hm²集约化栽培板栗的成本统计表(年度)

成本项目	直接成本		可变成本	
	费用(元)	%	费用(元)	%
肥料费	3 000	11.9	3 000	11.9
植保	900	3.6	900	3.6
日常管理开支(补植、维修等)	930	3.7	930	3.7
营建材料折旧费(625株树苗购置费(6 250元)	417	1.6	417	1.6
农机租赁费			500	2.0
雇佣临时工工时费			2 000	7.9
不可预见费	900	3.6	900	3.6
合计	6 147	24.4	8 647	34.3

成本项目	结构成本		固定成本	
	费用(元)	%	费用(元)	%
工具和农资物质保管场地租赁费100m²(10元/[(m²·a)]	1 000	4.0	1 000	4.0
农机费(含租赁费)	3 000	11.9		
农机费(不含租赁费)			2 500	9.9
公共开支(水电等)	800	3.2	800	3.2
营建材料年平均利率(按4%)	250	1.0	250	1.0
固定职工工资	12 000	47.6	12 000	47.6
临时工劳务费	2 000	7.9		
合计	19 050	75.6	16 550	65.7
生产成本总计	25 197	100	25 197	100

7.4.3 经济效益估算

7.4.3.1 营建投资计划与控制

投资经济林基地建设首先应做好投资建设计划。在经济学上对于建设项目最大可投资款额不存在一个固有尺度，而且借贷资金不能作为建设投资的主体来源，至少自有资金基本能满足基地建设的需要。现在许多经济林生产企业由于在生产资金不变的条件下经营收益不足和支出增加，引起借贷资金的增加，严重时不能按期支付利息和还清到期贷款。因此，在投资营建经济林基地筹措资金和贷款上应首先考虑3个界限，即抵押贷款界限、收益界限和资金运作界限。

从银行的角度抵押贷款界限具有最大的回旋余地，并能保证营建基地财产的安全。国外大多数经营企业均通过地产、土地和房屋等抵押贷款来获得企业顺利经营。抵押贷款额既不能通过投资房屋和机械设备购置，也不能通过较高流通资金额来提高。

7.4.3.2 经济效益分析

(1)方法

一般采用技术经济分析方法中的动态分析法，包括动态投资回收期法、现值法和内部收益率法。动态投资回收期(T_P)是指在考虑货币时间价值的条件下，以投资项目净现金流量的现值抵偿原始投资现值所需要的全部时间，即从投资开始起到累计折现现金流量等于0时所需的时间。净现值(*NPV*)法是计算各营建方案的净现金流量的现值，然后在现值的基础上进行比较。由于计算净现值的收益率是按目标收益率或基准收益率计算的。因此，净现值的大小是按基准收益率所表明的投资效率来衡量项目方案的。若净现值大于零，说明项目方案达到基准收益率还有剩余；若净现值小于零，说明项目方案投资收益率还达不到基准收益率水平；若净现值等于零，则说明项目方案所达到的投资收益水平刚好和基准收益率一样，即刚好达到基础的要求。如$NPV \geqslant 0$，项目方案可取；$NPV < 0$，项目方案不可行。内部收益率(*IRR*)，就是资金流入现值总额与资金流出现值总额相等、净现值等于零时的折现率，是一项投资渴望达到的报酬率，是能使投资项目净现值等于零时的折现率。计算公式如下：

$$\begin{aligned} NPV &= \sum (CI - CO)_t (1 + i_0)^{-1} \\ &= \sum (CI - K - CO)_t (1 + i_0)^{-1} \end{aligned} \tag{7-1}$$

式中，*CI*表示现金流入额；*CO*表示现金流出额；*t*表示年份；i_0表示基准贴现率；*K*表示第*t*年的投资支出；*CO′*表示第*t*年除投资支出以外的现金流出额。

$$IRR = im + \frac{NPV(im) \times (in - im)}{NPV(im) + |NPV(in)|} \tag{7-2}$$

式中，*IRR*表示内部收益率；i_n，i_m表示不同的折现率，$i_n > i_m$，且$NPV(i_m) > 0$及$NPV(i_n) < 0$。由于上式计算误差与$(i_n - i_m)$的大小有关，且i_n与i_m相差越大，误差也越大，为控制误差，i_n与i_m之差一般不应超过0.05。

$$T_p = \text{累计贴现净现金流量开始出现正值的年份} - 1 + |\text{年累计贴现净现金流量}| \div \text{当年贴现净现金流量} \tag{7-3}$$

动态单因素敏感性分析：通过测定一个经济生产周期中的销售收入、生产成本等不确定因素在一定幅度变化时，导致净现值的变化幅度，分析净现值对这些不确定因素的敏感度，以判断当外部条件发生不利变化时，发展某一经济林生产的承受能力和抗风险程度。

(2)实例计算

以无籽瓯柑园营建为例，将园地营建后不同时间发生的现金流量放在同一时间点上考虑，根据国家商业银行20a商业贷款基准利率6.80%，以及一般农业项目基准投资收益率7%~8%，确定按7%作为基准贴现率，把各点的货币值折算成现值，分别计算其一个经济生产周期的净现值、内部收益率和动态投资回收期等各项经济指标。这种方法考虑了资金时间价值因素，可以使无籽瓯柑营建与栽培管理在不同时间的成本与收益具有可比性。

在一个经济生产周期里，无籽瓯柑果园生产成本累计为645 300元/hm^2，所有生产成本中，70%以上是支付劳动工资。分年度生产成本投资，以第一年最高，达41 100元/hm^2(表7-10)。

表7-10 无籽瓯柑栽培分年度生产成本和产量构成

年份	产量(kg/hm^2)	成本(元/hm^2)								
		营建费	土地租赁	施肥	果园抚育	蓄水保土	病虫防治	采收	其他	成本合计
1	0	28 500	1 650	2 700	2 400	1 800	1 800	0	2 250	41 100
2	0	0	1 650	3 900	3 900	3 900	2 550	0	2 250	18 150
3	0	0	1 650	3 900	3 900	3 900	2 550	0	2 250	18 150
4	0	0	1 650	3 900	3 900	3 900	2 550	0	2 250	18 150
5	22 500	0	1 650	9 450	12 750	3 150	9 450	9 750	1 500	47 700
6	26 250	0	1 650	9 450	12 750	3 150	9 450	9 750	1 500	47 700
7	26 250	0	1 650	9 450	12 750	3 150	9 450	9 750	1 500	47 700
8	26 250	0	1 650	9 450	12 750	3 150	9 450	9 750	1 500	47 700
9	26 250	0	1 650	9 450	12 750	3 150	9 450	97 50	1 500	47 700
10	26 250	0	1 650	9 450	12 750	3 150	9 450	9 750	1 500	47 700
11	26 250	0	1 650	9 450	12 750	3 150	9 450	9 750	1 500	47 700
12	26 250	0	1 650	9 450	12 750	3 150	9 450	9 750	1 500	47 700
13	26 250	0	1 650	9 450	12 750	3 150	9 450	9 750	1 500	47 700
14	26 250	0	1 650	9 450	12 750	3 150	9 450	9 750	1 500	47 700
15	26 250	0	1 650	9 450	12 750	3 150	9 450	9 750	1 500	47 700
合计	306 000	28 500	24 750	125 850	160 650	48 450	118 950	113 400	24 750	645 300
比例		4.42	3.84	19.50	24.90	7.51	18.43	17.57	3.84	100

注：摘自徐象华等，2014。

在15年一个经济生产周期里，每公顷无籽瓯柑园可以为市场提供30 600kg优质果品。按该经济生产周期，7%基准贴现率，分别计算无籽瓯柑现有市场价格4.0元/kg的主要动态经济指标。经计算每公顷累计净现值(*NPV*)为299 640元，表明该项目的获利能力高于贴现率，即高于资本的最低利率要求，有附加效益。

按现有市场价格4.0元/kg和7%基准贴现率计算，在15年一个经济生产周期中，其内部收益率(*IRR*)仍高达34.28%，说明该项目具有极高的盈利能力，是很好的投资，经济效益十分显著。以7%基准贴现率计算，无籽瓯柑现有市场价格的动态投资回收期(T_P)为5.82年，这与产区实际一般投资回收期6年左右相一致。

思考题

1. 如何正确选择经济林宜林地？
2. 简述经济林基地规划设计的主要内容和步骤。
3. 经济林授粉树的选择应具备哪些条件？
4. 如何正确确定经济林的种植密度和种植方式？
5. 如何将经济林整地与水土保持措施结合起来？
6. 经济林苗木栽植技术要点有哪些？
7. 如何区分经济林基地建设中直接成本与可变成本、结构成本和固定成本？
8. 简要说明营建经济林基地动态投资回收期计算公式。

参考文献

何方，胡芳名，2004. 经济林栽培学[M]. 2版. 北京：中国林业出版社.

黄枢，沈国舫，1993. 中国造林技术[M]. 北京：中国林业出版社.

彭方仁，2007. 经济林栽培与利用[M]. 北京：中国林业出版社.

郗荣庭，1997. 果树栽培学总论[M]. 3版. 北京：中国农业出版社.

何方，何柏，2002. 油茶栽培分布与立地分类的研究[J]. 林业科学，38(6)：64-62.

万县市油桐科研协作组，1996. 万县市油桐产区区划及立地类型划分研究[J]. 经济林研究，14(1)：63-65.

胡伯智，夏龙杰，柳春华，等，2000. 山地板栗集约栽培技术经济效益分析[J]. 林业科技开发，14(5)：18-20.

徐象华，朱国华，颜福花，2014. 山地无籽瓯柑栽培经济效益分析[J]. 浙江农业学报，26(4)：920-924.

杭育，1997. 技术经济学[M]. 上海：上海世界图书出版公司.

Fritz Winter，2002. Lucas'Anleitung zum Obstbau(32 Auflage) [M]. Ulm：Eugen Ulmer GmbH & Co.

Mueller W，Darbellay Ch，1997. Obstbau (1Auflage) [M]. Langgasse：Verlag Landwirtschaftliche Lehnmittelzentral.

第8章 经济林抚育管理

【本章提要】

本章介绍了经济林林地的土壤耕作、林地施肥、土壤灌溉等土肥水管理，整形、修剪、树体保护等树体管理，保花保果、疏花疏果、大小年调整的花果管理和经济林产品采收等技术内容；要求重点掌握土壤管理、树体管理和花果管理技术。

经济林抚育管理是经济林丰产栽培的主要技术内容。经济林营造后，根据经济林树种生长发育的需要，为经济林木营造好光、水、肥、气、热等适宜生态环境，培养良好的树体结构，调节好营养生长和生殖生长之间的关系，才能达到经济林优质、丰产、稳产、高效的栽培目的。经济林抚育管理的主要内容包括经济林地的土肥水管理、树体管理和花果管理。

8.1 土壤管理

土壤是经济林生长与结果的基础，是水分和养分供给的源泉。土壤结构、营养水平、水分状况决定着土壤养分对林木的供给，直接影响着经济树木的生长发育。土壤管理是指土壤耕作、土壤改良、施肥、灌水和排水、杂草防除等一系列技术措施。其目的在于：①扩大根域土壤范围和深度，为经济林木创造适宜的土壤环境；②调节和供给土壤养分和水分，增加和保持土壤肥力；③疏松土壤，增加土壤的通透性，有利于根系向纵横向伸展；④保持或减少水土流失，提高土壤保水、保土性能，同时注意排水，以保证经济林木的根系活力。总之，土壤管理就是改善和调控经济林与土壤环境的关系，达到高产、优质、低耗的目的。土壤是经济林生产的基础，因此，做好经济林的土壤管理对其生产意义重大。

8.1.1 土壤改良

土壤改良，主要包括土壤熟化、不同土壤类型改良和土壤酸碱度的调节。

8.1.1.1　土壤深翻熟化

一般经济林应有80~120cm的土层，根系集中分布在30~80cm范围内，因此，对土层浅的林地土壤进行深翻改良非常重要。深翻可加深土壤耕作层，改善根际的通透性和保水性，土壤微生物活动增加，杂草和枯枝落叶等有机质分解加快，土壤肥力提高，深翻同时施入有机肥，土壤改良效果更为明显。

(1)深翻时期

深翻熟化土壤一年四季均可进行，但以秋季最佳。

①秋季深翻　一般结合秋施基肥进行。此时地上部生长较慢，养分开始积累，深翻后正值根系秋季生长高峰，伤口容易愈合，并可长出新根。如结合灌水，可使土粒与根系迅速密接，有利根系生长。因此，秋季是果园深翻较好的时期。

②春季深翻　应在解冻后及早进行。此时地上部尚处于休眠期，根系刚开始活动，生长较缓慢，但伤根后容易愈合和再生。北方多春旱，翻后需及时灌水。早春多风地区，蒸发量大，深翻过程中应及时覆盖根系，免受旱害。风大干旱缺水和寒冷地区，不宜春翻。

③夏季深翻　最好在雨季来临前后进行，深翻后降雨可使土粒与根系密接。但要注意经济林木的生育期，如板栗夏季深翻伤根多，会导致刺苞大，坚果小。

④冬季深翻　入冬后至土壤结冻前进行，操作时间较长，但要及时盖土以免冻根。如墒情不好，应及时灌水，使土壤下沉，防止露风冻根。如冬季少雪，翌年春应及早春灌，北方寒冷地区通常不进行冬翻。

(2)深翻深度

深翻深度以稍深于果树主要根系分布层为度，并应考虑土壤结构和土质状况。如土层薄、砾质土壤、黏性土壤要深翻；而土层深厚、砂质土壤可适当浅些。

(3)深翻方式

深翻方式较多，常用方式有：

①深翻扩穴　幼树定植数年后，逐年向外深翻扩大栽植穴，直至株间全部翻遍为止。

②隔行深翻　即隔一行翻一行，第二年或几年后再翻未翻过的行。可以避免伤根过多，行间深翻便于机械化操作。

③全园深翻　将栽植穴以外的土壤一次深翻完毕，翻后便于平整土地，有利耕作，但伤根较多，这种方法有利于机械化作业。

不论采取哪种方式，表土和心土要分开，回填表土，施入有机质和有机肥，或下层施入秸秆、杂草、落叶等。注意应尽量避免损伤较大的根系，翻完后立即灌水。

8.1.1.2　土壤酸碱度调节

土壤的酸碱度对各种经济林木的生长发育影响很大，土壤中必需营养元素的可给性，土壤微生物的活动，根部吸水、吸肥的能力以及有害物质对根部的作用等，都与土壤的pH值有关。如蓝莓生长土壤最适pH值为4.3~4.8，土壤pH值过高时，往往诱发蓝莓缺铁失绿症，生长和产量下降甚至死亡，生产上一般用硫黄粉进行调节。

8.1.1.3　客土和压土

(1)客土改良

如果原来的土壤不适合林木的生长发育，可就近从其他地方取土，进行客土改良。依据改良目的不同可分为有机改良和无机改良。有机改良以增加土壤中的有机质含量，提高土壤肥力为主要目的。无机改良主要是改善土壤的物理特性，如质地、容重、孔隙度等。

(2)压土

对于水土流失严重，根系裸露的林地，通过压土可增厚土层，保护根系，减少冻旱危害，促进根系和地上部分的生长发育。压土全年都可进行，以秋末冬初为好。压土可原地取土，也可采用客土。

8.1.1.4 放炮松土

适合于土层较薄、土壤质地坚硬、人工难以进行深翻的林地。在距离定植穴 1.5 ~ 3cm 处，打孔 50cm 深左右，填入炸药，爆破后震松邻近的土壤，达到改良土壤的目的。

8.1.1.5 压青

我国经济林主要分布在山区及盐碱、沙滩地带。这些地区一般土质较瘠薄，有机质含量低，种植绿肥，既能培肥和改良土壤，又经济利用土地。在沙地坡地种植绿肥作物，可防风固沙，保持水土。绿肥作物含有多种营养元素和丰富的有机质，翻压后可增加土壤中各种营养元素成分，并促进团粒结构的形成，改善土壤中水、肥、气、热状况。常用的绿肥作物种类有苜蓿、三叶草、花生和绿豆等。

8.1.2 土壤耕作方法

又称土壤耕作制度，是指根据经济林对土壤的要求和土壤的性质，就是对经济林地行、株间的土壤采取某种方法或方式进行管理，常年如此，作为一种特定的方式固定下来，就形成所谓制度。土壤耕作方法归纳起来有如下几种：

8.1.2.1 生草法

用种草来控制地面，不耕作。就是在行间播种多年生豆科或禾本科绿肥、牧草作物，亦可利用当地的自然植被，视其生长情况和需要，每年定期刈割置于原地，让其自行腐烂或割后移至树盘用作覆盖材料，并每年给生草根茬追施无机肥。生草法的优点是：①能改善土壤理化性质，增加有机质，促进土壤团粒结构的形成；②保水、保肥、保土作用显著；③林地能保持良好的生态平播条件，地表昼夜和季节温度变化减小，利于根系生长；④便于机械化作业，管理省工、高效。生草法的缺点是：①在一定的生草时期内，草与经济林树种之间有争水争肥矛盾，而且在土壤肥力低，肥水条件较差情况下，此矛盾更为突出，如苜蓿与板栗竞争激烈导致板栗减产；②长期生草，易引起经济林根系上翻以及成为病虫害、鼠害等潜伏场所，应注意采取喷药和灭鼠等措施。

生草法是当前世界各国普遍采用的方法。实行生草栽培法，必须同时注意增施无机肥和具备灌溉条件。

8.1.2.2 清耕法

所谓清耕法，是对行、株间土壤常年保持休闲，定期翻耕灭草，不间作任何绿肥作物或农作物。其优点是：①经常中耕除草，通气好；②采收产品容易且干净。但其缺点是：①土肥水流失严重，尤其是山地、坡地、沙荒地；②长期清耕，土壤有机质含量降低快，增加了对人工施肥的依赖；③犁底层坚硬，不利于土壤透气、透水，影响根系生长；④无草的林地生态条件不好，害虫的天敌少了；⑤劳动强度大，费时费工。因此，在实施清耕法时应尽量减少次数，总之，清耕法弊病很多，不应再提倡使用。

8.1.2.3 覆盖法

覆盖法，是指利用各种不同的有机或无机原料，对林地土壤进行地表覆盖。用于覆盖的原料，有干、鲜绿肥作物、各种农作物秸秆、杂草、枯枝落叶、蘑菇渣、生态垫、塑料薄膜等。覆盖法的共同优点是：①土壤地表可冬季保暖，炎夏降温；②减少水分蒸发；③抑制杂草丛生；④减少水土流失，增加土壤养分。如油茶林覆盖生态垫，7～9月土壤含水量范围为14.71%～19.32%，相比于对照的10.12%～12.89%，土壤含水量提高45.36%～49.88%；5～11月地面温度保持稳定，稳定在26.1～27.9℃，而对照温度变化范围幅度较大，8月地面温度最高可达42℃。缺点是若采取多年长期覆盖，会引起经济林根系上翻，并易成为病虫隐蔽场所。

8.1.2.4 间作法

间作法是指利用经济林地行、株间甚至树盘间作农作物，如小麦、谷子、棉花、油菜、豆科作物、红薯、药材、芳香植物等。其优点在于：①充分利用一切空闲地和光能，以增加经济效益。②间作芳香植物还能起到驱避有害生物的作用。在幼树期，因树小行间宽，适当合理间作矮秆或伏地生长的农作物，是一种以短养长的可取之法。此法的缺点是在地瘦、肥水不充足的情况下，常年过度间作，大量消耗土壤的养分和水分，就必然会加剧林、粮争水争肥矛盾，影响树体正常生长，降低产量和品质；同时，还会引起地力逐年下降，形成林、粮双歉收。不顾后果的掠夺性经营管理方式是最不可取的。

8.1.3 养分管理

8.1.3.1 施肥的作用

土壤养分是保证经济林生长结实的必要条件。如果缺乏某些元素时，就会出现“缺素症”，施肥就是根据经济林木生长发育所必需的营养元素和土壤供给营养元素能力，进行的养分补充与调节，增加土壤缺乏的营养元素，改变土壤原有的养分比例，维持树体养分供给和消耗之间的平衡，并不断改善土壤的理化性状，给经济林生长发育创造良好的条件。但由于化肥使用不当或使用过量，不但造成浪费，而且导致环境污染和产量品质的下降。因此，了解经济林木所需营养，掌握配方施肥技术十分重要。

8.1.3.2 营养诊断

经济林的矿质营养原理是指导经济林施肥的理论基础，根据经济林营养诊断进行施肥，是实现经济林栽培科学化的一个重要标志。营养诊断是通过植株分析、土壤分析及其他生理生化指标的测定，以及植株的外观形态观察等途径对植物营养状况进行客观的判断，从而指导科学施肥、改进管理措施的一项技术，使经济林施肥达到合理化、指标化和规范化。对实现经济林生产现代化具有极为重要的作用。对经济林进行营养诊断的途径主要有外观诊断、叶分析、土壤分析。

(1)缺素的外观诊断

外观诊断是短时间内了解植株营养状况的一个良好指标，简单易行，快速实用，外观诊断不失为一种简捷有效的诊断方法，但如果同时缺乏两种或两种以上营养元素时，或出现非营养元素缺乏症时，易于造成误诊，不易判断症状的根源。有些情况下，一旦通过观察发现缺素症时，采取补救措施则为时已晚。所以外观诊断在实际生产中还存在着显著的不足之处。

(2)叶分析

叶分析是目前较为理想的营养诊断方法，广泛地应用于判断树体营养状况，作为指导施肥的理论依据。经济林叶片一般能及时和准确反映树体营养状况，不仅能分析出肉眼能见到的症状，还能分析出多种矿质元素的不足或过剩，分辨两种不同元素引起的相似症状，并能在症状出现前及早发现，因此，以叶分析判断树体营养状况，及时调整施肥种类和数量，可以保证经济林的正常生长和结果。如板栗叶内 N 含量低于 1.981% 时，处于缺 N 状态；叶内 P 含量高于 0.259% 时，处于 P 过量状态；板栗叶内 K 含量低于 0.307% 时，处于缺 K 状态；板栗叶内 B 含量高于 127mg/kg 时，处于 B 过量状态。

(3)土壤营养诊断

因为矿质元素主要来源于土壤，而且元素的有效性与有效土层的深度，理化性状，施肥制度等有关，测土配方施肥在经济林生产中已有较多应用，通过分析土壤质地、有机质含量、pH 值、全氮和硝态氮含量及矿质营养的动态变化水平，提出土壤中养分的供应状况、植株吸收水平及养分的亏缺程度，从而选择适宜的肥料补充养分之不足。例如，郭晓敏等对江西油茶林地土壤养分状况调查后，提出了各地土壤养分限制因子及亏缺顺序，赣东：Ca > P > N > Mg > K > Cu > B > Zn；赣南：P > N > K > Mg > S > B；赣西：P > Mg > N > Ca；赣北：N > P > Mg > Ca > K > Zn；赣中：P > N > Ca > K > Mn > Mg > Zn；以此为基础开展各地油茶配方施肥，增产效果显著。

虽然采用土壤分行进行营养诊断会受到多种因素，如天气条件、土壤水分、通气状况、元素间的相互作用等影响，使得土壤分析难以直接准确地反映植株的养分供求状况。但是土壤分析可以为外观诊断及其他诊断方法提供一些提示和线索，提出缺素症的限制因子，印证营养诊断的结果。

8.1.3.3 肥料种类

肥料是一些能够直接向植物提供营养元素的有机或无机物质。总体来讲，肥料分为有机肥料和无机肥料两大类。

(1)有机肥料

有机肥料指来源于植物、动物和人类的废弃物，施于土壤以提供植物养分和改善土壤理化、生物性状为主要功效的有机物料。如堆肥、厩肥、沤肥、沼气肥、饼肥、绿肥、发酵液肥、作物秸秆等。

(1)化学肥料

化学肥料是以化学方法为主生产的，或天然含有养分的无机材料，施于土壤以提供植物养分为其主要功效的物料，化学肥料的分类目前公认的是以所含的养分分为大量养分(元素)肥料、中量养分(元素)和微量养分(元素)肥料 3 类。大量养分肥料指氮、磷、钾肥；中量养分肥料分硫、钙、镁肥；微量养分肥料分硼、锰、锌、钼、铜、铁肥。

还有一些物质本身不起直接向植物提供养分的作用，却能改善经济林营养条件。对经济林养分供给起间接作用的物料，包括土壤调理剂、植物生长调节剂和肥料增效剂。如有机栽培上应用有益微生物。白永超等的研究表明 *Phialocephala* sp.、*Penicillium* sp.、*Melin-*

iomyces sp.、*Phytophthora* sp.、*Dothideomycetes* sp. 等真菌对蓝莓生长量、根长、分枝数等具有显著的促进作用。

8.1.3.4 经济林施肥原则

(1)以有机肥为主，无机肥为辅，有机无机相结合

在土壤缺乏有机质和各种养分含量较低，土壤结构、质地及酸碱度等均不理想的情况下，一味追求增加化肥施用量，尤其偏施氮肥，虽然能达到提高产量的目的，但同时会造成土壤板结和污染、肥料利用率降低以及单位数量化肥增产幅度逐年下降等。硝态氮肥超标时，不能生产无公害经济林产品。一般生产无公害经济林产品，有机肥用量应占施肥总量的70%以上。

(2)无机肥料以多元复合肥或专用肥为主

如果常年单施氮肥，忽视磷、钾肥及其他微肥，势必造成土壤中各种元素亏盈不均，比例失调，导致经济林发生某种或几种缺素症，进而造成减产甚至引起树体衰弱和死亡。因此，化学肥料应以多元复合肥料为主。

(3)科学经济有效施肥

以产定量，即通过树体和土壤分析诊断，预计产量、土壤天然供肥量以及肥料当年利用率等，算出各种营养元素的合理施用数量。

(4)无污染

生产无公害、绿色和有机经济林产品，肥料的使用标准不同。有机产品和AA级绿色产品严格要求在生产过程中不得使用人工合成的肥料、城市垃圾和其他有害于环境和健康的物质；A级绿色产品可使用少量的化学合成肥料和垃圾肥料，要经过严格的认证许可；无公害产品可以使用各种化学合成肥料和城市垃圾，但要求不危害环境安全和人们的健康。

8.1.3.5 施肥量

(1)确定施肥量的依据

第一，参考当地经济林地的施肥量。为求得适宜的施肥数量，应对当地施肥种类和数量进行广泛调查，对不同的树势、产量和品质等综合对比分析，总结施肥结果，确定既能保证树势，又能获得早果、丰产的施肥量，并在生产实践中结合树体生长和结果的反应，不断加以调整，使施肥量更符合树体要求。第二，田间肥料试验。根据田间试验结果确定施肥量，这种方法比较可靠，近年来，随着科学的发展，测土施肥方法与设备也日趋完善并简化，易于为广大群众所掌握。第三，叶分析。经济林叶片一般能及时准确地反映树体营养状况。通过仪器分析可以得知多种元素是不足还是过剩，以便及时施入适量的肥料。这种方法指导经济林施肥和诊断，简单易行且效果好，是目前公认的较成熟的方法。

(2)施肥量的确定方法

要想合理而精确地定出各地、各种经济林以及不同树龄和产量的施肥数量，是一个较复杂而又较困难的问题。目前公认的比较好的方法之一，就是所谓平衡配方施肥法。是根据经济林的需肥规律、土壤供肥性能与肥料效应，在测定出土壤养分的条件下，提出N、P、K和微肥的比例及用量，以及其相应的施肥技术。它包括目标产量的确定、土壤养分

测定、肥料的配方、施肥等基本环节。即经济林每年吸收带走多少营养元素，就补充多少营养元素，投入等于产出。此种施肥法可用一种较为简单公式来表示。根据已知参数计算出某种肥料的施用量：

$$经济林合理施肥量=\frac{经济林吸收量-天然供肥量}{肥料利用率}$$

要想确定某园某种经济林的合理施肥量，首先，要通过取样分析，得知经济林(根、干、枝、叶、花、落果、成熟果实等)的年吸收总量。其次，要弄清本园地土壤中，每年在不施肥的情况下，所能提供经济林吸收利用的各种营养成分的大致数量。第三，要了解本地区园地土壤，施用各种肥料的利用率，通过公式算出每年应补充各种肥料的具体数量。

经济林吸收量：指一定面积或一株生长着的某树种从萌芽到落叶休眠的年周期中，因总的生长(包括各个器官部分)所吸收消耗土壤中的一种或多种营养成分的总量。各个树种从春天萌发至冬眠为止的生育期中，在生长器官组织和开花结实时，均要按自身所需要的各种营养元素，按一定比例吸收来自根部的矿质营养。器官和部位不同，吸收数量和比例也有不同。在计算经济林吸收量时，一定要按照某树种各器官发育成熟的先后，分别调查记载花、落果、叶、果实、枝、干、根等各部分的生长总鲜重、总干重，并分析各主要营养元素的百分含量，某器官总干重乘以该器官某营养成分含量，即求得某器官的年吸收总量。最后，将各器官吸收总量相加，即为某树种的总吸收量。总吸收量是按单一元素含量分别计算相加而得的。所以总吸收量也是指某一元素的，例如，氮的总吸收量、磷的总吸收量、钾的总吸收量等。

天然供肥量：无论何种土壤，在不施肥的情况下，均含有一定数量的氮、磷、钾及其他各种微量元素，供经济林每年吸收利用。这种天然的供肥能力称之为天然肥力，其供肥的数量，便称之为天然供肥量。用盆栽或田间对比试验，均可推算出某种土壤中某种营养元素的天然供给量。

肥料利用率：无论何种肥料，被施到土壤中，都不可能全部被经济林根系吸收利用。其中必定有一部分将残留在土壤中，转化为难溶性化合物被固定或继续供来年经济林吸收利用，另一部分则由于淋溶或挥发而损失掉。所谓肥料利用率，是指当年所施肥料中的养分被树体吸收的数量，占所施用肥料有效养分含量的百分数。计算公式如下：

$$肥料利用率(\%)=\frac{经济林吸收的养分含量}{施用的有效养分含量}\times 100$$

肥料利用率的高低，受气温、土壤条件、肥料种类、形态、施用方法等影响有机肥料和无机肥料的利用率列于表8-1。

施肥量：在经济林吸收量、天然供肥量和肥料利用率等三个有关参数成为已知数后，便可推算出某单质肥料的合理施用量。经济林在年周期内对三要素的吸收量是有变化的，如板栗从发芽开始吸收氮素，新梢停止生长后，果实膨大期吸收最多，磷素在开花后至9月下旬吸收量较稳定，10月以后几乎停止吸收，钾在花前很少吸收，开花期(6月间)迅速增加，果实膨大期达吸收高峰，10月以后急剧减少。

表 8-1　常用有机、无机肥料当年利用率

肥料名称	当年利用率(%)	肥料名称	当年利用率(%)
一般土杂肥	15	大豆饼	25
大粪干	25	尿素	35~40
猪粪	30	硫酸铵	35
草木灰	40	过磷酸钙	20~25
菜籽饼	25	硫酸钾	40~50
棉籽饼	25	氯化钾	40~50
花生饼	25	钙镁磷肥	35~40

需要注意的是，在生产实际中，求得各种肥料的合理施用量，一般可在所得数值的基础上，再分别增加约10%左右的量，以弥补商品肥料含量达不到规定标准含量或估计不到的肥料损失等。

8.1.3.6　施肥时期

生产上经济林施肥分为基肥和追肥两种。

(1)基肥

经济林基肥是经济林年周期中所施用的基本或基础肥料，对树体一年中的生长发育起着决定性的作用。施用基肥应以各种腐熟、半腐熟的有机肥为主，适当配以少量无机肥。施用基肥的最佳时期是秋季采收后。秋施基肥正值根系第二或第三次生长高峰，伤根容易愈合，切断一些细小根，起到根系修剪的作用，可促发新根。此时昼夜温差大、光照好，正值雨季或雨季刚过，土壤墒情和地温均宜，土壤中微生物活动旺盛而树体上部各器官基本停止生长，根系仍未停止活动，此时对根部施以有机肥为主的肥料，部分有机肥可腐解矿化，其矿化释放的养分，被根系吸收后，贮藏于树体枝干和根系中，从而提高树体营养水平，有利于花芽充实饱满和增加枝条充实度，使越冬的抗寒性增强，并为翌年开花提供营养；通过施肥翻地，可疏松土壤，提高土壤透气性，使土壤中水、肥、气、热因子得以协调。基肥的施用量应占全年总施用量(按有效养分计算)的1/2~2/3，如枣树丰产园每亩需施有机肥5m^3。

(2)追肥

追肥是根据经济林木各物候期的需肥特点及时补充肥料，以保证当年丰产的需要和为今后丰产奠定基础。具体施肥时期、数量及次数，应根据树种、品种、树龄、树势、结果情况或设计产量而定。一般地讲，追肥分为花前、花后、果实膨大期、花芽分化前和采后肥，因为施肥往往伴随灌水，而灌水引来的温度突然下降会影响授粉受精，一般花期不施肥。总施肥量约等于全年施肥量(指有效养分含量)减去基肥用量；每次追肥用量，视全年追肥次数而定。

8.1.3.7　施肥方法

(1)土壤施肥

经济林土壤施肥必须根据根系分布特点，将肥料施在根系集中分布层内，便于根系吸收，发挥肥料最大效用。经济林木的水平根一般集中分布于树冠外围稍远处。而根系又有

趋肥特性，其生长方向常以施肥部位为转移。因此，将有机肥料施在距根系集中分布层稍深、稍远处，诱导根系向深广生长，形成强大根系，扩大吸收面积，提高根系吸收能力和树体营养水平，增强经济林的抗逆性。

经济林施肥的深度和广度与树种、品种、树龄、砧木、土壤和肥料种类等有关。核桃、山杏等经济林根系强大，分布深而广，施肥宜深，范围也要大些。油茶、蓝莓等根系较浅、分布范围也较小，矮生经济林和矮化砧木，根系分布得更浅些，范围也小，施肥深度和广度要适应这一特性，才能获得施肥的良好效果。幼树根系浅，分布范围不大，以浅施、范围小些为宜，随树龄的增大，根系的扩展，施肥的范围和深度，也要逐年加深扩大，满足经济林对肥料日益增长的需要。沙地、坡地以及高温多雨地区，养分易淋洗流失，宜在经济林需肥关键时期施入，且要多次薄施，提高肥料利用率，基肥要适当深施，增厚土层，提高保肥、保水能力。

各种肥料元素在土壤中的移动性不同，施肥深度有所不同。如氮肥在土壤中移动性强。即使浅施也可渗透到根系分布层内，供经济林吸收利用。钾肥移动性较差，磷肥移动性更差，故磷、钾肥宜深施，尤以磷肥宜施在根系集中分布层内，才利于根系吸收。以免磷肥在土壤中被固定，影响经济林吸收。为了充分发挥肥效，过磷酸钙或骨粉宜与厩肥、堆肥、圈肥等有机肥料混合腐熟，施用效果较好。基肥以迟效性有机肥或发挥肥效缓慢的复合肥料为主，应适当早施深施；追肥一般为速效性养分，肥效快，可在经济林急需时期稍早些施入。施肥效果与施肥方法有密切关系。生产上常用的施肥方法有：

①环状沟施　又叫轮状施肥，在树冠外围稍远处挖环状施肥沟。此法具有操作简单，用肥经济等优点。但易切断大量水平根，且施肥范围较小，一般多用于幼树。

②放射沟施　以树干为中心，在离树干60～80cm处向外开挖6～8条放射施肥沟。沟长超过树冠外围，里浅外深。这种方法较环状沟施伤根少，但挖沟时也要躲开大根，并隔年更换放射沟位置，扩大施肥面。

③条沟施肥　在经济林地行间、株间或隔行开沟施肥，也可结合深翻进行。此法便于机械化作业。

④全园撒施　成年树或密植园，根系已布满全园，可将肥料均匀地撒在园内再翻入土中。此法施得较浅，常导致根系上翻，降低根系抗逆性。

⑤水肥一体化施肥　随着劳动力成本的提高，水、肥一体化土壤管理技术越来越受到重视。) 水肥一体化技术是将灌溉与施肥融为一体的农业新技术。水肥一体化是借助压力系统或地形自然落差，将可溶性固体或液体肥料，按土壤养分含量和作物种类的需肥规律和特点，配兑成的肥液与灌溉水一起，通过可控管道系统供水、供肥，使水肥相融后，通过管道、喷枪或喷头形成喷灌、均匀、定时、定量，喷洒在经济林根系生长区域，使土壤始终保持疏松和适宜的含水量，同时根据不同经济林树种的需肥特点，土壤环境和养分含量状况，需肥规律情况进行不同生育期的施肥设计，把水分、养分定时定量，按比例直接提供给经济林。滴灌和渗灌水肥一体化，直接把经济林所需要的肥料随水均匀地输送到植株的根部，大幅度地提高了肥料的利用率，可减少50%的肥料用量，水量也只有沟灌的30%～40%。水肥一体化供肥及时，肥分分布均匀，既不伤根系，又保护耕作层土壤结构，节省劳力，降低成本，提高劳动生产率，对树冠相接的成年树和密植经济林更为适合。

8.1.4 水分管理

水分是经济林生长发育的重要影响因素，水分管理是经济林抚育管理的重要环节，直接影响经济器官的产量和质量。不同树种品种，其本身形态构造和生长特点均不相同，凡是生长期长，叶面积大，生长速度快，根系发达，产量高的经济林，需水量均较大；反之，需水量则较小。经济林的水分管理主要包括灌水管理和排水管理。

8.1.4.1 灌水

(1)灌水时期

不同生育阶段和不同物候期，经济林对需水量有不同的需求。生长前半期，水分供应充足，有利生长与结果；而后半期要控制水分，保证及时停止生长，使经济林适时进入休眠期，做好越冬准备。根据各地的气候状况，在下述物候期中，如土壤含水量低时，必须进行灌溉。

经济林地灌水的适宜时期和次数，因树种、品种、当年降水量及土壤种类而有所不同。正确的灌水时期，不是等到经济林已从形态上显露出缺水状态时再灌溉，而是在树体未受到缺水影响以前进行。否则，树体的生长和发育会受到严重影响。

一般认为，当土壤含水量降到田间最大持水量的60%，接近萎蔫系数时即应灌溉。精确的灌溉时期应当是根据经济林木生长阶段的需水规律和土壤的含水状况来确定。目前，生产上多依据物候期来确定灌溉时间。

①萌芽前后　此时土壤中如有充足的水分，可以加强新梢的生长，加大叶面积，增加光合作用，并使开花和坐果正常，为当年丰产打下基础。春旱地区，此期充分灌水更为重要。

②花前灌水　北方地区多春旱少雨，花前灌水有利于经济林开花、新梢生长和坐果。

③花后灌水　花后灌水在落花后至生理落果前进行，以满足新梢生长对水分的需求，并缓解新梢旺长与果实争夺水分的矛盾，从而减少落果。

④新梢生长和幼果膨大期　此期常称为经济林的需水临界期。此时经济林的生理机能最旺盛，如水分不足，则叶片夺取幼果的水分，使幼果皱缩而脱落。如严重干旱时，叶片还将从吸收根组织内部夺取水分，影响根的吸收作用正常进行，从而导致生长减弱，产量显著下降。南方多雨地区，此期常值梅雨季节，除注意均匀供给土壤水分外，还应注意排水。

果实迅速膨大期此时既是果实迅速膨大期，也是花芽大量分化期，此时及时灌水，不但可以满足果实肥大对水分的要求，同时可以促进花芽健壮分化，从而达到在提高产量的同时，又形成大量有效花芽，为连年丰产创造条件。

⑤果实采收后灌水　果实采收后，正是树体积累营养阶段，叶片光合作用强，结合施采后肥而及时灌溉，有利于根系吸收和光合作用，从而积累大量营养物质。

⑥土壤封冻前灌水　封冻前灌水，是在园地耕层土壤冻结之前进行，以利于经济林安全越冬和减轻风蚀。

(2)灌水量

关于灌水量，因树种、品种、树龄、生长发育的不同时期、土壤含水状况等而不同，主要标准是使灌溉部分的土壤毛管全部充满水。树木灌水过多，通气性差，灌水过少，不能满足需要。

灌水量 = 灌水面积 × 土壤浸湿深度 × 土壤土粒密度 ×(田间持水量 - 灌溉前土壤湿度)

(3)灌水方法

由于各地的降水量、水源和生产条件不同，所采取的灌溉方法也各异，目前常见的有以下几种：

①滴灌　这种方法是机械化与自动化相结合的先进灌溉技术，是以水滴或细小水流缓慢地滴于经济林根系的方法。可节约用水，有利于实现机械化、现代化管理。缺点是常常发生滴头堵塞，影响灌溉均匀度，并且设备成本较高。与此相似但不易堵塞的节水灌溉方法有小管出流、环渗灌等。

②喷灌　通过灌溉设施，把灌溉水喷到空中，形成细小水滴再撒至面上。此法优点较多，可减少径流和渗漏，节约用水，减少对土壤结构的破坏，改善园地小气候，省工省力。缺点是灌溉湿润土层较浅，不适于深根性树种应用。

③小管出流　是最适于深根性经济林树种采用的节水灌溉方法。此法是每株树布设一个直径4mm的出水管，出水管基部有一个自动流量调节器与毛管相连。它克服了滴灌容易堵塞和喷灌湿润土层较浅、蒸发面较大的缺点，节水效果较好。

④沟灌　是按经济林栽植的方式，将一定长度的一行树堆成一定高度的土埂，做成通沟，再依次对每行树进行灌溉。此方式简单易行，同漫灌相比，灌水较集中，用水量少，全园土壤浸湿均匀。

⑤穴灌　在树冠下开不同形式的沟穴，将水倒入其中，待水浸透后填土。此法常见于水源不足，灌水不便的园地。优点是灌水集中，较省水。缺点是费工费时。与此类似的还有穴贮肥水。

⑥漫灌　常见于地势平坦、水源充足地区，将林地分成若干小区，进行大水全面灌溉。此法优点是灌水时间短，一次灌水量充足，维持时间长。缺点是水的浪费大，土壤侵蚀较重。

⑦埋土罐法　埋土罐法为土法节水灌溉技术，适应干旱缺水果园，具体做法是：成年经济林每株树埋3~4个泥罐，罐口高于地面，春天每罐灌水10~15kg，用土块盖住罐口，1年施尿素3~4次，每次每罐100g。当雨季到来时，土壤中过多的水分可以从外部向罐内透漏，降低土壤湿度，干旱时罐内水慢慢渗出，创造根系生长的适应小气候，此法简单易行。

8.1.4.2　保水

经济林保水的主要措施有：地膜覆盖；树盘覆盖；在林地附近修建水库塘坝；山地整平梯田面，并稍向内倾斜；黄土高原径流集水；平原林地，雨季前在树周围挖渗水坑，雨季过后封土保湿；油茶产区利用生态垫，在5~6月蓄积多余降水，用于7~9月，解决油茶“七月干果，八月干油”的问题。

8.1.4.3　排水

经济林地要避免长期积水，同时要预防洪涝灾害。林地土壤水分过多，土壤之间的孔隙为水分占据，空气状况恶化，根的呼吸作用受到抑制，导致落叶、落果，严重者根系腐烂，树木死亡；土壤通气不良，微生物活动减弱，从而降低土壤肥力。此外，林地湿度过大，容易导致病虫发生，因此，要注意排水。例如，无患子、文冠果等林地积水，会导致落叶、落果甚至死树。平地及低洼地，一般采取明沟排水和暗沟排水两种。山地及坡地，应结合水保工程修建排水沟。

8.1.4.4 无灌溉节水栽培

经济林保水的主要措施有：

(1)树盘覆盖

在经济林旱作栽培中有较多应用。例如，北方无灌溉条件板栗林，冬春干旱少雨多风常导致板栗雌花少、坐果率低，在秋季降雨后覆膜蓄水大幅缓解春季旱情，提高产量。油茶产区利用生态垫在5~6月蓄积多余降水，用于7~9月，解决油茶“七月干果，八月干油”的问题。

(2)径流集水

在干旱或半干旱地区，虽然降水较少，如果将一定面积上的雨水积存起来，其水量仍然是不少的。在许多经济林中都有进行树盘扩穴集水灌溉的成功经验，如核桃、枣、花椒、文冠果、杏、扁桃、枸杞等。

(3)合理修剪

抗旱较为理想的树形是自由纺锤形和细长纺锤形。

(4)合理施肥

增施有机肥，利用水肥耦合效应提高肥、水利用效率。

8.2 树体管理

经济林树体管理的主要目的是：建立科学合理的树体结构，在充分利用光能的基础上，保持树冠通风透光，改善林内小气候，协调营养生长和生殖生长之间的矛盾，调节经济林产品主要器官的数量和质量，保证树木的正常生长发育。具体措施包括整形、修剪和树体保护等内容。

8.2.1 经济林树种的树体结构

经济林树种的树体结构包括群体结构和个体结构。群体结构主要指栽植密度和群体的空间分布，个体结构则包括树体大小、树冠形状、主干高度、叶幕结构、枝组数量、主枝分枝角度等诸多因素，经济林木的地上部包括主干和树冠两部分。树冠由中心干、主枝、侧枝和枝组构成，其中中心干、主枝和侧枝构成树冠的骨架，统称骨干枝(图8-1)。树体结构影响群体光能利用和劳动生产率，通过整形修剪建造合理的树体结构，对经济林栽培具有重要意义，随着矮化密植技术的发展，树冠变小，树体结构趋于简单。

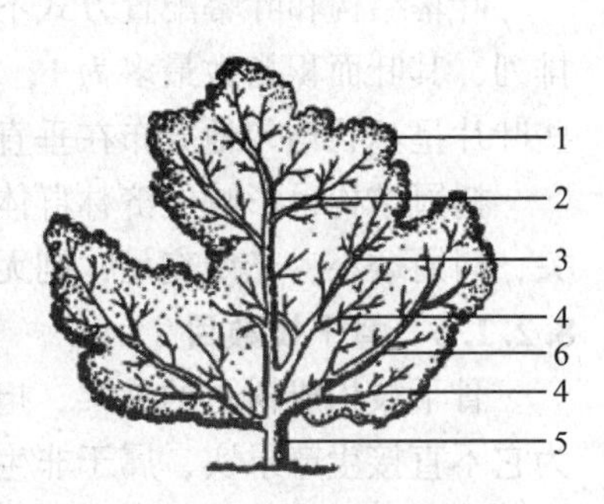

图8-1 经济林木树体结构

1. 树冠 2. 中心干 3. 主枝 4. 侧枝(副主枝) 5. 主干 6. 枝组

8.2.1.1 树体大小

树体高大，可以充分利用空间、立体结果和延长经济寿命，但成形慢，早期光能利用差；叶片、果实与吸收根的距离加大，枝干增多，有效容积和有效叶面积反而减少；同时，树冠大，一般影响品质和降低劳动效率。因此，在一定范围内缩小树体体积，实行矮化密植，已成为经济林栽培现代化的主要方向。当然，树体不是愈小愈好，树体过小就会使结果平面化，影响光能利用，并带来用苗多、定植所需劳力多、造林费用大的缺点。

8.2.1.2 树冠形状

经济林树冠外形大体可以分为自然形、扁形(篱架形、树篱形)和水平形(棚架形、盘状形、匍匐形)三类。在解决密植与光能利用、密植与操作的矛盾中，以扁形最好。群体有效体积，树冠表面积均以扁形最大，自然形其次，水平形最小。因此，一般说来，扁形产量高，品质较好，操作较方便。水平形树冠受光最佳，品质最好，并适于密植，可提早结果，也利于机械化修剪和采收等，虽然产量较低，在经济上效益有可能超过扁形。

8.2.1.3 树高、冠幅和间隔

经济林树高决定劳动效率和光能利用，也与树种特性和抗灾能力等有关。从光能利用方面，要使树冠基部在生长季节得到充足的光照，同时立体结果。多数情况下树高为行距的2/3左右。

冠幅和间隔与树冠厚度密切相关，采用水平形时，树冠很薄，光照良好，则冠幅不影响光能利用，其间隔越小，则光能利用越好，水平棚架在棚下操作，可不留间隔。经济林一般在树高约3m、冠厚约2.5m的条件下，冠幅2.5~3m为宜。行间树冠必须保持一定间隔，以便于操作。

8.2.1.4 干高

主干低则树冠与根系养分运输距离近，树干消耗养分少，有利于生长，树势较强，发枝直立，有利于树冠管理，但不利于地面管理；有利于防风积雪保温保湿，但通风透光差。一般树姿直立，干可低些；树姿开展，枝较软的，干宜高些；灌木或半灌木经济林，干宜低；大冠稀植，干宜高；矮化密植，干宜矮；大陆性气候，一般干宜低；海洋性气候，干宜高，以利于通风透光，减少病害。实行机械耕作，干要适当提高。

8.2.1.5 叶幕结构和叶幕配置

叶幕结构和叶幕配置方式不同，叶面积指数和叶幕的光能利用差异很大。如叶片水平排列，其叶面积指数最多为1，若叶片均匀地分布在垂直面上，其叶面积指数为3；如这些叶片呈丛状均匀地分布在垂直面上，每丛叶面积指数可达3，整体叶面指数可达9。

树冠结构也影响经济林群体叶幕配置和光能利用。树冠层间距与最终树冠大小呈正相关；树冠矮小，光照充足，则无需分层。

8.2.1.6 骨干枝数目

骨干枝构成树冠的骨架，担负着树冠扩大，水、养分运输和承担果实重量的任务。因为它不直接生产果实，属于非生产性枝条，所以，原则上在能充分占领空间的条件下，骨干枝越少越好，可避免养分过多地消耗在建造骨干枝上。一般树形大，骨干枝要多，树形小，骨干枝要少。发枝力弱的骨干枝要多，发枝力强的，骨干枝要少。

有中心干的树形可使主枝和中心干结合牢固，且主枝可上下分层，因此，有利于立体

结果和提高光能利用。有中心干的大冠树形，树冠容易过高，上部担负产量较少，影响光照，对改善果实品质不利。因此，要注意培养层性，并采取延迟开心措施，以改善光照条件。在现代经济林栽培中，对果实品质要求越来越高，也可将有中心干的大冠树形，改为单层的自然开心形。无中心干的开心形，树冠矮，光照好，对生产优质果实有利，但不利于机械化作业。在矮化密植的果园中，采用有中心干的纺锤形或圆柱形等，由于冠径小和树体矮，虽然有中心干也不明显分层，同样能合理利用空间，对果实品质有利。

8.2.1.7 主枝分枝角度

主枝与主干的分枝角度对结果早晚、产量高低影响很大，是整形的关键因素之一。角度过小，则树冠郁闭，光照不良，生长势强，容易上强下弱，花芽形成少，早期产量低，后期树冠下部易光秃，影响产量，操作不便，且容易劈折。角度大，进入结果期早，但容易出现早衰。

8.2.1.8 从属关系

各级骨干枝，必须从属分明，则结构牢固。一般骨干枝粗与所着生枝粗之比不超过0.6，如两者粗细接近，则易劈裂。

8.2.1.9 骨干枝延伸

骨干枝延伸，有直线和弯曲两种。一般直线延伸的，树冠扩大快，生长势强，树势不易衰，但开张角度小的，容易上强下弱，下部内部易光秃，不易形成大型枝组或骨干枝；弯曲延伸的，在弯曲部位容易发生大型枝组或骨干枝，树冠中下部生长强，不易光秃。

8.2.1.10 枝组

亦称单位枝、枝群或结果枝组。它是经济林叶片着生和开花结果的主要部分。整形时，要尽量多留，为增加叶面积、提高产量创造条件。

8.2.1.11 辅养枝

是整形过程中，除骨干枝以外留下的临时性枝，幼树要尽量多留辅养枝。一方面可缓和树势和充分利用光能和空间，达到早结果、早丰产的目的；另一方面可以辅养树体促进生长。但整形时，要注意将辅养枝与骨干枝区别对待，随着树体长大，光照条件变差，要及时将其去除或改为枝组。

8.2.2 经济林树种的整形修剪

经济林是多年生作物。自然生长的经济林，大多树冠高大，冠内枝条密生、紊乱而郁闭，光照、通风不良，易受病虫危害，生长和结果难于平衡，大小年结果现象严重，果品质量低劣，管理也十分不便。整形修剪可控制树冠大小，使树体结构合理，枝条稀密适度，便于管理；能较好地调节生长与结果的矛盾，改善叶幕微气候，提高果品产量和质量。因此，整形修剪是经济林上具有特色的一项栽培技术措施，历来受到经济林生产者的重视。

8.2.2.1 整形修剪的意义和作用

整形，是根据不同树种的生物学特性、生长结果习性、不同立地条件、栽培制度、管理技术以及不同的栽培目的要求等，在一定的空间范围内，培育一个有效光合面积较大、能负载较高产量、生产优质产品、便于管理的树体结构。

修剪，是根据不同树种生长、结果习性的需要，通过截、疏、缩、放、伤、变等技术措施培养所需要的树形和结果枝组，以保持良好的光照条件，调节营养分配，转化枝类组成，促进或控制生长和发育的技术。

广义的修剪包括整形，经济林幼龄期间，修剪的主要任务是整形；成形之后还要通过修剪维持良好的树形结构。狭义的修剪与整形并列，专指枝组的培养与更新、生长与结果、衰老与复壮的调节，以期获得早果、丰产、稳产、优质、低耗和高效的效果。整形是通过修剪完成的，修剪是在一定树形的基础上进行的。所以，整形和修剪是密不可分的，是使经济林在适宜的栽培管理条件下，获得优质、高产、低耗、高效必不可少的栽培技术措施。

整形修剪的作用在于：

(1)整形修剪具有局部促进和整体抑制的双重作用

修剪对局部促进表现在生长势上，主要因为减少了枝芽数量，使养分相对集中应用于保留下来的枝芽，改善营养状况，促使剪口下部长成大枝。同时通过修剪改善了通风透光充条件，提高了叶功能，使局部枝芽的营养水平提高，从而增强了局部生长势。修剪时局部生长势的促进作用表现为树龄越小，树势越强，作用越明显。但也与修剪方法、修剪轻重和剪口芽的质量有关系。短截促进生长的作用最为明显，剪口留壮芽，可促发壮枝，留弱芽，则抽生弱技。修剪对整体的抑制作用表现在生长量上。主要因为剪下大量枝芽，减少了同化面积，树木生长势减弱；同时伤口愈合消耗许多养分，因而供给根系的营养物质相对减少，削弱了根系的生长，必然影响地上部分的生长。修剪越重、树龄越小、树势越强、抑制作用越明显。

(2)调节经济林与环境的关系，合理利用光能，与环境条件相适应

根据环境条件和果树的生物学特性，合理地选择树形和修剪，有利果树与环境的统一。在土壤瘠薄、缺少水源的山地和旱地，宜用小树冠并适当重剪控制花量，使之有利于旱地栽培；在北方经济林易受冻旱危害的地方，秋季摘心充实枝芽和冬前剪去未成熟部分枝梢减少蒸腾，是防冻旱的有效方法之一；在春季易遭晚霜危害的地方，杏树通过夏剪形成副梢果枝在某种程度上减轻晚霜对产量的影响。因此，通过适当的整形和修剪，能在一定程度上克服土壤、水分、温度、风等不利环境条件的影响。

(3)通过修剪形成合理的树体结构，有效调节叶幕微气候条件，主要是光照和通风

放任生长的成年树，树冠内层的通风透光条件往往很差，枝条细弱甚至枝死，基本上都是树冠外围结果。通过整形修剪，使树冠上下内外部能通风透光，增加了光能利用率，加快树冠内的气体交换，提高经济林产品产量和品质；减少病虫危害，增强抗御自然灾害的能力，扩大栽培范围。

(4)调节树体各局部的均衡关系

对于以果实为收获目标的经济林通过调节营养生长和生殖生长的矛盾，实现丰产和稳产，提早结果，并延长结果年限；叶用经济林如银杏通过破除顶芽的顶端优势促进侧芽萌发抽枝，增加枝梢数量和叶片产量；杜仲以皮入药，修剪以提高树皮的产量为目的，利用顶端优势，促进其生长。

8.2.2.2 整形修剪的原则

(1)因树修剪，随枝造型

因树修剪，是对整体而言，即在整形修剪中，根据不同树种和品种的生长结果习性、树龄和树势、生长和结果的平衡状态，以及园地所处的立地条件等，采取相应的整形修剪方法及适宜的修剪程度，从整体着眼，从局部入手。所谓随枝造型，是对树体局部而言。在整形修剪过程中，应考虑该局部枝条的长势强弱、枝量多少、枝条类别、分枝角度的大小、枝条的延伸方位，以及开花结果情况。同时，必须在对全树进行准确判断的前提下，考虑局部和整体的关系，才能形成合理的丰产树体结构，获得长期优质、稳产和高效。因此，因树修剪，随枝造型是经济林整形修剪中应首先考虑的原则。

(2)有形不死，无形不乱

在整形修剪过程中，要根据树种和品种特性，确定选用何种树形，但在整形过程中，又不完全拘泥于某种树形，而是有一定的灵活性。对无法成形的树，也不能放任不管，而是根据生长情况，使其主、从分明，枝条不紊乱。

(3)轻重结合，灵活运用

轻剪为主，轻重结合，因树制宜，灵活运用。经济林整形修剪，毕竟要剪去一些枝叶，这对树体来说无疑是有抑制作用的。修剪程度越重，对整体生长的抑制作用也越强。在整形修剪时，应掌握轻剪为主的原则，尤其是进入盛产期以前的幼树，修剪量更不能过大。

轻剪虽然有利于扩大树冠、缓和树体长势和提早结果，但从长远着想，还必须注意树体骨架的建造，因此，必须在全树轻剪的基础上，对部分延长枝和辅养枝进行适当重剪，以建造牢固的骨架。由于构成树冠整体的各个不同部分，其生长位置和生长状态不可能完全一致，因而，修剪的轻重，也就不可能完全一样。

(4)平衡树势，主从分明

平衡树势，指整形修剪时，要使树冠各个部分的生长势力保持平衡，以便形成圆满紧凑的树冠。生长势力保持平衡主要指以下三方面：①同层骨干枝之间的生长势力要基本平衡，以保证树冠均衡发展，避免偏冠。如对强主枝的延长枝适当短留，多疏枝，加大开张角度，多留花果以削弱生长，对弱主枝的延长枝在留壮芽带头的前提下适当长留，少疏枝，提高角度，少留甚至不留花果，以促进生长。②上下层骨干枝之间的生长势力要均衡。即上层骨干枝要弱于下层骨干枝，如出现上强下弱，则要通过修剪控上促下，恢复平衡。但上部骨干枝也不能过弱，如上层太弱，则要控下促上，以充分利用上层空间结果，提高产量。③树冠内外枝条的生长势力要均等。如树冠外围枝条生长过强，内膛枝条过弱，需控制外围枝生长势力，外围多疏枝、轻剪，缓和势力；内膛枝短截、回缩，促使复壮。反之，如外围枝过弱，内膛枝过强，则要控制内膛枝，促进外围枝，恢复平衡。

所谓主从关系明确，即中干要保持优势，以便于各层主枝的安排；主枝更强于侧枝，以便安排侧枝、培养枝组和扩大树冠；侧枝要强于枝组，以便扩大树冠和在侧枝上安排培养枝组；骨干枝要强于辅养枝，否则会造成树冠结构紊乱。

(5)统筹兼顾，长远安排

整形修剪是否合理，对幼树生长快慢、结果早晚、产量高低以及盛果期能否高产稳产、经济寿命长短均有重要影响。通过整形修剪，必须做到使幼树快长树、早丰产，又要养好合理的树体结构，为将来的高产稳产打好基础，做到整形结果两不误。短期利益和长远利益相结合。片面强调早结果而忽视合理树体结构的建造，以及只强调整形而忽视早期产量的提高都是错误的。进入盛果期后，同样要做到生长和结果兼顾，片面强调高产而忽视维持健壮的树势，会造成树势衰弱，导致大、小年现象严重，缩短经济寿命。在加强土、肥、水综合管理的基础上，通过修剪，使结果适量，维持树势强健，才能长期丰产，延长经济寿命。

8.2.2.3 整形修剪的依据

(1)树种和品种的生物学特性

树种、品种不同，其生物学特性各有差异。根据不同树种和品种的生长结果习性，采取有针对性的整形修剪方法，做到因树种和品种进行修剪，是经济林整形修剪最基本和最重要的依据。

①顶端优势的利用　强壮直立枝顶端优势强，随角度增大，顶端优势变弱，枝条弯曲下垂时，处于弯曲顶部处发枝最强，表现出优势的转移。顶端优势强弱与剪口芽质量有关，留瘪芽对顶端优势有削弱作用。幼树整形修剪，为保持顶端优势，要用强枝壮芽带头，使骨干枝相对保持较直立的状态；顶端优势过强，可加大角度，用弱枝弱芽带头，还可用延迟修剪削弱顶端优势，促进侧芽萌发。

②芽异质性的利用　剪口下需发壮枝可在饱满芽处短截；需要削弱时，则在春、秋梢交接处或1年生枝基部瘪芽处短截。夏季修剪中的摘心、拿枝等方法，也能改善部分芽的质量。

③萌芽率和成枝力与修剪　萌芽率和成枝力强的树种和品种，长枝多，整形选枝容易，但树冠易郁蔽，修剪应多采用疏剪缓放。萌芽率高和成枝力弱的，容易形成大量中、短枝和早结果，修剪中应注意适度短截，有利增加长枝数量。萌芽率低的，应通过拉枝、刻芽等措施，增加萌芽数量。修剪对萌芽率和成枝力有一定的调节作用。

④层性与整形　层性明显的树种，在采用大、中型树冠时依其特性分为2~3层(如疏散分层形)；在矮化密植中，树矮冠小，也可不分层(如纺锤形)。

⑤芽早熟性和晚熟性的利用　具有芽早熟性的树种，利用其一年能发生多次副梢的特点，可通过夏季修剪加速整形、增加枝量和早果丰产，同时也可通过夏季修剪克服树冠易郁蔽的缺点。一些树种的芽不具有早熟性，但通过适时摘心、涂抹发枝素，也能促进新梢侧芽当年萌发。

⑥芽的潜伏力与更新　芽的潜伏力强，有利修剪发挥更新复壮作用，潜伏力弱则反之。

⑦结果枝类型　不同树种、品种，其主要结果枝类型不同。如油茶以中短梢侧芽结果为主，榛子以1年生长枝结果最多。结果枝类型不同，结果枝组修剪方式也不同。

⑧连续结果能力　结果枝上当年发出枝条持续形成花芽的能力，称为连续结果能力。连续结果能力差，修剪时要适当留预备枝。

⑨最佳结果母枝年龄　多数经济林结果母枝最佳年龄段为2~5年生枝段，但不同树种会有所差异。枝龄过老不仅结果能力差而且果实品质也会下降，所以，修剪要注意及时

更新，不断培养新的年轻的结果母枝。

(2)修剪反应的敏感性

即对修剪反应的程度差别。修剪稍重，树势转旺；稍轻，树势又易衰弱，为修剪反应敏感性强。反之，修剪轻重虽有所差别，但反应差别却不十分显著，为修剪反应敏感性弱。修剪反应敏感品种，修剪要适度，宜进行细致修剪；修剪反应敏感性弱的品种，修剪程度较易掌握。修剪反应是修剪的主要依据，也是检验修剪量的重要标志。修剪反应不仅要看局部表现，即看剪口或锯口下枝条的生长、成花结果情况，还要看全树的总体表现，即生长势强弱、成花多少以及坐果率的高低等。修剪反应的敏感性与气候条件、树龄和栽培管理水平也有关系。西北高原，气候冷凉，昼夜温差大，修剪反应敏感性弱。一般幼树反应较强，随着树龄增大而逐步减弱。土壤肥沃、肥水充足，反应较强；土壤瘠薄，肥水不足，反应就弱。树种不同，对修剪的反应不同。

(3)树龄和树势

年龄时期不同，生长和结果状况不同，整形和修剪的目的各不相同，因而所采取的修剪方法也不一样。幼树至初产期，一般长势很旺，枝条多直立，结果很少。在整形修剪上，以整形为主，加速扩大树冠，促进提早结果，修剪程度要轻，可长留长放。盛产期以后，长势渐缓，枝条多而斜生，开始大量结果，并达到一生中的最高产量。修剪的主要任务是保持健壮树势，以延长盛果期年限。修剪程度应适当加重，并应细致修剪，使营养枝与结果枝有一定的比例。随着树龄的增大和结果数量的增多，树势逐渐衰弱而进入衰老期。修剪的主要任务是注意更新复壮，维持一定的结果数量。

(4)栽植密度和栽植方式

栽植密度和栽植方式不同，其整形修剪的方法也不同。栽植密度大的树种，应培养成枝条级次低，小骨架和小冠形的树形，修剪时要强调开张枝条角度，抑制营养生长，促进花芽形成，防止树冠郁闭和交接，以便提早结果和早期丰产。对栽植密度较小的树种，则应适当增加枝条的级次和枝条的总数量，以便迅速扩大树冠，增加产量。

(5)立地条件和栽培管理水平

立地条件和栽培管理水平不同，经济林的生长发育和结果多少是大不一样的，对修剪反应也各不相同。在土壤瘠薄、干旱的山地、丘陵地，树势普遍较弱，树体矮小，树冠不大，成花快，结果早，但单株产量低，对这种林地，在整形修剪时，要注意定干要矮，冠形要小，骨干枝要短，少疏多截，注意复壮修剪，以维持树体的健壮长势，稳定结果部位。反之，在土层深厚、土质肥沃、肥水充足、管理技术水平较高的林地，树势旺，枝量大，营养生长强于生殖生长，因而成花较难，结果较晚。整形修剪时应注意采用大、中型树冠，树干也要适当高些，轻度修剪，多留枝条，主枝宜少，层间距应适当加大。除适当轻剪外，还应注意夏季修剪，以延缓树体长势，促进开花结果。

8.2.2.4 修剪时期

修剪时期是指年周期内修剪的时期。就年周期来说，分为休眠期修剪(冬季修剪)和生长期修剪(夏季修剪)。生长期修剪也有细分为春季修剪、夏季修剪和秋季修剪的。过去强调冬季修剪而忽视生长期修剪。现在，随着栽培体制的发展改革，大多数经济林树种也重视生长期修剪。尤其对生长旺盛的幼树则更为重要。

(1)休眠期修剪

又称冬季修剪。是指在正常情况下，从秋季落叶到春季萌芽前所进行的修剪。经济林在深秋或初冬正常落叶前，树体贮备的营养逐渐由叶片转入枝条，由1年生枝转向多年生枝，由地上部转向根系并贮藏起来。因此，冬季修剪最适宜的时间是在经济林完全进入休眠以后，即被剪除的新梢中贮存养分最少的时候。修剪过早或过晚，都会损失较多的贮备营养，特别是弱树更应选准修剪时间。

(2)生长期修剪

又称夏季修剪。就是从春季萌芽至秋冬落叶前进行的修剪。生长期修剪一般又分为春季修剪、夏季修剪和秋季修剪，现分述如下：

①春季修剪　春季修剪也称春季复剪，是冬季修剪的继续，也是补充冬季修剪不足的适宜时间。春季修剪的时间在萌芽后至花期前后。核桃等春季伤流量大的树种外，许多树种都可春剪。采取轻剪、疏枝、刻伤、环剥等措施，缓和树势，提高芽的萌发力，促生中、短枝，在枝量少、长势旺、结果晚的树种、品种上较为适用；通过疏剪花芽，调整花、叶芽比例，有利于成年树的丰产、稳产；疏除或回缩过大的辅养枝或枝组，有利于改善光照条件，增产优质果品。但由于春季萌芽后，树体的贮备营养已经部分地被萌动的枝、芽所消耗，一旦将这些枝、芽剪去，下部的芽重新萌发，会过多消耗养分并推迟生长。春季修剪量不宜过大，剪去的枝条数量不宜过多，而且不能连年采用，以免过度削弱树势。

②夏季修剪　夏季树体内的贮备营养较少，修剪后又减少了部分枝叶量，所以，夏季修剪对树体的营养生长抑制作用较大，因而修剪量宜轻。夏季修剪，只要时间适宜，方法得当，可及时调节生长结果的平衡关系，促进花芽形成和果实生产。充分利用二次生长，调整或控制树冠，有利于培养枝组。

③秋季修剪　秋季修剪的时间是在年周期中新梢停长以后，进入自然休眠期以前。此时树体开始贮藏营养，进行适度修剪，可使树体紧凑，改善光照条件，充实枝芽，复壮内膛枝条。秋剪时疏除大枝后所留下的伤口，第二年春天剪口的反应比冬季修剪的弱，有利于抑制徒长。秋季修剪也和夏季修剪一样，在幼树和旺树上应用较多，对抑制密植园树冠交接效果明显。其抑制作用较夏季修剪弱，但比冬季修剪强，而且削弱树势不明显。

8.2.2.5　经济林树种的整形

随着栽培密度的提高，树形由大变小，由单株变群体，树体结构向简单化、省力化、利于机械化方向发展。由自然形变为扁形、骨干枝由多变少、由直变弯、由斜变平；由分层变为不分层，由无支架变为有支架。

1)稀植树形(图8-2)

(1)疏散分层形

一般主枝分为3层，第一层3个，第二层2~3个，第三层1~2个，层间距须在100~140cm以上。此形符合有中心干的经济林树种的特性，如核桃，主枝数适当，造型容易，骨架牢固。在大型机械化管理种植园，可以提高干高。

(2)自然开心形

在主干上错落着生3个主枝，其先端直线延伸，在主枝的侧外方分生侧枝。树冠中心仍保持空虚。此形符合核果类树种的生物学特性，整形容易。主枝结合牢固，树体健康长

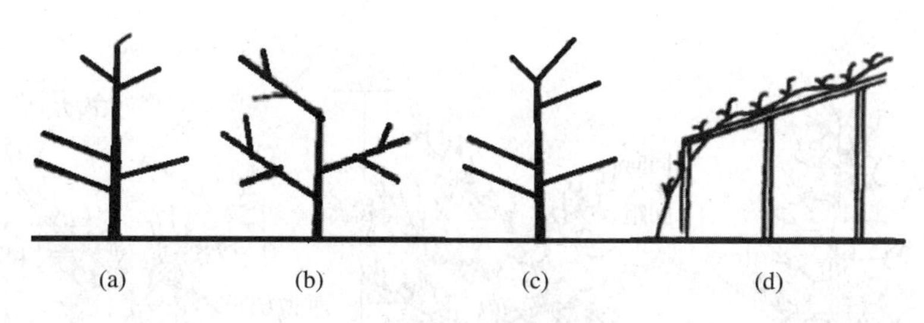

图 8-2　稀植树形

(a)疏散分层形　(b)自然开心形　(c)自然圆头形　(d)棚架形

寿。树冠开心，侧面分层，结果立体化，结果面积大，产量高。此形符合干性弱、喜光强的树种，树冠开心，光照好，容易获得优质果品，但不利于大型机械作业。

(3)自然圆头形

又名自然半圆形。属于无中心干的树形。过去管理粗放的柿、杏、枣、栗等树种常用此形。主干在一定高度截断后，任其自然分枝，疏去过多的骨干枝，适当安排主枝、侧枝和枝组，自然形成圆头形。此形修剪轻，树冠构成快，造型容易，但内部光照较差，影响品质，树冠无效体积多。

(4)棚架形

主要用于蔓性经济林树种如猕猴桃等。棚架形式很多，依大小而分为大棚架和小棚架。通常称架长6m以上的为大棚架；6m以下的为小棚架。依倾斜与否分为水平棚架和倾斜棚架。在平地，无需埋土越冬的常用水平棚架和大棚架；在山地，需要埋土越冬的常用小棚架和倾斜棚架。棚架整形一般常用树冠向一侧倾斜的扇面形、四周平均分布的“X”形或“H”形等。扇面形造型容易，可自由移动，架面容易布满。有利于修理棚架，在旱地也便于防寒。“X”形、“H”形等，由于主蔓向四周分布均匀，主干居于树冠中央，所以养分输送较扇面形方便，树冠生长势较强。

2)密植树形(图8-3)

(1)纺锤形

该树形适用于有主干密植栽培。树高2.5～3m，冠幅3m左右，在中心干四周培养多数短于1.5m的水平小主枝，小主枝单轴延伸，直接着生结果枝组；小主枝不分层，上短下长。适用于多数树种，元宝枫等。它修剪轻，结果早。在此基础上又发展了细长纺锤形、改良纺锤形和垂帘形。适用于宽行密植机械化管理的种植园。

(2)折叠式扇形

该树适宜于矮砧密度栽植。株行距1.5m×2m或1.5m×3m，树冠顺行向呈扁平状，全树4～5个主枝，同侧主枝间距1m左右，树高2.5m，树冠厚1.5m左右。

(3)斜式倒“人”字形

该树形适宜于高密度栽植，株行距为1m×3m、1.5m×3m，干高50cm，南北行向，两个主枝分别伸向东南和西北方向，呈斜式倒人字形。主枝腰角70°，大量结果时达到80°，树高2.5m。

(4)篱架形

常用于蔓性经济林树种，整形方便，且可固定植株和枝梢，促进植株生长，充分利用

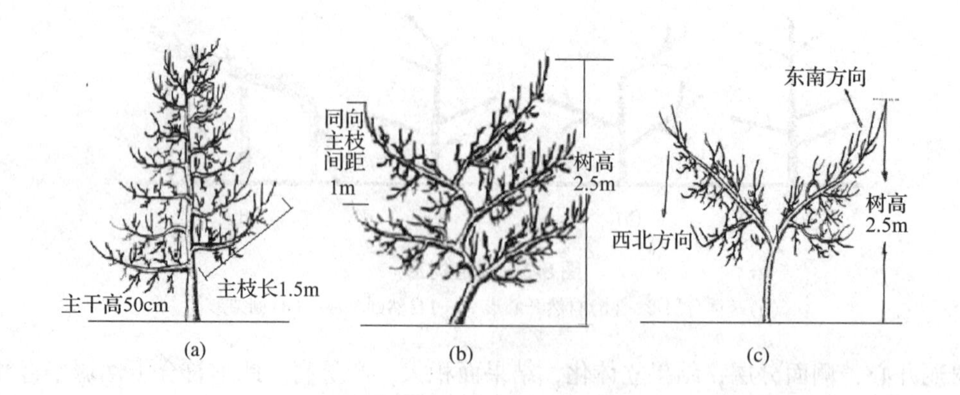

图8-3 常用密植树形

(a)纺锤形 (b)折叠式扇形 (c)倒“人”字形

空间，增进品质。不过需要设置篱架，费用、物资增加。常用的树形有：

①双层栅篱形 主枝两层近水平缚在篱架上，树高约2m，结果早，品质好，适于在光照少、温度不足处应用。

②单干形 亦称独龙干形，常用于旱地葡萄栽培。全树只留一个主枝，使其水平或斜生，其上着生枝组，枝组采用短截修剪。此形整形修剪容易，适于机械修剪和采收，但植株旺长时难以控制。

③双臂形 亦称双龙干形，与单干形基本相似。所不同的是单干形只有一个主枝，双臂形有两个主枝向左右延伸，其用途和优缺点与单干形相似。

(5)*丛状形*

适用于灌木经济林树种，如榛子、蓝莓。无主干或主干甚短，贴地分生多个主枝。形成中心郁闭的圆头丛状形树冠。此形符合这类树种的自然特性。整形容易，主枝生长健壮，不易患日灼病或其他病害；修剪轻，结果早，早期产量高。但枝条多，影响通风透光和品质，无效体积和枝干增加，后期也会影响产量提高。

8.2.2.6 修剪方法

(1)*冬季修剪方法*

①短截 又称短剪。即剪去1年生枝梢的一部分，是冬季修剪常用的一种基本方法。短截可增加新梢和枝叶量，减弱光照，有利于细胞的分裂和伸长，从而促进营养生长。短截可以改变不同类别新梢的顶端优势，调节各类枝间的平衡关系，增强生长势，降低生长量。因短截程度、部位不同，又分为轻短截、中短截、重短截、极重短截修剪几种。

②疏剪 又称疏删、疏除，是将枝梢或幼芽从基部去掉。疏剪包括冬剪疏枝和夏剪疏梢。疏除枝梢，可减少枝叶量，改善光照条件，利于提高光合效能。疏剪有利于成花结果和提高果实品质。重度疏剪营养枝，可削弱整体和母枝的生长量，但疏剪果枝可以提高整体和母枝的生长量。疏剪对伤口上部的枝梢有削弱作用，而对伤口下部的枝梢有促进作用，疏枝越多，对上部的削弱和对下部的促进作用也就越明显。因此，可以利用疏剪的办法控制上强。

③长放 又称甩放。即对枝条任其连年生长而不进行修剪。枝条长放留芽多，抽生新

梢较多，因生长前期养分分散，有利于形成中短枝，而生长后期得以积累较多养分，促进花芽分化。因此，可以使幼旺树、旺枝提早结果。营养枝长放后，增粗较快，可用以调节骨干枝间的平衡，但运用不当，会出现树上长树的现象，并削弱原枝头生长。

④缩剪　又称回缩，即在多年生枝上剪截。一般修剪量大，刺激较重，有更新复壮的作用，多用于枝组或骨干枝更新、控制辅养枝等。回缩后的反应强弱，取决于缩剪的程度、留枝强弱以及伤口的大小和多少。缩剪后伤口较小，留枝较强而且直立时，可促进生长；缩剪后所留伤口较大，留弱枝、弱芽，或所留枝条角度较大，则抑制营养生长而有利于成花结果。所以，缩剪的程度，应根据实际需要确定，同时还应考虑树势、树龄、花量、产量及全树枝条的稀密程度，而且要逐年回缩，轮流更新，不要一次回缩过重，以免出现长势过强或过弱的现象，影响产量和效益。

⑤目伤　又称刻芽。是在1年生冬芽上方0.5cm左右处，用刀或小钢锯条刻伤皮层，深达木质部。月份可以促进下部芽萌发，增加枝叶量。

(2)夏季修剪方法

①抹芽　也叫掰芽。在发芽后，去掉多余的芽子，以便集中营养，使保留下来的芽子能够更好地生长发育。

②摘心和剪梢　摘除幼嫩新梢先端部分称之为摘心，当新梢已木质化时，剪截部分新梢称之为剪梢。摘心和剪梢一般在新梢旺长期，当新梢长达20cm左右时进行。其主要作用为：增加枝量，扩大树冠；控制营养生长；利用背上枝培养结果枝组；提高坐果率，花期或落花后，对果台枝及邻近果枝的新梢进行摘心，可提高坐果率，特别是果台枝生长旺盛的品种，效果更好。

③扭梢　扭梢始于5月上旬至6月上旬，新梢尚未木质化时，将背上的直立新梢、各级延长枝的竞争枝，以及向里生长的临时枝，在基部15cm左右处轻轻扭转180°，使木质部和韧皮部都受轻微损伤，但不能折断。扭梢后的枝条长势大为缓和，至秋季不但可以愈合，而且很可能形成花芽，即使当年不能，第二年一般也能形成花芽。扭梢过早，新梢尚未木质化，组织幼嫩，容易折断，叶片较少，难以成花；扭梢过晚枝条已木质化，脆而硬，较难扭曲，用力过大又容易折断，或造成死枝。

④捋枝　捋枝也叫拿枝或枝条软化，是控制1年生直立枝、竞争枝和其他旺盛生长枝条的有效措施。其方法是在5月间，从枝条基部开始，用手弯折枝条，听到有轻微的"叭叭"的维管束断裂响声，以不折断枝条为度。如枝条长势过旺，过强，可连续捋枝数次。直至枝条先端弯成水平或下垂状态，而且不再复原。经过捋枝的枝条，削弱了顶端优势，改变了枝条的延伸方向，缓和了营养生长，有利于形成花芽。

⑤环剥、环割和环刻　是将皮层剥去一段或整圈切断的方法。这些措施的主要作用是：

第一，中断有机物质向下运输，暂时增加环剥以上部位碳水化合物的积累，使含水量下降。而环剥以下部位则相反。第二，阻碍环剥以上部分的正常生长。第三，阻碍矿质营养元素和水分的运输。第四，改变激素、酶和核酸的平衡等从而达到调节树体长势，促进成花的目的。

正确运用环剥技术要注意以下几点：

第一，环剥的时间，一般以春季新梢即将停长、叶片大量形成以后，在最需要光合产物的时候、落花落果期、果实膨大期、花芽分化期以前进行比较合适。这样既可以保证必要的新梢生长，又可短期增加剥口以上部位光合产物的供应。

第二，环剥带一般不宜过宽也不要过窄。环剥过宽不能愈合，严重抑制树体生长，甚至造成死树；环剥过窄愈合过早，不能达到环剥的目的。

第三，环剥不宜过深过浅，过深伤其木质部，甚至造成环剥枝梢死亡；过浅韧皮部残留，效果不明显。

第四，为了防止伤口不利影响，可用环割、绞缢、倒贴皮代替，尤其倒贴皮效果较好。

⑥开张角度　开张角度是整形修剪工作中的主要措施之一。其内容包括撑枝、拉枝、别枝、捋枝等。加大枝条的开张角度，可以减缓直立枝条的顶端优势，利于枝条中、下部芽的萌发和生长，防止下部光秃。直立枝拉平以后，可以扩大树冠，改善光照条件，充分利用空间。枝条的角度开张以后，碳水化合物的含量有所增加，营养生长缓和，促进花芽形成的效果比较明显。开张角度的适宜时期为枝条停长前后，此时为枝条加粗生长期，开张角度后容易固定；如果来不及也可在春季进行。

8.2.2.7　修剪技术的综合运用

由于修剪时期、修剪程度和修剪方法的不同，同一修剪技术的反应也不一样。因此，应针对生产中存在的具体问题，灵活选用相应的修剪措施。

(1)调节生长势

为增强树体长势，应适当加重并提早冬剪，夏季轻剪。为抑制树的旺长，可减轻并延迟冬季修剪，而加重夏剪。如树势特别旺，可不进行冬季修剪，而于春季萌芽后再剪。但此时修剪削弱树势严重，所以，不能连年使用。为了增强全树的长势，可采用少留枝、留强枝、顶端不留果枝的修剪方法。如为削弱全树长势，则需多留枝，留弱枝和多留果枝。

(2)调整枝条角度

为加大枝条角度，可在生长季节于适宜部位摘心，促生二次枝，利用活枝条，开张枝条角度。通过外力进行拉、撑、坠、扭等方法将新梢拉开。为缩小枝条角度，可选留上枝、上芽作为带头枝，或采取换头的方法，即采用较直立的枝头代替原枝头。

(3)调节枝梢密度

为增加新梢密度，可采用延迟修剪、摘心、目伤促芽、枝条扭曲或骨干枝弯曲上升等修剪措施；也可采用短截的方法，增加分枝。为减少新梢密度，可采用疏枝、长放和加大分枝角度等修剪措施。

(4)调节花芽量

为促进幼树成花或增加花芽数量，可采用轻剪、长放、疏剪和拉枝等措施，缓和营养生长，促进花芽形成；也可采用环割、扭梢或摘心等措施，使所处理的枝梢，增加营养积累，促进形成花芽。但这些措施都必须在保证树体健壮生长和必需枝叶量的基础上进行。为了减少老、弱树的花芽数量，可于冬季重剪，生长期轻剪，增强树势，促进枝梢生长。为增加旺树的花芽数量，可在花芽分化前疏去过密枝梢，加大主枝角度，改善光照条件，增加营养积累，促进花芽形成。

(5)保花保果

通过修剪改善花果营养供应，可以减少落花落果，具体途径有：

调节各器官的比例：按丰产优质指标保持各器官合理数量和比例，如通过修剪保留合理花芽量，保持合理花芽叶芽比例、结果枝和更新枝比例、长短枝比例和枝梢合理间隔等，以促进营养的制造、积累和合理分配，改善花果营养供应。

调节枝梢生长强度：强树强枝轻剪缓放；弱树弱枝重剪短截，使枝梢适度生长，有利于花果的营养供应。扭梢、剪梢、摘心、拉枝、断根以及辅养枝环割等，可以改善光照，控梢保果。

(6)枝组的培养和修剪

根据树种特性，合理培养和修剪枝组是提高产量、特别是防止大小年和防止老树光秃的重要措施。

随着树冠的形成，要不失时机逐级选留培养枝组。整形中保持骨干枝间适当距离，适当加大主枝分枝角，骨干枝延长枝适当重剪以及必要的骨干枝弯曲延伸都与枝组形成有密切关系。在整个树冠中，枝组分布要里大外小、下多上少、内部不空、透光通风。在骨干枝上要大、中、小型枝组交错配置，最好呈三角形分布，防止齐头并进。枝组间隔要适度，一般以枝组顶端间隔距离与枝组长相似为宜。对于大型树冠，一般幼树以小型枝组结果为主，老树主要靠大中型枝组结果，因此，特别要注意利用强枝培养大中型枝组，枝组培养方法有以下几种：

①先放后缩　枝条缓放拉平后，可较快形成花芽，提高徒长性结果枝的坐果率，待结果后再行回缩。对生长旺盛的树种，为提早丰产，常用此法。但要注意从属关系，不然缓放几年容易造成骨干枝与枝组混乱。

②先截后放再缩　对当年生枝留20cm以下短截，促使靠近骨干枝分枝后，再去强留弱，去直留斜，将留下的枝缓放，再逐年控制回缩成中型或大型枝组。这种方法，常用于培养永久性枝组，特别多用于直立旺长的内生枝或树冠过空时应用。这种剪法，可冬夏结合。利用夏季剪梢加快枝组形成或削弱过强枝组，如对桃直立性徒长枝，在冬季短截后翌年初要连续2~3次将其顶梢连基枝一段剪去，则很快削弱其生长势而形成良好枝组。

③改造大枝　随着树冠扩大，大枝过多时，可将辅养枝缩剪控制，改造成为大中型枝组。

④枝条环割　对长放的强枝于5~6月间在枝条中下部进行环割。当年在环割以上部分形成充实花芽，翌年结果，以下部分能同时抽生1~2个新枝，待上部结果后在环割处短截，即形成中小型枝组。

⑤短枝型修剪法　一般在骨干枝上将生长枝于冬季在基部潜伏芽处重短截，翌年潜伏芽抽梢如仍过强，则于生长季梢长30cm以内时，再留基部2~4叶重短截，使其当年再从基部抽梢。如此1~2年连续进行2~4次重短截，一般可抽生短枝，形成花芽。

(7)夏季修剪和冬季修剪密切配合

特别是幼树和密植果园，夏季修剪已成为综合配套修剪技术的重要组成部分，其作用不是冬季修剪所能代替的。夏剪能克服冬剪的某些消极作用，冬剪局部刺激作用较强，通过抹芽、摘心、扭梢、拿枝、环切或环剥等夏剪方法，可缓和其刺激作用。夏剪是在经济林生命旺盛活动期间进行，能在冬剪基础上，迅速增加分枝、加速整形和枝组培养。尤其在促进花芽形成和提高坐果率方面的作用比冬剪更明显。夏剪及时合理，还可使冬剪简化，并显著减轻冬季修剪量。

(8)修剪必须与其他农业技术措施相配合

修剪是经济林综合管理中的重要技术措施之一，只有在良好的综合管理基础上，修剪才能充分发挥作用。虽然其他农业技术措施代替不了修剪的作用和效果。但是，优种优砧是根本，良好的土、肥、水管理是基础，防治病虫是保证，离开这些综合措施，单靠修剪是生产不出优质高产的果品。

8.2.3 经济林树种的树体保护

8.2.3.1 刮树皮及涂保护剂

随着年龄增加，树皮增厚缺乏伸展性，妨碍树干的加粗生长，易使树体早衰；且老树皮的裂缝，是许多病虫的越冬场所。因此，刮除老皮，集中烧毁，既能消灭病虫，又能促进树体生长，恢复树势。适合刮皮的树种有：栗、枣等。

刮树皮的时间，在气候较温暖的地区，休眠期都可进行。在寒冷地区为防止冻害，一般在严寒期过后至发芽前进行。要求将老树皮的粗裂皮层刮下为度，切忌过深伤及嫩皮和木质部。刮皮时遇有病斑，应按防治病害的要求进行刮除和消毒。树皮刮完后应立即涂保护剂。刮下的树皮必须及时清除干净，堆积烧毁。

为保护树体及伤口，常给树干涂刷保护剂，例如，涂白、刷浓碱水、涂消毒剂等。涂白的主要作用是减轻冻伤及日烧，并能防治病虫害。涂白剂的配合成分各地不一。一般常用的配方是：水 10 份，生石灰 3 份、石硫合剂原液 0.5 份、食盐 0.3 份、油脂(动植物油均可)少许。涂白时可用刷子均匀地把药剂刷在主干和主枝的基部。为了提高效率，也可用喷雾器喷白。近年来有的利用液体塑料喷洒在树体上减少蒸发，可减轻抽条和冻害。

8.2.3.2 吊枝和撑枝

为防止因结果多而使树枝折断、果实摇落，避免大枝下压重叠和妨碍树冠内部光线透入，常采用吊枝和撑枝。

吊枝是在树冠中心立支柱，用绳索引向各主枝吊起，其形如伞，称之伞状吊枝。吊枝和撑枝宜在果实膨大期主枝开始下垂时进行。过迟则枝条已经下压，过早果实尚小，不易选择吊枝的方向和重心。吊枝应选骨干枝的重心(约在大枝上部的 2/3 处)位置吊起，部位不当易使对吊的枝头下垂或中部弯曲。树冠低矮，或结果偏于下方，不便吊枝时，宜采用撑枝，此法用材较多，同时造成树冠下的土壤管理不便，但可以就地取材，简便易行。

8.2.3.3 受伤后的处理

(1)伤口治疗

修剪中疏除大枝或采皮、割胶、割漆等作业及各种灾害，造成树干和大枝上伤口面积大、历时长不能愈合者，易引起腐烂，影响树体的生长结果和寿命。因此，对尚具经济价值的树需要及时彻底治疗。

治疗的方法：首先用刀削平刮净伤口，使皮层边缘呈弧形，然后用消毒剂如 2% 硫酸铜液或石硫合剂 5°Be 液等消毒。最后涂上保护剂，预防伤口腐烂，并促其愈合。

治疗伤口用的保护剂要求容易涂抹，不透水不腐蚀树体，同时又有防腐消毒的作用。如桐油、铅油、接蜡等均可。液体接蜡的配方是：松香 800g、油脂 100g、酒精 300g、松节油50g。此外，各地还可根据具体情况选用当地的保护剂，如陕北果农用黏土2份、牛粪1份，并加少量羊毛和石硫合剂用水调成保护剂就地应用，效果较好。

如伤口已成树洞，则应修补。补树洞的目的是防止树洞继续扩大，增强骨架牢固性并促进树势恢复。补树洞的方法：首先将洞内腐烂木质刨出，清除彻底，刮去洞口边缘的死组织。然后用药剂消毒并进行填充。填充物最好是水泥和小石粒(1∶3)的混合物。小树洞可用木桩钉楔填平，或用柏油(沥青)混以3～4份锯末(按体积计)涂塞之，经过补洞可以促进伤口愈合。

用壳聚糖基橡胶树割面喷雾剂处理后橡胶树割面的爆皮、爆胶、寒害现象显著下降，死皮恢复率达90.0%。

(2)桥接和寄根接

由于病害或冻害，常造成树干及主枝的部分输导组织受伤，严重减弱树势，影响产量。当局部受伤时可采用桥接。

桥接是通过接于伤口两端的接穗输导养分和水分，使恢复树势提高产量。方法有两头接和一头接两种，桥接的接穗条数也因伤口大小而有不同。寄根接是对于干部或根颈受害，造成根系衰弱以及有冻根、烂根的树，立即在树干附近补栽上旺盛的砧木苗多株，将其上端接于上述果树的根颈或主干基部，使两者愈合，从而挽救病树。

(3)伤折枝的处理

伤折枝应根据伤口的位置及伤害的程度及时进行处理。对于伤折已造成枯死，无可挽救的枝条，可从伤折附近锯平或剪去，涂以保护剂。然后从附近选留新枝或徒长枝加以培养，补充失去部分的树冠空缺。也可采用高接补救，使达到平衡，恢复产量。

对于伤折程度较轻者，要及时抢救。首先要将劈裂枝条顶起或吊起，使恢复原状，把枝条重量移到支柱或吊绳上。对劈枝基部的裂口要清除夹杂物，用绳或铁丝捆紧，使裂口密合无缝，外面用塑料薄膜包严，以利愈合。在劈口的上部，用绳与主干绑紧，或用“冂”形钉加固。也可选主干上的壮枝，使一头插入，桥接在劈枝的中部，以增加大枝的负重量。此外，要加强肥水和病虫防治，促使树体恢复。

8.2.3.4 补充树体营养

为了及时满足树体营养需要，可进行根外施肥。常见方法有叶面喷肥、树干输液及设施内施放二氧化碳气肥等。

叶面喷肥简便易行，用肥量少，发挥作用快，且不受养分分配中心的影响，可及时满足树体的需要，并可避免某些元素在土壤中的消耗。叶片是制造养分的主要器官，但气孔和角质层也具有吸肥特性，一般喷后15～120min即可吸收。一般幼叶比老叶吸收快，叶背面较叶正面吸收快。硝态氮喷后15min进入叶内，氨态氮需2h，硝酸钾需1h，氯化钾30min，硫酸镁需30min，氯化镁需15min。

树干输液有注射法和悬垂输液法。国内外许多研究表明，氮离子注射能使树木提前萌芽展叶，新梢生长速度加快，提高果实的品质和产量。悬垂输液法是在树干中下部钻输液孔3～5个，与树干成45°角，深至髓心，将营养液通过输液的方式注入树体内部，可以修复树势，促进树木生长发育。

绿色植物在光合作用中需要大量二氧化碳。二氧化碳浓度过低，植物的光合作用就会减弱。为补充二氧化碳的浓度可施用二氯化碳气肥。经济林设施栽培，通过施放二氧化碳气肥达到增产的目的，也常见于生产当中。

8.3 花果管理

加强花量和果实数量的调控，对提高经济林器官的商品性状和价值，增加经济收益具有重要意义，也是实现优质、丰产、稳产和壮树的重要技术环节。花果调控，主要指直接用于花和果实上的各项促进或调控技术措施。

8.3.1 保花保果

8.3.1.1 调控花芽数量

针对不同树种花芽分化的特点，合理调控环境条件，采取相应的栽培技术措施，调节树体营养条件及内源激素水平，控制营养生长与生殖生长平衡协调发展，从而达到调控花芽分化与形成的目的。通过不同栽培措施控制营养生长，使养分流向合理，是调控花芽分化的有效手段。特别对大小年现象较为严重的树种，在大年花诱导期之前疏花疏果，能增加下年的花芽数量。采用适宜的整形修剪技术及施肥，是经济林木促进花芽分化的重要技术环节。此外，合理使用植物生长调节剂能控制花芽的数量和质量。在花芽生理化分期，对于旺长树油茶树喷施多效唑(PP_{333})使枝条生长势缓和而促进成花，而中庸树势的油茶林喷施赤霉素可以提高当年产量和质量，同时增加来年花芽的数量；细胞分裂素可以增加板栗雌花比例。

8.3.1.2 提高坐果率

坐果率是形成果实产量的重要因素，而落花落果是造成果实产量低的重要原因之一。通常枣的坐果率仅为0.13%～0.4%，最高不超过2%；李、杏也是花多果少。因此，通过实行保花保果措施提高坐果率，是获得丰产的关键环节，特别对初果期幼树和自然坐果率偏低的树种品种，尤为重要。

(1)造成落花的主要原因

贮藏养分不足，花器官败育，花芽质量差；花期不良的气候条件如霜冻、低温、梅雨及干热风等。由于上述原因，导致花朵不能完成正常的授粉受精而脱落。

(2)造成落果的主要原因

前期主要由于授粉受精不良，子房所产生的激素不足，不能调运足够的营养物质促进子房继续膨大而引起落果；树体同化养分不足，器官间养分竞争加剧。果实发育得不到应有的营养保证而脱落；采前落果主要与树种、品种的遗传特性有关。此外，土壤干湿失调、病虫危害等也可引起果实脱落。

各地具体情况不同，引起落花落果的原因也多种多样。必须具体分析，针对主要矛盾，制定有效措施，提高坐果率。

(3)提高坐果率的主要途径

加强树体管理 保证树体正常生长发育，增加树体贮藏养分的积累，改善花器发育状况，这是提高坐果率的根本措施。

合理配置授粉树 对异花授粉品种，要合理配置授粉树，在此基础上还可采取以下辅助措施，以加强授粉，提高坐果率。

①花期放蜂 放蜂可明显提高坐果率。一般5~6亩地放1箱蜂即可。在放蜂期间切忌喷药；阴雨天放蜂效果不好，应配合人工辅助授粉。

②高接花枝 当授粉品种缺乏或不足时，在树冠内高接雄株或授粉品种的带有花芽的多年生枝，以提高经济林的授粉率。对高接枝在落花后需做疏果工作，否则常因坐果过多，当年花芽形成不好影响来年授粉。

③挂罐和振动花枝 在授粉品种缺乏时，也可以在开花初期剪取授粉品种的花枝，插在水罐或瓶中挂在需要授粉的树上，以代替授粉品种。此法简单易行，但需年年进行。为了提高授粉效果，可与挂罐同时进行振动花枝授粉。

人工授粉 在授粉品种缺乏或花期天气不良时，应该进行人工授粉，其常用方法有：

①蕾期授粉 在花前3d，可用花蕾授粉器进行花蕾授粉。将喷嘴插入花瓣缝中喷入少量花粉，花蕾授粉对防治花腐病有效。

②花期授粉 可采用如下方法：

i. 人工点授 将花粉用人工点在柱头上，此法费工，但效果好。为了节省花粉用量，可加入填充剂稀释，一般比例为1(花粉并带花药外壳):4填充剂(滑石粉或淀粉)。

ii. 机械喷粉 此法比人工点授所用花粉量多，喷时加入50~250倍填充剂，用农用喷粉器喷。填充剂易吸水，使花粉破裂，因此要在4h内喷完。

iii. 液体授粉 把花粉混入10%的糖液中(如混后立即喷，可减少或不加糖)，用喷雾器喷，糖液可防止花粉在溶液中破裂，为增加花粉活力，可加0.1%的硼酸。配制比例为水10L，砂糖1kg，花粉50mL，再加入硼酸10g。硼酸在用时现混入。因混后2~4h花粉便发芽，为此配好后要在2h内喷完，喷的时间在主要花朵盛开时为好。

iv. 花期喷水 花期的气候条件可直接影响坐果率。如枣的花粉发芽需要一定的条件(温度24~26℃，空气湿度70%~80%)，在花期高温(36℃以上)干燥时，则花期短，焦花多，影响坐果。此时可在枣花盛开期(6月上中旬)用喷雾器向枣花上均匀喷清水，可提高坐果率。

应用生长调节剂和微量元素 落花落果的直接原因是离层的形成，而离层形成与内源激素(如生长素)不足有关。此外，外界条件如光线、温度、湿度、环境污染等都可引起果柄基部产生离层而脱落。当前生产上应用生长调节剂和微量元素，防止果柄产生离层有一定效果。而硼肥由于促进花粉管萌发，可显著提高坐果率，为解决板栗空蓬生产中广泛采用。

果实套袋 果实套袋在不影响、不损害水果正常生长与成熟的前提下，不仅隔离农药与环境污染使水果无公害，而且通过隔离尘土、病虫害、鸟害、风雨阳光的损伤使成熟水果表面光洁、色泽鲜艳，提高了水果档次，效益显著。更由于套袋本身的透气性可产生个别温室效应，使水果保持适当的湿度、温度，提高水果的甜度，改善水果的光泽，增加水果的产量，并缩短其成长期。同时由于生长的过程中不需施用农药，使水果具有高品质且无公害，达到国际标准。

8.3.2 疏花疏果

在花量过大、坐果过多、树体负担过重时，正确运用疏花疏果技术，控制坐果数量，使树体合理负载，是调节大小年和提高品质的重要措施，生产上早已广泛应用。

8.3.2.1 合理负载量

确定某一树种的适宜负载量是较为复杂的，因为它依品种、树龄、栽培水平、树势和气候条件而不同。通常确定果实的适宜负载量应考虑3个条件：保证当年果实数量、质量及最好的经济效益；不影响翌年必要花果的形成；维持当年的健壮树势并具有较高的贮藏营养水平。

负载量应根据历年产量和树势以及当年栽培管理水平确定，生产实践中，人们经多年的研究探索，积累了较为丰富的经验，并提出一些指标依据，指导应用于生产。具体方法有综合指标定量法、经验确定负载量法、干周法(干截面积定量法)和叶果比法(枝果比法)等。在疏花和早期疏果时还必须留有余地以防意外，例如，在有霜冻威胁的地区应在终霜期后确定疏除量。必须看树定产，而后才能切实贯彻按枝定量。

8.3.2.2 疏花疏果方法

(1)人工疏花疏果

疏花可以比疏果减少养分消耗，促进枝梢生长，是克服大小年的有效方法。可以在蕾期疏花序或花蕾，也可早期等距离疏幼果。

(2)化学疏花疏果

用化学药剂疏花疏果，这项技术在某些国家已作为经济林生产上的一项常规措施，它能大大提高劳动效率，但在我国还没有在生产上广泛应用。

8.3.3 经济林树种大小年调整

8.3.3.1 经济林树种大小年的概念

在经济林的生产过程中，丰收的年份(即大年)因树体有大量的花芽，而结大量果实，由于当年结果过多而很少或没有形成花芽，翌年则很少或不能结果，即出现了小年，在小年里，由于结果很少或不结果，树上大量的不结果的枝，又形成大量的花芽，则第三年又会出现结果过量的大年。果树这种一年结果过多，翌年结果过少的现象循环出现，称为果树的隔年结果现象，或叫做大小年结果现象，也有时一个大年之后，连续出现两个小年等情况。

所谓果树隔年结果(大小年)，严格地说是指在稳定的管理水平下而产量出现不确定状态。这种产量不稳定性往往带有规律性和节奏性波状起伏，它不仅表现在某地区，某果园果树的群体上，更主要的是表现在不同的品种和不同的单株个体上。这种大小年现象不仅在盛果期树上表现，即便在初果期的幼树上也有表现。

国内外的许多经济林生产者都认为，隔年结果是果树生产的一个重要问题，也是普遍存在的必须予以注意的问题。近些年来一些研究基础较好的经济树种隔年结果问题已基本解决。

8.3.3.2 果树大小年的危害

果树大小年现象的存在对果树生产十分不利，也可以说有百害而无一利，主要表现在以下几个方面：

①果树在大年时，由于结果过多。使树体营养消耗过大，引起树势衰弱，抗逆性降低，病虫害加重，特别是腐烂病会增多，使经济结果寿命缩短。

②大年时结果多，果个小，果实品质变劣，虽然产量较高但经济收益不一定高。

③大年的冬天，如果遇到严寒，树体易受冻害，甚至冻死大树，造成重大损失。

④小年时结果少，树体营养生长旺盛，使生长与结果失调，如果不能及时控制大小年，很多果园一旦进入恶性循环，给管理上带来许多不便。大年时劳力紧张，小年时劳力又空闲。更重要的是多年平均单产低，降低果园经济收益。

⑤某种果树出现大面积或全国性的大小年，将直接影响市场的供求，对加工、运输、销售等多方面也直接发生不利的影响。

8.3.3.3 果树大小年的原因

关于引起果树大小年现象的原因，归纳起来大致有以下3个方面：

营养的竞争：大年结果过多，由于对营养激烈的竞争，当年不能或很少分化花芽，是造成隔年结果的首要原因。

赤霉素抑制花芽形成：在大年花多坐果也多，果实多种子数目则多，研究证明果树的花或种子能产生大量的赤霉素(GA)，赤霉素可抑制花芽的形成，是造成隔年结果的重要原因。

灾害性气候条件和错误的栽培技术措施：灾害性气候条件以及错误的栽培技术措施，是造成隔年结果的不可忽视的外因。在果树生产中，某些地区常常由于灾害性气候条件，造成果树的隔年结果。如严冬冻死果树的花芽，花期的晚霜，干旱、涝灾引起落花落果等，都可能造成小年。又如，干旱和涝灾有可能引起落叶、二次开花，或造成根系受伤或死亡，都会严重地破坏树体营养，使树体抗性下降，病虫害加重等，总之限制了花芽形成，从而加重大小年结果现象。

果园的土壤管理、修剪、病虫害防治和花果管理等是果树栽培管理主要的技术措施，不管哪方面管理不当或出现错误都会引起或加重大小年结果现象。

8.3.3.4 防止果树大小年结果的措施

①认真地搞好果园的综合管理，这是防止或克服果树大小年结果的基础。

②已存在大小年结果的果园，最好从某一大年入手，严格控制果园的总负载量，把大年的产量压到前2年(一大年，一小年)或前4年(二大年，二小年)的平均产量上或稍低，负数量能否切实地控制好，是克服大小年的关键。

③一个果园在大年时，仍有小年树，不过所占比例较小；在小年时，也会有大年树，同样所占比例也较小。克服大小年最有效的措施是在同一年里，对大年树狠抓疏花疏果即大年不大；小年树保花保果，即小年不小；达到果树单株个体均衡结果的目标。如果做到这一点，不但能有效地控制大小年结果现象，同时能稳步提高产量水平。

8.4 产品采收

经济林产品的采收是经济林栽培的最后环节，也是非常重要的一个环节。这个环节做不好，将导致前功尽弃，出现丰产不丰收的现象。经济林产品的采收要选择适当的采收时期和适宜的采收方法。

8.4.1 经济林产品的采收时期

经济林产品采收期的早晚对经济林产品的产量、品质以及贮藏性有很大的影响。适期采收，既可保证获取较高的经济林产品的产量，又可获得高品质的经济林产品，从而取得最大的经济效益，保证丰产又丰收，不同器官、不同用途采收时期不同。

8.4.1.1 果实

采收期的早晚对果实的产量、品质以及贮藏性有很大的影响。采收过早，产量低、品质差、耐贮性也低，采收越早，损失越大，但也不是越迟越好。过晚采收，会造成核桃种皮开裂，降低贮运力，减少树体贮藏养分的积累，容易发生大小年和减弱越冬能力。因此，正确确定果实成熟度，适时采收，才能获得产量高、质量好和耐贮藏的果实。果实成熟度分为如下3种：

(1)可采成熟度

这时果实大小已长成，但还未完全成熟，应有的风味和香气还没有充分表现出来，适于贮运、罐藏等加工。如番木瓜采收时的成熟度对贮藏时间有重要影响。成熟度越高，贮藏寿命越短。如过早采收，果实难以后熟，严重影响果实风味，品质不佳；过熟采收则不耐贮运。从出现黄色条斑直到全果变黄这段时间内，均可采收。适时采收的标准是：在番木瓜果皮表面果实顶端出现2~3条黄色条斑时为最适采收期，此时已具有番木瓜固有的风味，果肉还硬，且果皮坚实，运输方便。如就近上市，可在果皮2/3变黄时采收。如远销外地，可在黄色条斑出现前采收。用于贮藏的番木瓜，在果实刚着色或着色面达1/3时采收。用于7~12d，温度12℃下较长途海运的瓜，采收成熟度宜在转色25%左右。

(2)食用成熟度

果实已成熟，表现出该品种应有的色香味，在化学成分和营养价值上也达到最高点，风味最好。这一成熟度，适于供当地销售，不适于长途运输或长期贮藏。木瓜的采收时间一般以初熟期采摘为好，如果采摘过早，有效成分含量低，药用功效差；采摘过晚，则木瓜会自行掉落，有效成分也有损失，同时还会影响翌年挂果。

(3)生理成熟度

果实在生理上已达到充分成熟的阶段，种子充分成熟。以种子供食用的板栗、核桃、油茶等宜在这时采收。核桃由青皮变为黄绿色或浅黄色，茸毛变少，部分果实顶部出现裂缝，皮易剥离，少量成熟种子已自然脱落，中果皮已完全骨质化时，为核桃的最佳采收期。板栗果实采收适宜期为板栗刺苞呈黄色并开始开裂，坚果变成棕褐色。对整棵树来说，有1/3刺苞数开裂时即为适宜采收期。油茶果茸毛脱尽，果皮光亮，变成了其品种固有的色泽。果仁饱满，呈黑色或茶褐色，质硬而显油光，并且此时的油茶果果壳若已变薄出现微裂状，即表明油茶果达到了完全成熟。如果采摘过早，不仅会大大降低其产量和出油率，而且茶油的质量也大为逊色。如果采摘过迟，油茶果自然开裂，果仁容易散落以致难以收捡，同样会减少产量和影响质量。

根据成熟度的划分，可以按照实际需要，采收某一成熟度的果实，以符合生食、贮藏和加工的要求，减少损失，提高质量。但是也不能单纯根据成熟度来确定采收期，还要从调节市场供应、贮藏、运输和加工的需要、劳动力的安排、栽培管理水平、树种品种特性以及气候条件等来确定适宜的采收期。如有些品种，同一树上果实的成熟期很不一致，应分期采收，分期采收也有利于恢复树势。如树体衰弱，粗放管理和病虫危害而早期落叶的树，必须提早采收，以免影响枝芽的越冬能力。

8.4.1.3　花

蕾期到盛花期及时采收才能保持有效成分。如金银花从现蕾到开放、凋谢，可分为以下几个时期：米蕾期、幼蕾期、青蕾期、白蕾前期(上白下青)、白蕾期(上下全白)、银花期(初开放)、金花期(开放1～2d到凋谢前)、凋萎期。青蕾期以前采收干物质少，药用价值低，产量、质量均受影响；银花期以后采收，干物质含量高，但药用成分下降，产量虽高但质量差。白蕾前期和白蕾期采收，干物质较多，药用成分、产量、质量均高，但白蕾期采收容易错过采收时机，因此，最佳采收期是白蕾前期，即群众所称二白针期。

金银花采收最佳时间是：清晨和上午，此时采收花蕾不易开放，养分足、气味浓、颜色好。下午采收应在太阳落山以前结束，因为金银花的开放受光照制约，太阳落山后成熟花蕾就要开放，影响质量。采收时要只采成熟花蕾和接近成熟的花蕾，不带幼蕾，不带叶子，采后放入条编或竹编的篮子内，集中的时候不可堆成大堆，应摊开放置，放置时间不可太长，最长不要超过4h。

8.4.1.4　叶

不同用途采收时期不同，做茶等饮料一般在萌芽后采收，药用一般在有效成分含量最高时采收。例如，银杏叶做茶应在萌芽后不久采收；用于制药，在枝条停长叶片变黄前15～20d采收。樟树则在冬季采叶。

8.4.1.5　芽

嫩梢5～6片叶，半木质化前，芽薹粗壮、脆嫩多汁、无纤维、香气浓郁、味香色美。香椿、栾树芽菜用在刚刚萌发时采收，过晚失去食用价值。竹笋可在春季采春笋，夏、秋间采鞭笋，冬季采冬笋。春笋出土后随着笋体升高，笋肉中的粗纤维逐渐硬化，故采收愈早品质愈好。以笋头刚露出土面时挖取，笋体小、肉脆嫩、纤维少、品质佳，植株消耗的养分少，使母竹有较多养分供后续笋生长所需，增加出笋数量而减少退笋数，故单位面积的总产量不会减少。

8.4.1.6　茎

采收利用目的不同，采收时期不同。

工艺成熟又称利用成熟。树木或林分的目的材种平均生长量达到最大时的状态。这时的年龄称工艺成熟龄。与数量成熟相比，工艺成熟不仅考虑木材数量多少，而且还要符合一定长度、粗度和质量的材种规格，并确定相应的工艺成熟龄。如竹子不形成年轮，直径和树高1年之内即可成型，以后不再生长；但纤维硬度、比重等力学性质则随年龄变化，超过一定年龄后会降低工艺价值，以致最后自然枯朽。所以竹林有工艺成熟和自然成熟，根据出笋的盛期还有更新成熟。判断竹林的年龄往往凭借外部特征加以记载的办法。中国南方经营竹林历史悠久的地区流行有“存三去四勿留七”和“造一育二存三留四五六采七”等谚语。即一般四度(一度近2年)即可采伐利用，最多不宜超过七度。竹林的工艺成熟龄，一般因竹种、经营目的、立地条件及抚育管理措施而异。以毛竹为例，造纸材一般以1年生为宜；手工编制用材以2~4年生为宜；建筑材以5~8年生为宜。

至于经济林和特种经济林，其经营目的往往以利用果实、种子、树皮、树液、树根、树叶及内含物等其他形式的林产品为主，常可在生长发育过程中多次提供产品，但过了一定年龄，则产品的数量和质量就下降，可据此确定各种经济林木的成熟龄。

8.4.1.7　皮

在形成层活跃期剥皮采收，剥皮后容易再生新皮，成活率高。肉桂通常每年分两期采收，第一期于4~5月间，第二期于9~10月间，以第二期产量大，香气浓，质量佳。而采收根皮如丹皮以牡丹秋季落叶后至翌年早春出芽前为宜。因为在这段时间内根部储存了大量的养分，等早春地上部出芽后才开始消耗，所以在这段时间内采收的药用价值高，质量好，还有利于牡丹的养殖和培育。

8.4.1.8　根

一般在生长季即将结束或休眠后采根。如木薯叶色稍转黄，基部老叶逐渐脱落，薯块表皮色泽变深且粗糙，以手用力摩擦薯块表皮时易脱落即可采收，一般于11月至翌年1月收获，收获过早或过迟都会影响淀粉的产出率，收获过早，肉质嫩，淀粉少，收获过迟，肉须木化，纤维素增加，淀粉含量减少。

8.4.1.9　汁液

汁液贮藏在树皮韧皮部的乳管里，把树皮割开，汁液靠着乳管本身及其周围薄壁细胞的膨压作用不断地流出来。因此，一般在生长旺盛期采收，清晨是一天中温度最低和湿度最大的时候，体内水分饱满，细胞的膨压作用是一天中最大的，因此，清晨收采产量高。如橡胶割胶的最佳温度是19~25℃，这时胶乳的产量和干胶的含量都高。当气温超过27℃时，水分蒸发快，胶乳凝固快，排胶时间短，产量就低。但也不是温度越低越好，当气温低于18℃时，胶乳流速放慢，排胶时间长，胶乳浓度低，还容易引起树皮生病或死皮。在割胶季节里，清晨4：00~7：00的气温，一般就在19~25℃之间，最为合适，产量最高。

8.4.2　经济林产品的采收方法

应依据产品的生物学特性，结合当地的具体情况，选择适宜的采收方法。

(1)人工采收

采收过程中应防止一切机械伤害，如碰伤、擦伤、压伤等。还要防止折断果枝、碰掉花芽和叶芽，以免影响翌年产量。采收顺序应先树下后树上，先树冠外围后采内膛。

(2)机械化采收

有振动法、台式机械靠近法和机械地面拾取法。为了提高一次采收效率，选择最佳采收期非常重要。枸杞等浆果成熟期不一致且不耐贮，需分期分批采收，使其成熟度一致。柿子成熟后可以挂树很长时间不落，则可以结合冬剪进行采收。

(3)化学药品辅助采收

板栗在刺苞10%开裂时，喷施乙烯利，可以缩短采收期，节省人工。橡胶树施用乙烯诱导愈伤反应，促使皮部和木质部的淀粉转化为可溶性糖，同时加速乳管系统对水分和养分的吸收，强化产胶与排胶功能，产生短期大幅度增产的效果。

思考题

1. 试述几种经济林土壤管理制度优缺点。
2. 经济林施肥分为哪几个类型？
3. 整形修剪要遵循哪几个原则？
4. 经济林花果管理的主要内容是什么？

参考文献

谭晓风，2013. 经济林栽培学[M]. 3版. 北京：中国林业出版社.

张玉星，2011. 果树栽培学总论[M]. 4版. 北京：中国农业出版社.

彭方仁，2007. 经济林栽培与利用[M]. 北京：中国林业出版社.

杨建民，黄万荣，2004. 经济林栽培学[M]北京：中国林业出版社.

郗荣庭，曲宪忠，2001. 河北经济林[M]. 北京：中国林业出版社.

李光晨，范双喜，2000. 园艺植物栽培学[M]. 北京：中国农业大学出版社.

郗荣庭，1997. 果树栽培学总论[M]. 3版. 北京：中国林业出版社.

白永超，陈露，卫旭芳，等，2017. 大兴安岭笃斯越橘内生真菌及矿质养分特性分析[J]. 林业科学，53(10)：50－59.

林莉，苏淑钗，2004. 板栗矿质营养与施肥研究进展[J]. 北京农学院学报，19(1)：73－76.

贾婷婷，苏淑钗，苏倩葳，等，2018. 油茶不同类型新梢营养差异性[J]. 东北林业大学学报，46(07)：38－43.

第9章
经济林设施栽培

【本章提要】

本章介绍了经济林设施栽培的概念、发展简史、栽培特点与意义；经济林设施栽培的类型；经济林设施栽培的关键技术。要求重点掌握经济林设施栽培的原理和主要技术。

9.1 概述

9.1.1 经济林设施栽培的概念及发展简史

经济林设施是指人工建造的、用于栽培经济林树种的各种建筑物，又称保护地设施。经济林设施栽培是指在不适于露地栽培的季节或地区，利用特定的经济林设施，人为地创造适于经济林生长发育的环境条件，有计划地生产优质、高产、稳产的经济林产品的一种环境调控栽培方式，又称保护地栽培。

据《古文奇字》记载“秦始皇密令种瓜于骊山”(今陕西临潼境内)，而且“瓜冬有实”。这是个历史写实，说明了远在2000多年以前，秦始皇就提倡利用了人工暖室，在严寒的冬季，进行瓜类的蔬菜生产，这就是有史以来世界上最早的温室。亦是我国劳动人民的伟大创举。到了汉朝，温室进一步发展。汉武帝元封六年(公元前105年)推广“蔡侯纸”以后，温室使用纸窗，既透阳光，又保室温，大大促进了温室的发展，据《前汉书召信臣传》记，载：汉朝已是“自汉世大观园，冬种葱、韭、菜茹，复以屋庑，昼夜地温火，待温气乃生”。唐朝利用温室种菜、栽花已是相当普遍了。纸窗温室，从公元前出现以后，一直沿用至20世纪50年代。玻璃温室是18世纪以后出现的。最初的玻璃温室是由窗纸改成了玻璃窗，由于使用了玻璃，室内热量增加，温度提高，即使不加温，也可以生产韭菜等耐寒性蔬菜。玻璃温室优点很多，在生产上起了很好的作用，而且，至今仍有相当发展。有名的伦敦温室、北京温室、荷兰温室等都是杰出的玻璃温室代表。当然，玻璃温室也有不足之处，比如说，玻璃较厚，搬运困难，投资较多，容易破而且紫外线不易穿透以及碎片不易处理等，都是玻璃温室难以克服的弱点，因而，发展速度较慢，温室面积受到限制。但至目前仍有一些国家大量发展玻璃温室。

经济林设施栽培作为露地栽培的特殊形式，根据经济林树种生长发育的需要，调节光照、温度、湿度和二氧化碳等生态环境条件，人为调控经济林产品的成熟期，提早或延迟采收期，可使一些树种四季有产，周年供应，显著提高经济林的经济效益。世界各国陆续开展了经济林设施栽培理论和技术的研究，经过30多年的发展，目前，经济林设施栽培的理论与技术，已成为经济林栽培学的一个重要分支，并已形成促成、延后、避雨等栽培技术体系及其相应模式，成为21世纪经济林生产最具活力的有机组成部分和发展高效林业新的增长点。

9.1.2 经济林设施栽培的作用

(1)实现周年供应

北方经济林树种产品供应期多在6~11月，落叶后的12月至翌年4月间，因休眠而缺乏产品。通过设施栽培就可达到周年供应产品，如香椿通过日光温室栽培，冬季有鲜嫩香椿芽供应。

(2)调配人力资源

由露地转向设施栽培，在严冬、早春季节扩大再生产，充分利用土地进行立体化生产，调节空间、时间、人力，达到经济林冬季、早春、四季常产的境界，如杏、李通过日光温室栽培，五一节前后有新鲜果实供应。

(3)增加经济效益

与露地栽培相比，设施栽培可进行高密度种植，单位面积的种植系数提高了几倍，早期产量增加40%~100%。目前，我国绝大多数经济林设施栽培，都是以早熟上市、反季节销售为主。由于淡季供应，数量少，加上特有的消费体制，设施栽培经济效益较高，是露地栽培的几倍甚至十几倍，如油桃、樱桃通过温室与大棚栽培，效益提高数倍或数十倍。

(4)扩大种植范围

在人为控制条件下，最大限度满足经济林生长发育所需条件，避免自然灾害(大风、阴雨、寒冷、病虫害等)，从而使我国的东北、新疆、南方等不适宜栽植某些经济林的地区，发展该经济林成为可能，拓展经济林栽培的南限和北限，扩大种植范围，如新疆、西藏大棚栽培葡萄；南方各省避雨棚栽培枣树。

(5)减少化学防治

在人工控制条件下进行栽培，病虫害轻，可以不用农药或少用农药，采取生物防治，最大限度地减少污染。多施有机肥，减少化肥施用量，进行集约化管理，从而提高产品的品质，如全国各地农业高科园中采用防虫网栽培经济林。

9.2 栽培类型

根据当前国内外经济林设施栽培的发展现状和设施栽培的目的，可以将经济林设施栽

培分为以下3类:

(1)促早栽培

通过设施栽培达到经济林产品提早上市的目的。这是目前国内外经济林树种设施栽培最主要的形式。这种形式的主要技术特点是利用设施和其他技术手段，打破经济林树种休眠，使其提前生长，果实提早成熟、提早上市。目前辽宁、江苏、浙江等地在蓝莓的促早栽培上获得成功。

(2)延迟栽培

主要是通过设施栽培和其他技术措施，使经济林树种延迟生长，果实延迟成熟、延迟上市。目前这一栽培方式在葡萄、油桃上已试验成功。

(3)避雨栽培

在雨水较多的地区，对枣、葡萄等容易出现裂果的经济林树种，通过设施和覆盖防止裂果，提高品质和商品价值。

9.3 栽培设施

经济林树种栽培设施有很多类型，主要分为促早栽培设施、延迟栽培设施与避雨栽培设施。

9.3.1 促早栽培设施

促早栽培设施主要包括冷棚与温室两种。

9.3.1.1 冷棚

(1)简易棚

俗称地龙。它是利用竹竿或树条支撑50~60cm宽、30~40cm高的拱架，拱架上部覆盖地膜或棚膜，简易棚的长度一般较长。这种棚一般可提高温度2~4℃，在东北南部和华北地区偶尔用于蓝莓的提早栽培，一般可比露地栽培提早7~10d。当外界温度升高时，即可撤棚，常用于部分经济林的小规模苗木繁育。

(2)小拱棚

小拱棚是生产上应用最多的类型，主要采用毛竹片、竹竿、荆条或Φ6~8mm的钢管等材料，弯成宽1.0~3m，高1.0~1.5m的弓形骨架，骨架用竹竿或8#铅丝连成整体，上覆盖0.05~0.10mm厚聚氯乙烯或聚乙烯薄膜，外用压杆或压膜线等固定薄膜而成。小拱棚的长度不限，多为10~30m。通常为了提高小拱棚的防风保温能力，除了在田间设置风障之外，夜间可在膜外加盖草苫、草袋片等防寒物。为防止拱架弯曲，必要时可在拱架下设立柱。其规格尺寸虽然难以严格界定，但一般来说，小拱棚高大多在1.0~1.5m左右，内部难以直立行走。在我国南方各省多用于蓝莓等灌木经济林树种的促成栽培。

(3)中拱棚

中拱棚的面积和空间比小拱棚大，人可在棚内直立操作，是小棚和大棚的中间类型，常用的中拱棚主要为拱圆形结构。中拱棚则就其覆盖面积和空间来说，介于小棚和大棚之间拱圆形中拱棚一般跨度为3～6m。在跨度6m时，以高度2.0～2.3m、肩高1.1～1.5m为宜；在跨度4.5m时，以高度1.7～1.8m、肩高1.0m为宜；在跨度3m时，以高度1.5m、肩高0.8m为宜；长度可根据需要及地块长度确定。另外，根据中棚跨度的大小和拱架材料的强度来确定是否设立柱。用竹木或钢筋作骨架时，需设立柱；而用钢管作拱架则不设立柱。按材料的不同，拱架可分为竹片结构、钢架结构，以及竹片与钢架混合结构。在我国北方多用于大棚桃的促成栽培；在我国南方各省多用于柑橘的促成栽培。

(4)塑料薄膜大棚

塑料薄膜大棚是用塑料薄膜覆盖的一种大型拱棚。它和温室相比，具有结构简单、建造和拆装方便，一次性投资较少等优点；与中小棚相比，又具有坚固耐用，使用寿命长，棚体空间大，作业方便及有利于植物生长，便于环境调控等优点。目前生产中应用的大棚，按棚顶形状可以分为拱圆形和屋脊形，我国绝大多数为拱圆形。按骨架材料则可分为竹木结构、钢架混凝土柱结构、钢架结构、钢竹混合结构等。按连接方式又可分为单栋大棚、双连栋大棚及多连栋大棚。我国连栋大棚棚顶多为半拱圆形，少量为屋脊形，日本屋脊形连栋大棚比较普遍。塑料薄膜大棚的骨架是由立柱、拱杆(拱架)、拉杆(纵梁、横拉)、压杆(压膜线)等部件组成，俗称“三杆一柱”。这是塑料薄膜大棚最基本的骨架构成，其他形式都是在此基础上演化而来。在我国南方各省常用于嘉宝果、木瓜、莲雾等经济林树种由南亚热带向中亚热带异地栽培。

竹木结构单栋大棚 这种大棚的跨度为8～12m，高2.4～2.6m，长40～60m，每栋生产面积333～666.7m^2。由立柱(竹、木)、拱杆、拉杆、吊柱(悬柱)、棚膜、压杆(或压膜线)和地锚等构成(图8-3)。

①立柱 立柱起支撑拱杆和棚面的作用，纵横成直线排列。原始型的大棚，其纵向每隔0.8～1.0m，与拱杆间距一致，横向每隔2m左右一根立柱，立柱的粗度为5～8cm，中间最高，一般2.4～2.6m，向两侧逐渐变矮，形成自然拱形。竹木结构的大棚立柱较多，扩大了大棚内遮阴面积，作业也不方便，因此可采用“悬梁吊柱”形式，即将纵向立柱减少，而用固定在拉杆上的小悬柱代替。小悬柱的高度约30cm，在拉杆上的间距为0.8～1.0m，与拱杆间距一致，一般可使立柱减少2/3，大大减少立柱形成的阴影，有利于光照，同时也便于作业。

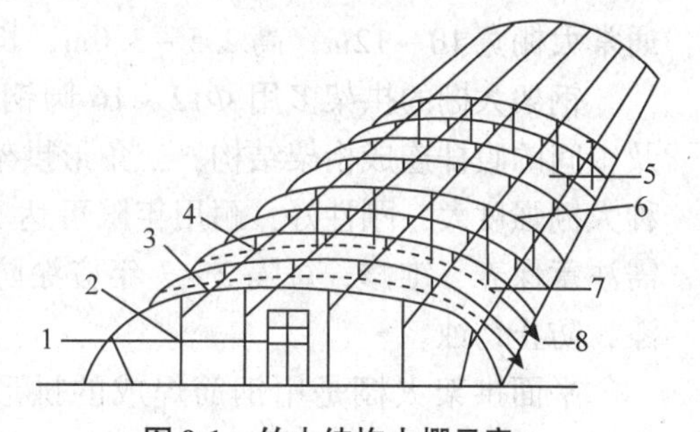

图9-1 竹木结构大棚示意

1. 门 2. 柱力 3. 拉杆(纵向拉架) 4. 吊柱 5. 棚膜 6. 拱杆 7. 压杆(或压膜线) 8. 地锚

②拱杆 拱杆是塑料大棚的骨架，决定大棚的形状和空间构成，还起支撑棚膜的作用。拱杆可用直径3～4cm的竹竿或宽约5cm、厚约1cm的毛竹片按照大棚跨度要求连接构成。拱杆两端插入地中，其余部分横向固定在立柱顶端，成为拱形，通常每隔0.8～1.0m一道拱杆。

③拉杆 起纵向连接拱杆和立柱，固定压杆，使大棚骨架成为一个整体的作用。通常用直径3～4cm的细竹竿作为拉杆，拉杆长度与棚体长度一致。

④压杆　压杆位于棚膜之上两根拱架中间，起压平、压实绷紧棚膜的作用。压杆两端用铁丝与地锚相连，固定后埋入大棚两侧的土壤中，压杆可用光滑顺直的细竹竿为材料，也可以用8#铅丝或尼龙绳(Φ3～4mm)代替，目前有专用的塑料压膜线，可取代压杆。压膜线为扁平状厚塑料带，宽约1cm，带边内镶有细金属丝或尼龙丝，既柔韧又坚固，且不损坏棚膜，易于压平绷紧。

⑤棚膜　棚膜可用0.1～0.12mm厚的PVC或PE薄膜以及0.08～0.1mm的EVA薄膜，这些专用于覆盖塑料大棚的棚膜，其耐候性及其他性能均与非棚膜有一定差别。薄膜幅宽不足时，可用电熨斗加热连接。为了以后放风方便也可将棚膜分成三四大块，相互搭拉在一起(重叠处宽≥20cm，每块棚膜边缘烙成筒状，内可空绳)，以后从接缝处扒开缝隙放风。接缝位置通常是在棚顶部及两侧相距地面约1m处。若大棚宽度小于10m，顶部可不留通风口；若大棚宽度大于10m，难以靠侧风口对流通风，就需在棚顶设通风口。

除了普通PVC和PE薄膜外，随着生产水平的提高，目前生产上多使用无滴膜、长寿膜、耐低温防老化膜等多功能膜作为覆盖材料。

⑥铁丝　铁丝粗度为16#、18#或20#，用于捆绑连接固定压杆、拱杆和拉杆。

⑦门、窗　大棚两端各设供出入用的大门。门的大小要考虑作业方便，太小不利于进出；太大不利于保温。塑料大棚顶部可设出气天窗，两侧设进气侧窗，也就是上述通风口。

钢架结构单栋大棚　这种大棚的骨架是用钢筋或钢管焊接而成，其要点是坚固耐用，中间无柱或只有少量支柱，空间大，便于植物生长和人工作业，但一次性投资较大。这种大棚因骨架结构不同可分为：单梁拱架、双梁平面拱架、三角形(由三根钢筋组成)拱架。通常大棚宽10～12m，高2.5～3.0m，长度50～60m，单栋面积多为666.7m^2。

钢架大棚的拱架多用Φ12～16圆钢或金属管材为材料；双梁平面拱架由上弦、下弦及中间的腹杆连成桁架结构；三角形拱架则由三根钢筋及腹杆连成桁架结构(图8-4)。这种大棚强度大，刚性好，耐用年限可达10年以上，但用钢材较多，成本较高。钢架大棚需注意保养、维修，每隔2～3年应涂防漆，防止锈蚀。

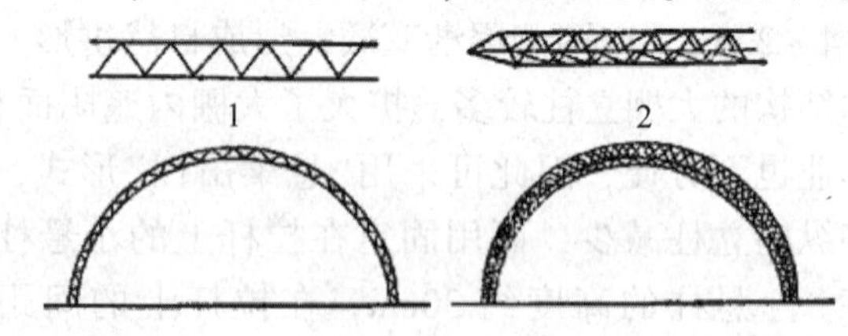

图9-2　钢架单栋大棚的桁架结构

1. 平面拱架　2. 三角拱架

平面拱架大棚是用钢筋焊成的拱形桁架，棚内无立柱，跨度一般在10～12m，棚脊高为2.5～3.0m，每隔1.0～1.2m设一拱形桁架，桁架上弦用Φ14～16钢筋、下弦用Φ12～14钢筋、其间用Φ10或Φ8钢筋作腹杆连接。

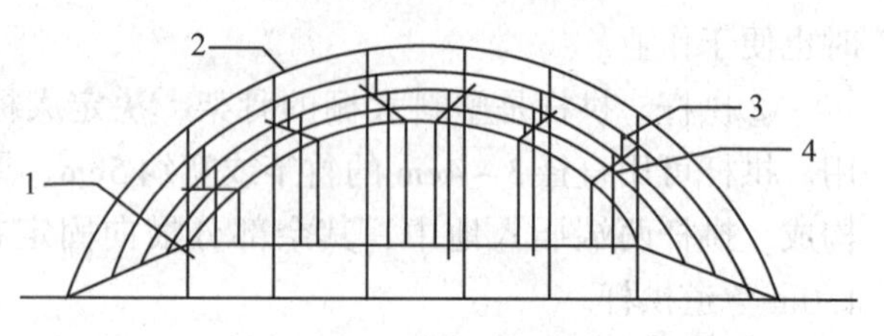

图9-3　平面拱架示意

1. 腹杆　2. 拱形桁架　3. 桁架上弦　4. 桁架下弦

钢竹混合结构单栋大棚　这种结构的大棚是每隔3m左右设一平面钢筋拱架，用钢筋或钢管作为纵向拉杆，每隔约2m一道，将拱架连接在一起。在纵向拉杆上每隔1.0～1.2m焊一短的立柱，在短立柱顶上架设竹拱杆，与钢拱架相间排列。其他如棚膜、压杆(线)及门窗等均与竹木或钢筋结构大棚相同。钢竹混合结构大棚用钢量少，棚内无柱，既可降低建造成本，又可改善作业条件，避免支柱的遮光，是一种较为实用的结构。

镀锌钢管装配式大棚 自20世纪80年代以来，我国一些单位研制出了定型设计的装配式管架大棚，这类大棚多是采用热浸镀锌的薄壁钢管为骨架建造而成。尽管目前造价较高，但由于它具有重量轻、强度好、耐锈蚀、易于安装拆卸、中间无柱、采光好、作业方便等特点，同时其结构规范标准，可大批量工厂化生产，所以在经济条件允许的地区，可大面积推广应用。

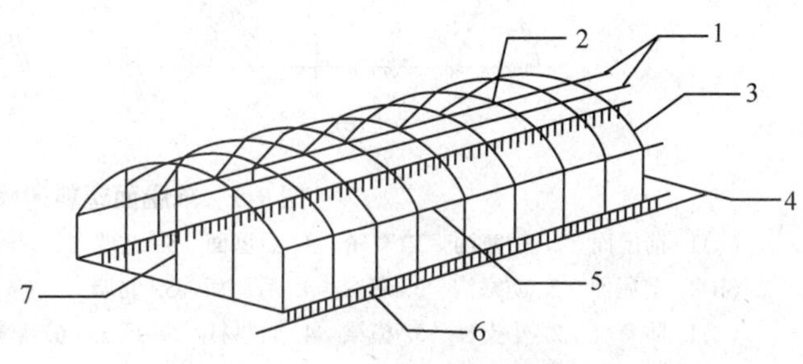

图9-4 镀锌钢管装配式架管大棚

1. 悬梁 2. 吊柱 3. 拱杆 4. 边柱 5. 拉杆 6. 地锚 7. 立柱

9.3.1.2 温棚

温室是栽培设施中性能最为完善的类型，可以进行冬季生产，世界各国都很重视温室的建造与发展。我国近十几年来温室生产发展极快，尤其是塑料薄膜日光温室，由于其节能性好，成本低，效益高，在－20℃的北方寒冷地区，冬季可不加温生产喜温经济林树种，这在温室生产上是一项突破。

(1)单屋面塑料薄膜温室

单屋面塑料薄膜温室包括加温温室和日光温室。因日光温室不仅白天的光和热是来自于太阳辐射，而且夜间的热量也基本上是依靠白天贮存的太阳辐射热量来供给，所以日光温室又叫作不加温温室，目前日光温室已成为我国温室的主要类型。日光温室结构参数主要包括温室跨度、高度、前后屋面角度、墙体和后屋面厚度、后屋面水平投影长度、防寒沟尺寸、温室长度等。

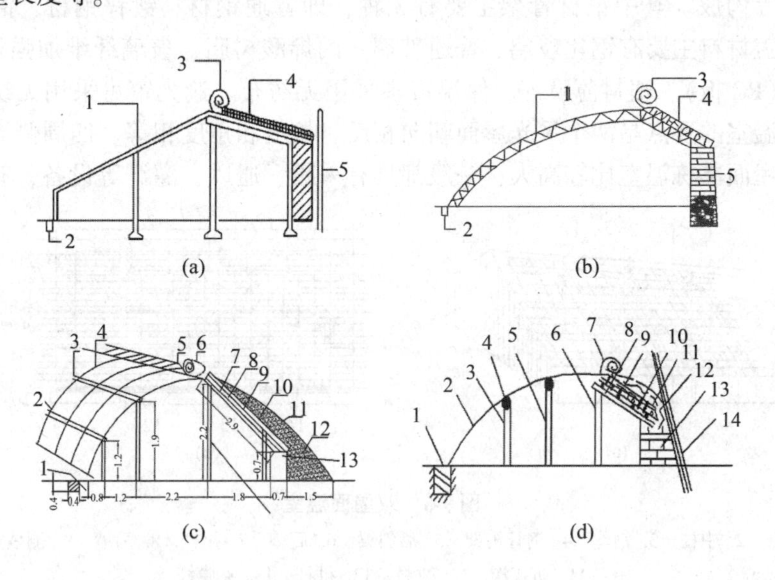

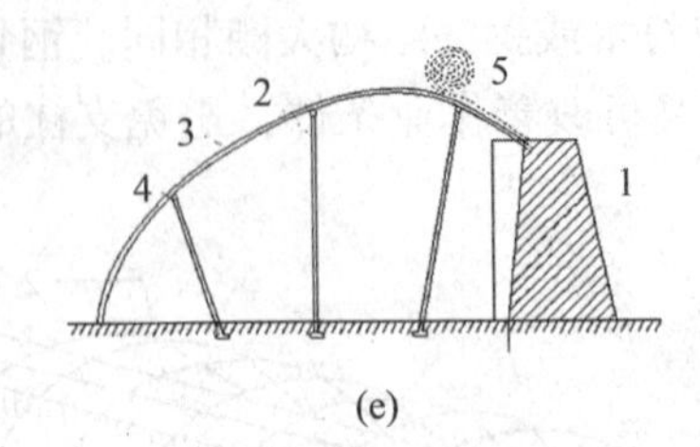

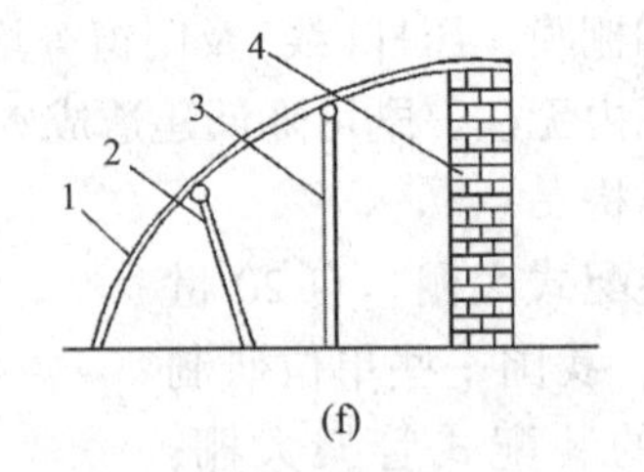

图 9-5　单屋面塑料薄膜温室

(a)1. 前屋面　2. 防寒沟　3. 草帘　4. 后屋面　5. 北墙

(b)1. 前屋面　2. 防寒沟　3. 草帘　4. 后屋面　5. 北墙

(c)1. 防寒坑　2. 小支柱　3. 横梁　4. 竹拱杆　5. 纸被　6. 草毡　7. 杔　8. 檩　9. 箔　10. 杨脚泥　11. 后坡　12. 培土　13. 后墙　14. 中柱

(d)1. 防寒坑　2. 前屋面骨架　3. 前柱　4. 横梁　5. 腰柱　6. 中柱　7. 草毡　8. 杔　9. 檩　10. 箔　11. 草泥层　12. 防寒层　13. 后墙　14. 风障

(e)1. 上墙　2. 立柱　3. 拱架　4. 拉杆　5. 草帘

(f)1. 竹片骨架　2. 前柱　3. 腰柱　4. 后墙

温室前屋面为钢架结构，无立柱，后墙为砖与珍珠岩组成的异质复合墙体，后屋面也为复合材料构成。采光、增温和保温性能良好，便于室内植物生长和人工作业。温室结构性能优良，在严寒季节最低温度时刻，室内外温差可达25℃以上，这样，在华北地区正常年份，温室内最低温度一般可在10℃以上，10cm 深地温可维持在11℃以上。作为设施栽培的日光温室，由于树体高大，因此温室的跨度与高度可适当增加，但必须考虑保温与透光的要求，不能盲目加大，还应从种植密度、修剪方式、树种和品种选择等方面，适应设施栽培的要点。

(2)双屋面温室

这类温室主要由钢筋混凝土基础、钢材骨架、透明覆盖材料、保温幕和遮光幕以及环境控制装置等构成。其中钢材骨架主要有 3 种，即普通钢材、镀锌钢材、铝合金轻型钢材。透明覆盖材料主要有钢化玻璃、普通玻璃、丙烯酸树脂、玻璃纤维加强板(FRA 板)、聚碳酸酯板(PC 板)、塑料薄膜等。保温帘多采用无纺布。遮光帘可采用无纺布或聚酯等材料。这种温室的要点是两个采光屋面朝向相反、长度和角度相等。四周侧墙均由透明材料构成。双屋面单栋温室比较高大，一般都具有采暖、通风、灌溉等设备，有的还有降温

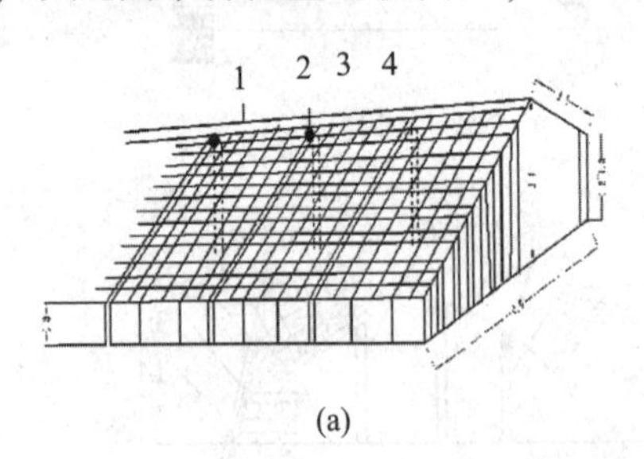

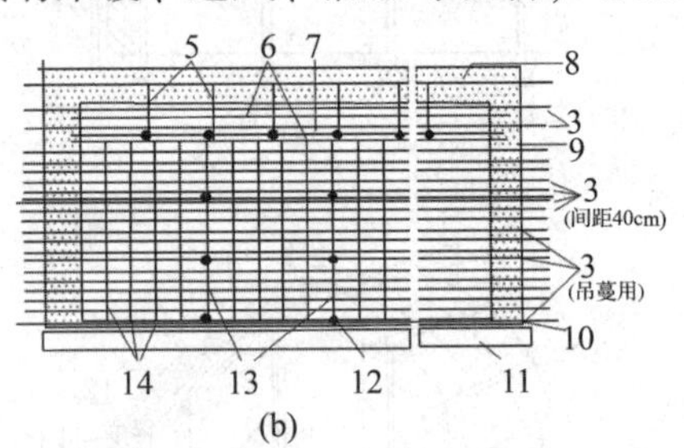

图 9-6　双屋面温室

1. 轻钢骨架　2. 中柱　3. 钢丝　4. 钢管桁架　5. 后斜梁　6. 后檩　7. 拉杆　8. 后墙　9. 侧墙　10. 小拉杆　11. 防寒沟　12. 立柱　13. 拱杆　14. 夹膜杆

以及人工补光等设备，因此具有较强的环境调节能力，可周年应用。双屋面单栋温室的规格、形式较多，跨度小者3～5m，大者8～12m，长度20～50m不等，一般2.5～3.0m需设一个人字梁和间柱，脊高3～6m，侧壁高1.5～2.5m。

9.3.2 延迟栽培设施

延迟栽培设施主要包括荫棚与拱棚两种。

9.3.2.1 荫棚

延迟设施栽培以荫棚为主。荫棚是以聚乙烯、聚丙烯和聚酰胺等为原料，经加工制作拉成扁丝，编织而成的一种网状材料。该种材料重量轻，强度高，耐老化，柔软，便于铺卷，同时可以通过控制网眼大小和疏密程度，使其具有不同的地光、通风特性，供用户选择使用。在中国南方热带、亚热带地区，盛夏在副热带高压的控制和影响下，常常是强光、高温酷暑天气，又会遇到热带风暴(台风)和暴雨的袭击，以收获果实为主的经济林树种受到极大的危害，从而造成供应上的淡季。为了避免这些灾害，改善经济林树木的生长条件，采用遮阳网1年可以重复使用4～6次，可连续使用3～5年，虽然一次性投入较高，但折旧成本较低。目前我国生产的遮阳网其遮光率由25%～70%不等，幅宽有90cm、150cm、220cm和250cm等；网眼有均匀排列的，也有稀、密相同排列的；颜色有黑、银灰、白、果绿、黄和黑与银灰色相间等几种。生产上使用较多的有透光率35%～55%和45%～65%的两种，宽度160～220cm，颜色以黑和银灰色为主，单位面积重量为45～49g/m^2，有的生产厂家以一个密区(25mm)中纬向的扁丝根数将产品编号，如江苏武进县塑料二厂生产的遮阳网就是以此确定型号的，如SZW-8，表示1个密区有8根扁丝，而SZW－16，则表示1个密区有16根扁丝，数码越大，网孔越小，遮光率越大。

荫棚的作用：①削弱光强、改变光质不同颜色遮阳网的遮光率不同，以黑色网遮光率最大，绿色次之，银灰色最小。②降低地温、气温和叶温遮阳覆盖显著地降低了根际附近的温度，主要是地表及其上、下20～30cm的地温、气温。一般地表温度可下降4～6℃，最大12℃，地上30cm气温下降5～7℃，地中5cm地温可下降6～10℃。③减少田间蒸散量遮阳覆盖可以抑制田间蒸散量。地面蒸散量的减少与遮阳网透光率变化趋势一致，大棚覆盖遮阳网下，蒸散量可比露地减少1/3(遮光率33%～45%)～2/3(遮光率60%～70%)。④减弱暴雨冲击。据江苏省镇江市农业气象站测定，在100mm内降水量达34.6mm的情况下，遮阳网内中部的降水量为26.7mm，边棚的降水量为30.0mm，网内降水量分别减少了13.3%～22.8%，同时水滴对地面的冲击力仅为露地的1/50，露地植株因暴雨冲击而严重伤损，网内的地安然无恙。⑤减弱台风袭击。遮阳网通风比塑料棚好，对风力的相对阻力小，所以只要在台风来临前将遮阳网固定好，一般不易被大风吹损，对网内植物有一定的保护作用，据测定一般网内的风速不足网外的35%。

荫棚类型可分临时性与永久性两类。临时性荫棚多用于北方，供植物繁殖和盆栽植物度夏之用。永久性荫棚有专供植物繁育和科学实验用的繁殖荫棚和专供展览用的展览荫棚。不少经济林种类属于半阴性的，不耐夏季温室内的高温，一般均于夏季在遮阴条件下培养；夏季的嫩枝扦插及播种、上盆或分株植物的缓苗，在栽培管理中均需注意遮阴；莲雾、芒果等热带水果的促花也需要荫棚遮盖。荫棚下具有调节光周期，避免日光直射，降低温度，增加湿度，减少蒸发等特点。如莲雾、华中五味子、黑老虎等木本中药材的栽培。

(1)临时性荫棚

主架由木材、竹材等构成，上面铺设遮阳网等遮阳物，再用细竹材夹住，用麻绳及细铁丝捆扎。荫棚一般都采用东西向延长，高2.5m，宽6～7m，每隔3m立柱一根。为了避免白天的阳光从东或西面照射到荫棚内，在东西两端还设遮阴帘，将竿子斜架于末端的桤上，覆以遮阳物。注意遮阴帘下缘应距地60cm左右，以利通风。

(2)永久性荫棚

形状与临时性荫棚相同，但骨架用铁管或水泥柱构成。铁管直径为3～5cm，其基部固定于混凝土中，棚架上覆盖苇帘、竹帘或板条等遮阴材料。可按长方形、方形、圆形或多角形等几何平面形式建成单棚，也可由几个不同形状和高度的单棚组合成回廊式的荫棚组。荫棚栽培的管理主要在于荫蔽度和湿度的控制。荫蔽度一般以全光照的40%～60%为宜。调节顶部遮阴材料如钢管、网眼疏密不同的黑色或绿色塑料网。此外，还可用许多铝合金薄片组成荫棚，根据植物的需要及阳光的强弱由光电管控制铝合金片的倾斜度来调节荫蔽度，称为"可变遮阴顶棚"。同一荫棚内栽培对荫蔽度要求不同的多种植物时，需采取调节植物在荫棚内的位置等措施。荫棚内的相对湿度宜保持75%～85%甚至更高，冬季则可稍低。为此，应多设水池；有条件时还可安装电动自控喷雾设施，进行间歇喷雾。棚内地面、道路和棚架每天也应洒水数次，以增加湿度和在夏季降温。棚顶攀附藤本植物，对遮阴和保湿降温也有好处。

9.3.2.2 拱棚

利用拱棚进行延迟栽培，其形状与荫棚相似，但骨架用铁管或水泥柱构成。铁管直径为3～5cm，其基部固定于混凝土中，棚架上覆盖塑料薄膜材料。也可按长方形、方形等几何平面形式建成单棚，也可由几个不同形状和高度的单棚组合成连拱棚组。拱棚栽培的管理主要在于对风、雪、温度的控制，以及调节顶部塑料薄膜的厚度、颜色以控制光周期与光质。如河北、山东葡萄的延迟栽培；湖南鲜食枣的延迟栽培均属此类。

9.3.3 避雨设施栽培

9.3.3.1 避雨设施栽培目的与作用

避雨设施栽培是以防雨为目的，是设施栽培中比较简单、实用的方法。经济林树木如枣树在生长发育中，容易受到一些灾害性天气的影响，主要表现在两方面：①秋季降雨集中分布期，正好是鲜枣的脆熟期，容易造成裂果烂果；②花期是枣树的生理脆弱期，常常会受到干旱和高温多湿天气影响，若花期干旱，会产生焦花现象；若降雨偏多，空气湿度加大，容易产生沤花现象，影响坐果率。在枣园搭建防雨棚，适时加盖塑料，可主要起到3个作用：①可以稳定枣园的花期湿度，提高枣树坐果率；②秋季加盖防雨棚，可以有效降低裂果损失；③避雨栽培可减少靠风雨传播的病害类型发生，鲜枣经避雨栽培后，枣锈病、炭疽病、枣缩果病明显减轻，同时，通过避雨栽培，果面污染减轻，清洁美观，优质果率提高。

9.3.3.2 避雨设施的结构与材料

避雨设施的结构与地形与当地秋季主风向、栽植行向、栽植规整程度、树高等有关。

搭建避雨设施的材料可以根据当地资源就地取材，目前搭建避雨设施的材料有钢架结构、水泥、竹木、塑钢等材料的混合结构。经济条件好，秋季风大的地区多采用钢架结构，经济条件差，成熟期风小的地区可以选用其他材料，如水泥柱或木棍做立杆，用竹竿做拱杆和压杆。

(1)行式防雨棚

单行式防雨棚是沿行向，一行一棚做成简易人字形棚室避雨结构，下雨时雨水通过棚间隙落入畦沟。搭建防雨棚时，每隔10m栽一人字形立架，立架之间用铁丝或细钢丝做成网络骨架，上面覆盖塑料膜防雨，棚内树体高度2.0~2.5m，棚体顶高(中间立柱)3.0m，肩高1.8m(侧面的两个立柱)，四周通风，在花期至果实成熟期都可以覆盖应用。单行式防雨棚可以做成联体结构，是将若干个单行防雨棚相互联在一起。该防雨棚在枣树行内，每间隔15m做一个顶端为三角形的钢架，钢架中间立柱高度2.0m(防雨棚顶高)，肩高1.8m(两边角距地面距离)。在钢架上顺着行向从三角形的三个角和腰拉5道钢丝。雨季来临时，按行向将塑料膜搭在铁丝上。这些三角形钢架相互焊接在一起，增加了棚体的抗风能力。这种防雨棚结构坚固，但通风效果较差。成熟期遇雨用塑料覆盖，天晴后立即揭开，保持枣园通风环境。树高1.8m，行距3m，株距2.0m。

(2)多行式防雨棚

一般根据地块大小和搭建材料进行设计和搭建，一般跨度8~12m，一个棚可覆盖3~5行。风小地区，跨度可以增加到15~20m。按材料不同分为以下几种类型。①多行式竹木结构防雨棚。造价低，经济实用，是最常见的一种防雨棚，可以根据地块大小进行搭建，5~40cm，立柱高度取决于它横向所在位置，横向设多少立柱要看大棚的宽度，一般6~8根左右对称，以大棚的脊为中心轴线，在两边由高到低配置，横向和纵向立柱间距多为2~2.5m。拉杆起到连接纵向立柱，使之成为一个整体，可以用4~5cm的竹竿做拉杆，也可以用较细一点的杂木做拉杆，在距离棚面10~20cm处与立柱绑定。拱干起到固定棚形的作用，同时将立柱在横向上连为一体，拱干是从大棚最高位置向两侧对称呈弧形延伸至棚体边缘，拱干用直径3cm的竹竿做成。压杆起到固定棚膜的作用，和横杆上下错开使棚膜呈波浪形固定在棚顶。②多行式钢架结构防雨棚。可以是单体棚，也可以是联体棚，由于联体式防雨棚坚固耐用，生产上多采用这种防雨棚。这些单体棚内部相通，棚体较大，耕作方便，防雨效果好，但造价高。

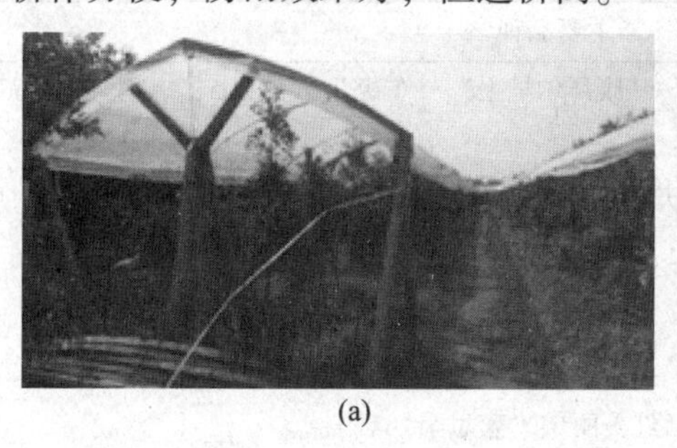
(a)

(b)

图9-7 避雨棚

(a)行式防雨棚 (b)多行式防雨棚

9.4 经济林设施栽培的关键技术

9.4.1 设施栽培树种、品种选择

露地栽培的经济林品种的选择主要考虑品种对区域气候及立地条件的适应性，再考虑品种的经济性与社会性；设施栽培在品种选择上，则首先考虑栽培目标的定向性与象征性以及产量形成的预见性。品种选择正确与否，直接关系到设施栽培的成败，品种的选择在设施栽培中显得尤为重要。

设施经济林品种选择的原则是：

(1)目标明确

促早栽培，以极早熟、早熟和中熟品种为主，以利于提早上市。延迟栽培，则应选择晚熟品种或易一年多次结果的树种。

(2)技术易突破

促早栽培，注意筛选自然休眠期短、低温需冷量少，易于人工打破休眠的品种，以便早期或超早期产出。注意选择花芽形成快，促花容易，坐果率高，较易丰产的品种。

(3)以鲜食为主

应选择那些个大、色艳、酸甜适口、商品性强、质量上佳的品种。

(4)树体紧凑矮化、易花早果

包括矮化砧木的应用与紧凑型品种的选育，这也是设施经济林栽培今后品种选择的目标。

(5)适应性强

特别是对温、湿环境条件适应范围较宽，并且抗病性强。

(6)品种(品系)精选

同一设施内，应选择同一品种(或品系)需配置授粉树的应严格搭配。常见的设施栽培经济林树种及主要品种见表9-1。

表9-1 设施栽培常见的经济林树种及主要品种

树种	主要品种
葡萄	‘红提’、‘美人指’、‘蓓蕾’、‘新玫瑰’、‘康拜尔早生’、‘乍娜’、‘凤凰51’、‘里扎马特’、‘京亚’、‘紫珍香’、‘京秀’、‘无核早红’
桃	‘春蕾’、‘春花’、‘春丰’、‘春艳’、‘庆丰’、‘雨花露’、‘早花露’
油桃	‘五月火’、‘早红宝石’、‘瑞光3号’、‘早红2号’、‘曙光’、‘早美光’、‘艳光’、‘华光’、‘早红珠’、‘早红霞’、‘伊尔2号’
樱桃	‘红灯’、‘短枝先锋’、‘短枝斯坦勒’、‘拉宾斯’、‘雷尼尔’、‘红丰’
李	‘大石早生’、‘大石中生’、‘早美丽’、‘红美丽’、‘蜜思李’
杏	‘红荷包’、‘骆驼黄’、‘玛瑙杏’、‘金太阳’、‘新世纪’、‘红丰’

（续）

树种	主要品种
杏李	‘味帝’、‘风味玫瑰’
梨	‘翠绿’、‘翠冠’、‘新水’、‘幸水’、‘二十世纪’
柿	‘阳丰’、‘次郎’、‘大秋’、‘伊豆’、‘平核无’
无花果	‘玛斯义·陶芬’、‘布兰瑞克’、‘丰产黄’、‘波姬红’、‘青皮’、‘日本紫果’
枣	‘冬枣’、‘中秋酥脆枣’、‘月光’、‘灌阳长枣’

9.4.2 经济林树种低温需冷量及打破休眠技术

促成栽培，加温时间越早，成熟上市越提前，效益越高。但是设施栽培中，加温时间是有限的，并不是无限制提前和随意而定的。因落叶经济林树种都有自然休眠的习性，如果低温需冷量不足，没有通过自然休眠，即使扣棚保温，给其生长发育适宜的环境条件，经济林也不会萌芽开花；有时尽管萌发，但往往不整齐，时间滞长，坐果率低。生产中普遍存在加温时间不当，尤其是过早升温而导致设施栽培失败的问题。另外，有些设施生产中，核果类树种经过保温处理，出现了花芽、叶芽萌发“倒序”现象，即叶芽先于花芽萌发，这种情况可使叶芽优先争夺贮藏营养，导致坐果率降低。更为严重的是，随着时间的推移，新梢旺长，严重影响幼果发育与膨大，造成幼果脱落严重，减少设施产量。这种情况的出现，也与低温需冷量不足有关，应引起重视。

不同树种、品种通过自然休眠的低温需冷量各异，由此决定了不同树种、品种在进行设施栽培中的加温时间。低温需冷量是确定加温时间的首要依据。只有低温需冷量得到满足，并通过自然休眠后再加温，才有可能使设施栽培获得成功，确保经济林在设施条件下正常生长发育。但低温需冷量不是设施栽培升温的唯一依据，适宜的升温时间还要综合考虑产品计划上市时间、加温后设施内环境调节的难易与投入，树种、品种对某些因素的特殊要求等。经济林树种完成自然休眠的最有效的温度是7.2℃左右，而10℃以上或0℃以下的温度对低温需求的积累基本上无效。落叶经济林树种低温需求量作为一种生物发育性状，受多基因控制，并表现为累加效应和记忆效应。当秋天经济林临近休眠或进入休眠后，只要有低于10℃的温度，哪怕每天只有几小时或几十分钟，作为其低温积累值的一部分，都会被准确地记忆并按物候期的进程而累加。

生产实践中，为使设施栽培的经济林木迅速通过自然休眠，以提前加温做超早促成生产，采用“人工低温集中处理法”。即当深秋平均气温低于10℃时，最好在7～8℃开始扣棚保温，棚室薄膜外加盖草苫或草帘、无纺布。只是草苫等的揭放与正常保护时正好相反，夜间揭开草苫，开启设施风口作低温处理，白天盖上草苫并关闭风口，以保持夜间低温。大多数经济林树种按此种方法集中处理20～30d左右，可顺利通过自然休眠，以后即可进行保护栽培。但值得注意的是，经济林长期处在低温黑暗的环境中，会对经济林的生长发育产生何种负面效应，还有待于进一步调查。

经济林设施栽培中，人们关心较多的问题是，如何利用人工方法代替低温并随时打破休眠的技术。这方面的争论多而用于生产的成功实例很少。目前，生产中较为人们所接受的是葡萄设施栽培生产中用石灰氮打破休眠的做法。葡萄经石灰氮处理后，可比对照提前20～25d发芽。使用时，每1kg石灰氮用40～50℃的温热水5kg放入塑料桶或盆中，不停地搅拌，大约经1～2h，使其均匀成糊状，防止结块。使用前，溶液中添加少量黏着剂或吐温-20。可采用涂抹法，即用海绵、棉球等蘸药涂抹枝蔓芽体，涂抹后可将葡萄枝蔓顺行放贴到地面，并覆盖塑料薄膜保湿。除石灰氮外，像赤霉素、玉米素、6-BA、二氯乙醇、硫脲等都有打破休眠的作用，但其作用往往不稳定，并易受环境条件的影响，所以在生产中不能大量普遍应用。

9.4.3 经济林设施环境及调控技术

9.4.3.1 设施内光照调控技术

设施内光照状况取决于室外自然光照状况和覆盖物的透光能力。由于覆盖物(主要是塑料膜)对光的反射与吸收、支柱、拱架、墙体等设施结构及附属物件的遮光、塑料薄膜内面的凝结水滴或尘埃等的影响，设施内的光照状况明显低于自然条件，其光照强度平均为室外自然光照强度的60%~70%。另外，设施内的光照强度在空间垂直方向上变化幅度大。以近薄膜作为光源点，越向下靠近地面，光照强度越弱，大约每下降1m，光照强度就减少10%~20%。

除光照强度发生变化外，设施内的光照质量(光谱成分)也发生改变。不论是玻璃设施还是塑料薄膜设施，均阻隔了部分紫外线的透入，但塑料薄膜比玻璃会透过更多的紫外线。不同的材料光线透过率不同，具体见表9-2。

表9-2 各种0.1mm厚塑料薄膜的光线透过率

单位:%

项目	单位(mm)	聚氯乙烯(PVC)(无色透明)	醋酸乙烯(EVE)	聚乙烯(PE)
紫外线	0.28	0	76	55
	0.30	20	80	60
	0.32	25	81	63
	0.35	78	84	66
可见光	0.45	86	82	71
	0.55	87	85	77
	0.65	88	86	80
红外线	1.0	93	90	88
	1.5	94	91	91
	2.0	93	91	90
	5.0	72	85	85
	9.0	40	70	84

冬天或早春进行以提早成熟为主的设施栽培，由于保温需要，需加盖保温层(草苫或草帘)，白天保温层的覆盖和揭除，使得设施内的光照时间明显变短，一般12月至翌年1月为6~8h，2~4月为8~10h。针对经济林设施内光照强度弱、光谱质量差、光照时间短的特点，在光照因子调控上，应采取多种措施改善光照状况，具体措施有：

(1)选择透光率高的覆盖材料

目前生产中应用较为普遍的经济林设施为塑料薄膜设施，即覆盖材料主要是塑料薄膜，也称棚膜。按其合成的树脂原料可分为聚乙烯(PE)棚膜、聚氯乙烯(PVC)棚膜和醋酸乙烯(EVA)棚膜。其中PE棚膜应用最广，其次是PVC棚膜。生产中按其性能特点分为普通棚膜、长寿棚膜、无滴棚膜、漫反射棚膜和复合多功能棚膜等。

(2)合理的设施结构

在保证环境条件便于调控、坚固耐用、抗性较强的基础上，充分考虑不同树种、品种生长发育习性的差异，适当降低设施高度，增加经济林树种下部的光照，尽量减少支柱、立架、墙体等附属物的遮阴挡光。

(3)铺设反光地膜

铺设反光地膜于设施内地面，或将其竖挂于设施墙体的一侧，可充分利用反射光线，极大增强或改善设施内的光照状况。

(4)人工补光技术

设施栽培遇连阴雨天气以及有些树种的超早期保护栽培，需进行人工补光，以弥补设施光照的不足，并可促进有机物质的合成和代谢。人工补光栽培所用的光源有荧光灯、水银灯、卤化金属灯、钠蒸气灯。由于这些人工光源的光波特性不同，在分布处理上有所差异，对经济林的生长发育也有所不同。

(5)利用彩色薄膜

利用不同颜色薄膜，以满足设施内经济林树种生长发育对不同光质与光周期的需要。

9.4.3.2 设施内温度调控技术

(1)气温

设施环境创造了经济林优于露地生长的温度条件，其调节的适宜与否决定栽培的其他环节。一般认为，设施温度的管理有两个关键时期：一是花期，花期要求最适温度白天20℃左右，晚间最低温度不低于5℃，因此花期夜间加温或保温措施至关重要；二是果实生育期，最适25℃左右，最高不超过30℃，温度太高，造成果皮粗糙、颜色浅、糖酸度下降、品质低劣。因此，后期经济林设施管理应注意通风换气。

(2)地温

设施栽培，尤其是早熟促成栽培中，设施内地温上升慢，地温—气温不协调，造成发芽迟缓，花期延长甚至出现核果类中的“先叶后花”现象。另外，地温变幅大，会严重影响根系的活动和功能发挥。因此，如何提高地温，并使其变化平缓是一项重要工作。一般在加温前1个月左右，设施内地面可充分覆盖地膜，以提高地温。

9.4.3.3 设施内湿度调控技术

土壤水分对果实的膨大及品质构成因素影响很大。设施覆盖挡住自然降水，土壤水分完全可以人为控制，准确确立不同树种、品种在不同生育期下土壤水分含量的上下阈值，对优质丰产极为重要。土壤湿度的调节主要采用控制浇水次数和每次灌水量来解决。此外，由于密闭作用，设施内空气湿度往往较大，尤其不利于授粉受精，因此可通过铺地膜和及时通风进行调节，以适应经济林生长需要。

9.4.3.4 设施内 CO_2调控技术

设施栽培由于密闭保温，白天空气中的 CO_2因经济林树种光合作用消耗而下降，设施内施用 CO_2可以提高 CO_2的浓度，弥补由于光照减弱而导致的光合效能下降，将 CO_2的浓度提高到原来的2倍以上，可以收到明显的增产效果。设施内 CO_2的调节主要通过增施有机肥料、通风换气、燃烧法和 CO_2气肥等方法来补充设施内 CO_2的浓度。人工补充 CO_2要解决不同树种、品种所适宜的 CO_2气源、适宜的使用时间、促进扩散的方法及合理、有效的浓度等问题。

9.4.4 设施栽培经济林生长发育模式及树体综合管理技术

9.4.4.1 设施栽培经济林生长发育模式

设施栽培条件下经济林的生长发育模式发生很大的变化，主要包括：①地上地下协调性差，根系生长滞后于枝梢，加剧了花果与梢叶的营养竞争。②花芽分化不完全，完全花比例下降，花粉生活力降低，在很大程度上影响产量的形成。另外，单花开放时间缩短，但花期拉长又不整齐，从开花至果实采收之间的果实发育期延长。③叶片变大，叶绿素含量降低。枝梢生长变旺，节奏性不明显，节间加长。另外，在设施条件下枝条的萌芽率、成枝力均提高，在较大程度上恶化了光照状况。④光合效益下降，约是露地栽培条件下的70%～80%。除与弱光照有关外，也与叶片质量下降有关。⑤果品质量下降，表现在含糖量降低，酸含量增加。果实畸形率高，生理性病害发生严重。⑥多年设施栽培后，树体贮藏营养下降，结果部位外移，树体内膛易光秃衰亡。⑦揭棚后树体易出现新梢徒长，光照恶化，尤其是夏天核果类多数外围枝梢旺长，要注意的是这可能是调节果实成熟期的极重要契机。

9.4.4.2 设施栽培经济林树体综合管理技术

与露地栽培比较，设施栽培的经济林在树体综合管理技术上应注意以下几点：

①覆地膜　加温前30～40d设施内地面全部覆盖地膜，以提高土温，使地下、地上生长发育协调一致。

②增营养　加温后、开花前，枝梢喷布0.1%～0.3%的氨基酸液，促进花芽发育。

③调树形　根据树体、品种特性及栽植密度，采用合理的树形。

④重修剪　冬剪时以疏为主，主要疏除挡光的大枝和外围竞争枝，多留花芽。夏剪时增加修剪次数和频度，以利于通风透光和花芽形成。

⑤保花保果　通过人工授粉，花期放蜂，喷施坐果剂等措施提高坐果率。

⑥叶面喷肥　前期根外追肥以氮素为主，每隔10～15d一次；后期以磷、钾肥为主。可多进行叶面喷肥。

⑦调节肥水管理　与露地栽培相比，在设施栽培条件下需增大有机肥的使用数量；适当减少化肥的使用数量，约为露地栽培条件下的1/3～1/2。由于自然蒸发量减少，应减少设施栽培经济林的灌水次数和数量。

思考题

1. 设施经济林栽培有哪些特点？
2. 设施环境条件调控包括哪些内容？如何调控？
3. 与露地栽培相比，设施栽培经济林开花结果习性有哪些特点？
4. 设施经济林栽培树体综合管理技术包括哪些内容？

参考文献

中南林学院，1983. 经济林栽培学[M]. 北京：中国林业出版社.
谭晓风，2013. 经济林栽培学[M]. 3版. 北京：中国林业出版社.
王立新，2003. 经济林栽培[M]. 北京：中国林业出版社.
樊巍，王志强，周可义，2001. 果树设施栽培原理[M]. 郑州：黄河水利出版社.
李新岗，2015. 中国枣产业[M]. 北京：中国林业出版社.
孙培博，孙兴华，2015. 图说设施枣树优质标准化栽培技术[M]. 北京：化学工业出版社.
王立新，梁文杰，陈功楷，等，2012. 枣高效益生产技术[M]. 北京：中国农业出版社.

第 10 章

经济林作业机械化

【本章提要】

介绍了经济林作业的育苗机械、林地清理和整地机械、播种和种植机械、中耕除草和土肥水管理机械、树体整形修剪机械、病虫害防控作业机械、产品采收机械和采后处理作业机械。要求重点了解经济林作业机械化的作用、意义和特点。

经济林作业机械化(non-wood forest production mechanization)是用机器逐步代替人力、畜力进行经济林生产的技术改造产业发展过程，也是以机器为主体的生产力系统逐步代替以人畜力为主体的生产力系统的林业经济发展过程。经济林作业机械化是林业现代化的重要组成部分，其根本任务是用各种动力和配套农机具装备经济林产业过程，从事经济林生产，以减轻劳动强度、大幅度地提高劳动生产率和土地产出率、合理利用资源，从而促进农村经济繁荣、技术进步和社会发展。

10.1 经济林作业机械化概述

10.1.1 经济林作业机械化概念

林业生产中使用的机械一部分是引进的通用机械和其他行业的机械，如汽车、拖拉机、起重运输机械等各种动力机械；另一部分是专门用于林业生产的各种专用机械，如割灌机、起苗机、板栗脱壳机等。发展林业机械化既要有为林业生产提供各种机械设备的研究、设计和制造体系；也要有一套为林业机械服务、能保证其完好率的维修网络；还要有为林业机械化培养技术工人和各种专业人才的教育系统。经济林机械化一般包括育苗机械化、林地清理和整地机械化、播种和栽植机械化、抚育机械化、病虫害防控机械化、产品采收作业机械化和采后处理机械化。经济林机械化的发展程度和水平因不同的国家和不同的工序而有差异。北美、北欧各国和日本等发达国家机械化和自动化程度较高，虽然中国近年来研制出了苗圃播种机、苗木移植机、插条机和起苗机等多种专用机械和一些多工序联合机械，但经济林的整体机械化程度仍然处于较低水平。就经济林生产环节来说，各国机械化程度都比较低的是采集作业，而育苗作业的机械化程度和水平最高。随着劳动力成本的提高和设施栽培等新技术的发展，机械化作业成为经济林产业发展的必然趋势。

10.1.2 经济林机械化作业的作用和意义

10.1.2.1 提高经济林生产效率

经济林作业机械化是通过先进的机械设备来取代人畜力，改变了经济林的生产和经营条件，根据经济林的生产技术选择作业机械，减小了劳动强度，实现“林机林艺”的有效结合，最大程度地减小了劳动力，降低了劳动强度，提高了生产效率。目前，经济林作业机械向着自动化、智能化、轻简化发展，轻便高效是现代经济林作业机械所努力追求的，只有通过科学合理的规划，促进经济林机械流程化、系统化地参与经济林生产工作，才能实现大幅提升林业机械工作的效率。

10.1.2.2 增强抵御自然灾害的能力

我国是一个自然灾害频繁的国家，很多地区均有不同程度的旱、涝以及病虫害等自然灾害发生。在这些自然灾害中，灌溉机械、运输机械、病虫害防治机械、环境调节机械等在其中发挥了不可替代的作用。另外，机械作业效率很高，可以节约农时，避免因规模巨大的耽误农时，极大地减少农业损失。

10.1.2.3 节约能源和资源，保护生态环境

经济林作业机械正朝着节约能源和资源，保护生产环境的目标前进。例如，机械喷灌设备等节水设备的应用，可以节约用水1/3以上，而利用机械施肥可以使化肥利用率从人工撒施的30%提高到60%以上，采用水肥一体化设备节约的水肥还更高。

10.1.3 经济林作业机械化的特点

10.1.3.1 种植标准化是实现机械化的基础

2010年11月，农业部发布《关于加强农机农艺融合 加快推进薄弱环节机械化发展的意见》(简称《意见》)，《意见》指出，我国农业生产方式将实现以人畜力为主到机械化为主的历史性转变，但我国农机化发展仍然存在较多薄弱环节，其中农机农艺结合不够紧密是其中一个重要因素。因此，加强农机农艺融合，促进农机农艺协调发展，抓紧完善适应机械化作业的种植技术体系，是实现机械化的前提和基础。在生产中，应当进行统一的标准化、规范化种植，才能实现生产中的机械化作业。

10.1.3.2 作业条件复杂是经济林机械化作业的最大障碍

经济林的作业对象是土壤和经济林树种，经济林树种繁多，经济林树种处于不同的生长阶段，加之地区、立地条件、气候以及作业制度的不同，因此作业对象极其复杂；经济林立地条件相对于农业来说，坡度较大，地形较为复杂，因此经济林机械作业的工作条件多变，环境条件较差。此外，经济林作业机械还存在季节性强等特点，如套袋、疏花、蔬果等均在一定的时期开展。

10.1.3.3 高端智能机械是经济林机械化作业的发展趋势

目前，经济林机械普遍面临使设备超负荷工作，设备的故障率高，适应性差，导致生产效率较低和使用率不高。因此，2018年中共中央、国务院《关于实施乡村振兴战略的意见》就

指出，推进我国农机装备产业转型升级，加强科研机构、设备制造企业联合攻关，进一步提高大宗农作物机械国产化水平，加快研发经济作物、养殖业、丘陵山区农林机械，发展高端农机装备制造。发展高端智能、适应性广的设备是目前经济林机械作业的发展趋势。

10.2 经济林育苗设备与机械

育苗是经济林产业的起点，是经济林林业产业发展的基础，也是经济林产业中技术含量最高、集约化程度最大和效益最好的技术环节。因此，育苗的机械化作业是目前整个环节中最为成熟的。育苗机械包括田间作业机械(field equipment)和容器育苗(container nursery)生产设备，其中田间作业机械主要有整地机、筑床机、中耕除草机、喷灌设备、起苗机、苗木移植机、切根机以及苗木包装、储藏和运输设备等(图10-1、图10-2)。容器育苗机械多为已实现工厂化生产的轻基质育苗设备。例如，由中国林业科学研究院工厂化育苗研究中心研发的轻基质网袋育苗生产设备已被广泛使用，其中包括轻基质网袋育苗容器成型机、轻基质网袋育苗容器切断机、基质搅拌筛分机等设备。随着机械自动化控制技术和无线通信技术的不断发展，运用自动化机械装置对温室环境下林木幼苗的生长环境进行了自动化调节，林木温室育苗的自动化作业已经成为可能。

图10-1 韩国产嫁接机器人

图10-2 Dudley Nurseries公司应用的搬苗机器人

表10-1 林木工厂化育苗生产设备配置

生产环节	设备名称
种子处理	种子精选机、自动裹衣机等
穗条采收	高枝剪、手锯
育苗基质处理	粉碎机、翻抛机、输送机、搅拌机、烘干机等
嫁接、播种	嫁接刀、嫁接机、播种机等
苗期培育及环境因子调控	加湿器等阳光温室配套设备、施肥器等水肥一体化设备、施药机等
苗木装卸及运输	随车液压起重臂、拖拉机、运输拖车、起苗器械等

10.3 经济林营造设备与机械

10.3.1 林地清理和整地机械

造林前需要进行林地清理和整地，在林地清理过程中使用的机械主要有除灌机、割灌机、枝桠推集机、枝桠收集打捆机、拔根机、伐根铣切机等。林地清理完成后进行整地，在这一过程中需要使用到的工具包括耙地机、挖掘机、推土机(见农用推土机)、挖穴机等。在林地整理和整地过程中，应该尽量减少机械的下地次数，避免压实土壤，造成土壤板结和破坏土壤结构等情况。农业上已经研发了只需要一次作业就实现旋耕碎土、定量施肥和起垄成型等功能的多功能整地机械，但是经济林林地整地要求深翻60cm以上，因此需要对这些机械进行改造，以适用于经济林的林地整地。在比较平缓的地段，可以使用拖拉机带动的挖穴机(图10-3)，在山地地区，可以使用手提式挖穴机(图10-4)。

图10-3 江苏四达重工有限公司生产的WY30型自走式挖穴机

图10-4 某公司生产的手提式山地挖穴机

10.3.2 经济林播种和栽植机械

播种和栽植是经济林作业一个重要的环节，合理科学高效的播种、栽植方法大大提高了经济林作业效率。经济林播种机械有撒播机、条播机、穴播机、精密播种机、联合播种机、无人机、小型飞机飞播造林等，一般地势较为平坦的地方均可以采用农业机械，而在山地造林，如山苍子可以用飞播造林，即用飞机或无人机装载种子，沿一定航线按一定航高飞行于林地上空，把种子均匀地撒播在种植区，利用林木种子天然更新的植物学特性达到造林目的。飞播前，在种子外表黏着胶、药剂以及其他添加剂等包衣材料，或对硬皮、蜡质种子进行破壳、脱蜡、去翅、脱芒等物理方法处理，以增加种子粒径和重量，减

图10-5 Damcon Nursery Equipment 公司生产的PL 30－90苗木栽植机

少种子漂移和鸟鼠危害，促进种子发芽。

经济林栽植多为苗木栽植，苗木栽植机械包括挖穴机等联合播种机，是能同时完成整地、筑埂、平畦、铺膜、播种、施肥、喷药等多项作业或者其中某几项作业的播种装置(图10-5)。机械栽植一般分为带土移栽和裸苗移栽。目前，国外使用较多的带土栽植机是纸筒栽植机和土钵栽植机。我国吉林省已研制并推广使用的土钵栽植机，兼有挖穴送苗、覆盖和压实功能，主要用于烟草、玉米、蔬菜等。其配套机具为土钵成型机，具有成型、播种、覆土、压实等功能。栽植机根据机械化程度，又可分为简易栽植机、半自动栽植机和自动栽植机3种。

10.4 经济林抚育设备与机械

抚育是经济林管理中的重要作业，其内容是在林木生长过程中进行除草、垦覆、灌溉、施肥、树体及花果管理等管理措施以改善林木的生长环境，保证经济林的良好发育，以获得稳定的高产量。中国在2000多年前的战国时期就有了垦覆用的铁锄；畜力垦覆机械——耧锄在元朝时期已得到广泛应用；明朝宋应星的《天工开物》记载了多排钉齿和轧辊组成的水田中耕器；欧洲在18世纪发明了世界上第一台马拉乘坐式中耕机；20世纪初，由拖拉机牵引或悬挂的多行中耕机逐渐发展起来。

10.4.1 除草和垦覆设备

10.4.1.1 除草机械

为了快速地消灭杂草，化学除草剂一直是使用最多最直接的除草方式，但因其对环境的污染严重且难以除尽多年生杂草，随着劳动力成本的上升，割草机、火焰除草器、电力除草器等逐渐被使用。剪草机有背负式割草机、手推式割草机，在经济林中应用最广的是背负式割草机(图10-6)。用火焰消灭有害的植被，已在铁路两侧和排水沟等场所实施多年，近年也见用于消灭果园植株旁边的杂草。火焰除草一般要求火焰给予杂草足够的热量，足以使杂草细胞内部的液体膨胀而使细胞壁破裂，但不致真正燃烧起来，故火焰法的效果一般在作业完成几小时后还不十分明显(图10-7)。常用的燃烧器有两种类型：一种为液体燃烧器或自动汽化型，在这种燃烧器壳体顶上装有汽化管，可以使液体燃料自动液化；另一种为汽化燃烧器，它具有一个与拖拉机的发动机冷却系统相连的独立汽化器，能够使液化石油气燃料汽化。在使用火焰灭草过程中，为了防止火焰伤及林木，一般在燃烧器下部配以金属罩，以便罩住拟进行火焰除草的工作幅宽。火焰除草用的燃烧器通常由铰接在后悬挂机架上的滑板(一般每行一块滑板)来支撑，或者支撑在有仿形轮的平行四杆机构上。电力除草是利用高压形成的电场来消灭杂草，电力除草没有化学残留，不污染环境。但是，电力除草机功率消耗较大，如果使用不当可能会威胁附近人员的人身安全。近年来，微波除草机也进入了试验阶段。

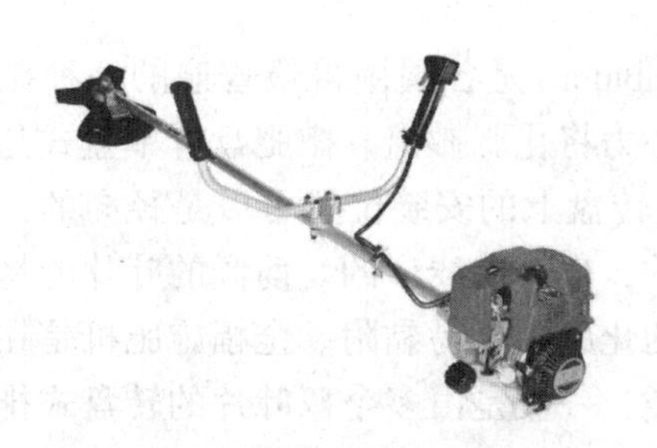

图10-6　背负式除草机

图10-7　火焰除草

10.4.1.2　垦覆机械

经济林地垦覆可以疏松土壤，增加流通空气，提高地温和养分有效性，有利于根系下扎，同时起到清除杂草作用。垦覆机分为以下几类：全面(休闲地)垦覆机，用来在休闲地上进行全面垦覆，其特点是无需变更行距和设置操向装置，但工作时易被杂草阻塞，故在全面垦覆机上一般应配置起落机构；行间垦覆机，在垦覆作物的行间进行垦覆，具有浅松土、除草、培土和开灌溉沟的作用，它还配备操向装置以防止损伤林木；万能(通用式)垦覆机，兼有全面垦覆和行间垦覆的作用，应同时具备自动起落机构和操向装置；特种垦覆机，即根据不同功用开发的专用型垦覆机，包括开沟器、垦覆施肥机、松土垦覆机、果园垦覆机、转杆式垦覆机、旋转锄、化学灭锈剂喷射机和火焰垦覆机等。垦覆机按工作原理也可分为旋转式和锄铲式；按操作方式分为手扶式、牵引式和悬挂式。

图10-8　适合山地作业的旋耕机

10.4.2　灌溉施肥机械

10.4.2.1　灌溉机械

经济林灌溉应根据地形条件、种植种类等情况选择合适灌溉方式，传统灌溉类型有漫灌、喷灌、滴灌、渗灌。其中喷灌机械主要有时针式喷灌机、平移式喷灌机和绞盘式喷灌机。时针式喷灌机是一种移动式喷灌机，喷灌头安装在由轮子支撑的电镀钢管或铝管上，围绕一个中心旋转，从中心枢轴输送水，整个喷灌机喷灌面形成一个圆。这种喷灌机械在美国使用的很普遍。平移式喷灌机也叫连续直线移动式喷灌机，是一个长管道，每隔一定间隔有一个支架，支架上有轮子，喷头在管子上，整个管道平行移动喷洒，水由管道一头输入，所以喷灌面积可以达到几千公顷。绞盘式喷灌机也叫卷盘式喷灌机，采用水涡轮式动力驱动系统。采用大断面小压力的设计，在很小的流量下，可以达到较高的回收速度，水涡轮转速从水涡轮轴引出一个两速段的皮带驱动装置传入到减速器中，降速后链条传动产生较大的扭矩力驱动绞盘转动，从而实现PE管的自动回收，同时经水涡轮流出的高压水流经PE管直送到喷头处，喷头均匀地将高压水流喷洒到作物上空，散成细小的水滴均匀降落，并随着PE管的移动而不间歇地进行喷洒作业。

10.4.2.2 施肥机械

目前，离心式撒肥机(centrifugal fertilizer distributor)是各国用得最普遍的一种撒施机具。它是由动力输出轴带动旋转的撒肥盘利用离心力将化肥撒出。撒肥盘有单盘式与双盘式两种。撒肥盘上一般装有2~6个叶片，它们在转盘上的安装位置可以是径向的，也可以是相对于半径前倾或后倾的；叶片的形状有直的，也有曲线形的。前倾的叶片能将流动性好的化肥撒得更远，而后倾的叶片对于吸湿后的化肥则不易黏附。全幅施肥机是在机器的全幅宽内均匀地施肥。其工作原理可以分为两类：一类是由多个双叶片的转盘式排肥器横向排列组成；另一类是由装在沿横向移动的链条上的链指，沿整个机器幅宽施肥。气力式宽幅撒肥机都是利用高速旋转的风机所产生的高速气流，并配合以机械式排肥器与喷头，大幅宽、高效率地撒施化肥与石灰等土壤改良剂。在播种机上安装施肥装置，在播种的同时施种肥。化学液肥施用机械，施用的化学液肥主要是液氨和氨水。虽然证实其有较好的增产效果，但是施用液氨所需的设备投资甚高，从出厂、运输、贮存，到田间施用都必须有一整套高压设施，导致在我国施用受到限制。

10.4.2.3 水肥一体化机械

水肥一体化(fertigation)是借助压力系统(或地形自然落差)，将可溶性固体或液体肥料，按土壤养分含量和作物种类的需肥规律和特点，配兑成肥液，与灌溉水一起通过可控管道系统供水、供肥，使水肥相融后，通过管道和滴头形成均匀、定时、定量的滴灌，浸润作物根系生长发育区域，使主要根系土壤始终保持疏松和适宜的含水量，同时根据不同作物的需肥特点、土壤环境和养分含量状况；根据作物不同生长期需水、需肥规律进行不同生育期的需求设计，把水分、养分定时定量地按比例直接提供给作物。

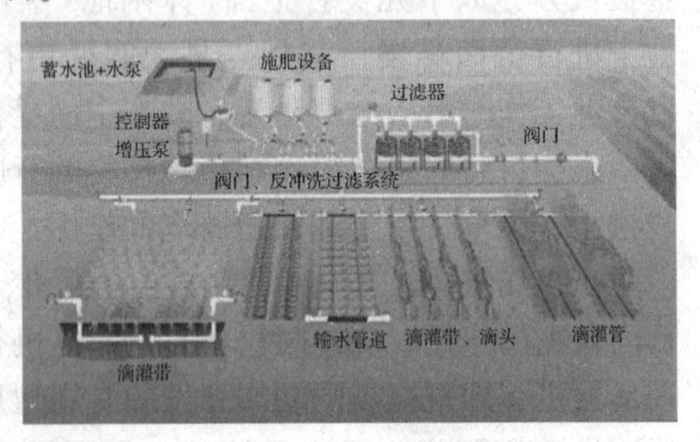

图10-9 水肥一体化设备示意

10.4.3 经济林树体与花果管理设备与机械

经济林树体管理和花果管理等主要依靠拉枝、整形修剪等技术措施实现，目前拉枝等基本靠人力完成，而整形修剪的机械比较多。国内外树木整枝修剪机械有手持背负式、车载式和自动式等多种形式。手持背负式整枝机是现在主流使用工具，分为有动力和无动力两种。有动力整枝机配套的动力通常为气动、液压传动、电动、小型汽油机和小型柴油机。根据工作装置又分为剪刀式、液压剪式、圆锯片式、往复锯条式和导板链锯式。传动轴一般是套在铝合金薄壁硬管中，但也有伸缩杆式和软轴式的。车载式整枝机是在较大型拖拉机上侧置液压折叠臂，臂端配有可以往复运动的液压剪，用于修剪大面积树冠、灌木丛或地面杂草，有的还通过车载自动升降台，将人送往不同高度位置进行人工整枝修剪。目前自动立木整枝机已实现了遥控整枝修剪作业。树木整枝修剪机械正在向操作自动化、人性化、高效环保及安全可靠的方向发展。

图 10-10　果树气动短剪

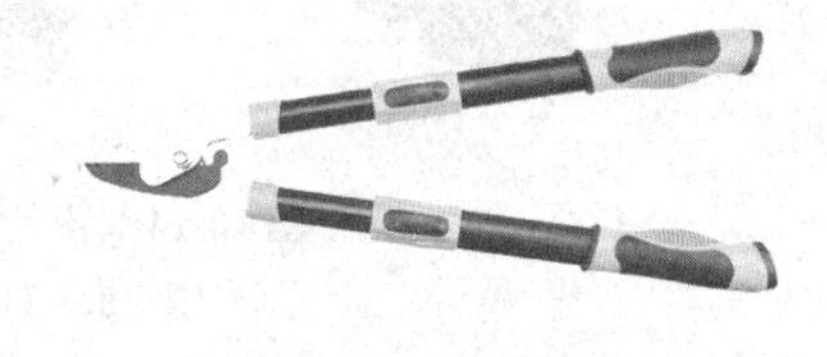

图 10-11　高枝剪

图 10-12　车载式整枝

图 10-13　科丰 3cx-70 茶树修剪机

10.5　经济林病虫害防控设备与机械

经济林林分健康(forest healthy)是确保经济林丰产丰收、提高经济林产品质量的重要措施。经济林病虫害防控包括经济林作业技术防治、物理机械防治、化学防治、生物防治等方法。除了常见的防虫灯等设施外，机械化化学防治方法具有重要作用。主要防治方法有：

①喷雾法　通过高压泵和喷头将药液雾化成 100 压泵 ~300 压泵雾滴的植保方法；

②弥雾法　利用风机产生的高速气流将粗雾滴进一步破碎雾化成 75 ~100μm 的雾滴；

③超低量法　利用高速旋转的齿盘将药液甩出，形成 15 ~75μm 的雾滴；

④喷烟法　利用高温气流使预热后的烟剂发生热裂变，形成 1 裂变 ~50 裂变的烟雾，再随高速气流吹送到远方的药剂喷施方法；

⑤喷粉法　利用风机产生的高速气流将药粉喷洒到林木上。

喷雾机械根据所用动力形式可分为人力式和动力式两大类，动力式又分为机动式和机引式两种类型，它是以内燃机、电动机或拖拉机动力输出轴为动力，利用喷洒部件将药液喷洒到农作物上的植保机具。喷粉机械是利用风机产生的高速气流将药粉喷撒到作物上。

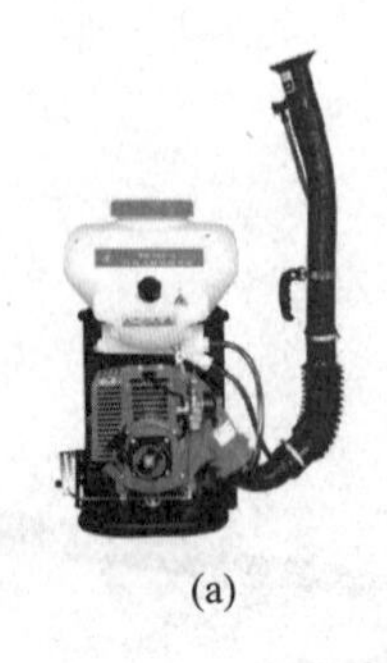

(a)

(b)

图 10-14　背负式机动喷粉机

(a)喷粉机　(b)喷粉机操作

其喷撒的粉状固体制剂，粒径在 3～50μm 之间。喷粉机械作业效率高，不需要载体物质，不用加水，因而节省劳力和作业费用；其主要缺点是粉粒在植株上的附着性差，容易滑落。目前的喷粉机械包括手动喷粉机和机动喷粉机两种(图 10-14)。

喷烟机械能产生直径小于 50μm 的固体或胶态悬浮体。烟雾的形成分为热雾、冷雾和常温烟雾 3 种方法。热雾是将很小的固体药剂粒子加热后喷出，粒子吸收空气中的水分，使之在粒子外面包上一层水膜。冷雾则是液体汽化后冷凝而产生的烟雾。常温烟雾机是指在常温下利用压缩空气使药液雾化成 5～10μm 的超微粒子的设备。由于在常温下使农药雾化，农药的有效成分不会被分解，并且水剂、乳剂、油剂和湿剂等均可以使用，所以与热雾喷烟机相比，常温烟雾不苛求某种特定的农药、无需加扩散剂等添加剂，故可扩大机具的使用范围，目前主要用于温室内作物的病虫害防治。多功能药剂喷洒机械既可喷射弥雾，又可进行喷粉作业，更换某些部件后还可进行超低量喷雾、喷烟、喷撒颗粒肥料、喷洒除草剂等多项作业，应用非常广泛。

静电喷雾机械(electrostatic spraying machine)能将药液雾化并用高压静电使雾滴带电荷的喷雾机具。为了提高药液沉附在农作物表面上的百分率，近年来国内外对静电喷雾技术进行了广泛深入的研究。实验表明，静电力能影响从喷施设备到目标物间的基本轨道，但一般对大的颗粒作用不大。如果一个带电的颗粒达到目标区时没有足够的惯性力来引起冲击，电荷即能增加沉附机会，提高雾滴在农作物上沉降率，尤其是对于小颗粒，将会减少漂移的数量，这对微量喷雾来说是非常重要。

图 10-15　利用无人机防治油茶病虫害

无人机喷施药剂的方法是如今经济林病虫害防控的一个潮流，相比于人工及传统喷药机械，无人机喷药具有省时省力，成本低，效率高，作业范围广等优点。如科比特航空瑞雪 A6 系列无人机，最大载重量可达 15kg，且其独创的农药智能控制系统，能使农药喷洒速度与飞行速度成一个可调节的比例，确保喷洒均匀并节约 30% 的农药消耗(图 10-15)。

10.6 经济林产品采收作业机械化

当前我国经济林产业产品采收大部分还是以人工采摘为主。采摘作业比较复杂，季节性很强，若使用人工采摘，不仅效率低、劳动量大，而且容易造成产品的损伤，如果人手不够不能及时采摘还会导致经济上的损失，这些问题严重制约了产业的发展。使用采摘机械不仅提高采摘效率，而且降低了损伤率，节省了人工成本，提高了果农的经济效益，因此提高采摘作业机械化程度有重要的意义。目前，经济林的机械式采摘主要有振摇式、撞击式和切割式3种类型。振摇式是利用外力使树体或树枝发生振动或振摇，使果实产生加速度，在连接最弱处与果枝分离而掉落。撞击式是撞击部件直接冲撞果枝或敲打牵引果枝，以振落果实(图10-16)。切割式是将树枝或果柄切断使果实与果树分离的方式，又分为机械切割式和动力切割式(图10-17)。

图10-16　油橄榄撞击式采摘机

图10-17　Newholland公司生产的葡萄收获机

10.7 经济林产品采后处理机械

经济林产品采后处理是经济林作业重要工作之一，科学、规范、高效的机械化流水作业采后处理对保证产品品质、降低生产成本和提高生产效率具有重要作用。对于果品而言，经济林产品采后处理包括无损伤检测、果实分级、打蜡和贮藏等环节，例如，香蕉的采后处理技术流程一般包括：运送、落梳、清洗、分级过磅、消毒风干以及保鲜运输。在国外，香蕉采后的所有处理环节都已实现了机械化操作，并形成一条完整的采后商品化处理生产线。干果处理较为复杂，如核桃采后处理的流程一般为：去青皮→清洗→烘干→贮藏→脱壳→分级，全程实现机械自动化，而核桃从取仁到包装程序如下：机械去壳—过筛分级—气体分离果仁和外壳—电子颜色分类及激光分类—检查员—自动包装(图10-18、图10-19)。目前，已经有很多公司开发经济林产品采后处理生产线，包括果蔬分选机(可以有多个通道)分级，重量分选、颜色分选、形状分选、瑕疵检测分选、内部品质检测分选等综合分选系统的处理，然后将达到规格的果品通过清洗机、打蜡机、热处理保鲜、烘干机、净化杀菌设备等程序成为成品上市(图10-20)。而油茶等的采后处理虽然简单，但是其加工工程较为复杂。

图10-18　核桃去皮机

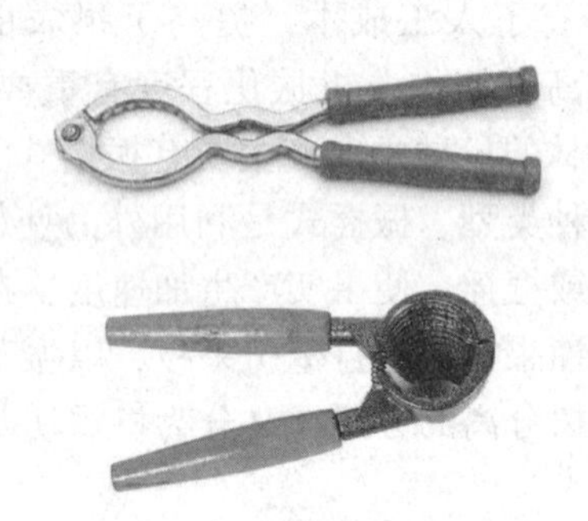

图10-19　核桃取仁器

图10-20　某公司生产的水果分选系统

根据《全国林业机械发展规划(2011—2020年)》，到2020年，我国逐渐步入林业机械制造业强国之列，林业机械制造业年总产值达到2250亿元，林业机械化水平达到55%以上，国产装备国内市场占有率稳定在90%以上。因此，目前需要做好四个方面的工作：一是构建林业机械技术创新和制造体系。除搭建技术研发创新平台外，还要重构产业发展创新格局，并积极建设国家研发和产业基地。二是加强林业机械产业示范推广。通过推进林业机械高新技术集成与示范区建设，推动各类林业技术应用和林业机械的有效结合，在加快科技成果转化的基础上，实现产学研联合共赢，提升林业机械科技含量和林业科技素质，提高林业效益和竞争力。三是开展林业机械基础研究。为保障林业机械创新产品的稳步发展，要重点针对林业机械分类的行业标准、林业机械行业发展现状调查、促进林业机械发展的相关政策三方面进行研究。四是强化林业机械国际合作交流。通过引进国外装备一流技术、吸收消化国际先进技术和开拓国际市场等举措，加强林机业国际交流合作。

思考题

1. 什么是经济林作业机械化？经济林作业机械化都包括哪些内容？
2. 请分别列举几个常用的经济林播种和栽植机械。
3. 经济林地机械化除草的方式有哪些？简要介绍其工作原理。
4. 列举垦覆机的种类并简要说明其功能。
5. 经济林灌溉机械有哪些？施肥机械有哪些？分别列举并简述其特点。
6. 机械化化学防治病虫害的方法有哪些？其对应的机械是什么？简述这些机械的作用原理。
7. 果园机械采摘的主要类型有哪些？

参考文献

丁为民，2011. 农业机械学[M]. 2版. 北京：中国农业出版社.

耿瑞阳，张道林，王相友，等，2011. 新编农业机械学[M]. 北京：国防工业出版社.

国家林业局哈尔滨市林业机械研究所，2017. 林业机械与木工设备[J]. 哈尔滨：哈尔滨林业机械研究所

国家林业局，2013.《全国林业机械发展规划(2011—2020年)》.

韩宏宇，沈亮，彭君峰，等，2016. 耕整地机械的应用及发展研究[J]. 农机使用与维修(1)：20－21.

高海生，赵希艳，李润丰，2007. 果蔬采后处理与贮存保鲜技术研究进展[J]. 农业工程学报，23(2)：273－278.

吴良军，杨洲，王慰祖，等，2013. 果树气动修剪机应用现状与发展趋势[J]. 园林机械(1)：54－57.

王顺福，2016. 机械深松联合整地技术的作用及效益分析[J]. 农业开发与装备(11)：138－138.

王林声，王风燕，刘志刚，等，2014. 林木温室育苗机械自动化作业平台设计研究[J]. 农机化研究(12)：107－110.

李世葳，王述洋，王慧，等，2008. 树木整枝修剪机械现状及发展趋势[J]. 林业机械与木工设备，36(1)：15－16.

吴兆迁，刘淑清，刘明刚，2003. 我国林木工厂化育苗技术与装备[J]. 林业机械与木工设备，31(10)：4－6.

李忠新，杨莉玲，阿布力孜·巴斯提，等，2014. 新疆核桃产业化发展研究[J]. 新疆农业科学，51(5)：973－980.